21世纪高等学校计算机
专业实用系列教材

虚拟现实与交互应用

赵锋　编著

清華大学出版社
北京

内容简介

本书编写侧重普及与实用原则，在阐述虚拟现实必要理论知识的基础上，重点介绍了在虚拟现实技术中具有代表性的虚拟场景漫游与交互应用开发实践，以大量典型案例贯穿其中，使读者能够在较短时间里由浅入深地了解、认识和掌握虚拟漫游与交互应用技术，并初步具备虚拟现实建模、Unity 引擎开发、虚拟场景设计搭建和交互漫游实现能力，对三维全景技术和沉浸式虚拟现实也能够动手实践。

全书共 7 章，具体包括虚拟现实技术概述、虚拟现实建模基础、Unity 开发基础、虚拟场景设计与搭建、虚拟漫游与交互、三维全景虚拟现实技术和沉浸式虚拟现实开发。全书提供了大量应用实例，能帮助读者快速上手制作，每章后均附有习题。

本书适合作为高等院校虚拟现实、数字媒体、影视动画、游戏设计等专业的教材，同时也可作为虚拟现实技术爱好者的参考书籍。

图书在版编目(CIP)数据

虚拟现实与交互应用/赵锋编著. —北京：清华大学出版社，2024.4
21 世纪高等学校计算机专业实用系列教材
ISBN 978-7-302-65997-6

Ⅰ. ①虚… Ⅱ. ①赵… Ⅲ. ①虚拟现实－程序设计－高等学校－教材 Ⅳ. ①TP391.98

中国国家版本馆 CIP 数据核字(2024)第 068320 号

责任编辑：安　妮　薛　阳
封面设计：刘　键
责任校对：韩天竹
责任印制：刘海龙

出版发行：清华大学出版社
网　　址：https://www.tup.com.cn，https://www.wqxuetang.com
地　　址：北京清华大学学研大厦 A 座　　**邮　　编**：100084
社 总 机：010-83470000　　**邮　　购**：010-62786544
投稿与读者服务：010-62776969，c-service@tup.tsinghua.edu.cn
质量反馈：010-62772015，zhiliang@tup.tsinghua.edu.cn
课件下载：https://www.tup.com.cn，010-83470236
印 装 者：三河市君旺印务有限公司
经　　销：全国新华书店
开　　本：185mm×260mm　　**印　　张**：18.5　　**字　　数**：451 千字
版　　次：2024 年 5 月第 1 版　　**印　　次**：2024 年 5 月第 1 次印刷
印　　数：1～1500
定　　价：59.80 元

产品编号：100551-01

前言

虚拟现实是一门新兴的学科，其知识领域和研究范围仍然在不断地更新与扩展，人们通过虚拟现实系统能够突破各种限制，逼真地感受到真实世界无法亲身经历的体验。虚拟现实又是一门典型的交叉学科，与计算机图形学、计算机图像处理、视觉艺术、仿真技术、人机交互等学科都有着密切的联系，这都在无形中增加了虚拟现实相关技术的普及和掌握的难度。

2018年教育部增设虚拟现实应用技术专业，许多高等院校近年来也开设了虚拟现实技术相关的专业和课程，但在教学内容上却各有侧重，百花齐放。有的偏向建模和渲染，有的偏向全景图和虚拟人，有的偏向行业组装应用等。本书取众家所长，在对课程教学经过充分调研论证的基础上，结合科艺融合和高质量人才培养的需求，根据实际教学情况整理开发而成。教材内容以普及和实用为原则，在兼顾基础理论的前提下，以实践案例贯穿各章内容，使读者能够熟悉并完成从建模设计、场景构建、角色控制到交互漫游的系统设计流程，并在较短时间内开发出效果逼真的虚拟漫游场景和交互效果。教材力求叙述简练，概念清晰，操作完整。对于案例的实践过程，做到案例典型，步骤完整，图片清楚，逻辑分明，是一本体系创新、深浅适度、重在应用的实用教材。

本书共7章，主要内容涵盖了虚拟现实技术概述、虚拟现实建模基础、Unity开发基础、虚拟场景设计与搭建、虚拟漫游与交互、三维全景虚拟现实技术和沉浸式虚拟现实开发。建议授课总学时为72学时，其中理论授课36学时，上机实验36学时。具体教学内容可根据专业培养目标的定位适当取舍。

本书具有以下特色：

- 本书内容贴近实践，案例丰富，以虚拟现实理论够用为度，突出案例化教学。全书采用项目化方案组织教学，项目创作贯穿全部章节，编撰思路新颖，体系结构合理，注重知识体系的有效衔接。
- 本书吸收了虚拟现实技术发展的新技术、新方法，在新一代信息技术赋能教育背景下，将技术发展与艺术创作、前沿知识与实际教学有机融合，带有突出的数字艺术倾向性，同时也在三维全景技术和沉浸式虚拟现实技术方面做了有力补充，突显虚拟场景漫游和交互设计的特色。
- 本书适用于虚拟现实、影视动画、数字媒体、交互设计等不同专业和方向，是有关虚拟现实漫游及交互应用方向实用的参考教材。

全书由赵锋编著，在编写过程中得到学院和系部领导及教务部门的大力支持，在此表示衷心的感谢。感谢我的爱人曾真,没有她的辛苦付出本书难以成稿。本书由湖北美术学院自编教材资助专项资金资助出版。

由于编者水平有限,书中的错误和疏漏在所难免,如有任何意见和建议,请读者不吝指正,编者感激不尽。

赵　锋

2024 年 1 月

目录

第 1 章

虚拟现实技术概述

学习目标

- 认识虚拟现实。
- 了解虚拟现实开发工具与技术。
- 了解虚拟现实人机交互设备。
- 了解虚拟现实的应用领域和展望。

虚拟现实(Virtual Reality,VR)这一名词最早由美国 VPL 公司的创始人乔·拉尼尔(Jaron Lanier)在 20 世纪 80 年代初提出。虚拟现实改变了人与计算机之间枯燥生硬地通过鼠标、键盘进行交互的现状,大大地促进了计算机科技和艺术的发展,在很多领域包括旅游、影视、医学、教育、工业仿真、古迹展示、博物馆、展览馆等都不断被采用来增强用户体验。

1.1 认识虚拟现实

1.1.1 虚拟现实的概念与发展

早在 20 世纪 30 年代,作家斯坦利·G. 温鲍姆(Stanley G. Weinbaum)在如图 1.1 所示的小说《皮格马利翁的眼镜》中,描述了一款佩戴后可以看到、摸到、闻到镜中世界,甚至可以与镜中世界发生交互的眼镜,这副眼镜就是当今虚拟现实眼镜的雏形。

1993 年,肯·皮门特尔(Ken Pimental)和凯文·泰谢拉(Kevin Teixeira)在《虚拟现实:透过新式眼镜》一书中这样定义虚拟现实:"一种浸入式体验,参与者戴着被跟踪的头盔,看着立体图像,听着三维声音,在三维世界里自由地探索并与之交互。"

1998 年,我国著名科学家钱学森教授在《用"灵境"是实事求是的》一文中写道:"虚拟现实是指用科学技术手段,向接受的人输送视觉的、听觉的、触觉的以至嗅觉的信息,使接受者感到如身临其境,但这种临境感不是真的亲临其境,只是感受而已,是虚的。"为了使人们便于理解和接受虚拟现实技术的概念,钱学森教授按照我国传统文化的语义,将虚拟现实称为灵境技术。

我国著名计算机科学家汪成为教授认为,虚拟现实技术是指在计算机软硬件及各种传

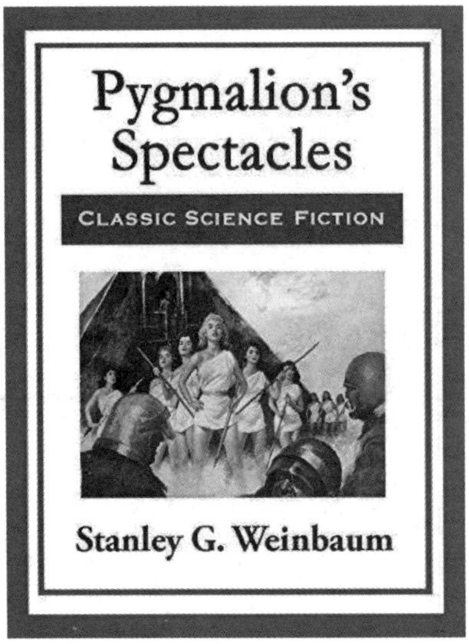

图 1.1 《皮格马利翁的眼镜》

感器的支持下生成的一个逼真的、三维的，具有一定视、听、触、嗅等感知能力的环境，使用户在这些软硬件设计的支持下，以简洁自然的方式与计算机生成的虚拟世界中的对象进行交互作用。

总之，目前学术界普遍认为，虚拟现实是通过计算机技术生成逼真的虚拟环境，再借助必要的装备，以自然的方式与虚拟环境中的对象进行交互，并相互影响，从而使用户获得等同真实环境的感受和体验。

具体来讲，虚拟现实的核心内容主要包括以下三方面。

(1) 对数字环境的呈现与仿真。尤其是高清晰度的画面、友好交互的环境和消解虚拟与真实界限的想象。虚拟现实以逼真的视觉、听觉、触觉一体化的虚拟环境带来了置身其中的审美感受，使用户无法区分真实与虚拟的界限。

(2) 对真实与虚拟空间交互手段的变革。虚拟现实使信息系统尽可能地满足人的需要，人机的交互更加人性化，用户可以更直接地与数据交互。应用于虚拟现实的硬件工具除了传统的显示器、键盘、鼠标、游戏杆外，还有数字头显、数据手套、追踪器、立体偏振眼镜等类型的产品。

(3) 对人类感知系统的物理沉浸和心理空间延展。通过构建与真实世界一样的虚拟物体，以及物体所包含的形状、纹理等物理属性，利用人类的感官系统与虚拟物体之间产生的作用与反作用力，形成物理空间中的沉浸。人们对于材料特性的感知，包括色彩、肌理、纹路、光泽以及它们本身固有的这些其他特点，延展人们对虚拟物体的情感联想。

人类对虚拟现实的研究由来已久，其硬件装备随着计算机技术的快速发展也不断更新。

1962 年，在全息电影技术的启发下，电影摄影师莫顿·海利格(Morton Heilig)构造了一个多感知、仿真环境的虚拟现实系统，如图 1.2 所示，这套被称为 Sensorama Simulator 的系统也是历史上第一套虚拟现实系统，能够提供真实的 3D 体验。莫顿·海利格当时也预见了虚拟现实的商业潜能，并申请了发明专利，称其为“个人用途的可伸缩电视设备”，如图 1.3 所示。

1968 年，伊凡·苏瑟兰(Ivan Sutherland)和学生鲍勃·斯普维尔(Bob Sproull)利用阴极摄像管研制出第一个头盔显示器(Head-Mounted Display，HMD)，也被称为“达摩克利斯之剑”(The Sword of Damocles)，这套系统被普遍认为是 HMD 以及增强现实的雏形，如图 1.4 所示。HMD 的研制成功是虚拟现实技术发展史上的一个重要里程碑，因此，许多人认为伊凡·苏瑟兰不仅是“图形学之父”，还是“虚拟现实之父”。

20 世纪 70 年代，伊凡·苏瑟兰在原来的基础上，把能够模拟力量和触觉的力反馈装置加入到系统中，研制出一个功能更为齐全的 HMD 系统。

从 20 世纪 80 年代开始，虚拟现实进入快速发展期，虚拟现实的主要研究内容及基本特征初步明朗，在军事演练、航空航天、复杂设备研制等重要应用领域有了广泛的应用。

2010 年，虚拟现实头显公司 Oculus 的创始人帕尔默·拉吉(Palmer Luckey)推出了第

图 1.2　Sensorama Simulator

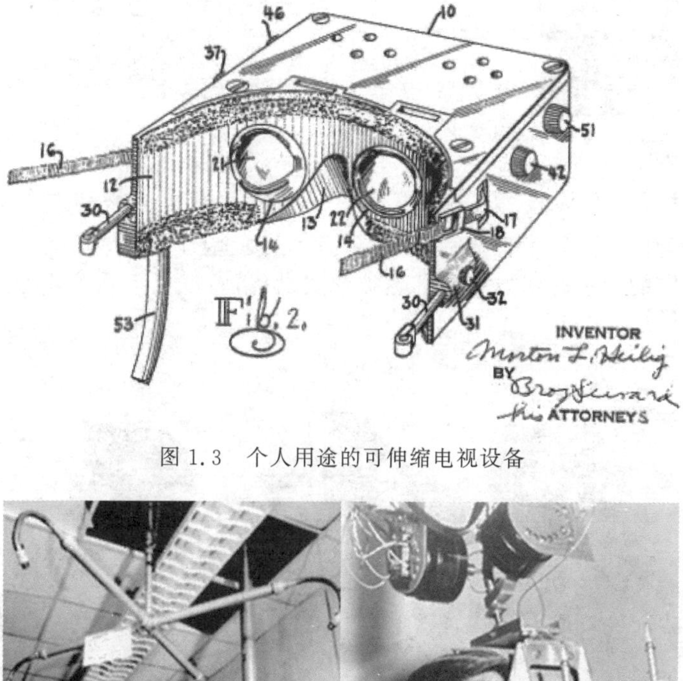

图 1.3　个人用途的可伸缩电视设备

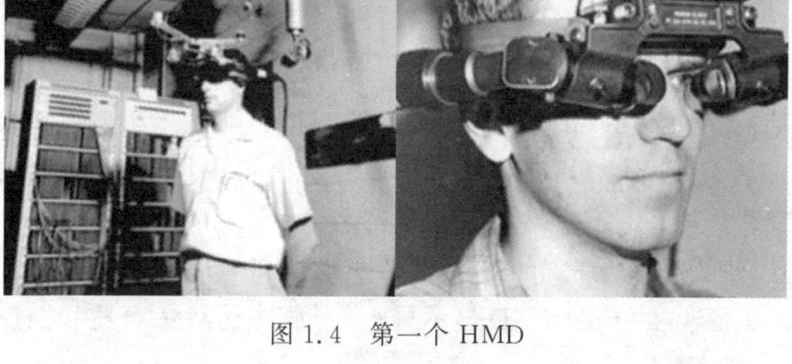

图 1.4　第一个 HMD

一款 Oculus Rift 原型，可以提供 90°的视角，它刷新了虚拟现实的整个创新过程。2012 年，帕尔默·拉吉在 Kickstarter(众筹网站平台)为新 Oculus Rift 筹集资金，一款具有划时代意义的虚拟现实眼镜设备 Oculus Rift 问世，如图 1.5 所示，它将人们的视野关注引导到了虚拟现实领域。

2014 年，谷歌公司发布了其虚拟现实体验版解决方案 CardBoard，使得人们能以极低的价格体验到新一代虚拟现实的效果。如图 1.6 所示，CardBoard 将智能手机(需要有陀螺仪)转换为虚拟现实设备。它的结构很简单，价格也很便宜，鼓励人们对虚拟现实应用的开发。

图 1.5 Oculus Rift

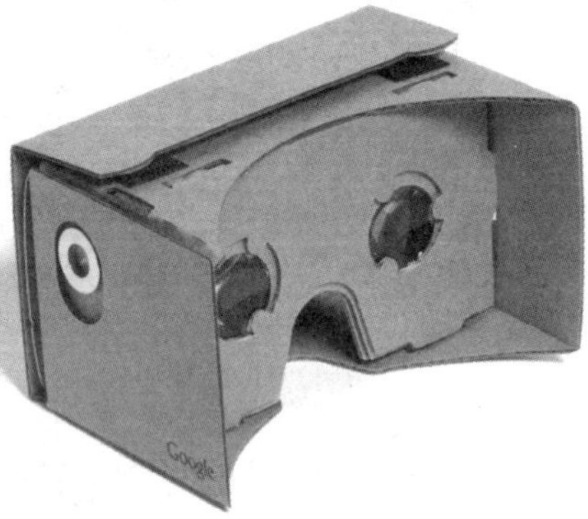

图 1.6 CardBoard

2015 年，由 HTC 和 Valve 开发的 HTC VIVE 眼镜在世界移动大会上亮相，如图 1.7 所示。次年，大约有 230 家公司(亚马逊、苹果、Facebook、谷歌、微软、索尼、三星等)开始致力于基于虚拟现实的项目并研发自己的虚拟现实设备，虚拟现实元年开始。

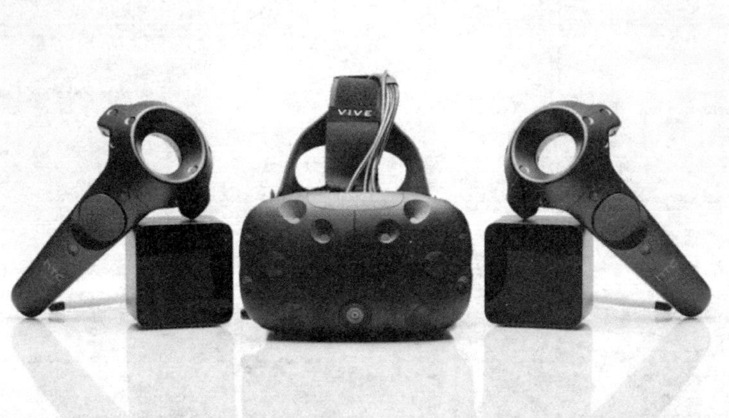

图 1.7 HTC VIVE

2015 年 12 月，我国成立了中国虚拟现实与可视化产业技术创新战略联盟。自 2016 年起，江西南昌、山东青岛、福建福州等政府部门均开始筹备虚拟现实产业基地。虚拟现实研发热潮正在兴起，图 1.8 为位于南昌的虚拟现实之星·虚拟现实主题乐园。

2019 年 12 月，华为全平台发布销售 VR Glass，如图 1.9 所示。其拥有两块独立的 2.1 英寸(1 英寸＝2.54 厘米)的 Fast LCD 显示屏，半开放式的双扬声器和轻量化机身设计。

图 1.8　虚拟现实之星・虚拟现实主题乐园

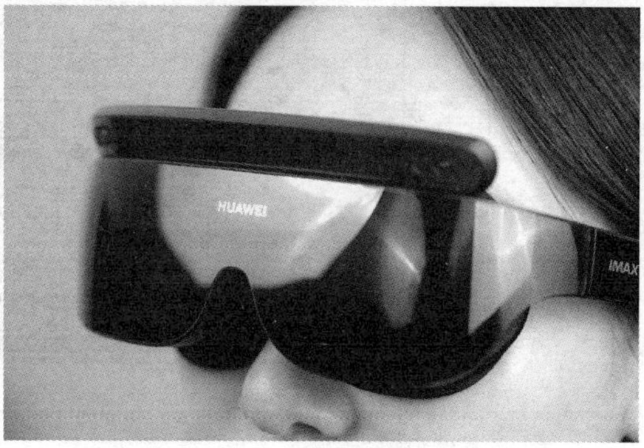

图 1.9　华为 VR Glass

1.1.2　关于 AR、MR 和 XR

随着计算机仿真、人工智能以及物联网等技术的发展，一些与虚拟现实相关联的技术应用也应运而生，如增强现实（Augmented Reality，AR）、混合现实（Mixed Reality，MR）、扩展现实（Extended Reality，XR）等，它们之间既有区别，又密切相关。

AR 通过计算机技术，将虚拟对象包括图像、视频、3D 模型等应用到现实世界，即视野中仍然有现实世界的影像，但是在影像之上额外叠加了虚拟的物体，叠加的物体需要跟现实场景有实时的“互动”，如能贴合到墙壁上、能放置在桌子上等，是将真实世界信息和虚拟世界信息“无缝”集成的新技术，如图 1.10 所示为微软公司推出的 HoloLens AR 眼镜。AR 应用了计算机视觉技术，强调复原人类的视觉功能。在具体实现上，又可以分为手机 AR 和 AR 眼镜。

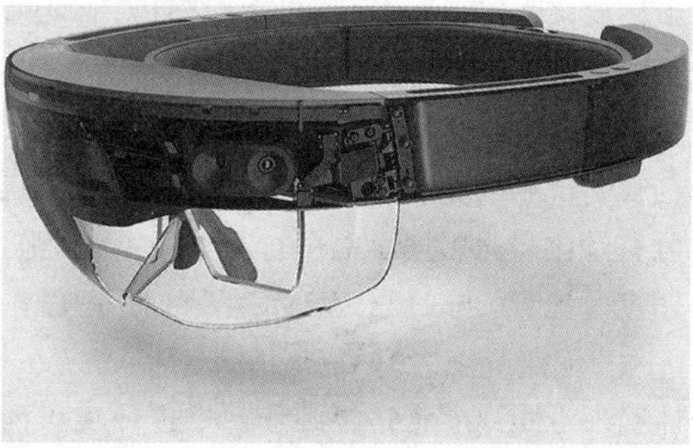

图 1.10　微软 HoloLens AR 眼镜

MR 既包括增强现实又包括增强虚拟，是现实与虚拟数字对象共存并实时互动的可视化环境，强调虚实内容的完美结合，俗称混合现实，如图 1.11 所示。现实生活中可以将真实物件融入虚拟环境，如虚拟演播室、虚拟制片等，也可以将虚拟场景融入真实空间，如合影游戏、虚拟试衣等。以裸眼画面为原点，数字信息不断增加即为 AR；到极限点时，即为 VR；MR 则通过感知层次的累加，虚实结合。

XR 是一种覆盖性术语，通常是指通过计算机技术和可穿戴设备产生的一个真实与虚拟结合、可人机交互的环境。XR 包含 VR、AR、MR 及其他因技术进步而可能出现的新型沉浸式技术。与 VR、AR 和 MR 相比，XR 更强调虚拟世界与现实世界的弥合，以缩小人、信息和体验之间的距离壁垒，具有情景感知、感觉代入、自然交互和编辑现实等特征。

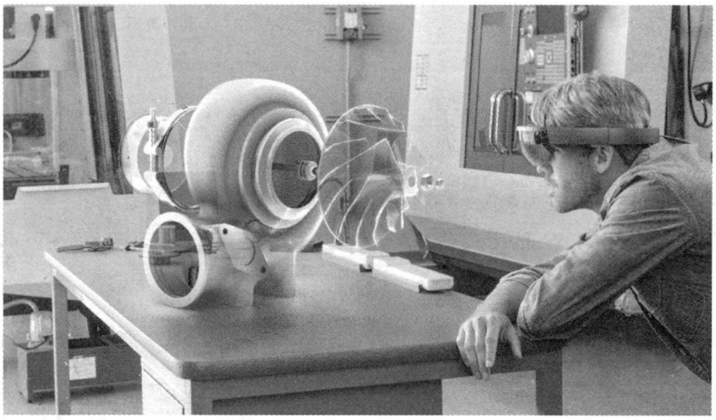

图 1.11　混合现实

1.1.3　虚拟现实的基本特征

从技术层面上看，虚拟现实具有三个最突出的特征：沉浸感(Immersion)、交互性(Interaction)、想象性(Imagination)，常被称为虚拟现实的“3I”特征。

1. 沉浸感

沉浸感是指用户感受到被虚拟世界所包围，好像完全置身于虚拟世界之中一样，用户在虚拟空间中成为参与者，沉浸其中并参与虚拟世界的活动。虚拟现实艺术是声、光、电技术在现代展示艺术中的应用，与传统的声、光、电技术所表现出的纯粹电子视觉不同，虚拟现实的声、光、电技术更加注重物理真实、感官真实性，同时通过立体显示技术呈现出更为让人沉浸其中的逼真三维视觉效果。

真实世界的光影声效是复杂的，而通过虚拟现实技术，在其模拟真实性的基础上对整体的色彩对比与光影层次上进行和谐统一，加强气氛的渲染和情感的传达。如图 1.12 所示，2019 年，卢浮宫与 HTC VIVE Arts 团队合作，推出了馆内第一个虚拟现实体验艺术《蒙娜·丽莎：越界视野》(*Mona Lisa*：*Beyond the Glass*)，参观者可佩戴虚拟现实设备进行沉浸体验来近距离欣赏这幅画作。虚拟环境里面的一切看起来像真的，听起来像真的，甚至闻起来等都像真的，与现实世界感觉一模一样，令人沉浸其中。

图 1.12　《蒙娜·丽莎：越界视野》

鉴于目前技术的局限性，在现在的虚拟现实系统的研究与应用中，相对成熟的主要是视觉沉浸、听觉沉浸、触觉沉浸技术，而有关味觉与嗅觉的感知技术正在研究之中，目前还不成熟。

2. 交互性

交互性是指用户可对虚拟世界物体进行操作并得到反馈，如用户可在虚拟世界中用手去抓某物体，眼睛可以感知到物体的形状，手可以感知到物体的重量，物体也能随手的操控而移动。交互性的产生，主要借助于虚拟现实系统中的特殊硬件设备，如数据手套、力反馈装置等，使用户能通过自然的方式，产生与在真实世界中一样的感觉。虚拟现实系统交互性的另一个方面主要表现在交互的实时性。

虚拟现实技术所带来的沉浸式交互的特性也给现代展示艺术带来了新的魅力。在当代艺术中，越来越多的当代艺术家倾向于把作品做得能够与现场观众进行互动，其实在某种程度上也是受信息技术本身发展的影响。

3. 想象性

想象性是指虚拟的环境是人想象出来的。虚拟世界极大地拓宽了人在现实世界的想象力，不仅可想象现实世界真实存在的情景，也可以构想客观世界不存在或不可发生的情形。这种亦幻亦真、现实与虚拟的纠缠常常引发人们无限的思考。这种源于现实，又超越现实的想象，本身就已经跨越了技术而成为一种艺术，不断地启迪和开发人们的创造性思维。

不难看出，虚拟现实技术的沉浸感、交互性和想象性有着其特有的优势与魅力，它的这些特性所带来的全方位多维度的自由化的交互体验使得人类能够跨越时间和空间，而逼真的三维场景与视听效果使用户沉浸其中，在这种积极的状态下与虚拟空间对象进行能动的交流，从而可以分解或接受或改变原先的观念。

1.1.4 虚拟现实的分类

根据虚拟现实系统提供的沉浸感的高低与交互方式的不同，大致可以分为桌面式虚拟现实(Desktop VR)、沉浸式虚拟现实(Immersive VR)、增强式虚拟现实(Aggrandize VR)、分布式虚拟现实(Distributed VR)4 类。

1. 桌面式虚拟现实

桌面式虚拟现实(图 1.13)也称窗口虚拟现实，是利用个人计算机或低配工作站实现的小型桌面虚拟现实系统，用户直接通过计算机屏幕观察虚拟环境，通过输入设备实现与虚拟现实世界的交互，这些设备包括位置跟踪器、数据手套、力反馈器、三维鼠标或手控输入设备等。立体显示器用来观看虚拟三维场景的立体效果，它所带来的立体视觉能使参与者产生一定程度的投入感。桌面式虚拟现实系统中还会借助于专业单通道立体投影显示系统，达到增大屏幕范围和团体观看的目的。

在桌面式虚拟现实系统中，用户缺乏完全沉浸，缺少真实感体验，但实现成本低，应用方便灵活，对硬件设备要求低，是一种比较灵活的虚拟现实应用。为了增强效果，可以在桌面虚拟现实系统中借助一定的 3D 设备，达到增加沉浸感及多人观看的目的。如图 1.14 所示，虚拟现实操作一体机是一款功能强大的、具有增强现实功能的虚拟现实计算机，通过 3D 追踪眼镜和红外笔，可以营造出生动、立体、深度沉浸的交互式教学情境。

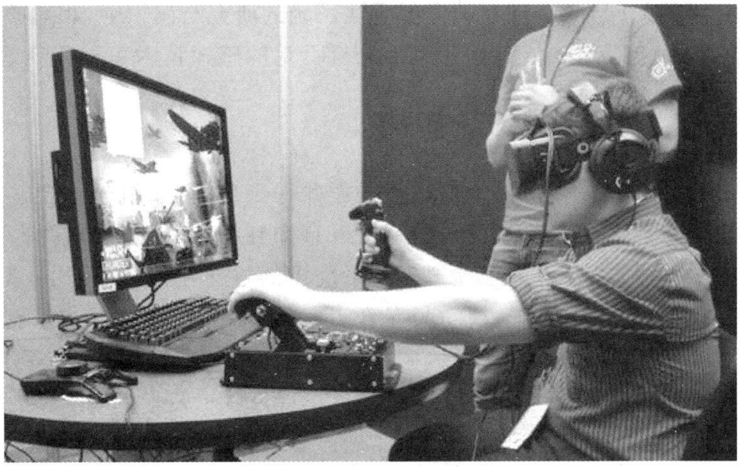

图 1.13 桌面式虚拟现实

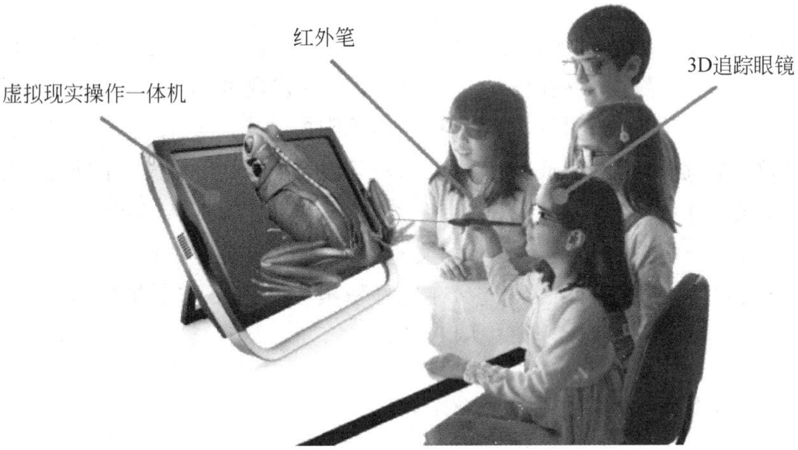

图 1.14 虚拟现实操作一体机

桌面式虚拟现实虽然缺乏类似 HMD 的沉浸效果，但它已基本具备虚拟现实技术的要求，加上成本低、易于实现的特点，因此目前应用也较为广泛。

2. 沉浸式虚拟现实

沉浸式虚拟现实提供完全沉浸的体验，使用户有一种置身虚拟世界的感觉。它利用 HMD 和手柄、数据手套等交互设备，将参与者的视觉、听觉和其他感觉封闭起来，提供一个新的、虚拟的感受空间，如图 1.15 所示，参与者通过交互设备操作和驾驭虚拟环境。沉浸式虚拟现实系统常用于各种培训演示及高级游戏等领域，但是由于沉浸式虚拟现实系统需要用到 HMD、数据手套、跟踪器等先进设备，因此它的价格比较昂贵，所需要的软件、硬件体系结构也比桌面式虚拟现实系统更加灵活。

常见的沉浸式虚拟现实系统有基于 HMD 的虚拟现实系统、投影式虚拟现实系统、座舱式虚拟现实系统、远程存在系统等。

基于 HMD 的虚拟现实系统需要用户戴上头盔式显示器，通过语音识别、手柄或数据手套等传感设备与虚拟世界交互，这是目前沉浸度最高的一种虚拟现实技术。

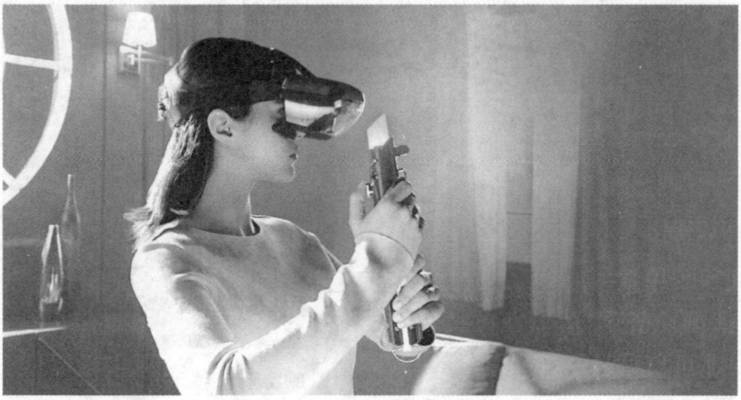

图 1.15　沉浸式虚拟现实

投影式虚拟现实系统让用户在屏幕中看到自身在虚拟环境中的形象，采用键控技术捕捉参与者形象，并将图像数据传送到计算机中进行处理，之后利用投影仪将参与者的形象与虚拟世界一起投射到屏幕上。如图 1.16 所示，洞穴状自动虚拟系统(CAVE)就是一种基于投影的沉浸式虚拟现实显示系统。CAVE 在外形上是使用投影系统、围绕着观察者具有多个图像画面的虚拟现实系统，多个投影面组成一个空间结构，从而产生一个被三维立体投影画面包围的供多人使用的完全沉浸式的虚拟环境。

图 1.16　CAVE

座舱式虚拟现实系统(图 1.17)是一个安装在运动平台上的模拟座舱。用户坐在座舱内，通过操纵和显示仪表来控制操作，同时通过“窗口”显示器观察到外部景物的变化，感受到座舱的旋转和倾斜运动，置身于一个能产生真实感受的虚拟操控平台。

远程存在系统将虚拟现实与机器人技术结合在一起，当用户对虚拟环境进行操纵时，结果会在另外一个地方发生。参与者通过立体显示器获得深度感，追踪器和反馈装置则将参与者的动作传送出去。

3. 增强式虚拟现实

增强式虚拟现实简称增强现实(AR)，与沉浸式虚拟现实强调沉浸感不同，增强现实旨在模拟和仿真现实世界，增强人们对真实环境的感受。在增强现实系统中，真实世界与虚拟世界在三维空间是叠加的，并具有实时人机交互的功能。典型案例就是战机飞行员的平视

图 1.17 座舱式虚拟现实系统

显示器，它可以将仪表读数和武器瞄准数据投射到飞行员面前的穿透式屏幕上，使得飞行员不用低头读取数据，从而可以集中精力瞄准敌机。如图 1.18 所示为增强式射击虚拟现实体验系统。

图 1.18 增强式射击虚拟现实体验系统

AR 技术也能够在艺术领域得到展现，比如用手机扫描戴珍珠耳环的少女，可以看到动画版的少女形象，甚至可以与其互动。借助增强现实，可以与断臂的维纳斯对话，可以重温时代广场的胜利日，可以看到王羲之在挥毫泼墨等。

增强式虚拟现实系统的主要特点如下。

(1) 真实世界与虚拟世界融为一体。

(2) 具有实时人机交互功能。

(3) 真实世界和虚拟世界在三维空间中整合。

增强式虚拟现实不仅利用虚拟现实技术来模拟现实世界、仿真现实世界，还可以在真实的环境中增加虚拟物体。如在室内设计中，可以在门、窗上增加装饰材料，改变各种式样、颜色等来审视最后的效果；医生做手术时，借助透视式 HMD，既可看到做手术现场的真实情况，也可以看到手术中所需的各种资料。

4. 分布式虚拟现实

分布式虚拟现实系统是基于网络的虚拟环境。利用计算机网络技术将多个用户加入到一个虚拟空间，共同体验虚拟世界，这就是分布式虚拟现实。分布式虚拟现实系统是在沉浸式虚拟现实系统的基础上，利用不同物理位置的多个用户可通过网络对同一虚拟现实世界进行观察和操作的特性，达到协同工作的目的。目前比较典型的分布式虚拟现实系统是SIMNET，如图1.19所示。它主要用于部队联合训练。分布式虚拟现实系统在远程教育、工程技术、建筑、电子商务、交互式娱乐、远程医疗等领域也都有着极其广泛的应用前景。

图1.19 分布式虚拟现实系统SIMNET

虚拟现实系统运行在分布式世界中有两方面的原因：一方面是充分利用分布式计算机系统提供的强大计算能力；另一方面是有些应用本身具有分布特性，如多人通过网络进行游戏和虚拟战争模拟等。

1.2 虚拟现实开发工具与技术

1.2.1 虚拟现实平台引擎

1. Unity

Unity(图1.20)是由Unity Technologies公司开发的一个让玩家轻松创建诸如三维视频游戏、建筑可视化和实时三维动画等类型的多平台综合型游戏开发工具，是一个全面整合的专业游戏引擎。Unity利用交互的图形化开发环境为首要方式，其编辑运行在Windows和macOS下，可发布游戏至Windows、Mac、iPhone、WebGL和Android平台。另外，还可以利用Unity Web Player插件发布网页游戏，支持Mac和Windows的网页浏览。Unity本身是一个强大的游戏引擎，并且社区成熟，Store中的资源也很丰富，包括

图1.20 Unity引擎

简单的 3D 模型、完整的项目、音频、分析工具、着色工具、脚本与材质纹理等。

Unity 3D 引擎易于上手,降低了对开发人员的要求,具有以下 8 个特色。

(1) 跨平台。开发者可以通过不同的平台进行开发。系统制作完成后,作品无须任何修改即可直接发布到主流平台上。

(2) 综合编辑。Unity 的用户界面具备视觉化编辑、详细的属性编辑器和动态游戏预览特性。

(3) 资源导入。项目可以自动导入资源,并根据资源的改动自动更新。Unity 3D 支持几乎所有主流的三维建模软件的文件格式导入,如 3ds Max、Maya、Blender 等,能将贴图材质自动转换为 U3D 格式,并能和大部分相关应用程序协调工作。

(4) 一键部署。Unity 只需一键即可完成作品的多平台开发和部署,让开发者的作品在多平台呈现。

(5) 脚本语言优势。Unity 完美兼容 Visual Studio 编译平台,支持 C# 脚本语言。

(6) 地形编辑器。内置强大的地形编辑系统,支持地形创建和树木与植被贴片,支持自动地创建地形 LOD、水面特效,尤其是低端硬件也可流畅地运行广阔茂盛的植被景观,能够方便地创建游戏场景中所用到的各种地形。

(7) 物理特效。内置 NVIDIA 的 PhysX 物理引擎,游戏开发者可以用高效、逼真、生动的方式复原和模拟真实世界中的物理效果,例如,碰撞检测、弹簧效果、布料效果、重力效果等。

(8) 光影效果。Unity 提供了具有柔和阴影以及高度完善的烘焙效果的光影渲染系统。

2. Unreal Engine

Unreal Engine 又称虚幻引擎,如图 1.21 所示。虚幻引擎是由 Epic Games 公司推出的一款代码开源、商业收费、学习免费的游戏引擎。利用它可以创建各种平台的游戏,包括 PC、主机、移动端以及 Web 端。Unreal Engine 的主要优势在于画面显示效果优秀、光照和物理效果好、可视化编程简单、插件齐全、对虚拟现实和手柄等外设支持良好并且提供各种游戏模板。

图 1.21 Unreal Engine

Unreal Engine 不仅是一款殿堂级的游戏引擎,还能为各行各业的专业人士带去无限的创作自由和空前的掌控力。基于 Unreal Engine 系列版本,游戏开发者可以进行游戏开发,影视创作者可以进行影视制作,建筑设计师可以进行建筑设计,汽车制造商可以进行模型搭建,城市规划行业可以进行三维仿真城市的建设,工厂可以进行流水线模拟等。简言之,一切可以用到三维仿真表达、虚拟环境模拟的行业,都可以用 Unreal Engine 来进行模型表达、场景构建和动态仿真。

3. VR-Platform

VR-Platform(Virtual Reality Platform,虚拟现实平台)如图 1.22 所示。VR-Platform 是一款由中视典数字科技有限公司独立开发的具有完全自主知识产权、直接面向三维美工的虚拟现实软件。

VR-Platform 具有适用性强、操作简单、功能强大、高度可视化和所见即所得的特点。VR-Platform 所有的操作都是以美工可以理解的方式进行,不需要程序员参与,只需要操作者具有良好的 3D 建模和渲染基础,对 VR-Platform 平台稍加学习和研究就可以很快制作出自己的虚拟现实场景。因此,VR-Platform 可广泛地应用于城市规划、室内设计、工业仿真、古迹复原、桥梁道路设计、房地产销售、旅游教学、水利电力、地质灾害等领域。

图 1.22 VR-Platform

1.2.2 虚拟现实交互语言

1. VRML

VRML(Virtual Reality Modeling Language,虚拟现实建模语言)是用来描述三维物体与其行为的,可以构建虚拟境界(Virtual World),是一种用于建立真实世界的场景模型或人们虚构的三维世界的场景建模语言。以 VRML 为核心构建的虚拟世界中的用户如身处真实世界一般,可以和虚拟物体交互,人们可以以习惯的自然方式访问各种场所,在虚拟社区中"直接"交谈和交往。

VRML 的设计是从在 Web 上欣赏实时 3D 图像开始的。它是传统的虚拟现实中同样也使用的实时 3D 着色引擎。这使得 VRML 应用从三维建模和动画应用中分离出来,在三维建模和动画应用中可以预先对前方场景进行着色,但是没有选择方向的自由。

VRML 提供了 6+1 度的自由,用户可以沿着三个方向移动,也可以沿着三个方向旋转,同时还可以建立与其他 3D 空间的超链接,因此,VRML 是超空间的。

VRML 不仅支持数据和过程的三维表示,而且能提供带有音响效果的结点,用户能走进视听效果十分逼真的虚拟世界,如虚拟场景演示、简易迷宫等,如图 1.23 所示。用户使用虚拟对象表达自己的观点,能与虚拟对象交互,为用户对具体对象的细节、整体结构和相互关系的描述带来新的感受。

2. C#

C#是微软公司设计的一种面向对象编程语言,是从 C 和 C++派生来的一种简单、现代和类型安全的面向对象编程语言。作为一种现代编程语言,在类、名字空间、方法重载和异常处理方面,去掉了 C++中的许多复杂性,借鉴和修改了 Java 的许多特性,使其更加易于使用、不易出错,并且能够与.NET 框架完美结合。

Unity 中的 C#脚本的运行环境使用了 Mono 技术,可以在 Unity 脚本中使用.NET 所有的相关类。Unity 2017 之前的版本自带 MonoDevelop 编辑器,后期版本转换为 Visual Studio 平台,如图 1.24 所示。Unity 中的 C#与传统的 C#也有所不同,Unity 中所有挂载到对象上的脚本都必须继承 MonoBehavior 类,并通过 MonoBehavior 类定义各种回调方法。Unity 借助 Mono 实现跨平台,核心是.NET 框架。

图 1.23　VRML 虚拟场景演示

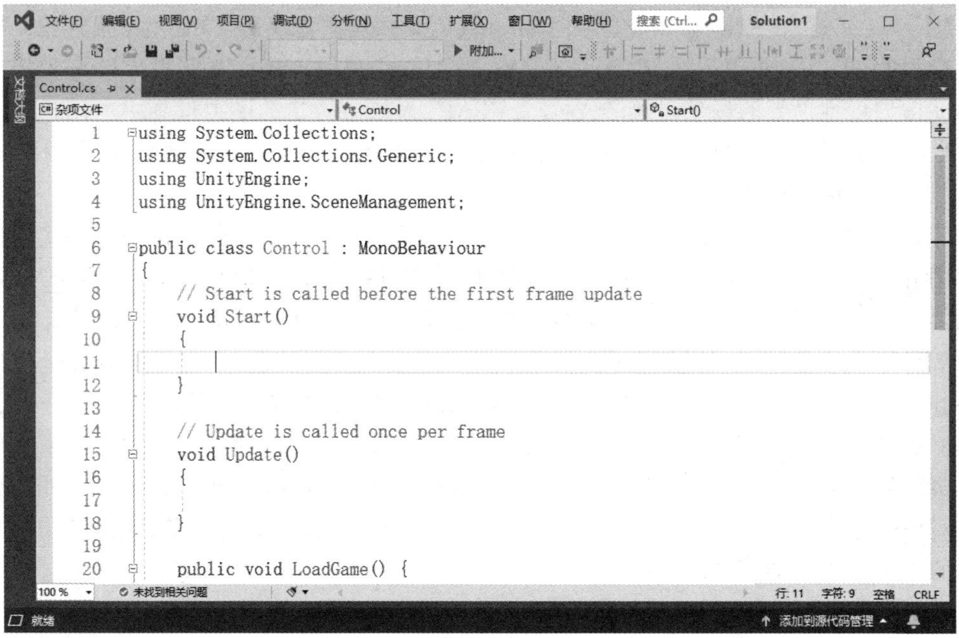

图 1.24　Visual Studio 平台

3. C++

C++是美国 AT&T 贝尔实验室在 20 世纪 80 年代发明的语言，最初是作为 C 语言的增强版出现的。C++进一步扩充和完善了 C 语言，并不断增加新特性，成为一种面向对象的程序设计语言。

在 Unreal Engine 工程中有两种类型：蓝图和 C++。这两种类型的工程没有任何实质性的区别，C++类型的工程在创建的时候，会自动弹出 Visual Studio 打开这个工程进行编程设计。蓝图支持的功能涵盖了 C++支持的几乎所有功能，但从开发效率上来看，蓝图占绝对优势，对于初学者来说，学习蓝图能快速掌握引擎在代码层面提供的功能。

Unreal Engine 在 C++ 编译开始前，使用工具 Unreal Header Tool，解析 C++ 头文件中引擎相关类元数据，并生成自定义代码，然后再调用真正的 C++ 编译器，将自动生成的代码与原始代码一并进行编译，生成最终的可执行文件。

1.2.3　虚拟现实建模工具

完整的虚拟现实项目开发，需要多个平台、多种工具的配合使用，包括建模开发工具、虚拟现实开发软件及平台、虚拟现实语音识别工具、虚拟现实立体显示工具和虚拟现实碰撞检测工具。3D 虚拟世界是由场景环境及互动对象的 3D 模型共同组成的，本节就对目前市面上主流、典型的建模工具进行逐一了解。

1. 3ds Max

3ds Max 是 Discreet 公司（后被 Autodesk 公司合并）开发的基于 PC 系统的三维动画渲染和制作软件，其工作界面如图 1.25 所示。3ds Max 功能强大、扩展性好、建模功能强大并具有丰富的插件，能提供“标准化”建模，操作简单、容易上手，对于初学者非常友好，因此被广泛应用于广告设计、影视动画、工业设计、建筑设计、三维建模、多媒体制作、虚拟现实以及工程可视化等领域。

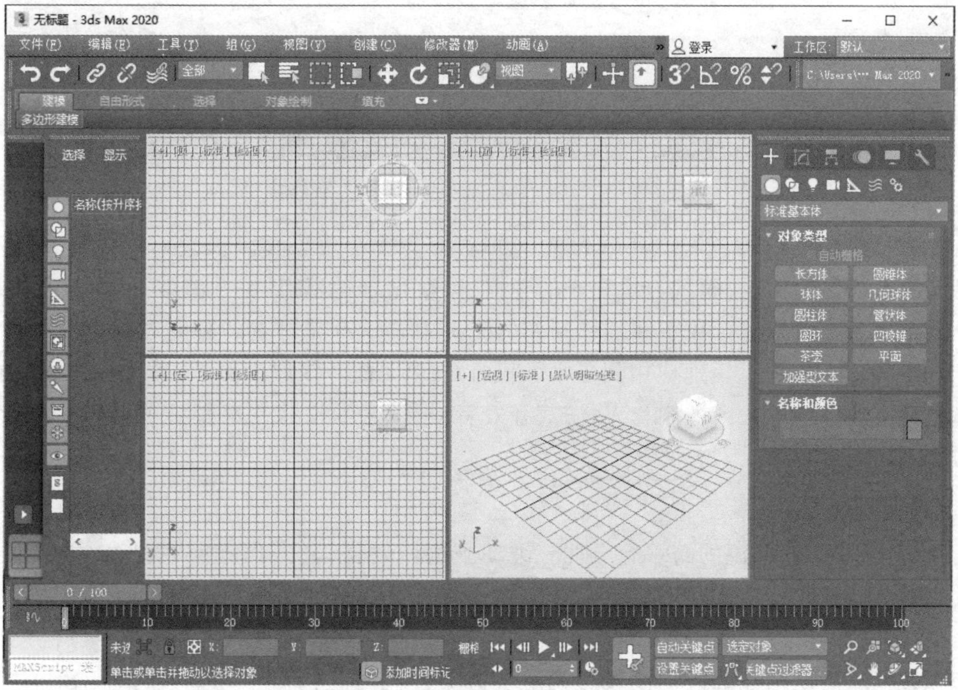

图 1.25　3ds Max 的工作界面

该软件基于 PC 系统，配置要求低，与其他相关软件配合流畅。可堆叠的建模步骤，使制作模型有非常大的弹性，具有强大的角色动画制作能力和性价比高的特点。

2. Maya

Maya 是 Autodesk 公司出品的世界顶级的三维动画建模和制作软件，其工作界面如图 1.26 所示。其功能完善、工作灵活、制作效率极高且渲染真实感极强，可以大大提高电影、电视、游戏等领域开发、设计和创作的工作流效率，是电影级别的高端制作软件。Autodesk Maya 的应用对象是专业的影视广告、角色动画、电影特技等。《星球大战》系列、《指环王》系列、《蜘蛛侠》系列、《哈利波特》系列、《木乃伊归来》及《最终幻想》《精灵鼠小弟》《马达加斯加》《金刚》等影视动画都出自 Maya 之手，其他领域的应用更是不胜枚举。

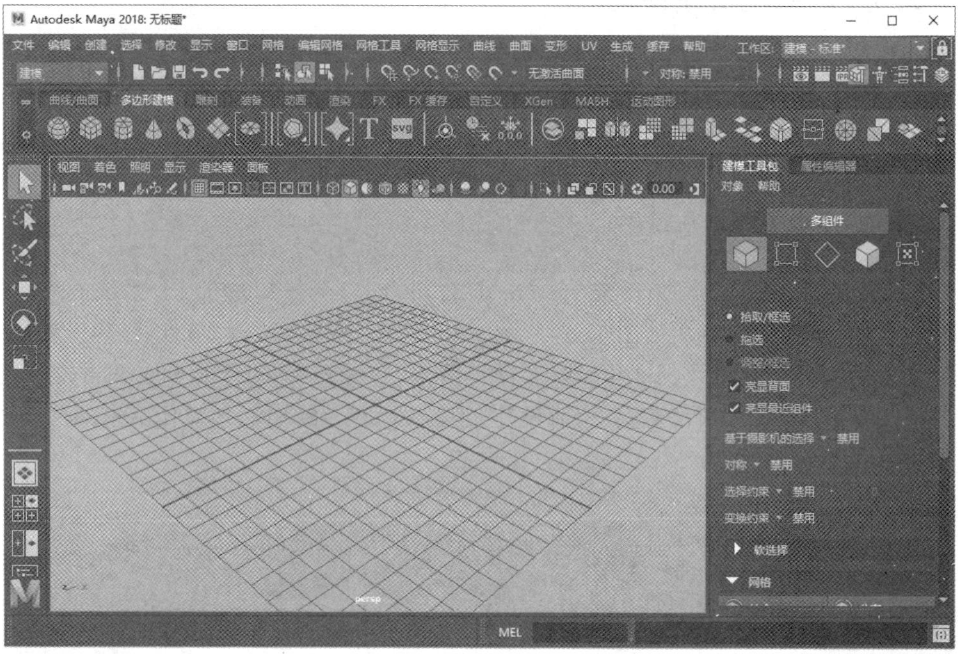

图 1.26　Maya 的工作界面

Maya 集成了 Alias、Wavefront 最先进的动画及数字效果技术。它不仅包括一般三维和视觉效果制作的功能，而且与最先进的建模、数字化布料模拟、毛发渲染、运动匹配技术相结合。在市场上用来进行数字和三维制作的工具中，Maya 是首选的解决方案。

另外，Maya 也被广泛地应用到了平面设计(二维设计)领域。Maya 软件的强大功能正是那些设计师、广告主、影视制片人、游戏开发者、视觉艺术设计专家和网站开发人员极为推崇的原因。

3. Blender

Blender 是一款开源的跨平台全能三维动画制作软件，其工作界面如图 1.27 所示。它提供从建模、动画、材质、渲染到音频处理、视频剪辑等一系列动画短片制作的解决方案。

Blender 拥有方便在不同工作下使用的多种用户界面，内置绿屏抠像、摄像机反向跟踪、遮罩处理、后期结点合成等高级影视解决方案。同时还内置卡通描边(Free Style)和基于 GPU 技术的 Cycles 渲染器。以 Python 为内建脚本，还支持多种第三方渲染器。

Blender 的特色在于拥有完整集成的创作套件，提供了全面的 3D 创作工具，包括建模、UV 映射、贴图、绑定、蒙皮、动画、粒子和其他系统的物理学模拟、脚本控制、渲染、运动跟踪、合成、后期处理和游戏制作。其高质量的 3D 架构为用户带来了快速高效的创作流程。

4. Cinema 4D

Cinema 4D(C4D)是由德国 Maxon 公司研发的 3D 绘画软件，其工作界面如图 1.28 所

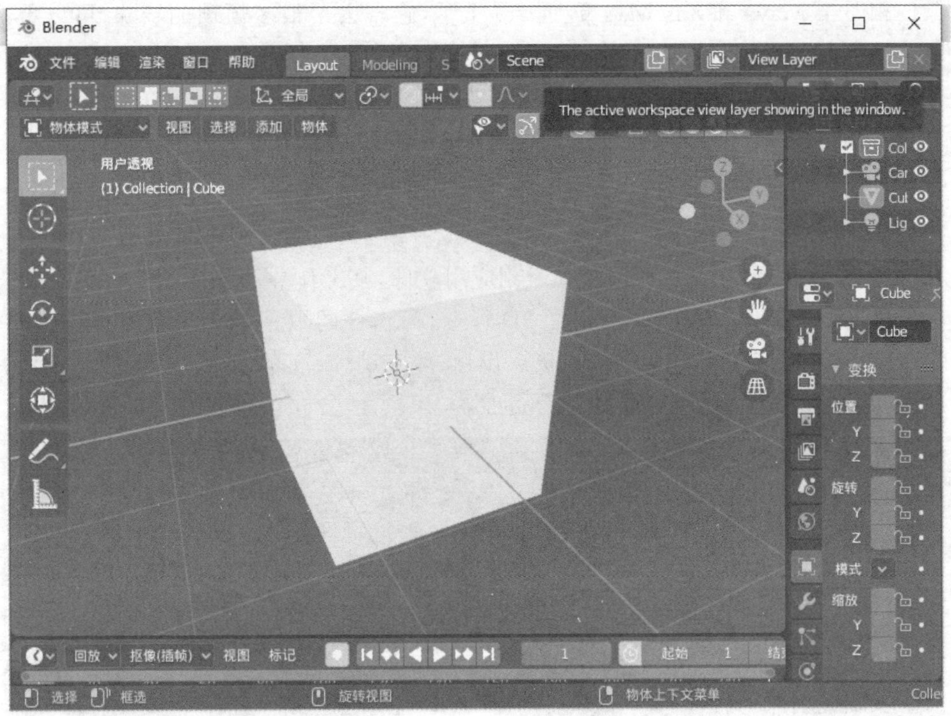

图 1.27　Blender 的工作界面

示。其以极高的运算速度和强大的渲染插件著称，主要定位在工业设计行业和包装行业。C4D 更加注重流畅性、舒适性、合理性、易用性和高效性。

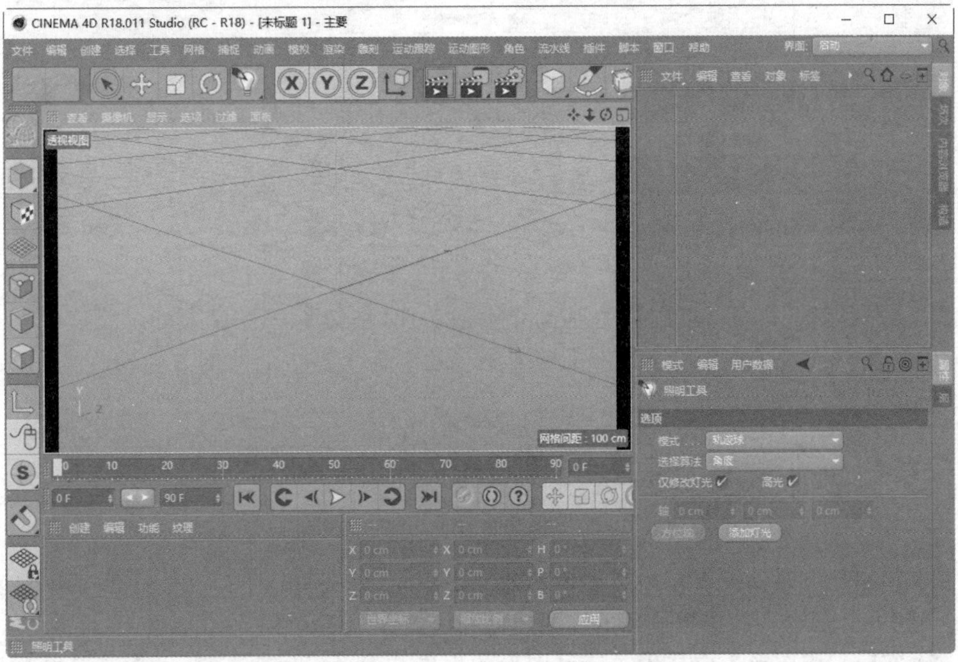

图 1.28　Cinema 4D 的工作界面

C4D 相对于 Maya 和 3ds Max 更加容易上手，它省去了很多烦琐的步骤，可以更快捷、轻松地完成整个 3D 建模流程，渲染速度快、效果好，并与后期软件 AE 完美契合。C4D 在动画方面也比较强大，主要体现在运动图形、动力学、角色三个模块，尤其在做大规模的阵列动画上，阵列的规模越大，差距就越大。目前，由于 C4D 的开发者社区规模相对较小，在业界标准方面的影响力还达不到 Maya 和 3ds Max 那样的程度。

5. ZBrush

ZBrush 是一款领先的 2D/3D 数字雕刻应用软件，其工作界面如图 1.29 所示。通过强大的功能和直观的工作流程彻底改变了 3D 行业，为当今的数字雕刻艺术家提供世界上最先进的工具，被广泛应用于电影、游戏、概念设计、珠宝设计、汽车/航空设计、插画设计、艺术设计、玩具设计、收藏品设计、科学插图等行业。

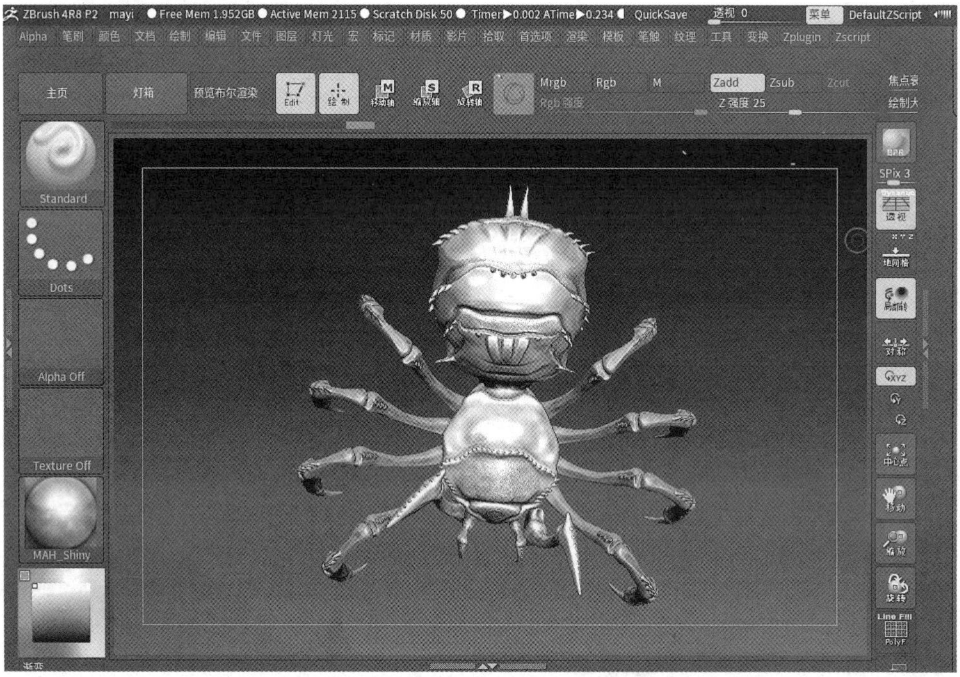

图 1.29 ZBrush 的工作界面

ZBrush 拥有一系列以可用性为基础开发的功能，创造了一种令人难以置信的自然体验，同时激发了艺术家的灵感。凭借能够雕刻多达十亿个多边形的能力，ZBrush 可以通过想象创造无限的东西。

1.2.4 虚拟现实关键技术

虚拟现实的关键技术主要包括以下 5 种。

(1) 动态环境建模技术。虚拟环境的建立是虚拟现实系统的核心内容，目的就是获取实际环境的三维数据，并根据应用的需要建立相应的虚拟环境模型。

(2) 实时三维图形生成技术。三维图形的生成技术已经较为成熟，关键就是“实时”生成。为保证实时，至少保证图形的刷新频率不低于 15 帧/秒，最好高于 30 帧/秒。

(3) 立体显示设备和传感器技术。虚拟现实的交互能力依赖立体显示设备和传感器技术的发展,现有的设备不能满足需要,力学和触觉传感装置的研究也有待进一步深入,虚拟现实设备的跟踪精度和跟踪范围也有待提高。

(4) 应用系统开发工具。虚拟现实应用的关键是寻找合适的场合和对象,选择适当的应用场合和对象可以大幅度提高生产效率、减轻劳动强度、提高产品质量。想要达到这一目的,需要研究虚拟现实的开发工具。

(5) 系统集成技术。由于虚拟现实系统中包括大量的感知信息和模型,因此系统集成技术起着至关重要的作用,集成技术包括信息的同步技术、模型的标定技术、数据转换技术、数据管理模型、识别与合成技术等。

1.3 虚拟现实人机交互设备

1.3.1 立体显示设备

虚拟世界的沉浸感主要依赖人类的视觉感知,因此,三维立体视觉是虚拟现实技术的第一传感通道。为了能给用户提供大视野、双眼的立体视觉效果,就需要一些专门的立体显示设备来增强用户在虚拟环境中视觉沉浸感的逼真程度。现阶段常用的立体显示设备主要有立体眼镜、HMD、互动投影、全息显示设备等。

(1) 立体眼镜。俗称 3D 眼镜,一般采用“时分法”通过眼镜与显示器信号的同步实现 3D 效果,如图 1.30 所示。当显示器输出左眼图像时,左眼镜片为透光状态,而右眼为不透光状态;而在显示器输出右眼图像时,右眼镜片透光而左眼不透光。这样两只眼睛就看到了不同的游戏画面,达到欺骗眼睛的目的。以这样频繁地切换来使双眼分别获得有细微差别的图像,经过大脑计算从而生成一幅 3D 立体图像。

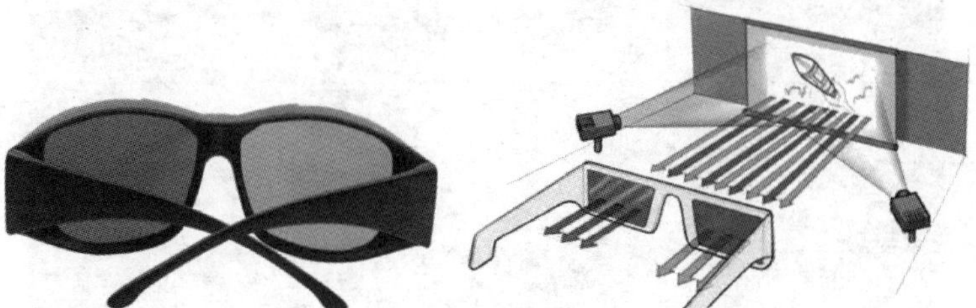

(a) (b)

图 1.30 立体眼镜及其分色原理

(2) HMD。HMD 是虚拟现实系统中普遍采用的一种立体显示设备,如图 1.31 所示。在 HMD 上配有空间位置跟踪定位设备,能实时检测出头部的位置,虚拟现实系统能在 HMD 的屏幕上显示出反映当前位置的场景图像。它通常分别向左右眼提供图像,这两幅图像由计算机分别驱动,两幅图像间存在着微小的差别,类似于“双眼视差”。通过大脑将两幅图像融合以获得深度感知,得到一个立体的图像。HMD 可以将参与者与外界完全隔离或部分隔离,因而已成为沉浸式虚拟现实系统与增强式虚拟现实系统不可缺少的视觉输出设备。

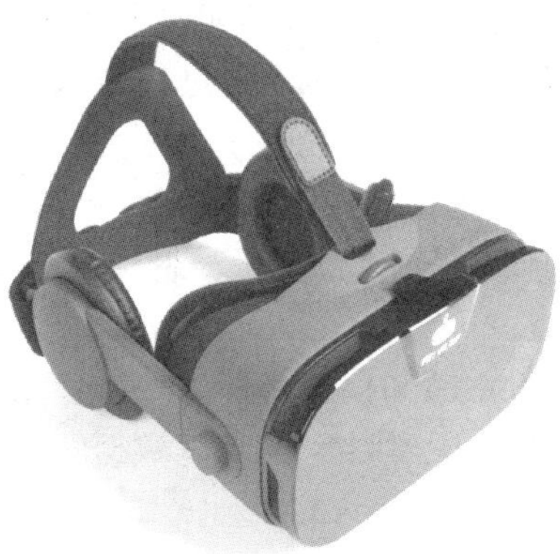

图 1.31 带空间跟踪定位功能的 HMD

(3) 互动投影。包括地面互动、体感互动和互动墙等，如图 1.32～图 1.34 所示。地面互动投影系统采用投影设备把影像投射到地面，通过系统识别用户双脚动作与虚拟场景进行交互，并随着参访者的脚步变化产生相应的变幻效果。体感互动是硬件互动设备、体感互动系统软件以及三维数字内容的交互，是真正人机互动的展示。互动墙则采用先进的计算机视觉技术和投影显示技术来营造一种动感交互体验，系统可在墙面上产生各种特效影像，让用户沉浸在虚实融合的奇妙世界中。

图 1.32 地面互动

图 1.33 体感互动

图 1.34 互动墙

(4) 全息显示设备。全息图像技术由伦敦帝国理工学院的丹尼斯·加博尔(Dennis Gabor)发明，也称为虚拟成像技术。它利用了干涉以及衍射原理记录并再现了物体的真实三维图像，通过投影设备把不同角度的视频内容投影在全息膜上，从而使观看者看到不属于自身角度的其他图像，如图 1.35 所示。其应用场景十分广泛，不仅可以产生立体的空中幻象，还可以使幻象与表演者产生互动，达到令人震撼的演出效果。因此，全息投影技术在产品发布会、舞台演出、互动酒吧等场合都有所应用。

图 1.35　3D 全息投影

从全息投影的理论上讲，全息图像应该构建在空气中，即采用空气激光的投影方式。但在实践中，往往采用了透明度极高的特殊的纳米材料薄膜，搭成特定形状后，再将激光投射到薄膜载体上，构建起以假乱真的场景效果，这也导致了后期的真伪全息投影技术之争。近几年全息投影技术也有了颠覆性突破，出现了三维全息投影芯片，使立体影像可以飘浮在空气中，相信在不久的将来，三维全息投影时代将真正到来。

1.3.2　跟踪定位技术与设备

在虚拟现实系统中，跟踪定位设备是人机交互的重要设备之一。它的主要作用是及时准确地获取人的动态位置和方向信息，并实时地将采集到的位置和方向信息发送到虚拟现实中的计算机控制系统中。

目前，用于跟踪用户的方式有两种：一种是跟踪人的头部位置与方向，来确定用户的视点与视线方向；另一种则是通过跟踪用户手上戴的数据手套来确定位置与方向。

跟踪定位技术通常使用 6 自由度(6 Degree of Freedom，6 DoF)来表征跟踪对象在三维空间中的位置和朝向，如图 1.36 所示。这 6 种不同的运动方向包括沿 *X* 轴、*Y* 轴、*Z* 轴的平移和沿 *X* 轴、*Y* 轴、*Z* 轴的旋转。利用三维坐标，可以确定世界上任意一个点的位置。

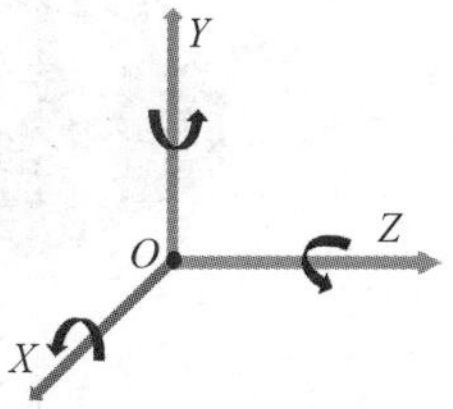

图 1.36　6 自由度示意图

常用的跟踪定位技术主要有电磁波、超声波、机械、光学、惯性和图像提取等几种方法。它们典型的工作方式是由固定发射器发射出信号，该信号将被附在用户头部或身上的机动传感器截获，传感器接收到这些信号后进行解码并送入计算部件处理，最后确定发射器与接收器之间的相对位置和方位，数据随后传输到时间运行系统进而传给三维图形环境处理系统。

1.3.3　人机交互设备

根据人类自然交互方式，虚拟现实输入技术主要有两大类：动作输入和声音输入。从目前行业整体发展状况来看，主要是动作输入。动作输入的设备有传统手柄、虚拟现实手柄、数据手套等，以及采用计算机视觉技术的手势输入设备、全身动作捕捉、眼控技术等。如图 1.37 所示，利用数据手套可以实现人机同步交互。

图 1.37　数据手套人机同步交互

不论哪种输入方式，最重要的是两大要素，即自然和同步。要尽可能自然地模拟用户与周边环境的交互，并保证用户在现实世界的行动和虚拟世界的行动是同步的。这不仅关乎交互界面，更关乎用户体验，以及用户在虚拟现实中存在的影响。

1.3.4　3D 建模设备

3D 建模设备是一种可以快速建立仿真的 3D 模型的辅助设备。目前主要包括 3D 摄像机、3D 扫描仪和 3D 打印机等。3D 扫描仪如图 1.38 所示。

图 1.38　手持和固定式 3D 扫描仪

3D 摄像机是一种能够拍摄立体视频图像的虚拟现实设备。通过它拍摄的立体影像在具有立体显示功能的显示设备上播放时，能够产生具有超强立体感的视频图像效果。观看者戴上立体眼镜就能够具有身临其境的沉浸感。

3D 扫描仪又称三维模型数字化仪。该设备利用 CCD 成像、激光扫描等技术实现三维模型的采样，利用配套的矢量化软件对三维模型数据进行数字化。因此特别适合建立一些不规则的三维物体模型，例如人体器官、雕像等。

3D 打印机可以利用特种材料打印三维模型。使用 3D 辅助设计软件创建模型原型后，能够以分层加工的形式进行 3D 打印，打印的原料可以是有机或者无机的材料如橡胶、塑料等，不同的打印机厂商所提供的打印材质有所不同。3D 打印机通常适用于个性化需求。

1.4　虚拟现实技术的应用领域和发展趋势

1.4.1　虚拟现实技术的应用领域

虚拟现实技术被广泛应用于军事、医学、教育、建筑设计、影视娱乐和艺术展览等多个领域。

1. 军事领域

虚拟现实技术在军事领域中发挥着重要的作用，被广泛地应用于军事训练、武器装备的研究和生产，以及军事教育等方面。

目前的军事模拟训练大多是虚拟现实系统。英国国防部向外界公开了全世界最大和最精确的模拟作战训练系统“合成兵战术训练师”，其由170辆全面联网的高技术战车模拟器组成，全面革新了装甲战斗集群的战术仿真训练。美国陆军的自动虚拟实验室CAVE是一个典型的虚拟现实系统。早在2000年，美国陆军开发了一个包括综合作战系统环境所用的作战单元CCTT的模拟仿真器。目前，美国正在开发空军的任务支援系统(AFMSS)和海军的特种作战部队计划和演习系统(SOF PARS)。

我国的赵沁平教授在863计划的资助下，以北京航空航天大学计算机系为系统集成单位，中国科学院软件所、国防科技大学等单位为关键技术单位，开展了秦皇岛军事科学教育虚拟现实基地伞降体验项目，如图1.39所示。该项目包括合成环境、虚拟士兵、武器等研究，目前已达到美国同类产品的水平。

图1.39　秦皇岛军事科学教育虚拟现实基地伞降体验项目

2. 医学领域

虚拟现实技术在医学领域可用于教学及复杂手术的规划，并且可以提供操作提示和对手术结果进行预测，或者进行人体解剖仿真、外科手术仿真，用虚拟的医疗手术治疗系统，也可以对患者进行远程的救治。

1985年，美国国立医学图书馆就开始进行人体解剖图像数字化的研究和利用。目前已经有虚拟人体模型可供下载。虚拟现实技术可以遥感外科手术，医生通过远程的医疗虚拟现实系统，只需要对虚拟病人模型进行手术，便可以通过网络将医生动作传送到另一端的手术机器人，由机器人对病人实施手术。手术实时进展的情况也可以通过机器人摄像机实时传给医生的头盔立体显示器，以便医生实时地掌握手术情况，实现虚拟现实模拟手术练习，如图1.40所示。

2003年，我国第一军医大学宣布完成了首例女虚拟人的数据采集。首都医科大学对虚拟中国女性数据集的高分辨率可视化和上海交通大学对虚拟人体运动建模的研究均各有特色。

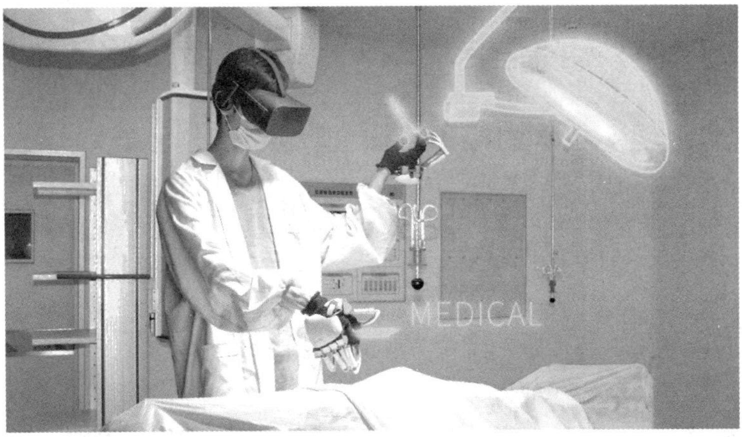

图 1.40　虚拟现实模拟手术练习

3. 教育领域

虚拟现实技术应用于教育是教育技术发展的一个飞跃。它使传统的“以教促学”的学习方式被取而代之为学习者通过自身与信息环境的相互作用来得到知识。

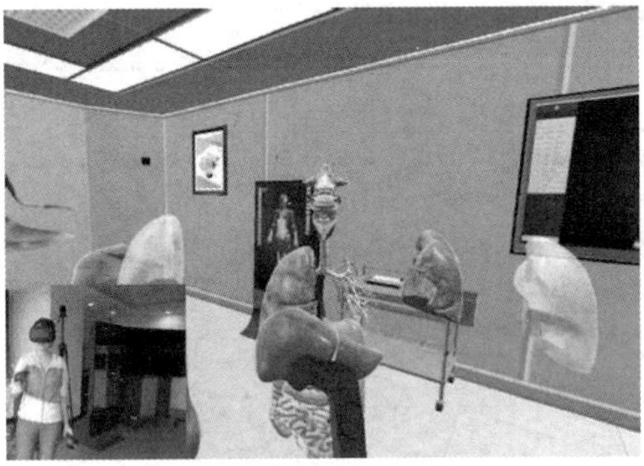

图 1.41　现代医学虚拟课堂

国内利用虚拟现实技术开发了多媒体教学软件，如邹湘军、周荣安等开发的机械制造工程学多媒体教学软件。该软件效果逼真，已在南华大学和国防科技大学指挥专业的教学中使用。

利用虚拟现实技术进行仿真教学和实验，可以模拟显现那些在现实中存在的，但在课堂教学环境下不容易做到或要花费很大代价才能显现的各种事物，供学生学习和探索。如图 1.41 所示为一个现代医学虚拟课堂的教学演示效果。此外，各大院校利用虚拟现实技术还建立了与学科相关的虚拟实验室来帮助学生更好地学习。

4. 建筑设计

一般来说，建筑师是通过绘制透视图、动画模拟、摄影等方式来分析和感受空间的。透视图和摄影照片是对空间的瞬时截取，对空间的反映是不连续的，而动画和摄影是沿着特定方式进行的，对空间的反映缺乏主动性和实时性，通过这些技术对空间的感知和实际感受有很大差异。且这些方式基本是听觉和视觉的，而真正空间的感受是集听觉、触觉和视觉于一体的全方位的感受。

虚拟现实技术在建筑设计中的应用能提高人们对空间感受的真实性，以中视典家居设计引擎“典居”为例(图 1.42)，在虚拟现实模拟的虚拟环境中，人们可以自由地选择观察视角、运动路线及观察行进方式，能感受虚拟空间亮度、温度、声音的变化，甚至脚对地面的感应也能被真切感受到。应用虚拟现实技术可以将设计方案直观地展现给用户，方便用户了解，提高用户参与积极性，增强双方交流，有效解决了设计师和用户的沟通问题。设计师还可以将自己的想法通过虚拟现实技术模拟出来,可以在虚拟环境中预先看到室内的实际效果,这样既节省了时间,又降低了成本。

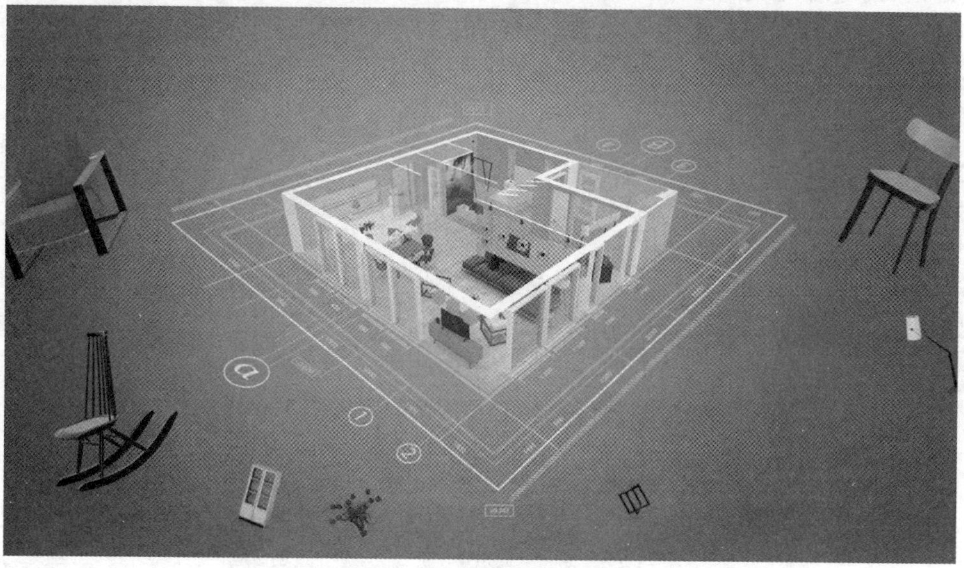

图 1.42 中视典家居设计引擎“典居”

5. 影视娱乐

近年来,由于虚拟现实技术在影视业的广泛应用,以虚拟现实技术为主而建立的第一现场 9D VR 体验馆得以实现。第一现场 9D VR 体验馆自建成以来,在影视娱乐市场中的影响力非常大。此体验馆可以让观影者体会到置身于真实场景之中的感觉,让体验者沉浸在影片所创造的虚拟环境之中。

同时,随着虚拟现实技术的不断创新,此技术在游戏领域也得到了快速发展。如图 1.43 所示,虚拟现实三维游戏几乎包含虚拟现实的全部技术,使得游戏在保持实时性和交互性的同时,也大幅提升了游戏的真实感。

图 1.43 虚拟现实三维游戏

6. 艺术展览

虚拟展示艺术是集成图像、声音、影像、三维模型等多媒体设计，通过电子触控、光学投影和观众来完成一种交互性、构想性、沉浸性的新媒体跨界体验。它融合了视觉影像设计、交互设计、平面设计、展示设计、电子工程、硬件设备的研发、程序的开发等，这是典型的艺术与科学融合的一种新媒体。

虚拟现实技术在艺术展览中的应用目前主要体现在一些展馆，如科技馆、纪念馆、博物馆等，在文物的虚拟展示方面也有着很广阔的前景。运用这种新媒体手段，对文化遗产的传承和保护有着卓越的贡献。如图 1.44 所示，参观者可以借助 AR 在圣米歇尔山模型前沉浸体验文化和历史。这种数字化的虚拟展品也可以永久性地保存，通过建立三维模型数据库，可以随时调用文物模型，使文物展示脱离了各种保存的限制，大大提高了文物展示的质量与效率。

图 1.44　AR 参观圣米歇尔山

未来虚拟展示艺术会更多地融入社会生活，如虚拟商店购物、虚拟游乐园、虚拟建筑漫游等。这种新媒体展示方式更加吸引人们的注意力和提高人们的兴趣点，使人们在生活中更加有乐趣。这种新媒体方式打破了时间、空间的限制，使信息传达和交流更加方便。运用虚拟现实技术进行的虚拟展示艺术已经成为人们最为关注的信息展示方式。

1.4.2　虚拟现实技术的发展趋势

虚拟现实技术经过近几年的快速发展，各方面性能逐步完善，应用前景十分广阔，但距离大众化实用阶段还很远。在未来，虚拟现实技术的设备及服务需要进一步发展完善，营造智能化和实用型虚拟现实的应用环境，减少技术使用层面的困难，开发更多的内容丰富的虚拟现实作品或虚拟仿真应用软件，使虚拟现实技术获得更加普遍的推广和应用。本节将分析虚拟现实技术的发展趋势，并探讨其在硬件设备、人体工学设计和自然交互方面未来的发展方向。

1. 虚拟现实硬件的发展趋势

虚拟现实的硬件除了计算机外，主要硬件是头盔。头盔由显示屏、光学器件、目镜以及传感器和相应的器件组成。显示屏用来显示 3D 图像，光学器件用来产生立体感，目镜用来形成沉浸感，传感器和相关的器件用来产生交互作用。目前，虚拟现实技术还不完善，首先是沉浸式的三维图像显示的质量不高，还不能达到以假乱真的程度；其次是虚拟现实的交互方式还不能令人满意,还没有以比较自然的方式与虚拟对象进行交互。在一段比较长的时间内,VR公司需要研发和提供高质量的HMD设备,以提高虚拟现实中三维图像的显示质量和实时图形生成技术。现在,高质量的计算机显卡已经符合要求。今后,提高三维图像的显示质量,主要与头盔中的显示屏(液晶板)有关,须尽可能地提高其清晰度和刷新率。同时,在不降低图形的质量和复杂程度的基础上,不断提高设备的分辨率,使人们无法分辨虚拟世界与真实世界的区别。

2. 虚拟现实头盔进一步轻巧化和舒适化

虚拟现实技术必须使用目镜放大视角和放远视场,用户透过目镜后的屏幕成像才能沉浸在虚拟现实的环境中。现在,用户在虚拟空间漫游中体验的时间久了,眼睛容易疲劳,并且容易产生晕眩和头痛等负面影响。但是,随着科学技术的发展,未来采用成像质量更高和显像时间更快的屏幕,再采用新型光学材料制成的目镜,能进一步减小体积和重量。根据人体工学设计的头盔将会更加轻巧,更加舒适,晕眩和头痛等负面影响将会进一步减少。目前,几乎所有的增强现实技术都致力于消除显示器和屏幕的使用。如果可能,头盔显示器将允许人们在任何地方看到一个虚拟的"电视",在墙上、在手机屏幕上、在手掌上或者在空气中,头盔的屏幕时代即将终结。

3. 在虚拟现实中尽可能地以比较自然的方式进行交互

目前,虚拟现实多采用眼睛转动跟踪识别、动作识别和语音识别等人工智能技术,实现与虚拟对象的互动,这使鼠标和键盘的交互方式或触摸的交互方式变得多余。这种交互方式被称为人机交互的新革命。沉浸式技术的进步,加上人工智能和计算机视觉,将重塑用户与数字世界、现实世界互动的未来。从使用3D获取更丰富、更平滑的输入,到使用3D来呈现新体验,用户的期望将从2D界面逐渐转向更丰富、更沉浸的3D世界。

小结

本章是深入学习虚拟现实与交互应用的理论基础,简要介绍了有关虚拟现实技术的基本概念、开发工具、关键技术、人机交互设备、应用领域和发展趋势。

虚拟现实以计算机技术为核心,融合了计算机图形学、多媒体技术、传感器技术、光学技术、人机交互技术、计算机仿真和立体显示技术等,创建一个具有视觉、听觉、触觉、嗅觉等多种感知的三维虚拟环境,用户可以借助必要的设备与虚拟环境中的对象进行交互,从而产生身临其境的感觉和体验。

虚拟现实系统具有三个最突出的特征:沉浸感(Immersion)、交互性(Interaction)和想象性(Imagination),可以用"3I"来描述。其中,沉浸感和交互性是决定一个系统是否属于虚拟现实系统的关键特征。

虚拟现实系统常用的人机交互设备包括立体显示设备、跟踪定位技术与设备、人机交互设备和3D建模设备。

虚拟现实技术被广泛应用于军事、医学、教育、建筑设计、影视娱乐和艺术展览等多个领域。虚拟现实技术作为新一代信息技术,在未来的发展具有很高的潜力和前景。随着高质量HMD设备的出现、三维图像显示质量的提高,虚拟现实头盔将更加轻巧化和舒适化,人类与智能设备交互方式将更加自然，虚拟现实技术将会呈现出更加广泛的应用领域和更多新的发展方向。

习题

一、填空题

1. 虚拟现实系统三个最突出的特征：____________，____________，____________。
2. 虚拟现实的核心内容主要包括：____________，____________，____________。
3. 虚拟现实系统根据沉浸感的高低与交互方式的不同，可以分为桌面式虚拟现实、____________、____________和____________。
4. 虚拟现实人机交互设备主要包括立体显示设备、____________、____________和____________。
5. 虚拟现实的关键技术主要包括以下5种：____________、____________、____________、应用系统开发工具和系统集成技术。

二、简答题

1. 什么是虚拟现实？
2. 如何区分VR、AR、MR和XR？
3. 简述不同类型虚拟现实系统的特点和应用情况。
4. 虚拟现实技术主要被应用在哪些领域？

第 2 章

虚拟现实建模基础

学习目标

- 3ds Max 基本操作。
- 3ds Max 模型制作。
- 3ds Max 材质设计。
- 3ds Max 摄影机及灯光。
- 3ds Max 模型贴图。
- 3ds Max 模型烘焙及导出。

虚拟世界是由虚拟现实场景环境和互动对象的三维模型共同组成的。对于虚拟现实场景而言，建模是一切工作开始的基础，只有模型被成功地创建出来，并经过展 UV、赋材质、贴图、烘焙和导出，在引擎中的进一步开发工作才能正常有序地进行。虚拟现实建模的基础是对三维制作软件的掌握和熟练操作。作为元老级三维制作软件和业界标准之一，3ds Max 提供了强大而专业的建模功能，是虚拟世界场景制作的首选工具。

2.1 3ds Max 基本操作

2.1.1 文件基本操作

文件基本操作主要针对的是 3ds Max 文件，如打开、保存、导入和导出等，掌握正确的文件操作方法，可以有效地避免后期复杂建模操作的错误。

在 3ds Max 中，打开文件的方法有很多种，可以直接双击"场景. max"文件打开；也可以在启动 3ds Max 软件后，将"场景. max"文件拖动到 3ds Max 软件视图中并选择打开文件；还可以单击界面左上角的软件图标，在弹出的下拉菜单中选择"打开"命令。打开文件界面如图 2.1 所示。

在制作模型过程中，要经常通过按 Ctrl+S 组合键进行保存，并在弹出的对话框中为文件设置保存路径和名称，也可以通过单击左上角"文件"菜单下面的"保存"命令进行保存。

"导入"和"导出"命令可以让模型以不同的文件格式进行导入和导出，在虚拟现实模型

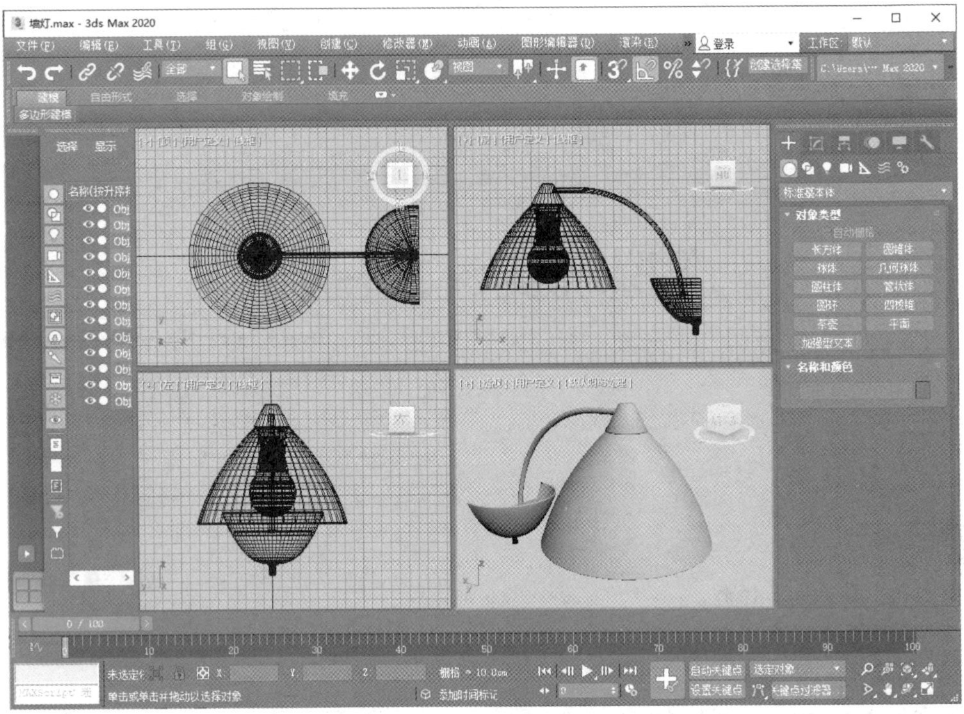

图 2.1 打开文件界面

制作过程中，经常会用到“导出”命令将其制作好的模型导出为 FBX 格式，以便在 Unity 3D 或 Unreal Engine 中进一步开发。需要注意的是，菜单中“导入”和“合并”命令虽然都可以将文件加载到场景中，但是两者有所区别。合并主要是针对 3ds Max 的源文件格式即 .max 文件，而导入主要是针对 .obj 或 .3ds 格式的文件。在实际工作中，一般合并文件都是有选择性的。

“重置”命令是将当前打开的文件复位为 3ds Max 最初打开的状态，其目的与关闭当前文件，然后重新打开 3ds Max 软件效果相同。

在制作模型的过程中，场景中的模型、贴图、灯光等往往分布在计算机中的多个地方，并没有整理在一个文件夹中，利用“文件”菜单中的“归档”命令可以将所有文件快速打包为一个 .ZIP 压缩文件，其中包含该文件所有的素材。

2.1.2 对象基本操作

对象的基本操作是对场景中的模型、灯光、摄影机等对象进行创建、选择、复制、编辑等操作，是完全针对对象的常用操作。

1. 创建一组模型

在菜单中选择“创建”→“标准基本体”→“圆柱体”命令，或者在命令面板中执行“创建”→“几何体”→“标准基本体”→“圆柱体”命令，然后在视图中单击并拖动，创建一个圆柱体模型。选择圆柱体模型，在命令面板中单击“修改”按钮，并设置其参数。

在命令面板中执行“创建”→“几何体”→“标准基本体”→“茶壶”命令，然后在视图中单击并拖动，创建一个茶壶模型。选择当前茶壶模型，在命令面板中单击“修改”按钮，并设置其参数。

在透视图中沿 z 轴向上适当移动茶壶模型，使其置于圆柱体上方，如图 2.2 所示。

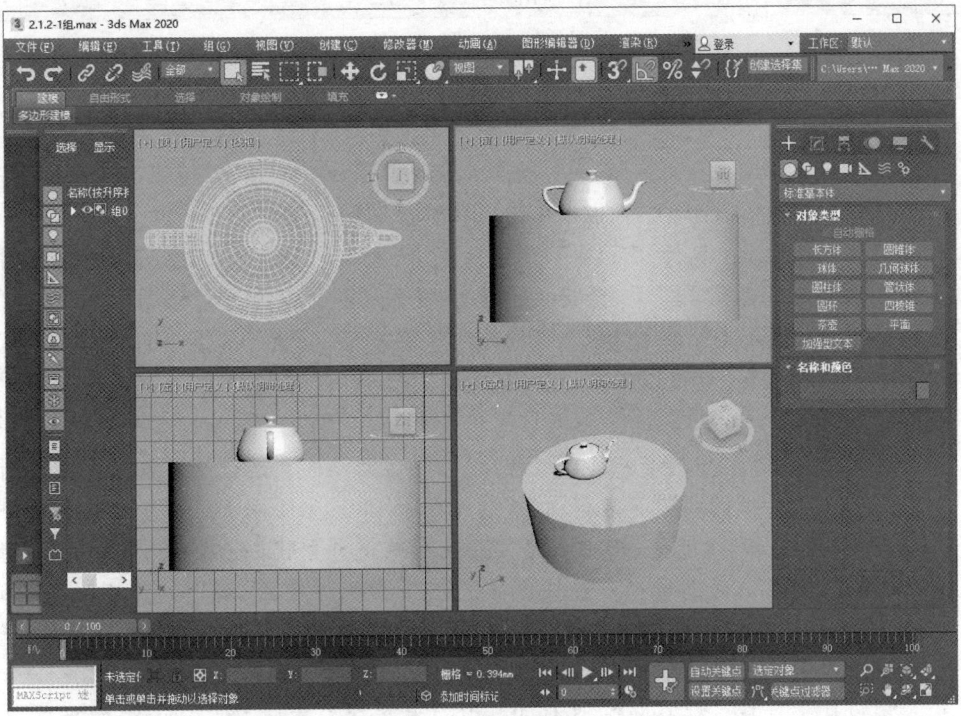

图 2.2 创建一组模型

在 3ds Max 中可以将多个对象进行组和解组操作。组是指暂时将多个对象放在一起，被组的对象无法修改参数或单独调整某个对象的位置，直到将组解组方可调整。选择上面创建的两个模型，在菜单栏中执行“组”→“组”命令，如图 2.3 所示，在弹出的“组”对话框中进行命名，此时两个模型暂时组在一起。注意：组在一起并不是变成一个模型。可以在菜单中执行“组”→“解组”命令恢复。

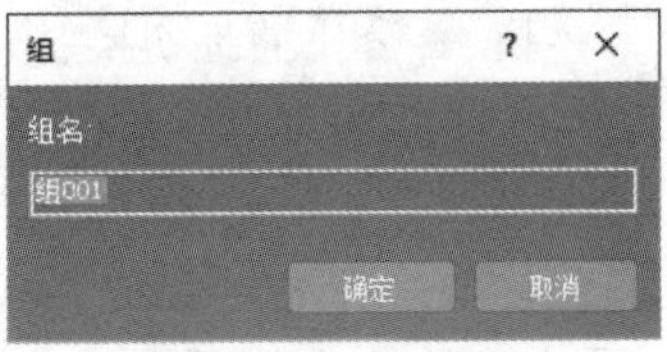

图 2.3 “组”对话框

对象的操作可以通过主工具栏完成。主工具栏位于主窗口菜单栏下面，其中包括很多 3ds Max 中用于执行常见任务的工具和按钮。按钮名称如图 2.4 所示，每个按钮都有相应的功能，可以通过单击按钮完成相应操作。当然，主工具栏中的大部分按钮都可以在其他位置找到，熟练掌握主工具栏，有利于对软件的快捷操作。

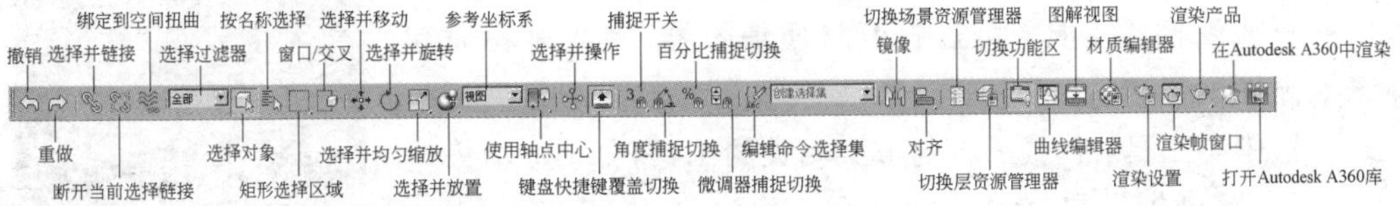

图 2.4 主工具栏按钮名称

主工具栏中的按钮按照具体功能，可以大致分为 11 个大类，如图 2.5 所示，具体分类和工具介绍如下。

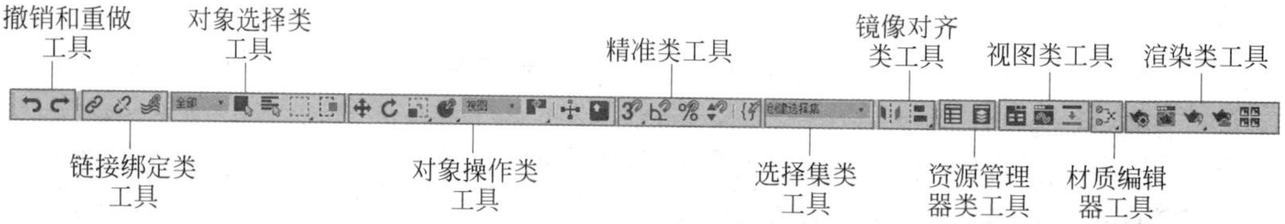

图 2.5　主工具栏按钮分类

- 撤销和重做工具：在 3ds Max 中操作失误时，可以单击“撤销”按钮向前返回上一步操作（快捷键为 Ctrl+Z）。也可单击“重做”按钮向后返回一步。
- 链接绑定类工具：链接绑定类工具包括三个，其中，“选择并链接”工具用于链接对象和对象之间的父子关系，链接后的子模型会跟随父模型进行移动。“断开当前选择链接”工具与“选择并链接”工具的作用恰好相反，可断开链接好的父子关系。“绑定到空间扭曲”工具可以将粒子与空间扭曲之间进行绑定。
- 对象选择类工具：对象选择类工具可以使用更合适的选择方式选择对象。对象选择类工具包括 5 个，其中，“选择过滤器”可以过滤不需要选择的对象类型，对于批量选择某一种类型的对象非常有用。“选择对象”工具主要用于选择一个或多个对象，按 Ctrl 键可以进行加选，按 Alt 键可以进行减选。单击“按名称选择”按钮会弹出“从场景选择”对话框选择。选择区域工具包含 5 种模式，可以使用矩形、圆形、围栏、套索和绘制等不同的选择区域工具进行选择对象。“窗口/交叉”工具用于设置在框选对象时，是以窗口或交叉模式选择。
- 对象操作类工具：对象操作类工具可以对对象进行基本操作，如移动、旋转、缩放等，是一些非常常用的工具。
- 精准类工具：精准类工具可以使模型在创建时更准确。包括捕捉开关、角度捕捉切换、百分比捕捉切换、微调器捕捉切换。
- 选择集类工具：选择集类工具包括“编辑命名选择集”工具和“创建选择集”工具。可以为单个或多个对象进行命名，也可以创建集。
- 镜像对齐类工具：包括“镜像”工具和“对齐”工具，可以准确地镜像复制和对齐模型。
- 资源管理器类工具：资源管理器类工具包括“切换场景资源管理器”工具和“切换层资源管理器”工具，可以分别对场景资源和层进行管理操作。
- 视图类工具：包括切换功能区、曲线编辑器、图解视图这三个工具，可以调出三个不同的参数面板。
- 材质编辑器工具：可以打开材质编辑器，完成对材质和贴图的设置。
- 渲染类工具：包括 5 种与渲染相关的工具，分别为渲染设置、渲染帧窗口、渲染产品、在云中渲染、打开 Autodesk A360 库。虚拟现实一般采用引擎即时渲染的方式，这里不做过多渲染有关的讲解。

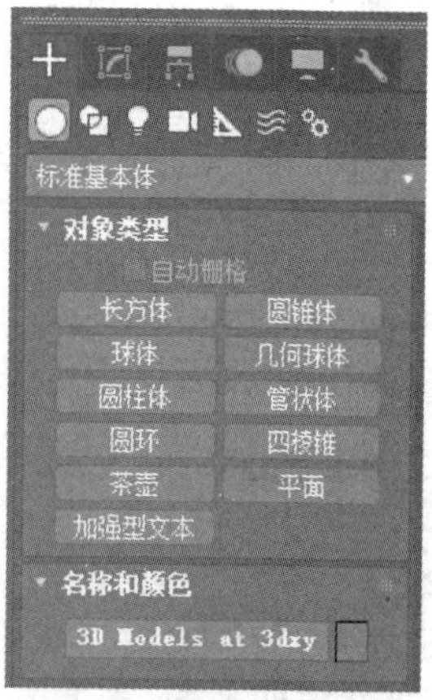

图 2.6　命令面板

场景中对象的操作可以在命令面板中完成。如图 2.6 所示，命令面板由 6 个用户界面面板组成，默认状态下显示的是“创建”面板，其他面板包括“修改”“层次”“运动”“显示”“实用程序”。其中，“创建”面板主要用来创建几何体、摄影机和灯光等，“修改”面板主要用来调整场景对象的参数和几何形体，“层次”面板中可以访问调整对象间层次链接的工具，“运动”面板中的参数主要用来调整选定对象的运动性，“显示”面板中的参数主要用来设置场景中控制对象的显示方式，“实用程序”面板中包含各种工具程序。

2. 利用主工具栏操作对象

利用“间隔”工具可以将模型沿线进行均匀复制分布。

以消火栓模型文件为例，使用“线”工具在顶视图中绘制一条曲线，绘制效果如图 2.7 所示。

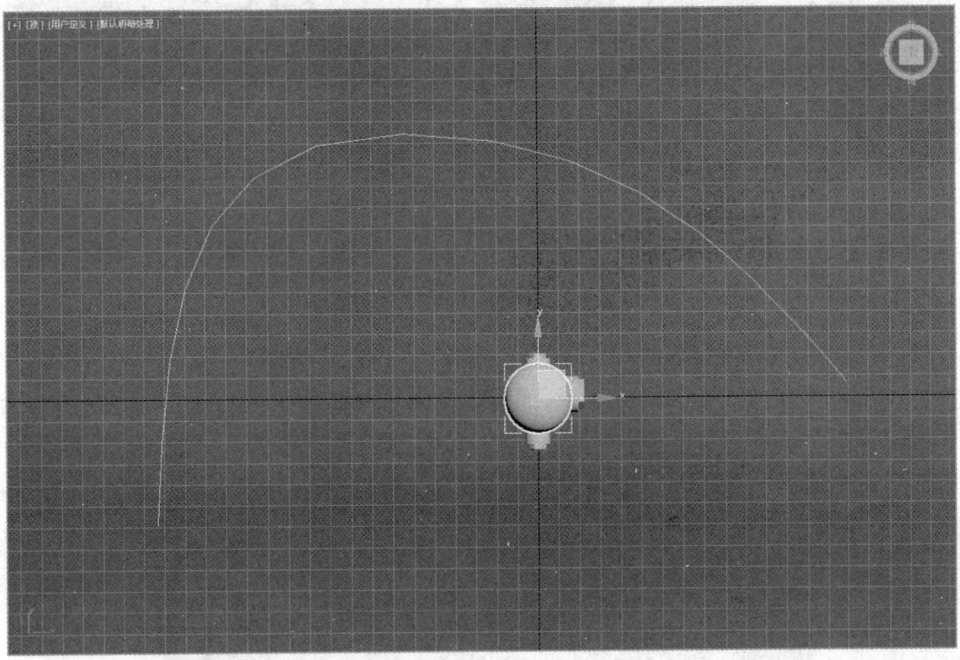

图 2.7 绘制曲线

在主工具栏空白处右击，在弹出的菜单中选择“附加”命令，然后单击选择消火栓模型，接着单击“阵列”按钮，在下拉列表中选择“间隔”工具，如图 2.8 所示，在弹出的对话框中单击“Line001”按钮，再单击拾取场景中的线，设置“计数”为 6，勾选“跟随”复选框，单击“应用”按钮后再单击“关闭”按钮。

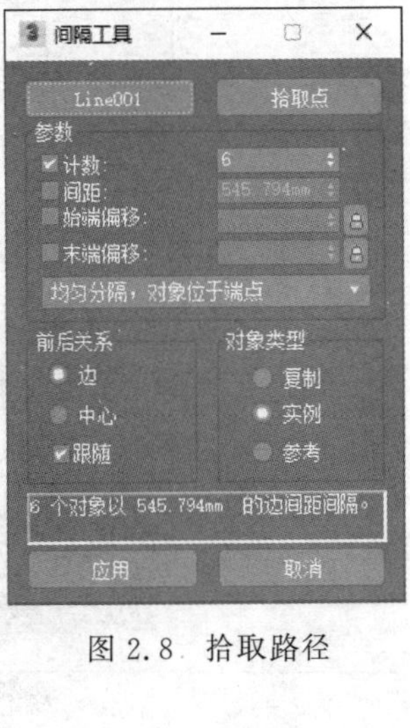

图 2.8 拾取路径

如图 2.9 所示，此时可以看到消火栓模型已经沿着线复制出来形成间隔复制分布，此时可以将原始的消火栓模型删除。

2.1.3 视图基本操作

视图又称视口，是 3ds Max 进行可视化操作的窗口，是建模过程中最主要的工作区域。视图的基本操作包括视图选择

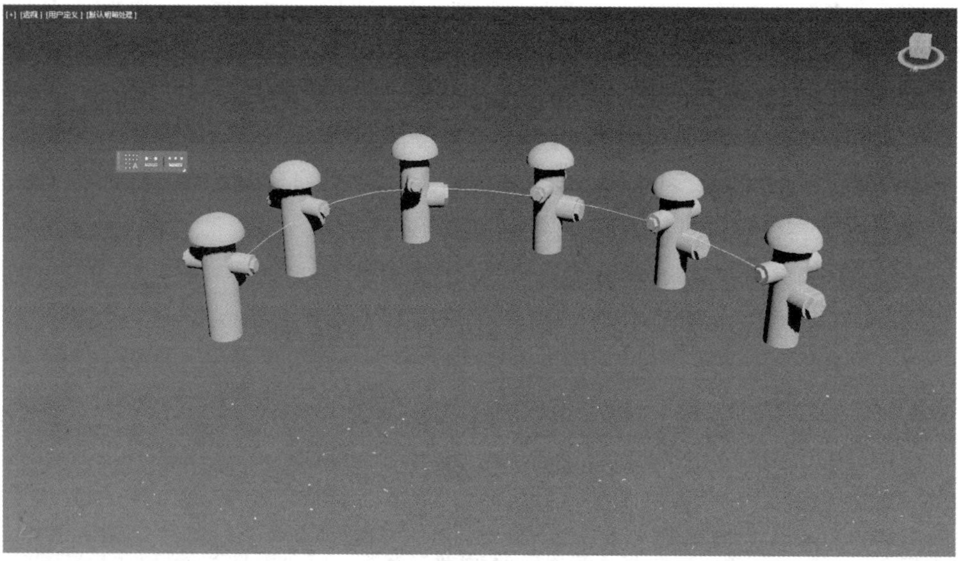

图 2.9 间隔复制分布

与快速切换、单视图窗口基本操作、视图中右键菜单操作等。在软件界面右下角是视图操作按钮，在实际建模过程中，一般都是通过快捷键代替按钮操作。

1. 视图选择与快速切换

3ds Max 中默认的视图布局为 4 个，即顶视图、前视图、左视图和透视图(快捷键分别为 T、F、L 和 P)。这 4 个视图并不是一成不变的，单击视图左上角的"＋"按钮，选择菜单中的"视口配置"命令，弹出如图 2.10 所示的"视口配置"对话框，切换到"布局"面板，选择一种布局方式，从缩略图中可以观察到视图布局的划分方式，然后单击"应用"按钮确定。

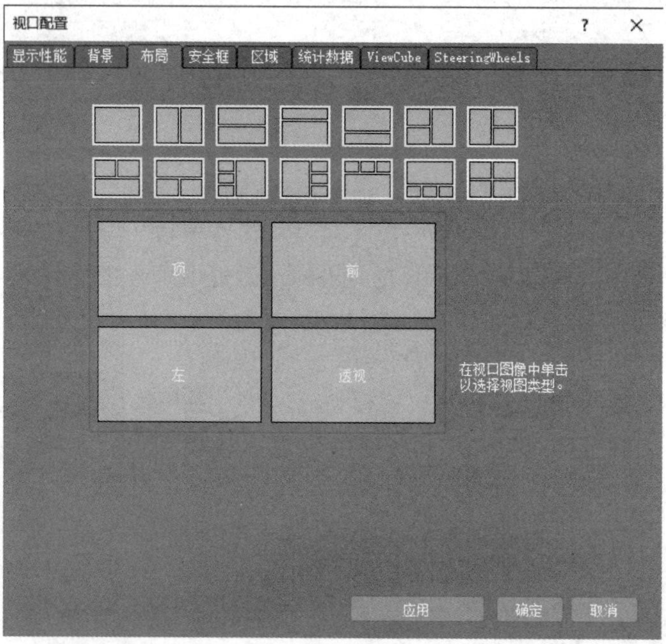

图 2.10 "视口配置"对话框

一般虚拟现实建模过程中，最常用的多视图模式仍为默认的 4 视图模式。利用鼠标移动到视图框体边缘可以自由拖动调整各个视口的大小，在所有视口框体交接处右击，如果想恢复原来的设置，可以在分视图框体交接处，右击重置布局。

在实际的建模过程中，透视图并不是最为合适的显示视图，最为常用的是正交视图(快捷键 U)。它与透视图最大的区别是，正交视图中模型没有透视关系，更有利于编辑和制作模型时对模型进行观察。

单击视图左上角，可以在弹出菜单中设置当前视口的显示模式。在多视图状态下要切换不同角度的视图，单击相应视图即可，被选中的视图会显示为黄色边框。按 Alt＋W 组合键可以切换多视图与单视图。

单击视图左上角的“默认明暗处理”选项，会弹出视图显示模式菜单，如图 2.11 所示。它用于切换当前视图模型的显示方式，包括默认明暗处理、面、边界框、平面颜色、隐藏线、粘土、线框覆盖、边面等。在 3ds Max 中创建模型时，建议在顶视图、前视图、左视图中使用“线框覆盖”的方式显示，在透视图中使用“边面”的方式显示。通过合理的显示模式的切换和选择，可以更加方便地建立和调整模型。

2. 单视图窗口的基本操作

单视图窗口的基本操作主要包括视图焦距推拉、视图角度转变、视图平移等。

视图焦距推拉：滚动鼠标中键，主要用于视图整体操作与精确操作、宏观操作和微观操作的转变。

视图角度转变：按 Alt 快捷键＋鼠标中键拖动，主要用于进行不同角度的视图选择，方便从各个角度和方位对模型进行操作。

视图平移：按鼠标中键移动，可对上下左右不同方位进行平移操作，按快捷键 Z 可以将当前选择的模型或整个场景模型移动到当前视图窗口的中间位置。

3. 视图中右击操作

在 3ds Max 视图中任意一个位置上右击都会弹出一个菜单，如图 2.12 所示，这个菜单中的命令通常都是针对被选中的模型，包括“显示”和“变换”两部分。

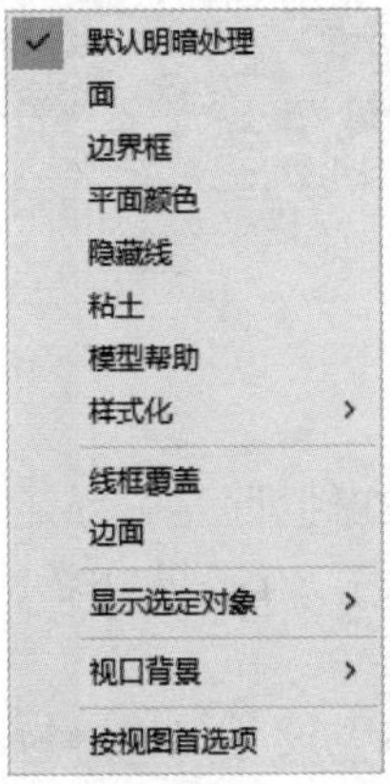

图 2.11 视图显示模式

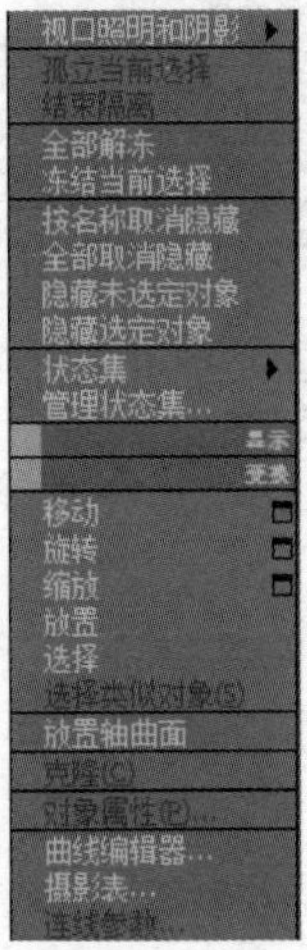

图 2.12 视图中右击弹出菜单

在“显示”菜单中，最重要的是“冻结”和“隐藏”命令。冻结会将选中的模型锁定为不可操作状态，但仍然显示在视图窗口中，只是无法对其施加任何命令和操作。隐藏会将选中的模型在视图窗口中处于暂时消失不可见的状态，隐藏不等于删除，取消隐藏后可再次显示在视图窗口中。

“变换”菜单中包括移动、旋转、缩放、选择、克隆和对象属性、曲线编辑器、摄影表、连线参数等一些高级命令。

4. 设置关闭视图阴影

3ds Max 默认会在视图中显示比较真实的光影效果，在建模过程中，旋转视图时某些角度会产生黑色阴影，从而容易造成建模的不便，可以设置关闭视图阴影。

打开模型文件，单击透视图左上角的“用户定义”，然后取消勾选“照明和阴影”下的“阴影”，如图 2.13 所示，此时模型表面的阴影基本消失，仅存在微弱的阴影效果。再次单击透视图左上角“照明和阴影”下的“环境光阻挡”，则模型表面就没有任何阴影效果了。

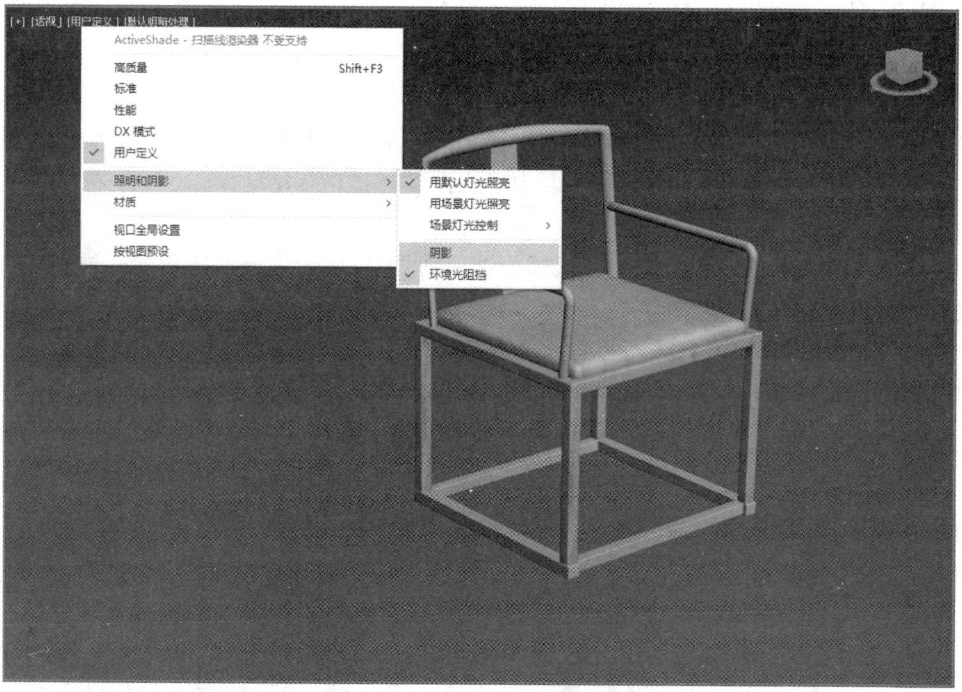

图 2.13　关闭视图阴影

2.2　3ds Max 模型制作

3ds Max 模型制作是指应用 3ds Max 的技术，在虚拟世界中创建模型的过程。在虚拟世界构建过程中，建模是最基础也是最重要的步骤之一，有了模型之后才能进行场景灯光、材质、贴图、渲染等操作。

在使用 3ds Max 制作模型时，建议先进行系统单位设置，目的是使尺寸更加精准，这是一个非常好的习惯。一般来说，室内的模型可以设置单位为 mm(毫米)，室外以及较为大型的模型可以设置单位为 cm(厘米)或 m(米)。系统单位设置方法如下。

在菜单栏中选择“自定义”→“单位设置”命令，如图 2.14 所示，在弹出的对话框中单击“系统单位设置”按钮，并设置系统单位比例为“毫米”，然后单击“确定”按钮，接着设置“显示单位比例”中的公制为“毫米”，再单击“确定”按钮。

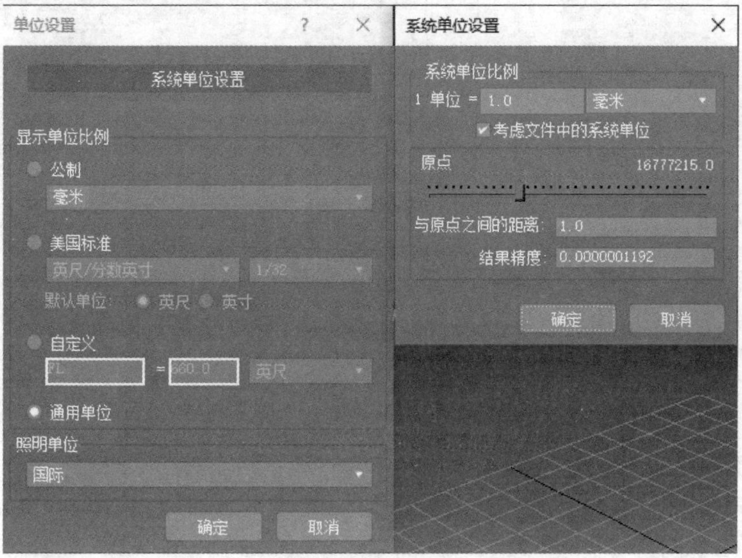

图 2.14　单位设置

2.2.1　几何体建模

在 3ds Max 中有很多种建模方式，其中，几何体建模是最简单的一种，其创建方式类似于搭积木，通过内置的常见几何形体，如长方体、球体、圆柱体、圆锥体、管状体、圆环等的组合，从而制作出很多简易的模型，如桌子、书架、茶几、柜子等。除此之外，3ds Max 中还内置了一些室内场景常见元素，如门、窗、楼梯等，只需要简单的参数设置即可得到尺寸精确的模型对象。

在 3ds Max 软件右侧的工具命令面板中，使用鼠标单击想要创建的几何体，在视图中用鼠标拖动即可完成模型的创建。

1. 使用长方体制作一个书柜

本案例使用长方体、选择并旋转工具、角度捕捉切换工具、镜像工具、复制操作制作家具中最常见的书柜。步骤如下。

(1) 单击“创建”→“几何体”→“标准基本体”→“长方体”命令，在透视图中创建一个长方体，单击“修改”按钮，设置长度为 500mm，宽度为 1500mm，高度为 15mm。

(2) 选中该模型，激活工具栏中的“选择并旋转”按钮和“角度捕捉切换”按钮，在透视图中按 Shift 键并单击，如图 2.15 所示，在弹出的“克隆选项”对话框中选择“复制”选项，并将其沿 y 轴旋转 90°，将复制完成的模型移动到合适位置。

(3) 选择此时的两个长方体模型，单击“镜像”按钮，在弹出的对话框中设置镜像轴为 zx，克隆当前选择为复制，设置合适的偏移值。

(4) 选择完成的一个小长方体，设置长度为 500mm，宽度为 500mm，高度为 15mm。按

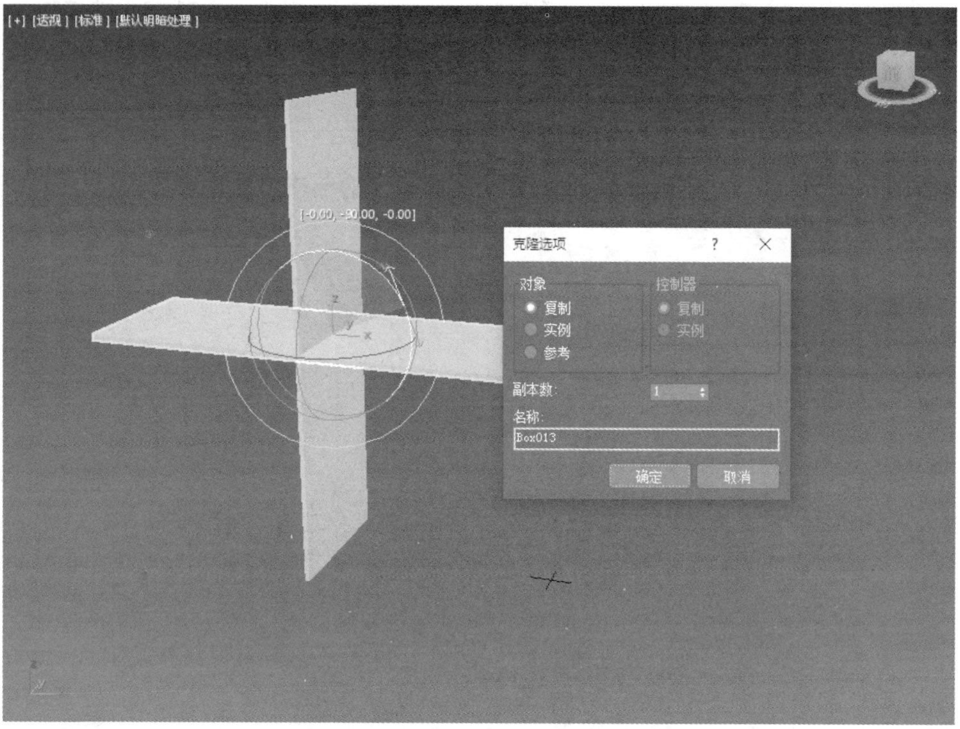

图 2.15　复制对象

Shift 键并单击，将其沿着 z 轴向下平移复制，移动到合适位置后释放鼠标，在弹出对话框中设置“对象”为“实例”，副本数为 3。调整并旋转复制的实例对象，最终效果如图 2.16 所示。

图 2.16　长方体书柜

2. 使用圆柱体、管状体制作一个圆凳

本案例使用圆柱体、管状体、长方体制作一个圆凳，通过将模型复制快速完成制作。步骤如下。

（1）单击“创建”→“几何体”→“标准基本体”→“圆柱体”命令，在透视图中绘制一个圆柱体，设置半径为 20mm，高度为 50mm，高度分段为 1，边数为 100。

（2）单击“创建”→“几何体”→“标准基本体”→“管状体”命令，在圆柱体的下方创建一个管状体，设置半径 1 为 420mm，半径 2 为 450mm，高度为 50mm，高度分段为 1，边数为 100。此时效果如图 2.17 所示。

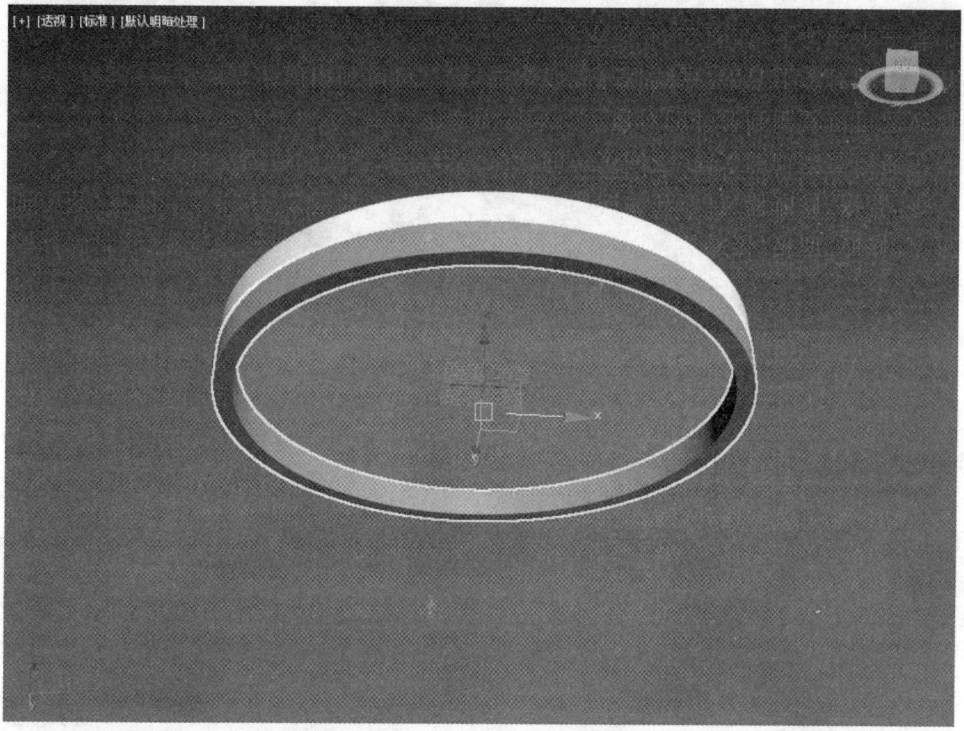

图 2.17　创建圆柱体和管状体

（3）在管状体下方创建一个长方体，设置长度为 50mm，宽度为 50mm，高度为 600mm。选中该长方体，按 Shift 键并单击将其沿 x 轴向右移动并复制。释放鼠标后在弹出的“克隆选项”对话框中设置“对象”为“复制”，副本数为 1。以同样的方法再复制两个长方体，最终效果如图 2.18 所示。

单击打开“标准基本体”下拉菜单，选择“扩展基本体”命令可以创建更为复杂的模型，包括异面体、环形结、切角长方体、切角圆柱体、油罐、胶囊、纺锤、L-Ext、球棱柱、C-Ext、环形波、软管和棱柱等。

在模型创建完成后，可切换到“修改”面板，可以对创建出来的模型进行参数设置，包括长、宽、高、半径、角度、边数、圆角度、分段数等，还可以进行名称和颜色修改。

3. 创建玻璃茶几

玻璃茶几一般来说台面为钢化玻璃，辅以造型别致的仿金电镀配件以及静电喷涂钢管、

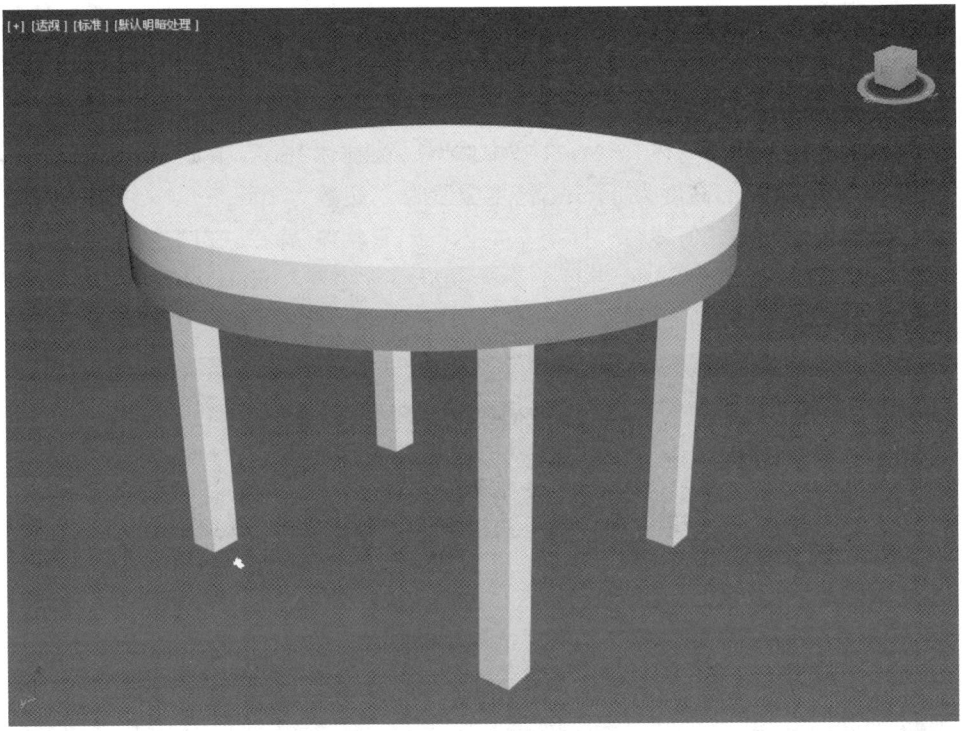

图 2.18　圆凳模型

不锈钢底架等，简洁实用。创建步骤如下。

(1) 单击“创建”→“几何体”→“扩展基本体”→“切角长方体”命令，在顶视图中创建一个切角长方体，通过“修改”面板设置长度为 800mm，宽度为 800mm，高度为 30mm，圆角为 1mm，圆角分段为 3，如图 2.19 所示。

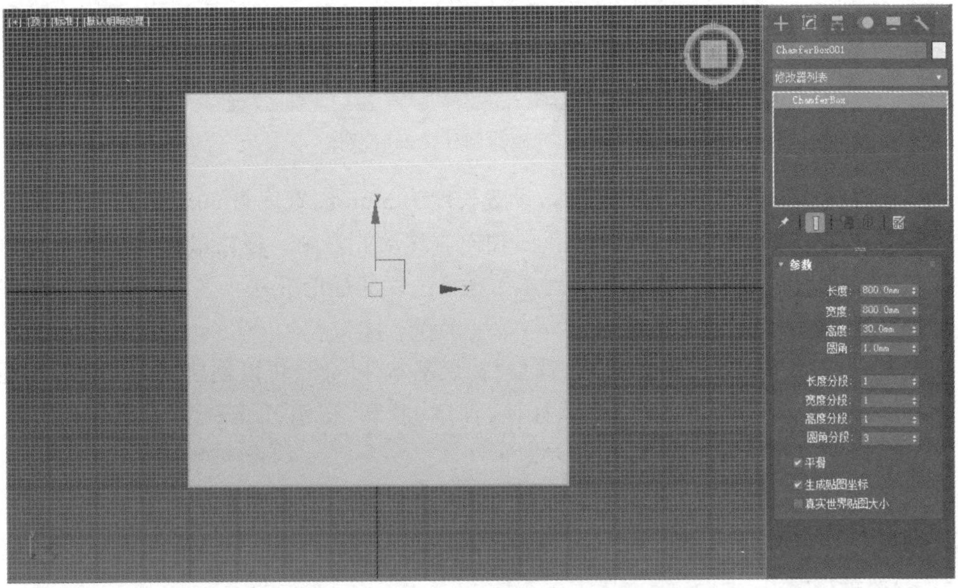

图 2.19　创建切角长方体

（2）利用长方体工具，在顶视图中创建一个长方体，并设置长度为 10mm，宽度为 10mm，高度为 200mm，在透视视图中效果如图 2.20 所示。

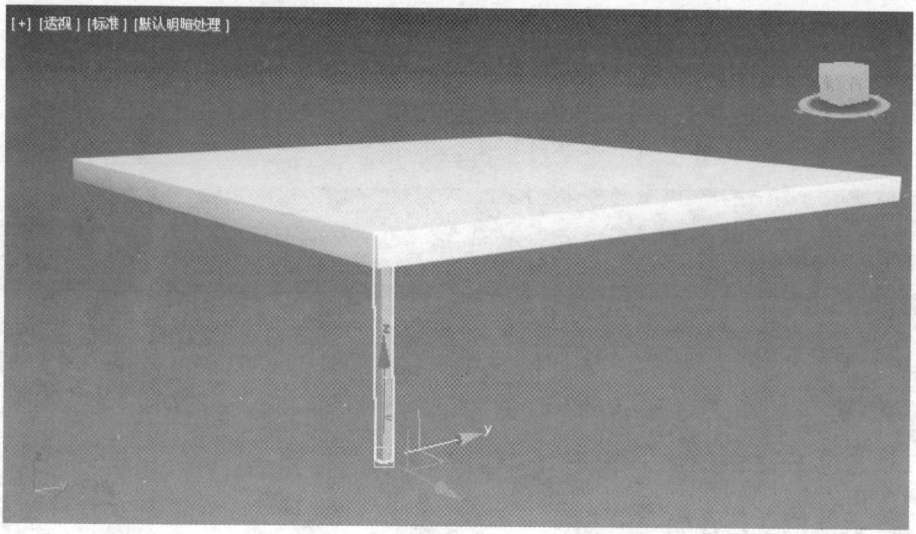

图 2.20　创建长方体

（3）选择上一步创建的长方体，使用“选择并移动”工具并按 Shift 键进行复制，在弹出的“克隆选项”对话框中选中“实例”单选按钮，设置副本数为 3，调整三个实例到茶几四角合适位置。

（4）使用长方体工具在顶视图中创建 4 个长方体，设置长度为 10mm，宽度为 780mm，高度为 10mm，最终模型效果如图 2.21 所示。

图 2.21　茶几模型

4. 创建三维墙体

通过激活主工具栏中的“捕捉”工具，并使用“墙”工具可以创建三维户型的墙体结构，使用“遮篷式窗”工具可以创建遮篷式窗户模型。创建步骤如下。

单击“创建”→“几何体”→“AEC 扩展”→“墙”命令，设置宽度为 240mm，高度为 2800mm。单击激活主工具栏中的“捕捉”工具，在顶视图单击创建几组墙体，并在移动鼠标时自动捕捉栅格点。在透视图中效果如图 2.22 所示。

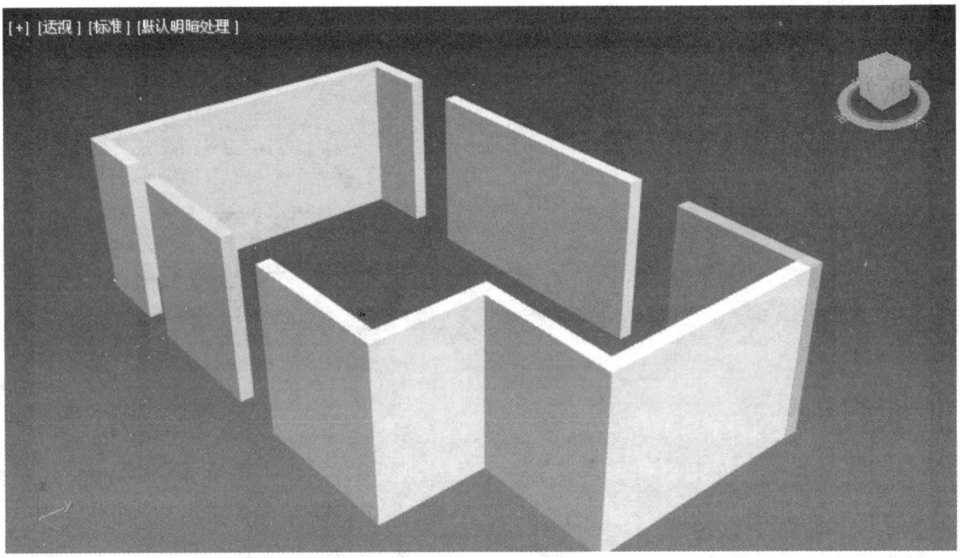

图 2.22　三维墙体

2.2.2　样条线建模

在命令面板中单击“创建”→“图形”，此时可以看到 6 种图形类型，如图 2.23 所示，分别为样条线、NURBS 曲线、复合图形、扩展样条线、CFD、Max Creation Graph 等。样条线是默认的图形类型，包括 13 种样条线类型，最常用的有线、矩形、圆、多边形和文本等。

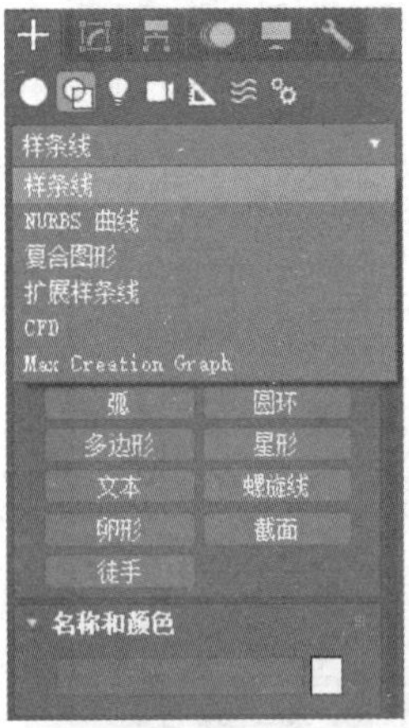

图 2.23　“图形”面板

样条线是二维的图形，是一个没有深度的连续线。样条线建模是通过绘制所需模型的二维图形，利用挤出、倒角、车削、壳等修改命令制作三维的模型效果，是一种较为独特、便捷的建模方法。

1. 使用线制作金属栏杆

本案例通过“线”工具创建连续的线，然后通过修改参数使线变为三维模型。

(1) 单击“创建”→“图形”→“样条线”→“线”命令，并取消勾选“开始新图形”选项，在前视图中绘制如图 2.24 所示样条线。

(2) 绘制线完成后，单击“修改”按钮，展开“渲染”卷展栏，勾选“在渲染中启用”和“在视口中启用”选项，选择“矩形”选项，设置长度为 10mm，宽度为 8mm，最终效果如图 2.25 所示。

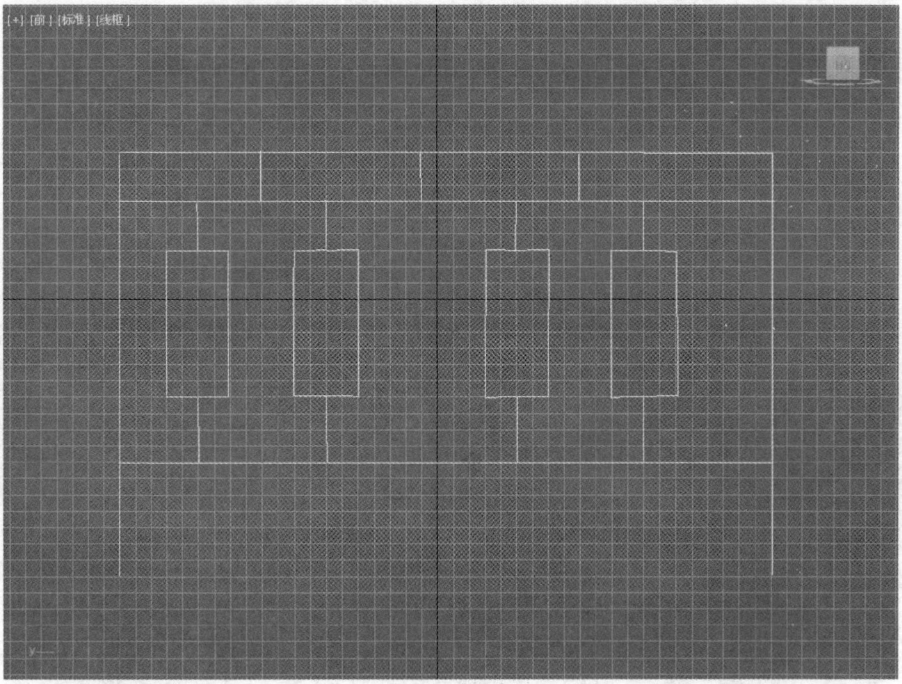

图 2.24 绘制样条线

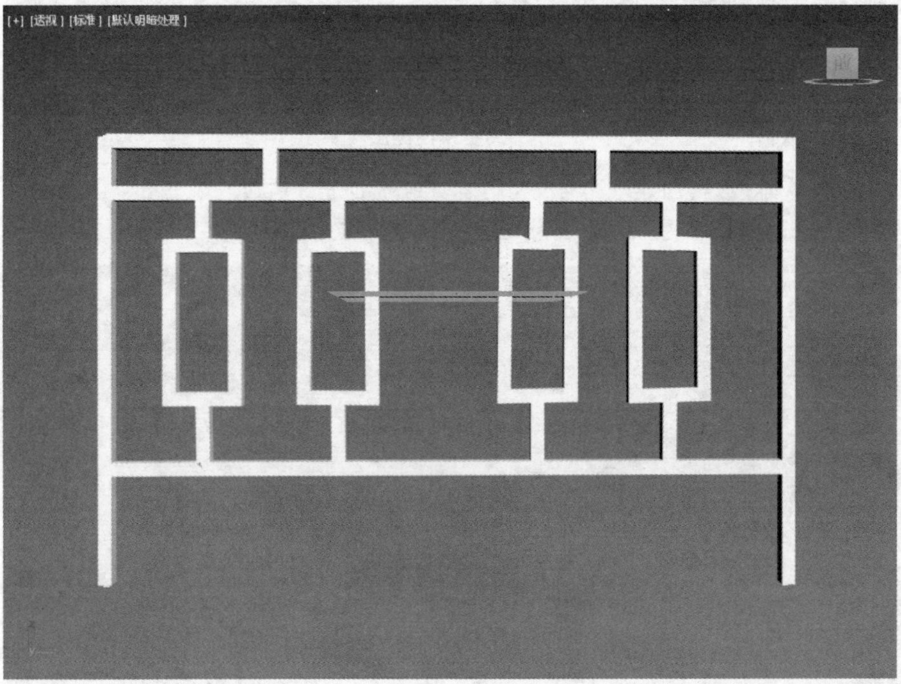

图 2.25 样条线建模

2. 使用可编辑样条线制作植物吊框

本案例通过创建图形，将其转换为可编辑样条线，并调整顶点，最后修改参数并进行复制，添加内置植物获得最终效果。步骤如下。

(1) 在前视图中创建一个圆，设置半径为 200mm。选择圆，然后右击选择“转换为”→“转换为可编辑样条线”命令，进入顶点级别，在前视图中选择顶部的顶点，将其沿 y 轴向上移动到合适距离。

(2) 单击“修改”按钮，勾选“在渲染中启用”和“在视口中启用”选项，选中“径向”选项，“厚度”设置为 8mm。激活主工具栏中的“角度捕捉切换”和“选择并旋转”工具，在顶视图中按 Shift 键并单击，沿着 z 轴旋转 90°到合适位置后释放鼠标，在弹出的“克隆选项”对话框中设置“对象”为“复制”，“副本数”为 1，完成后模型效果如图 2.26 所示。

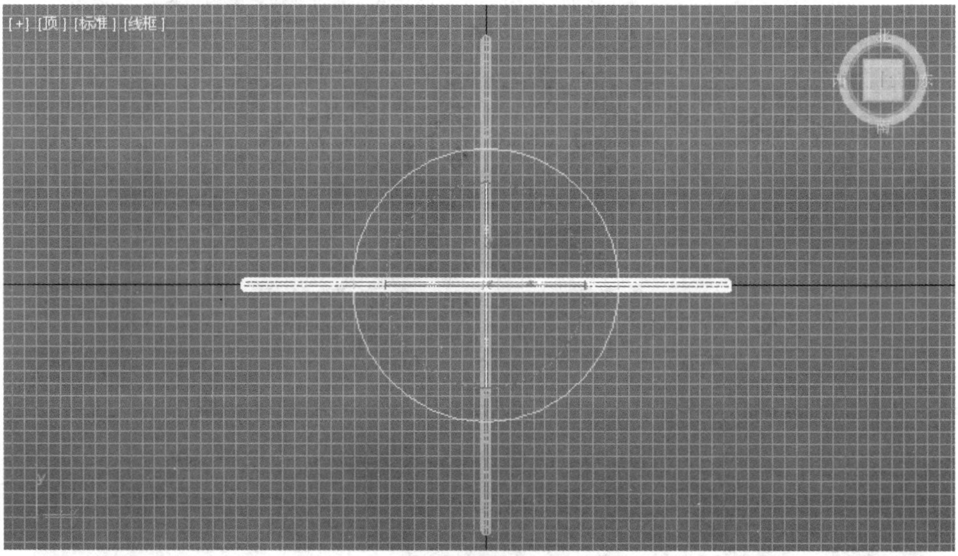

图 2.26　顶视图旋转

(3) 使用“球体”工具创建一个球体，并移动到圆形中合适位置。单击“修改”按钮，设置球体半径为 190mm，分段为 32，半球为 0.5，效果如图 2.27 所示。

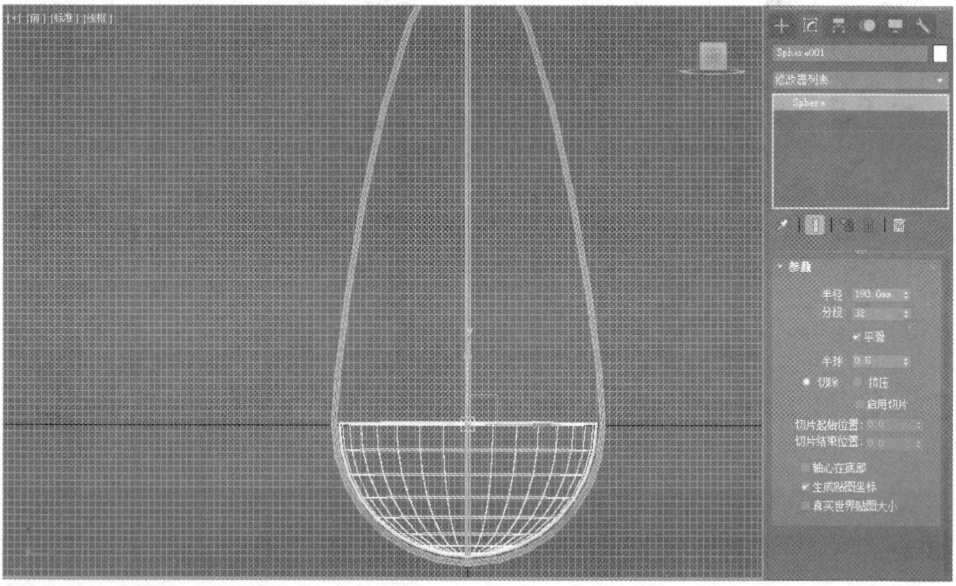

图 2.27　创建半球体

(4) 选择“创建”→“几何体”→“AEC 扩展”→“植物”选项，并单击“芳香蒜”图案，在视图中创建一个芳香蒜，设置其高度为 260，设置“视口树冠模式”为“从不”，并移动到合适位置，最终效果如图 2.28 所示。

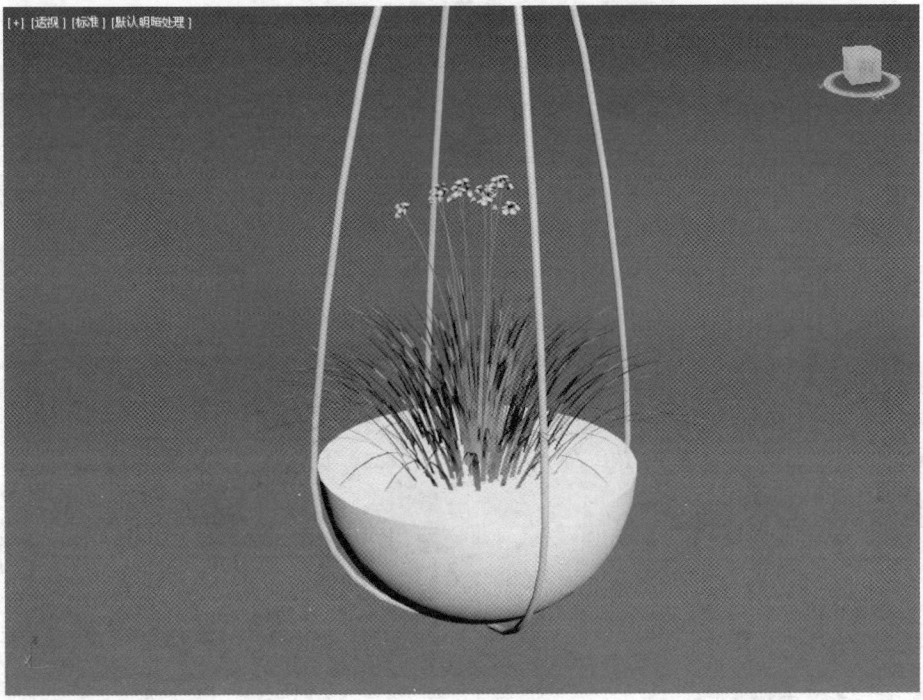

图 2.28　模型效果图

2.2.3　修改器建模

修改器建模是指在已有基本模型的基础上，通过在“修改”面板中添加相应的修改器并设置参数，将模型进行塑形或编辑，从而产生新模型的建模方法。这种方法可以快速打造特殊模型效果，如扭曲、晶格等。例如，为模型添加晶格修改器制作水晶灯，为模型添加 FFD 修改器使之产生变形效果等。修改器包括二维图形修改器和三维模型修改器，既可以使二维变为三维效果，也可以改变三维模型本身的形态。

1. 修改器

1）什么是修改器

修改器又被称为“堆栈”，如图 2.29 所示，是“修改”命令面板上的列表。在场景中创建模型对象之后，通常会进入“修改”面板来更改对象的原始参数，但只能调整如长度、宽度、高度等，无法对模型的本身做出大的改变。因此，可以使用“修改”面板中的修改器堆栈。需要注意的是，如果要想从修改器堆栈中删除某个修改器，不能选中修改器后直接按 Delete 键，这样会导致删除对象本身，可以单击堆栈下方“从堆栈中移除修改器”按钮，删除当前修改器并清除该修改器所引发的所有更改。

2）为对象加载修改器

使用修改器之前，一定要有已经创建好的基础对象，如一个圆柱体模型等，选择创建的

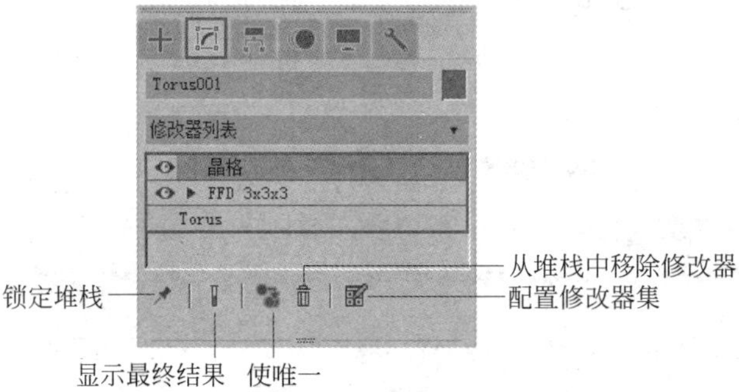

图 2.29　编辑修改器

圆柱体模型，然后单击“修改”按钮，在修改器列表下拉列表框中选择“弯曲”修改器，如图 2.30 所示，此时“弯曲”修改器已经添加给了圆柱体，在面板中还可以对其他参数进行适当设置。

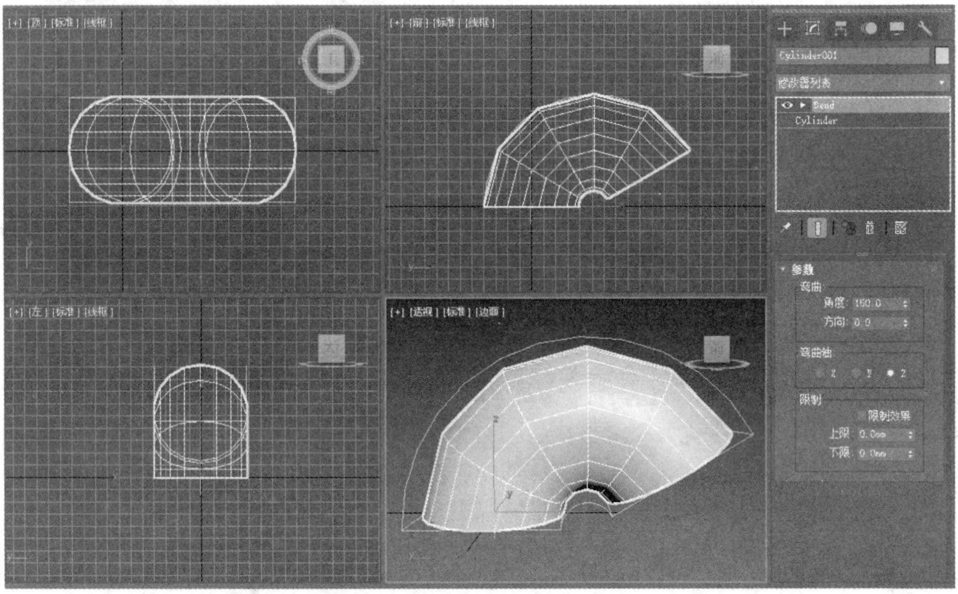

图 2.30　“弯曲”修改器

进入“修改”面板，接着在修改器列表下拉列表框中选择“晶格”修改器，此时圆柱体上新增了一个“晶格”修改器，且放在弯曲修改器的上方，效果如图 2.31 所示。注意，在添加修改器时一定要注意添加的次序，不同次序的修改器会导致不同的模型效果。

修改器可以复制到另外的对象上。在修改器上右击，在弹出的菜单中选择“复制”命令，接着在另外的对象上右击，选择“粘贴”命令即可，也可以利用鼠标左键将修改器直接拖曳到视图中某一个物体上，如图 2.32 所示。

在修改器上右击，在弹出的菜单中选择“塌陷全部”或“塌陷到”命令可以将对象堆栈的全部或部分塌陷为可编辑对象，该对象可以保留基础对象上塌陷的修改器的累加效果。

2. 二维图形修改器

二维图形修改器是针对二维图形的，通过对二维图形添加相应的修改器使其变为三维模型效果。常用的二维图形修改器有挤出、车削、倒角、倒角剖面等。

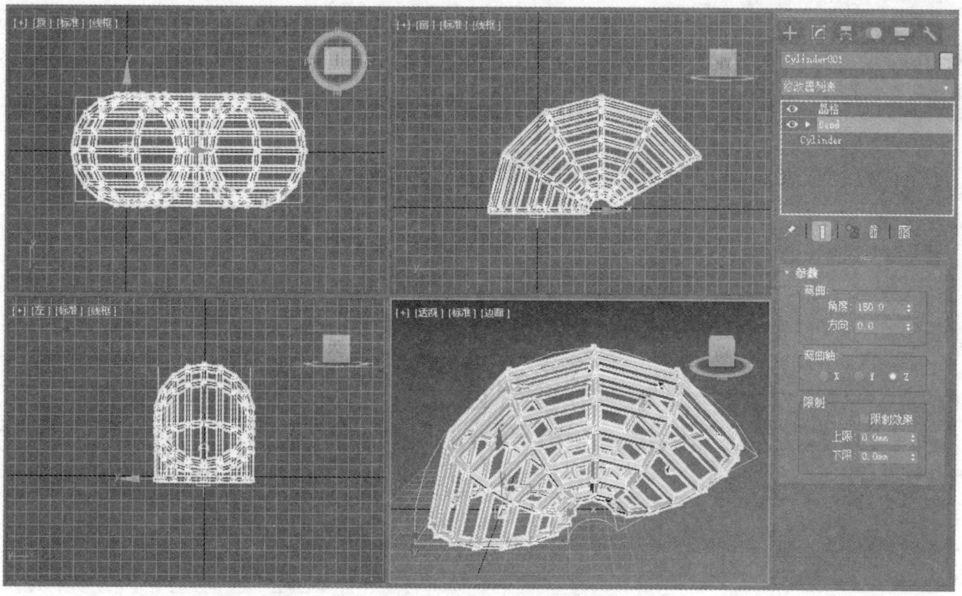

图 2.31　“晶格”修改器

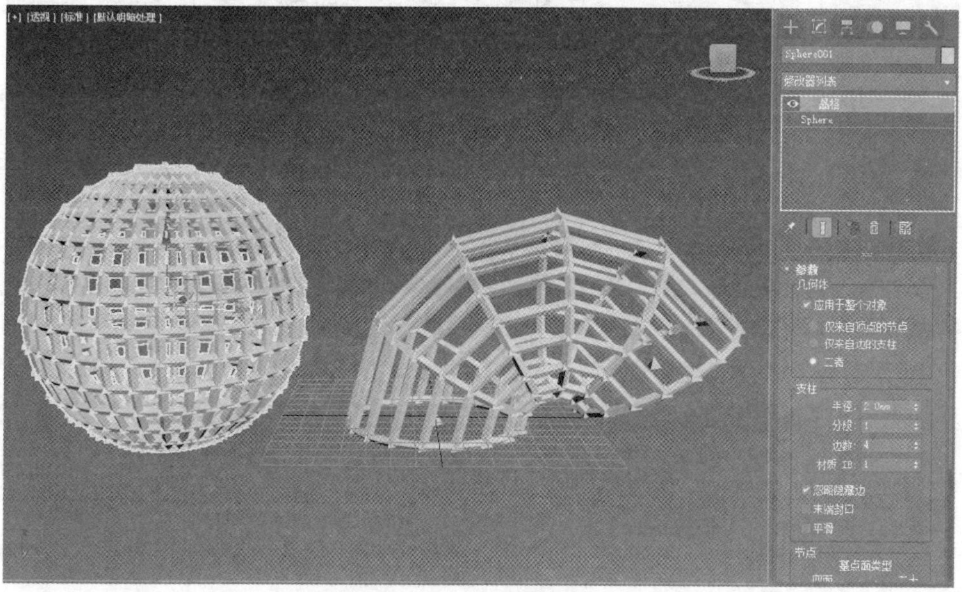

图 2.32　“复制”修改器

1）利用“车削”“挤出”修改器制作落地灯

步骤如下：

（1）单击“创建”→“图形”→“样条线”→“线”命令，在前视图绘制一条样条线，打开“修改”面板，进入 Line 下的“样条线”级别，设置轮廓为 3mm，按回车键后效果如图 2.33 所示。

（2）选择样条线，为其加载“车削”修改器，在“参数”卷展栏中选中“焊接内核”复选框，设置分段为 32，设置对齐方式为最大，效果如图 2.34 所示。

（3）再次利用“线”工具在前视图中绘制一条样条线，在“修改”面板“渲染”选项组中选中“在渲染中启用”和“在视口中启用”，激活“径口”，设置厚度为 8mm。

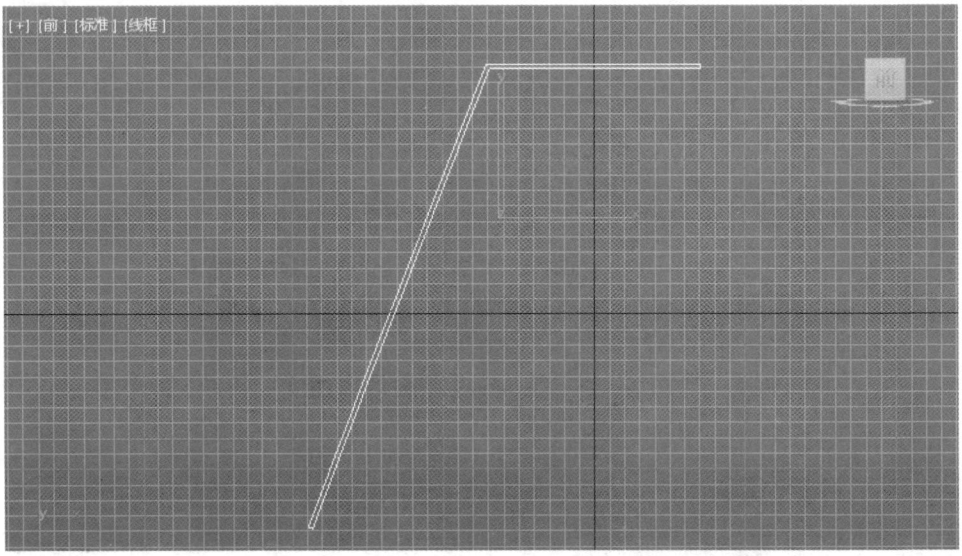

图 2.33 绘制样条线

图 2.34 加载“车削”修改器

(4) 单击“创建”→“图形”→“样条线”→“矩形”命令，在顶视图中创建一个矩形，设置长度为 500mm，宽度为 500mm，并为其加载“挤出”修改器，设置“参数”卷展栏中数量为 8mm。

(5) 选择上一步创建的模型，为其加载“编辑多边形”修改器，在“边”级别下选择矩形的边，然后单击“切角”后面的设置按钮，设置数量为 1mm，分段为 3，效果如图 2.35 所示。

(6) 利用“线”工具在前视图中再次绘制一个样条线，在“修改”面板中设置 Line 下样条线的轮廓为 8mm，并为其加载“挤出”修改器，在“参数”卷展栏中设置数量为 20mm，再使用主工具栏中“选择并旋转”工具沿 x 轴旋转，效果如图 2.36 所示。

图 2.35 灯柱和底座面

图 2.36 底座支持架

(7) 选择旋转后的支撑架模型，为其加载“编辑多边形”修改器，进入“顶点”级别，在左视图中调节顶点的位置，然后单击主工具栏中的“镜像”按钮，设置“镜像轴”为 Y，“克隆当前选择”为“实例”，最后单击“确定”按钮，得到模型效果如图 2.37 所示。

2) 利用“倒角”修改器制作三维文字

步骤如下。

图 2.37 落地灯模型

(1) 单击“创建”→“图形”→“样条线”→“文本”命令，在前视图中单击创建一组文本，选择文本后单击“修改”按钮，在“参数”卷展栏中选择一款合适字体(这里选择字体为“华文隶书”)，设置大小为 100mm，文本输入“3D 文字”。

(2) 单击“修改”按钮，为文字添加“倒角”修改器，设置“级别 1”高度为 20mm，勾选“级别 2”并设置高度为 2mm，轮廓为－2mm，此时文字变成三维且边缘具有倒角的效果，如图 2.38 所示。

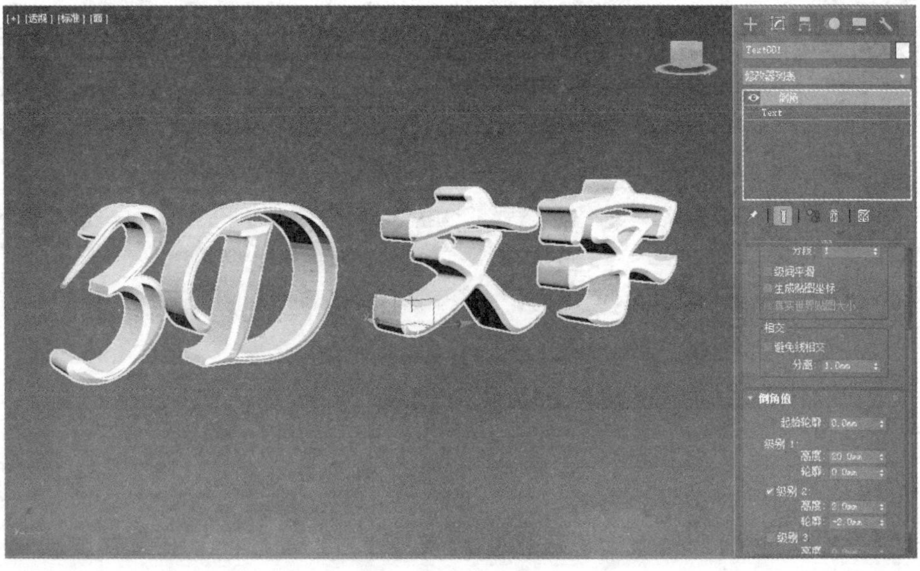

图 2.38 三维文字

3. 三维模型修改器

三维模型的修改器专门针对三维模型，通过对三维模型添加修改器使模型外观发生变化。常用的三维模型修改器类型有 FFD、弯曲、扭曲、壳、对称等。要强调的是，在制作一个模型时，很多时候需要加载多个修改器，并且修改器加载的前后顺序对于模型的效果也很重要。

1) FFD 修改器制作造型座椅

FFD 修改器即自由变形修改器，使用晶格框包围选中几何体，然后通过调整晶格的控制点来改变封闭几何体的形状。在修改器列表中共有 5 个 FFD 修改器，每个提供不同的晶格解决方案：FFD2x2x2、FFD3x3x3、FFD4x4x4、FFD 长方体和 FFD 圆柱体。本案例利用“线”“挤出”“壳”和 FFD 修改器制作独特造型座椅，步骤如下。

(1) 在“创建”面板中使用“线”工具在左视图中创建一条样条线，并为其添加“挤出”修改器，设置数量为 550mm，分段为 29，模型效果如图 2.39 所示。

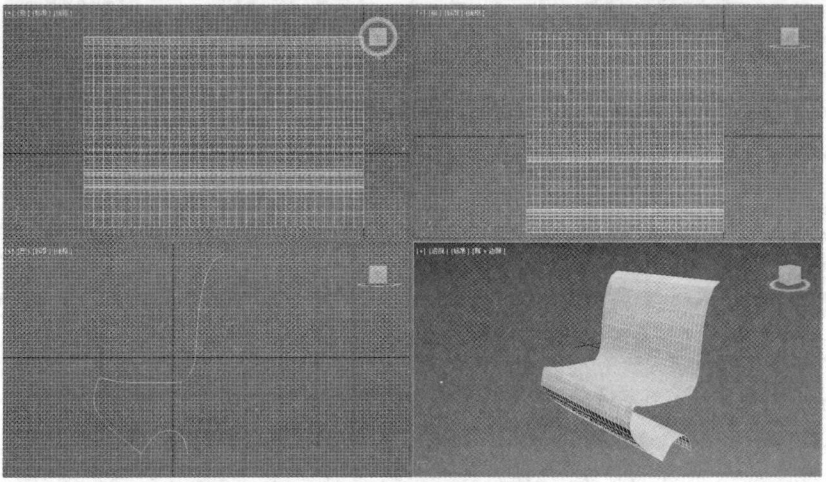

图 2.39 “挤出”模型效果

(2) 选中模型，为其加载 FFD4x4x4 修改器，然后单击“控制点”级别，并将控制点的位置进行调整，如图 2.40 所示。

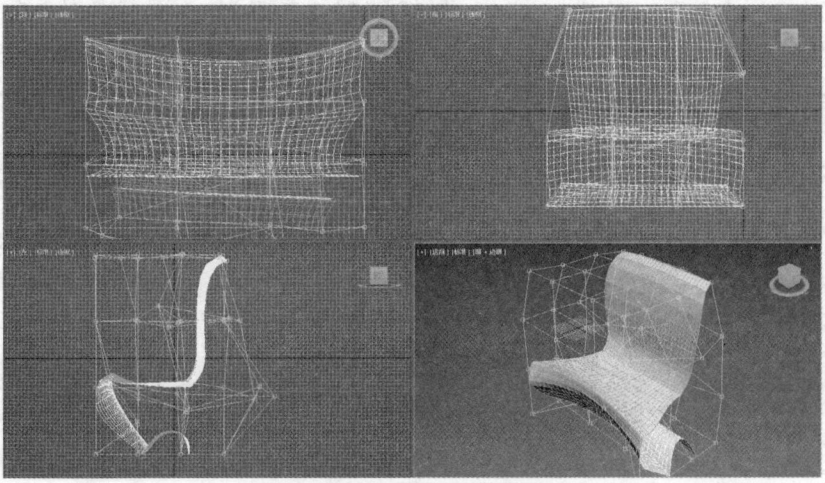

图 2.40 FFD4x4x4 修改器

(3) 继续为模型加载“壳”修改器，设置外部量为 15mm，继续加载“编辑多边形”修改器，并单击进入“顶点”级别，对顶点位置进行适当的调整。最后加载“网格平滑”修改器，设置迭代次数为 2，最终模型效果如图 2.41 所示。

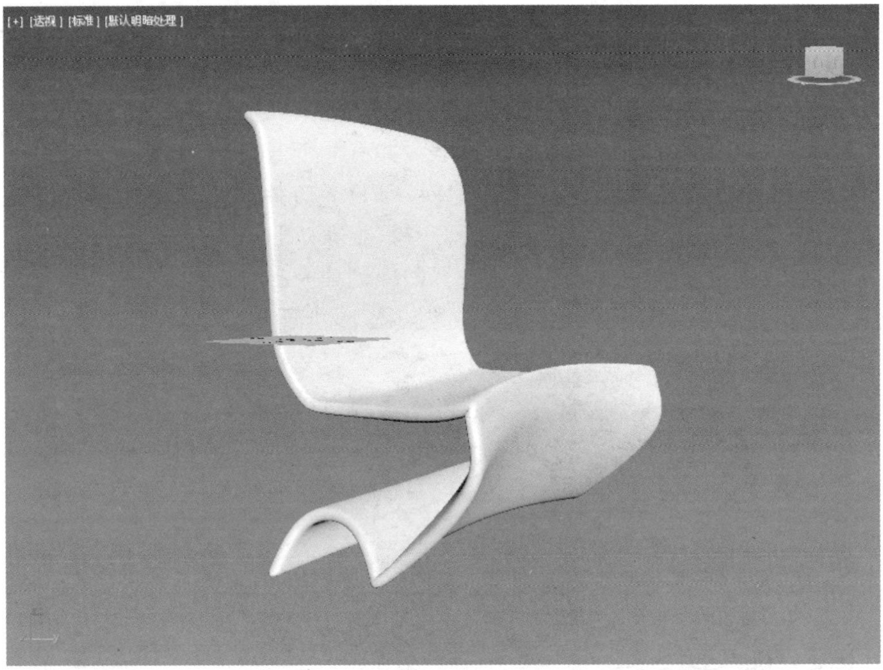

图 2.41　最终模型效果

2) “扭曲”修改器制作异形花瓶

本案例使用“车削”“扭曲”“网络平滑”修改器创建异形花瓶模型，步骤如下。

(1) 利用“线”工具在前视图中绘制一条线，然后进入“修改”面板 Line 下的“样条线”级别，设置轮廓为 5mm，按回车键结束。再进入 Line 下的“线段”级别，删除末端线段，如图 2.42 所示。

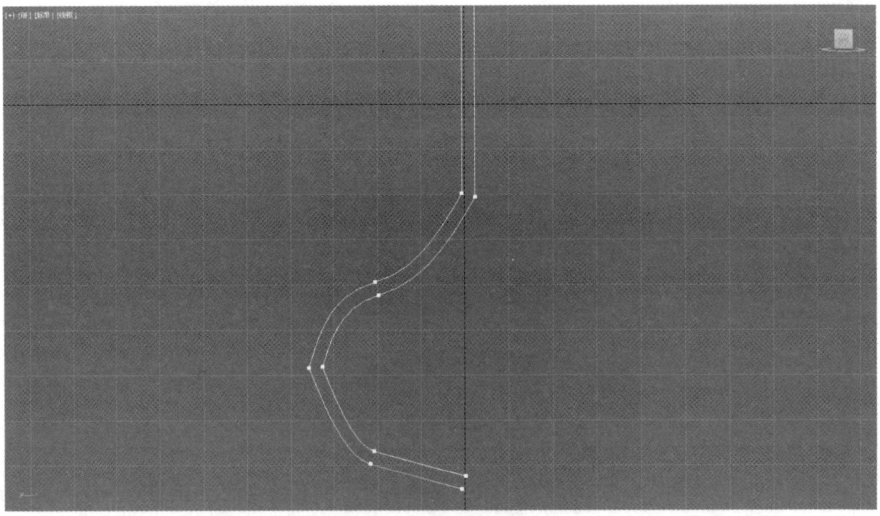

图 2.42　绘制样条线

（2）选择样条线，为其加载“车削”修改器，设置“对齐”并选择“最大”，设置“分段”属性为 50，效果如图 2.43 所示。

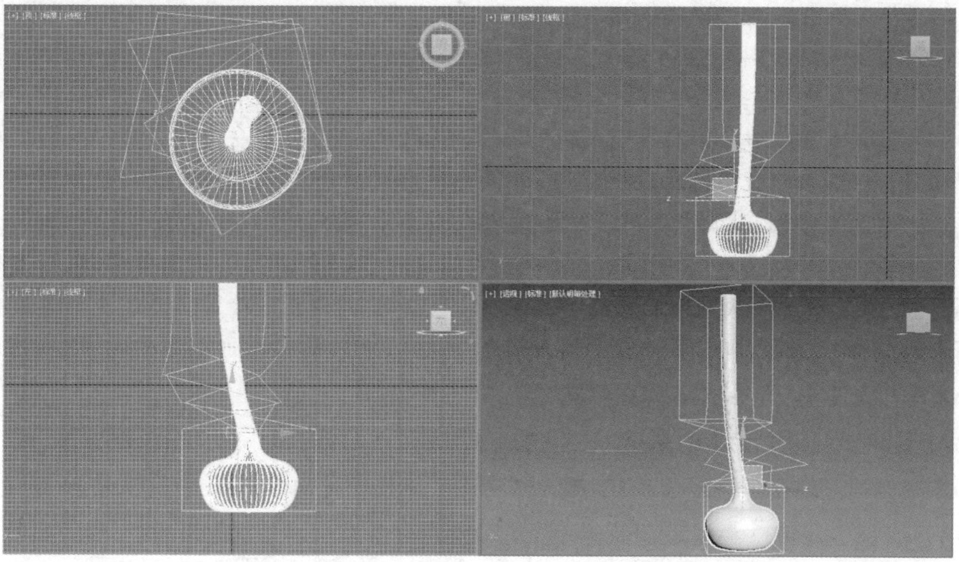

图 2.43　加载修改器

（3）为其加载“扭曲”修改器，设置角度为 800，偏移为－30，扭曲轴选择 y 轴，选中“限制效果”复选框，设置“上限”为 200mm，“下限”为 10mm。最终模型效果如图 2.44 所示。

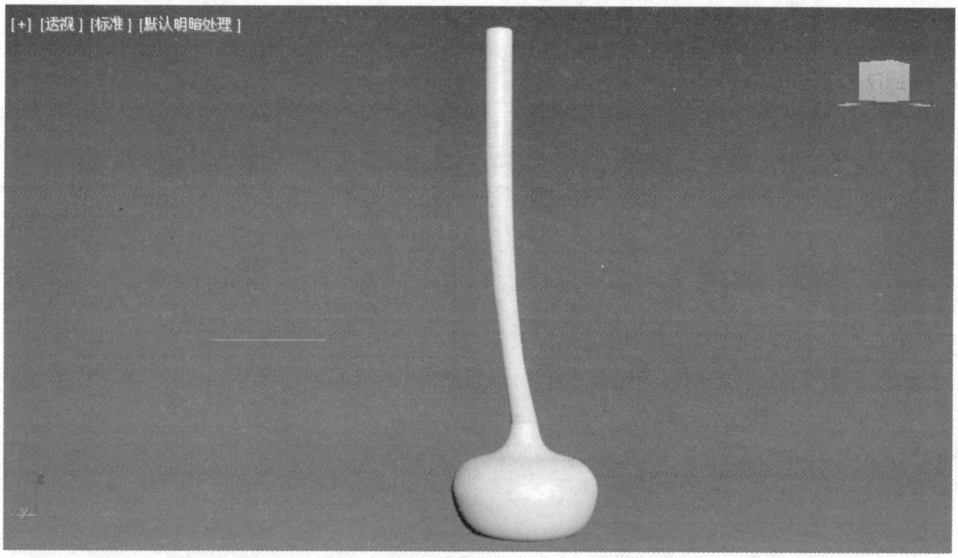

图 2.44　最终模型效果

2.2.4　多边形建模

多边形建模和曲面建模都是 3ds Max 中最为主流的建模方式之一，多边形建模方式功能强大，用这种方法创建的物体表面多由直线组成。前面章节通过几何体建模、样条线建模和其他建模方法建立了不同形态的模型，之后要通过模型的多边形编辑才能完成对模型的最终制作。在虚拟现实建模中，多边形建模是规范的建模方式之一。

将模型对象转换为可编辑多边形模式，可以通过以下三种方式实现。

(1) 在视图窗口中对模型物体右击，在弹出菜单中选择“转换为可编辑多边形”选项。

(2) 在 3ds Max 界面右侧“修改”面板的堆栈窗口中对模型右击，选择“可编辑多边形”选项。

(3) 在堆栈窗口中直接对想要编辑的模型添加“编辑多边形”命令。

在多边形编辑模式下分为 5 个层级，分别为顶点、边、边界、多边形和元素，每个多边形从点、线、面到整体相互配合，共同完成多边形模型整体的制作。每个层级都有专属的面板，同时还共享统一的多边形编辑面板，包括选择、软选择、编辑几何体、细分曲面、细分置换和绘制变形 6 个卷展栏。其中，编辑几何体在虚拟现实建模中最为常用。上述 6 个卷展栏在任何子对象级别中都存在，而选择任何一个次物体级别后都会增加相应的卷展栏，如选择“顶点”级别会出现“编辑顶点”和“顶点属性”两个卷展栏。

1. 多边形建模制作木质桌椅

本案例通过使用多边形建模的“插入”“挤出”“连接”“分离”等工具制作长方形书桌。建模过程如下。

(1) 使用“长方体”工具在顶视图创建一个长方体，展开“参数”卷展栏，设置长度为 1100mm，宽度为 2100mm，高度为 20mm。

(2) 继续使用“长方体”工具在顶视图中创建一个长方体，设置长度为 1100mm，宽度为 2100mm，高度为 120mm，调整两者到合适位置，使两者紧贴，效果如图 2.45 所示。

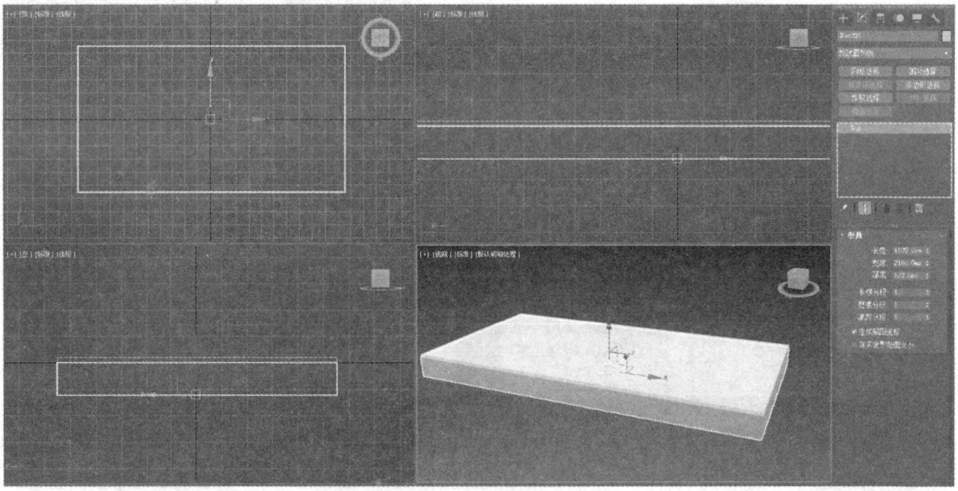

图 2.45 创建长方体

(3) 选择步骤(2)创建的长方体，右击将其转换为可编辑多边形。然后在“多边形”级别下选择如图 2.46 所示多边形，单击“插入”按钮后面的“设置”按钮，设置数量为 15mm。

(4) 在“多边形”级别下再次选择多边形，然后单击“挤出”按钮后面的“设置”按钮，设置挤出数量为−100mm。

(5) 在“边”级别下选择合适的边，然后单击“连接”按钮后面的“设置”按钮，并设置分段为 2，收缩为 88，效果如图 2.47 所示。

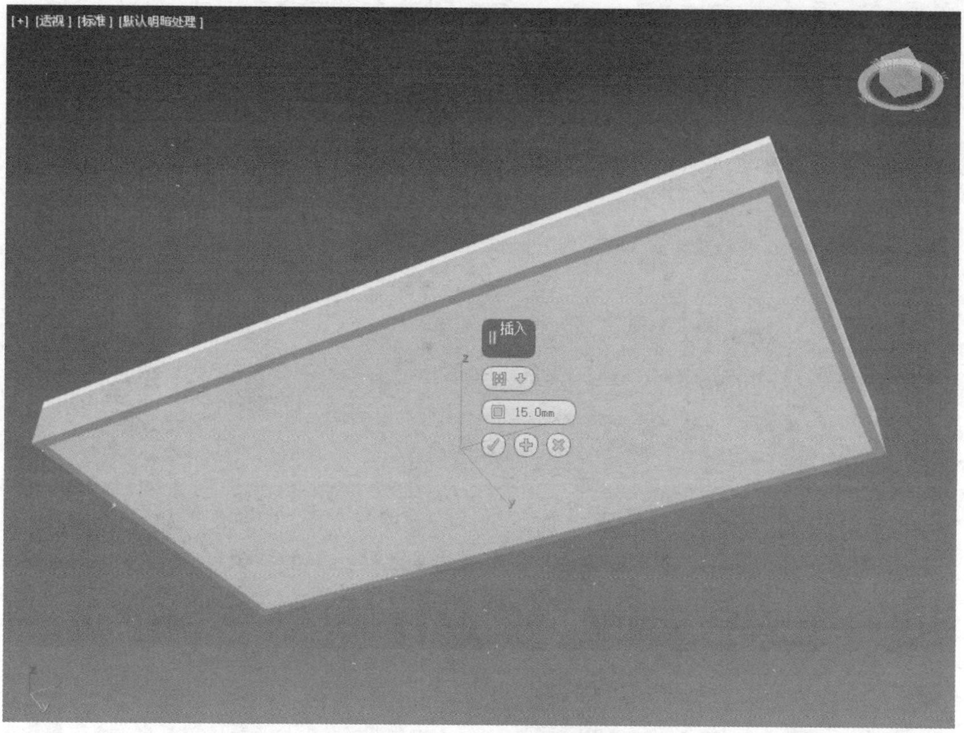

图 2.46　设置可编辑多边形

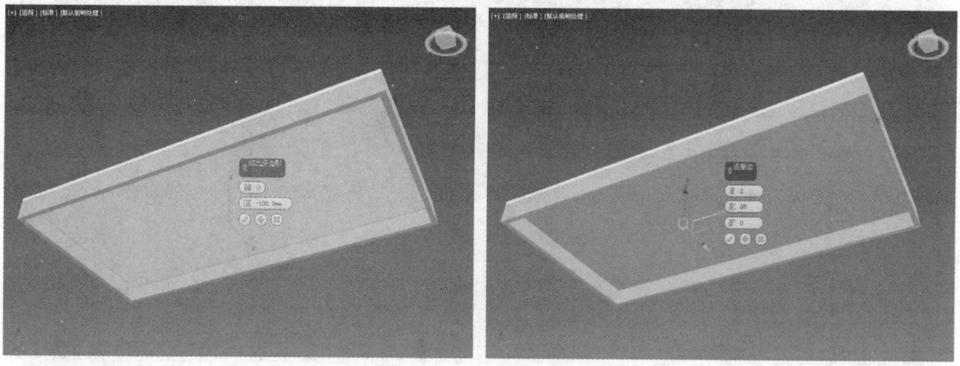

图 2.47　“挤出”和“连接”设置

(6) 在“多边形”级别下选择合适的多边形，然后单击“挤出”按钮后面的“设置”按钮，设置挤出数量为 820mm，最终书桌模型效果如图 2.48 所示。

(7) 接着开始创作椅子模型。利用几何体在顶视图中创建一个长方体，设置其长度为 450mm，宽度为 450mm，高度为 30mm。

(8) 为长方体加载“编辑多边形”修改器。在修改器“边”级别下，选择长方体的横向两条边，单击“连接”按钮后面的“设置”按钮，设置分段为 2，收缩为 84。然后再选择纵向四条边，单击“连接”按钮后面的“设置”按钮，设置分段为 2，收缩为 84。此时“边”设置后模型效果如图 2.49 所示。

(9) 在修改器“多边形”级别下，选择底面四个角的小多边形，单击“挤出”按钮后面的“设置”按钮，设置高度为 200mm。此时模型效果如图 2.50 所示。

图 2.48　书桌模型效果

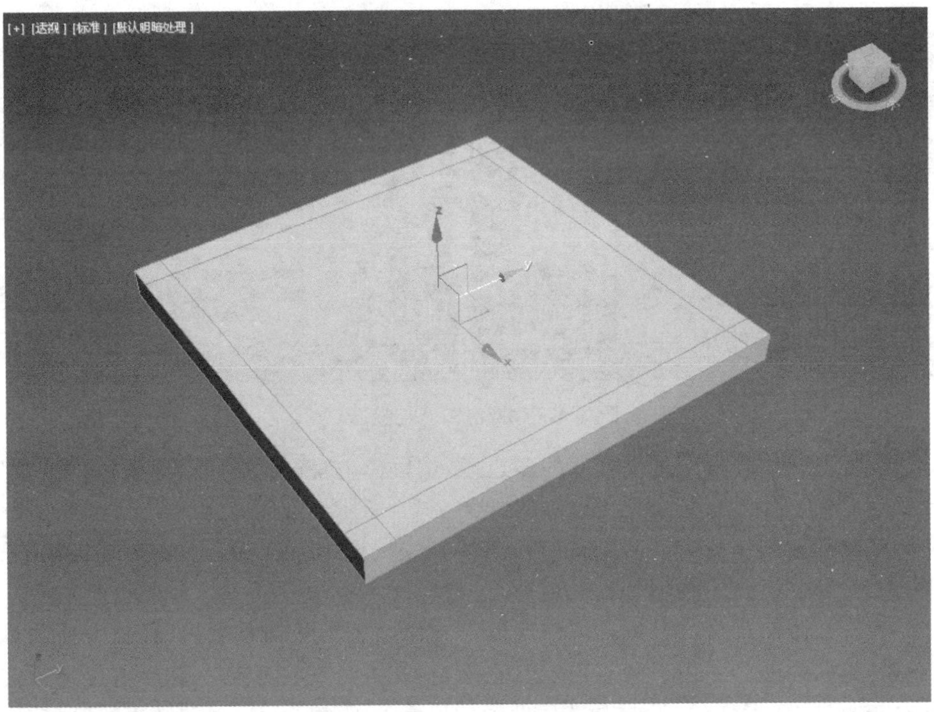

图 2.49　“边”设置后模型效果

(10) 再次选择顶面四个角的小多边形，单击“挤出”按钮后面的“设置”按钮，设置高度为 250mm。此时模型效果如图 2.51 所示。

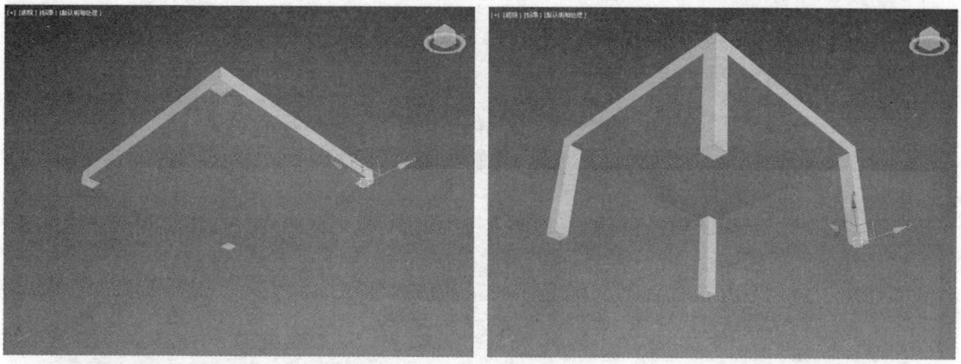

图 2.50　模型效果

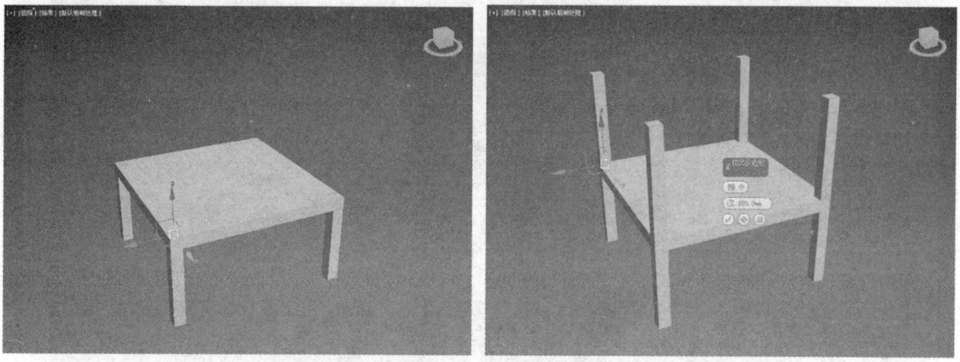

图 2.51　模型效果

（11）在修改器“边”级别下，选择挤出的立柱边，单击“连接”按钮后面的“设置”按钮，设置分段为 2，收缩为 78。在“多边形”级别下，选择后立柱顶端两个小多边形，使用“挤出”按钮设置高度为 420mm，模型效果如图 2.52 所示。

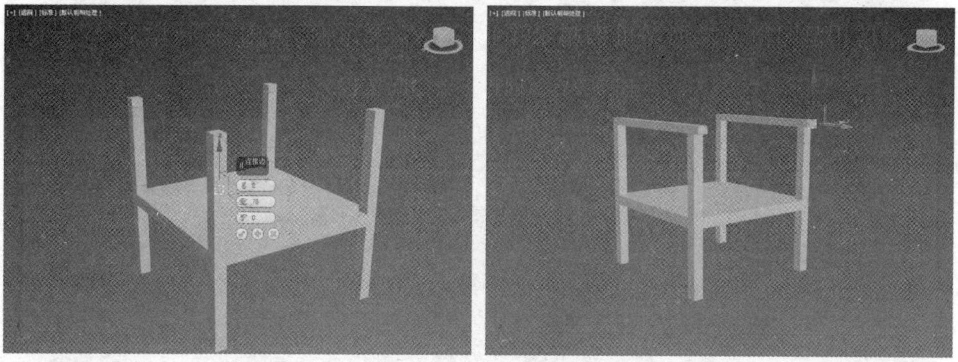

图 2.52　模型效果

（12）同样方法，选择合适的多边形，通过“挤出”设置创建模型，模型效果如图 2.53 所示。

（13）接下来制作椅子软垫和软背。单击“创建”→“几何体”→“扩展基本体”→“切角长方体”按钮，在顶视图和左视图中分别创建切角长方体，并设置合适的长度、宽度和高度，圆角均设置为 20mm，圆角分段为 15，最终椅子模型效果如图 2.54 所示。

图 2.53　模型效果

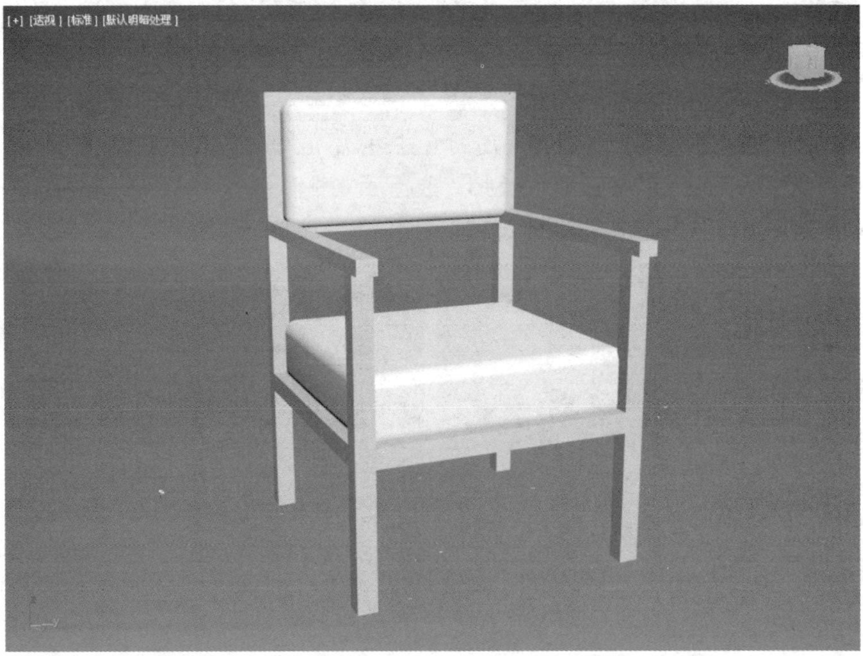

图 2.54　椅子模型效果

2. 多边形建模制作饰品花瓶

本案例通过使用可编辑多边形下的“切角”“倒角”“优化”等工具制作多个饰品花瓶。建模过程如下。

(1) 单击“创建”→“图形”→“标准基本体”→“圆柱体”命令，在顶视图中创建一个圆柱体，设置参数“半径”为 50mm，“高度”为 250mm，“高度分段”为 5。

（2）选中圆柱体，在“修改”面板中为其加载“编辑多边形”修改器，单击修改器“顶点”按钮进入“顶点”级别，然后使用“选择并均匀缩放”工具将点进行调节，调节后效果如图 2.55 所示。

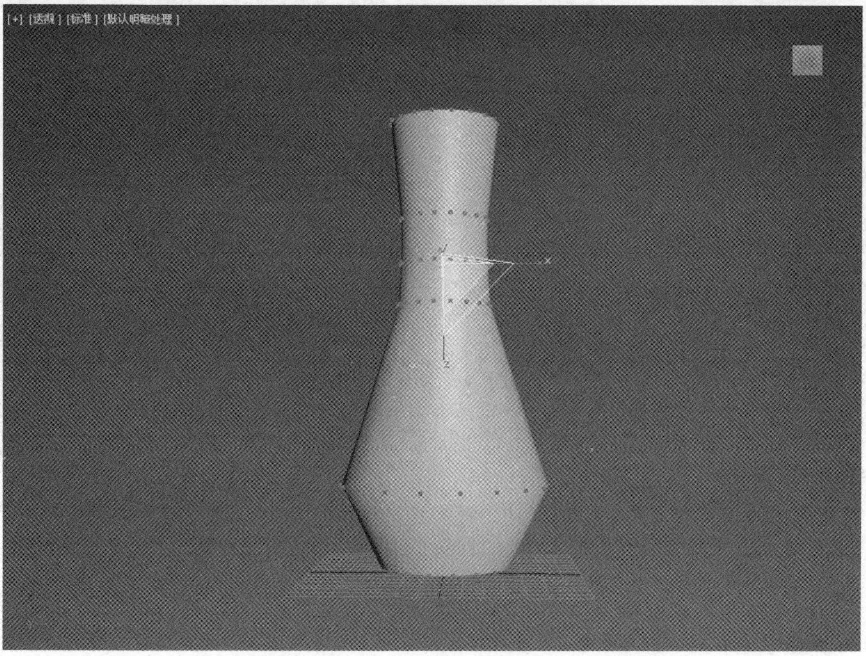

图 2.55 “顶点”调节

（3）单击“边”按钮进入“边”级别，然后选择顶边和底边，单击“切角”后面的“设置”按钮，设置“边切角量”为 2mm，如图 2.56 所示。

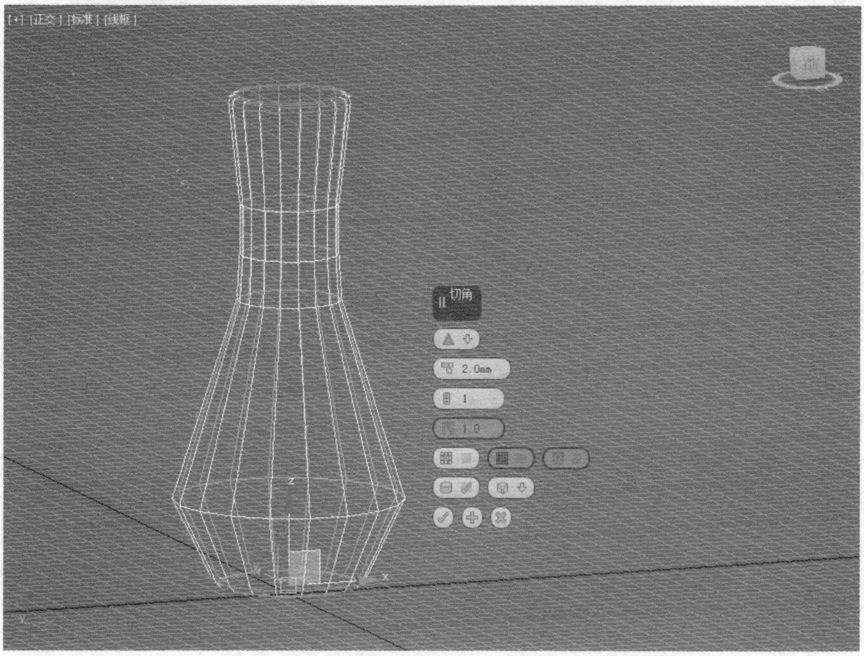

图 2.56 “切角”设置

(4) 选择切角后的模型,在“修改”面板中加载“网格平滑”修改器,并设置迭代次数为2。然后在“修改”面板中加载“优化”修改器,设置面阈值为3,效果如图2.57所示。

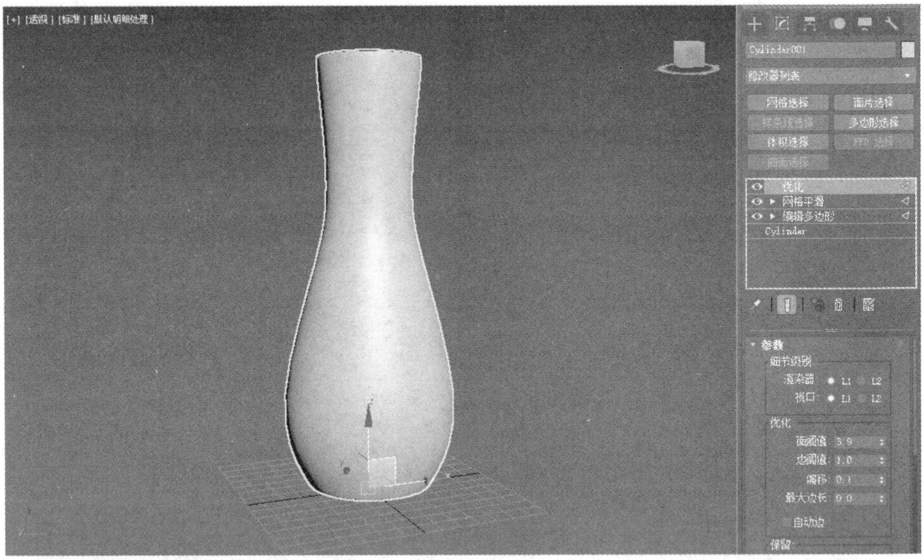

图2.57 “网格平滑”和“优化”

(5) 将优化后的模型转换为可编辑多边形,进入“多边形”级别,选择模型,然后单击“倒角”后面的“设置”按钮,设置倒角类型为“按多边形”,设置高度为−0.5mm,轮廓为−0.3mm。选择倒角后的模型,然后在“修改”面板中加载“涡轮平滑”修改器,设置“迭代次数”为2。完成后的花瓶模型效果如图2.58所示。

图2.58 花瓶模型效果

(6) 使用同样的方法再制作一个花瓶模型,效果如图 2.59 所示。

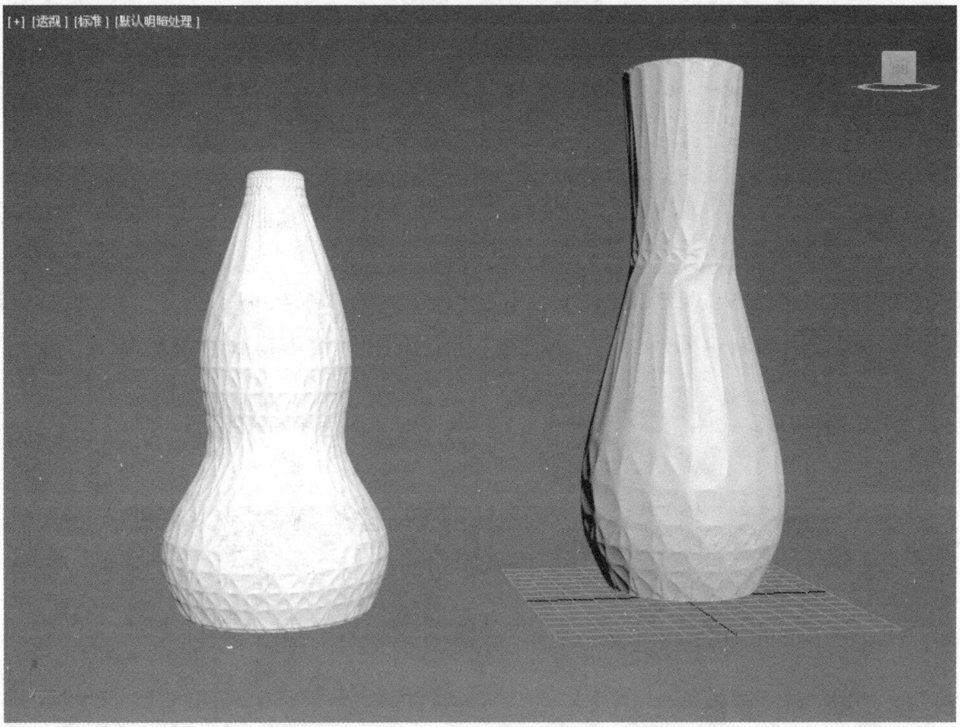

图 2.59 多个花瓶模型效果

2.2.5 网格建模和 NURBS 建模

网格建模是 3ds Max 建模中的一种,与多边形建模的制作思路类似,使用网格建模可以进入网格对象的“顶点”“边”“面”“多边形”“元素”级别下编辑对象。网格对象与多边形对象最根本的区别就是形体基础面的定义不同,网格对象将“面”子对象定义为三角形,是以三角面为基础建模的,形成的面较多,但圆滑,适合生物以及人体。多边形对象将“面”子对象定义为多边形,是以多边形为基础建模的,适合建筑以及工业产品造型。多边形建模是当前最流行的建模方法,但由于网格建模所编辑的对象是三角面,稳定性要高于多边形建模。

NURBS 是 Non-Uniform Rational B-Splines(非均匀有理 B 样条)的缩写,是专门制作曲面物体的一种造型方法。NURBS 造型总是由曲线和曲面来定义的,所以要在 NURBS 表面里生成一条有棱角的边是很困难的。就是因为这一特点,可以用它制作出各种复杂的曲面造型和表现特殊的效果,如人的皮肤、面貌或流线型的跑车等。

1. 网格建模

与多边形对象一样,网格建模对象也不是创建出来的,而是经过转换而成的。将对象转换为网格对象的方法主要有以下四种。

(1) 在对象上右击,在弹出菜单中选择“转换为”→“转换为可编辑网格”命令。通过这种方法转换成的可编辑网格对象的创建参数将全部丢失。

(2) 选中对象后进入“修改”面板,在修改器列表中的对象上右击,在弹出菜单中选择

“可编辑网格”命令。这种方法转换的可编辑网格对象的创建参数也将全部丢失。

(3) 选中对象后，为其加载“编辑网格”修改器。这种方法转换成的可编辑网格对象的创建参数不会丢失，仍然可以调整。

(4) 单击“创建”面板中的“实用程序”按钮，然后单击“塌陷”，在“塌陷”卷展栏中设置“输出类型”为“网格”，再选择需要塌陷的对象，单击“塌陷选定对象”按钮。

网格建模可以基于子对象进行编辑，其子对象包含顶点、边、面、多边形和元素 5 种。网格建模的参数设置包括 4 个卷展栏，分别是“选择”“软选择”“编辑几何体”和“曲面属性”卷展栏。

该案例创建一个球体网格，应用“编辑元素”插入顶点并编辑顶点位置，得到异型球体模型，然后利用所选内容创建图形将选中的边变为独立的线，渲染得到竹藤状装饰灯罩。制作步骤如下。

(1) 单击“创建”→“图形”→“标准基本体”→“圆柱体”和“球体”命令，创建一枚灯泡，如图 2.60 所示。

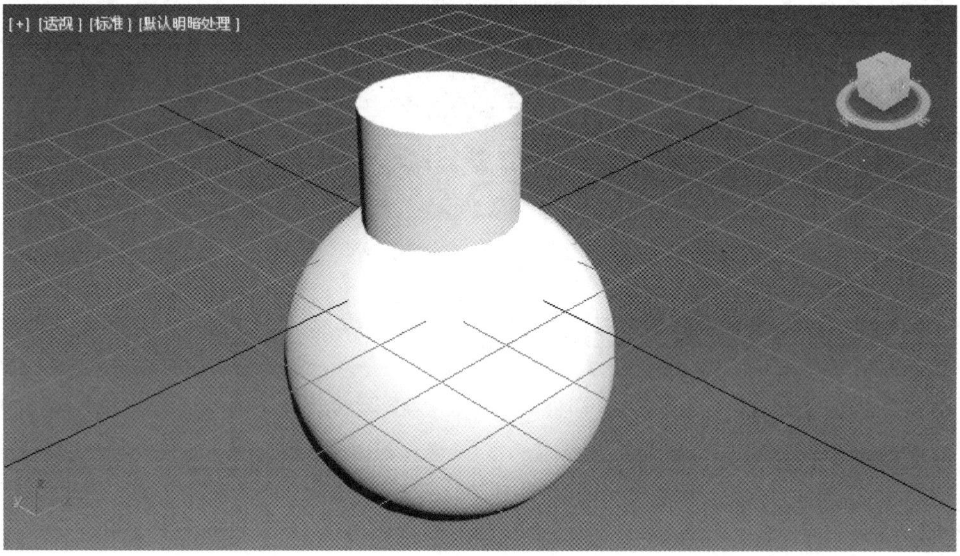

图 2.60　灯泡模型

(2) 在灯泡模型外围创建一个球体，使其完全包围灯泡，设置“半径”为 100mm，“分段”为 16。选择球体，单击“实用程序”→“塌陷”→“塌陷选定对象”按钮。效果如图 2.61 所示。

(3) 在塌陷后的球体网格上右击，选择“转换为”→“转换为可编辑多边形”命令，在命令面板上单击进入“元素”级别，展开“编辑元素”卷展栏下的“插入顶点”按钮，在球体模型上单击随机插入顶点，效果如图 2.62 所示。

(4) 取消“插入顶点”，单击进入“边”级别，用鼠标框选球体所有的边，然后单击“编辑边”卷展栏中的“利用所选内容创建图形”按钮，弹出“创建图形”对话框，修改曲线名，“图形类型”选择“平滑”，创建图形如图 2.63 所示。

(5) 取消“边”级别。选择球体模型，按 Delete 键删除。此时创建出来的图形 001 保留，选择创建的图形，单击“修改”按钮，勾选“在渲染中启用”和“在视口中启用”选项，选中“径向”选项，“厚度”设置为 3mm，最终模型效果如图 2.64 所示。

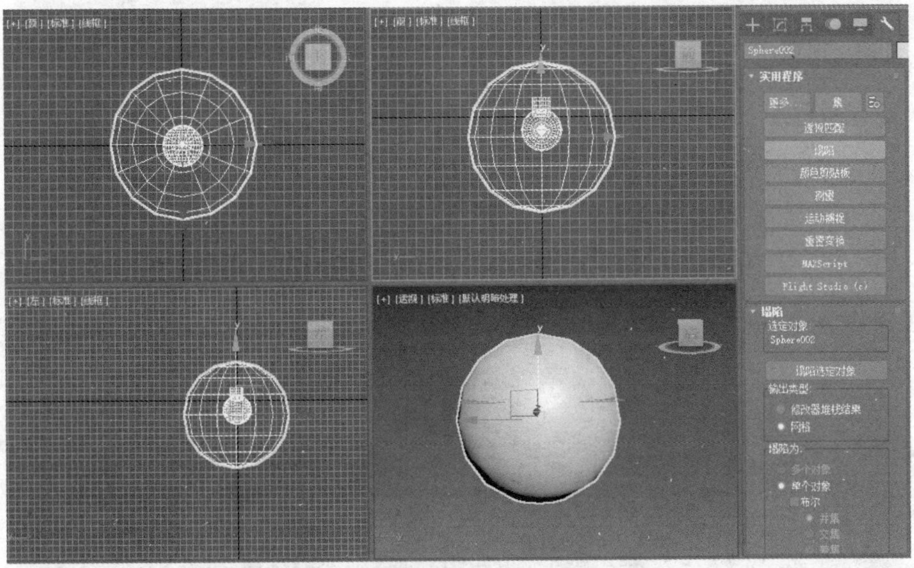

图 2.61　“塌陷”为网格

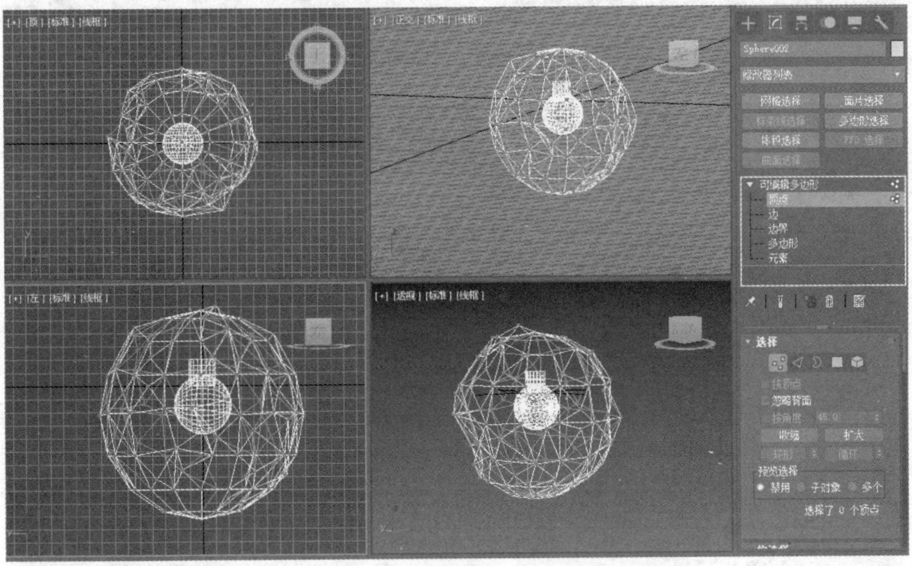

图 2.62　“插入顶点”效果

2．NURBS 建模

NURBS 建模对象分为 NURBS 曲面和 NURBS 曲线两种。

NURBS 曲面中，“点曲面”由点来控制模型的形状，每个点始终位于曲面的表面上；“CV 曲面”由控制顶点 CV 来控制模型的形状，CV 形成围绕曲面的控制晶格，而不是位于曲面上。NURBS 曲线中，“点曲线”由点来控制曲线的形状，每个点始终位于曲线上；“CV 曲线”由控制顶点 CV 来控制曲线的形状，这些控制顶点不需要位于曲线上。

NURBS 对象模型可以直接创建出来，也可以通过转换的方法将对象转换为 NURBS 对象。转换 NURBS 对象方法主要有以下三种。

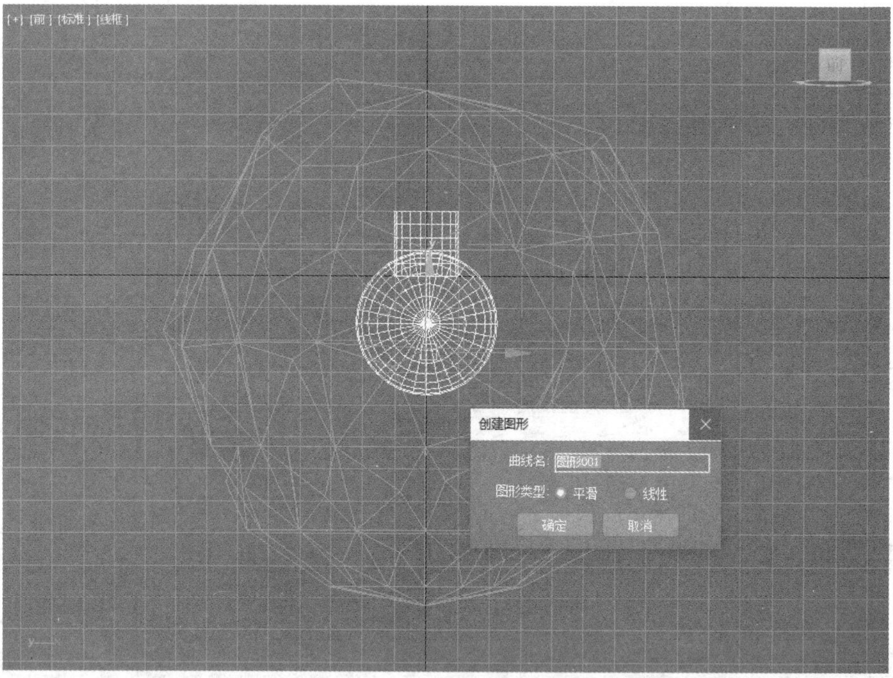

图 2.63 创建图形

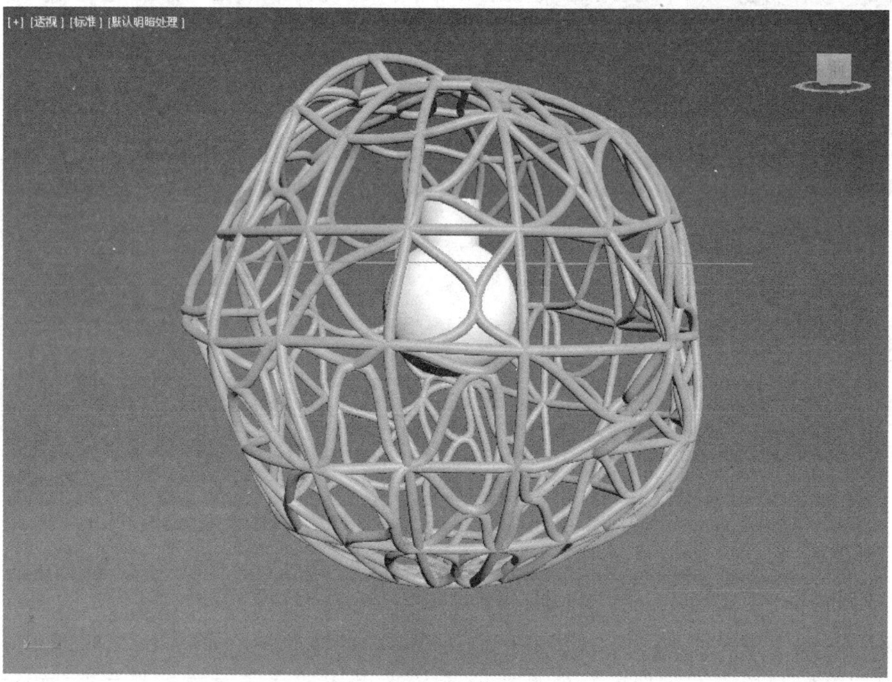

图 2.64 灯罩模型

(1) 右击对象,在弹出菜单中选择“转换为”→“转换为 NURBS”命令。

(2) 选择对象后进入“修改”面板,接着右击修改器列表中的对象,在弹出菜单中选择 NURBS 命令。

(3) 为对象加载“挤出”或“车削”修改器,然后设置“输出”为 NURBS。

NURBS对象的参数设置共有7个卷展栏，以NURBS曲面对象为例，分别为“常规”“显示线参数”“曲面近似”“曲线近似”“创建点”“创建曲线”“创建曲面”卷展栏。在“常规”卷展栏中单击“NURBS创建工具箱”，可以看到用于创建NURBS对象的所有工具，分别包括“点”“曲线”“曲面”三个功能区。

案例：NURBS建模制作家居抱枕。该案例使用“CV曲面”工具、“对称”修改器等制作精致的家居抱枕模型，制作步骤如下。

(1) 单击“创建”→“几何体”→“NURBS曲面”→“CV曲面”按钮，在前视图中创建一个CV曲面，如图2.65所示。

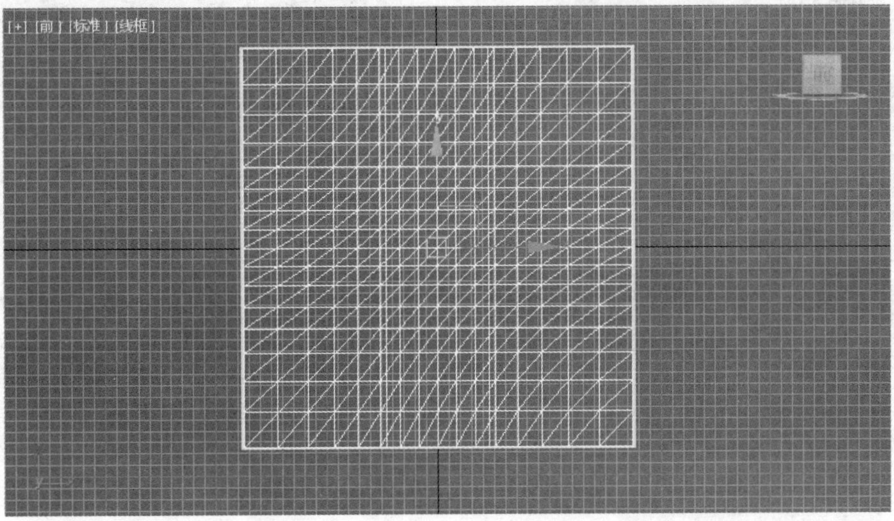

图2.65　前视图CV曲面

(2) 在“修改”面板中“创建参数”卷展栏中设置长度为350mm，宽度为350mm，长度CV数为5，宽度CV数为5。在“NURBS曲面”的“曲面CV”级别下调节CV控制点的位置，效果如图2.66所示。

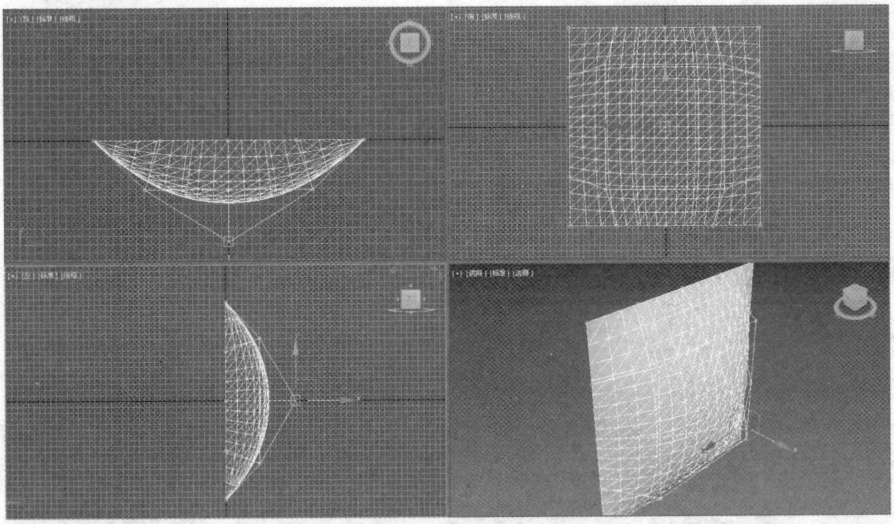

图2.66　调节CV控制点的位置

(3) 选择模型,为其加载"对称"修改器,如图 2.67 所示,并设置"镜像轴"为 z 轴,取消选中"沿镜像轴切片"复选框,设置"阈值"为 0.1mm。最终抱枕模型效果如图 2.68 所示。

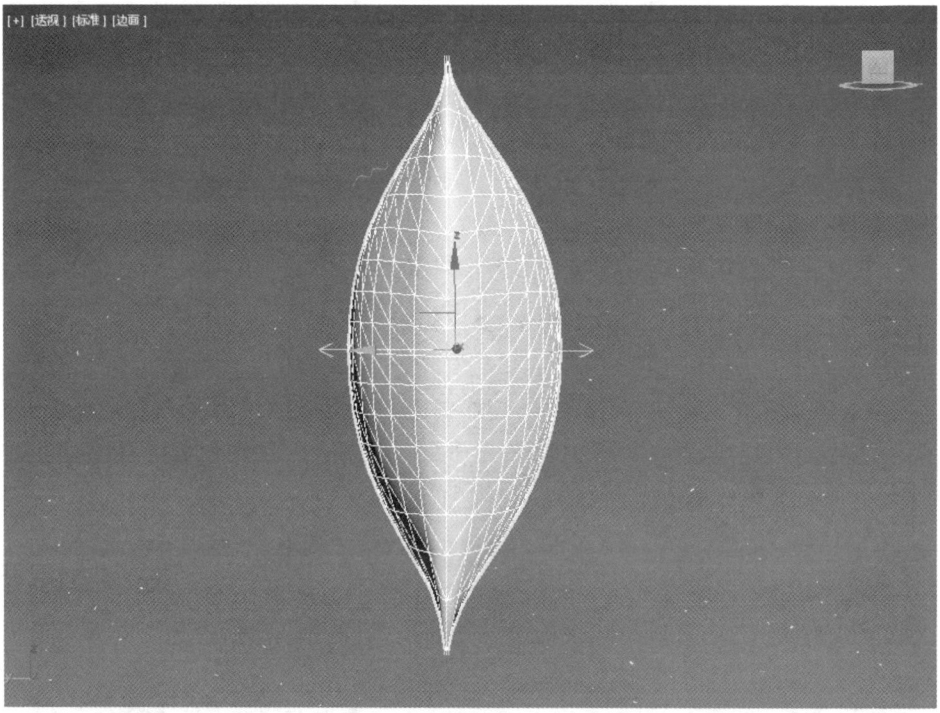

图 2.67 加载"对称"修改器

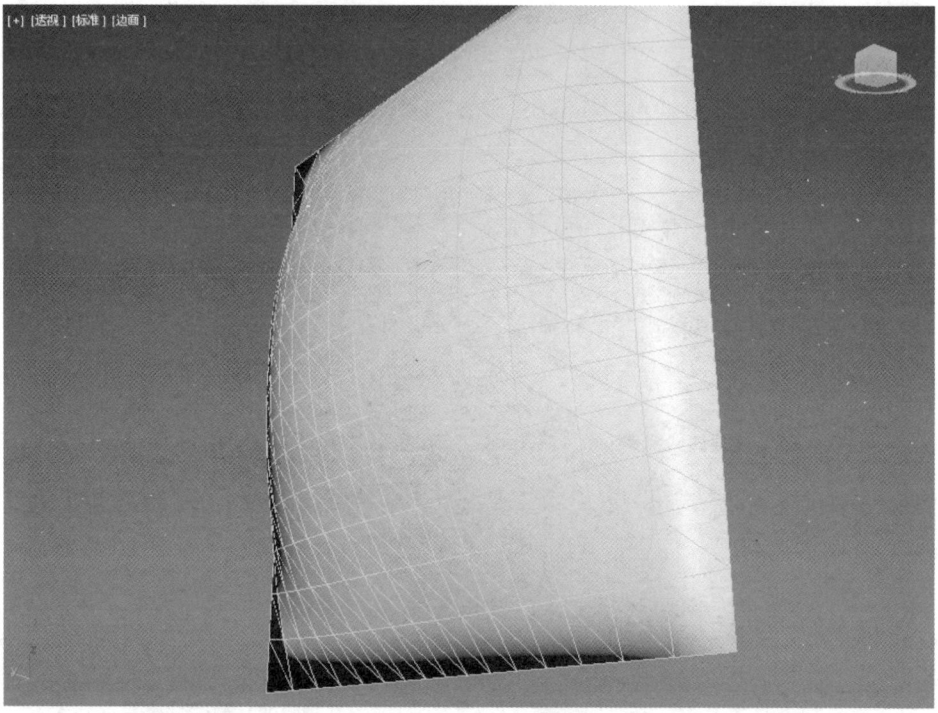

图 2.68 抱枕模型效果

2.3 3ds Max 材质设计和贴图

2.3.1 材质简介

材质就是指物体的质地,简单地说就是物体是什么制成的,如桌椅是木质的,杯子是玻璃的,这就是材质。从严格意义上来说,材质实际上就是 3ds Max 系统对真实物体视觉效果的表现,而这些视觉效果又通过材质属性来显示出来。材质的基本属性包括漫反射、反射、折射、粗糙度、半透明、自发光等。通过合理设置材质,可以让模型看起来更具有质感,也更能够刻画出模型的细节。

给物体设置材质,一般按照以下步骤:指定材质的名称和类型;设置漫反射、光泽度、不透明度;设置材质通道,指定贴图;将材质应用于对象,必要时调整 UV 贴图坐标。

2.3.2 材质编辑器

在 3ds Max 中要想设置材质及贴图,需要借助一个工具来完成,那就是材质编辑器。在主工具栏中单击“材质编辑器”按钮(快捷键 M),即可打开材质编辑器界面。它包括两个模式——“Slate 材质编辑器”和“精简材质编辑器”。初次打开 3ds Max 时,系统默认为“Slate 材质编辑器”,如图 2.69 所示。执行“模式”→“精简材质编辑器”菜单命令可以转换为精简模式。

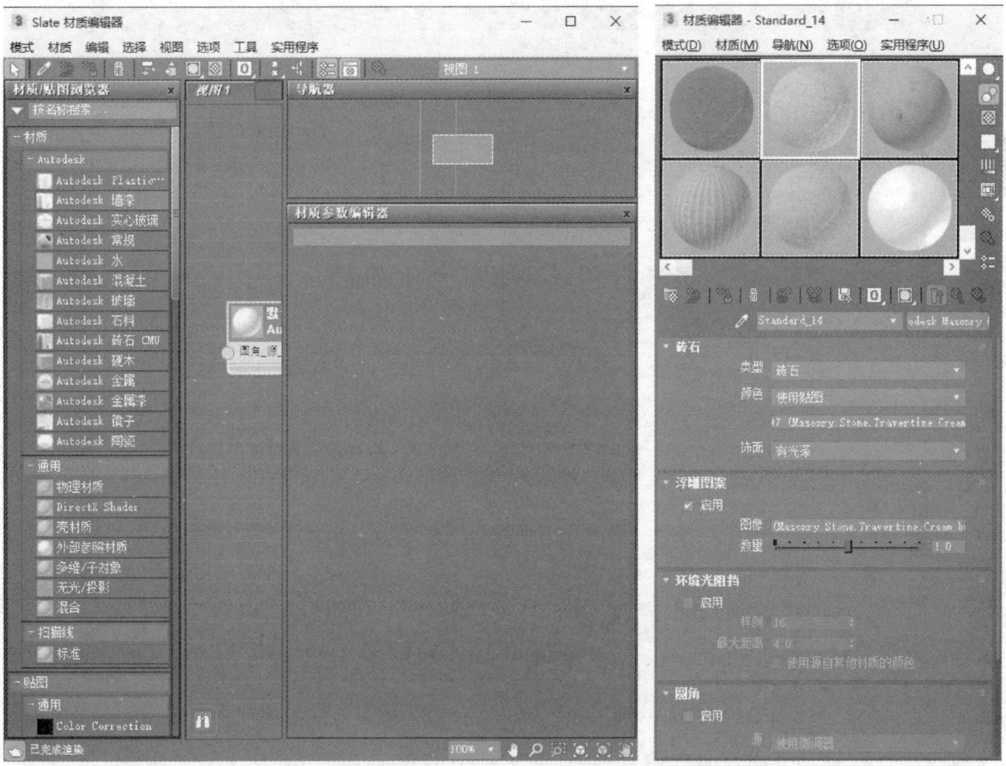

图 2.69 Slate 材质编辑器和精简模式

材质球是材质在 3ds Max 中的体现形式，用户可以调用材质球并将材质指定到选定的材质球上。精简材质编辑器默认显示 6 个材质球，在任一材质球上右击，然后选择“6×4 示例窗”选项可更改显示。当 24 个材质球用完之后，如果还需要使用材质球，可以将任意材质球拖曳到另一个材质球上，将其复制出来，然后重置复制出来的材质球，即会产生一个全新的材质球。因此，在 3ds Max 中，材质球是无限的，只是显示个数有限，不用担心材质球不够用的问题。

如果按照默认的“标准”材质进行软件操作，每个材质球都要单独切换成 VRay 材质，这样会导致工作异常麻烦，因此，从兼容性、制作效果和工作效率角度来看，统一 VRay 材质是最优选择。

在虚拟场景模型设计中，设计师通常会在“材质编辑器”中将材质球类型全部设置为 VRay 渲染器，以统一材质球类型。具体方法为：单击“自定义”菜单下的“自定义 UI 与默认设置切换器”命令，打开“为工具选项和用户界面布局选择初始设置。”对话框，如图 2.70 所示，然后在“工具选项的初始设置”中选择 MAX. vray 选项，接着单击“设置”按钮，重启 3ds Max 后，材质球就会默认以 VRay 材质显示，即 VRayMtl 材质球的颜色会显示为五颜六色的效果。

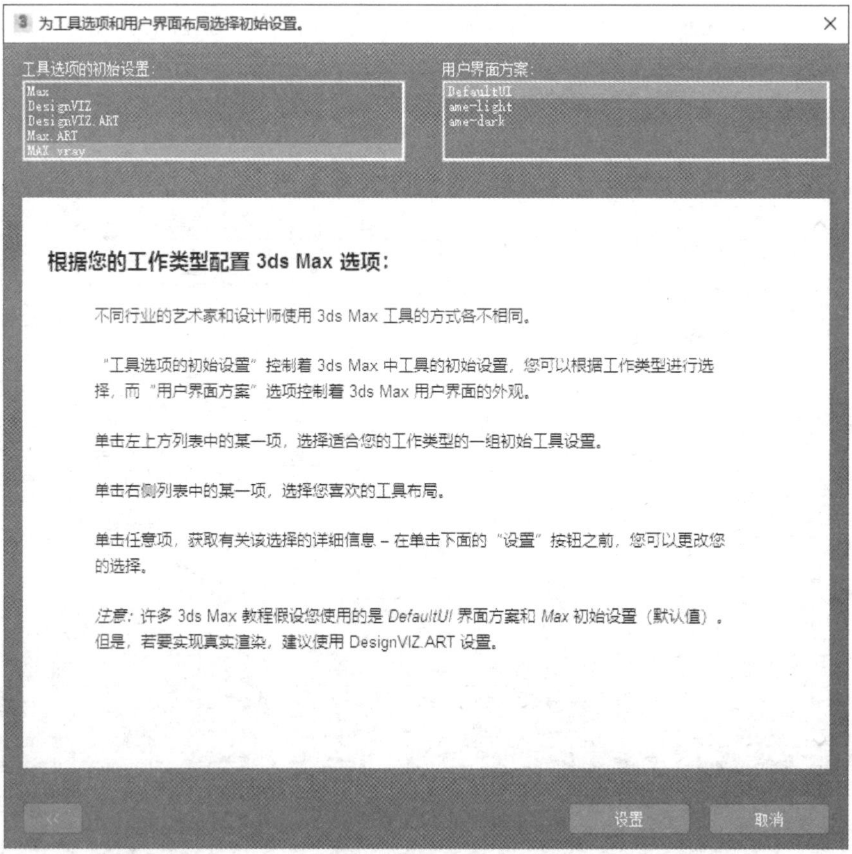

图 2.70 “为工具选项和用户界面布局选择初始设置。”对话框

安装 VRay 渲染器后，需要对其进行设置才能正常使用。单击“渲染”→“渲染设置”菜单命令（快捷键 F10），打开“渲染设置”窗口，然后在“公用”选项卡中打开“指定渲染器”卷展

栏,接着单击“产品级”后面的加载按钮,再在“选择渲染器”对话框中选择安装好的 VRay 渲染器,最后单击“确定”按钮并单击“保存为默认设置”按钮。如图 2.71 所示,完成上述操作后,渲染器会切换为 VRay 渲染器,且在渲染面板的名称中还会显示当前渲染器的版本信息。

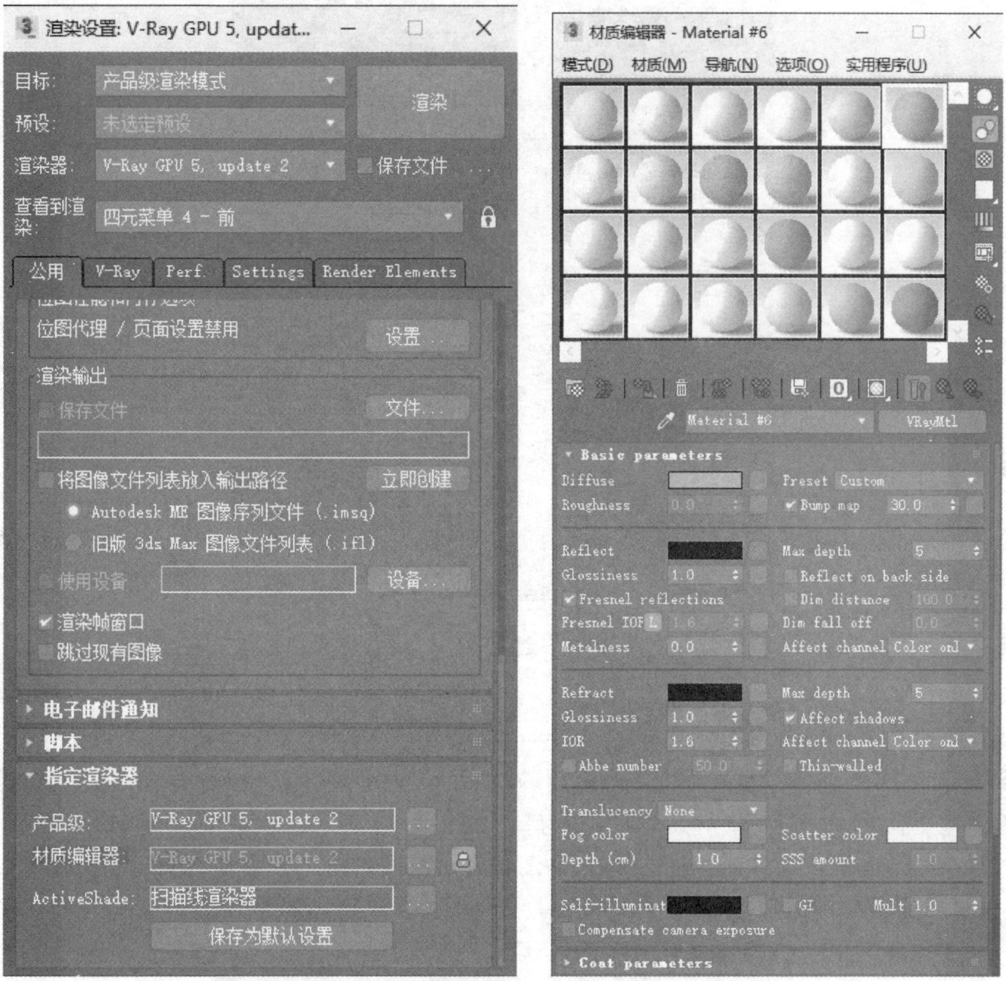

图 2.71　渲染设置与更改后的材质编辑器

在材质编辑器中,单击材质类型的 VRayMtl 按钮,系统会弹出“材质/贴图浏览器”对话框,如图 2.72 所示,在该对话框中,用户可以自由地选择想要的材质球类型。

选择模型,然后在材质编辑器中选择要加载的材质球,接着单击下方“将材质指定给选定对象”按钮,即可将材质指定到对象上。

双击材质编辑器中的任一材质球,系统会弹出一个材质球面板,用户可以在面板中放大和缩小材质球,以方便观察效果。

如果导入的模型已经指定好材质,在“材质编辑器”中单击“从对象拾取材质”工具,然后在模型上单击鼠标左键,此时,当前选中的材质球就会变成该对象的材质球,用户也可以查看相关参数。

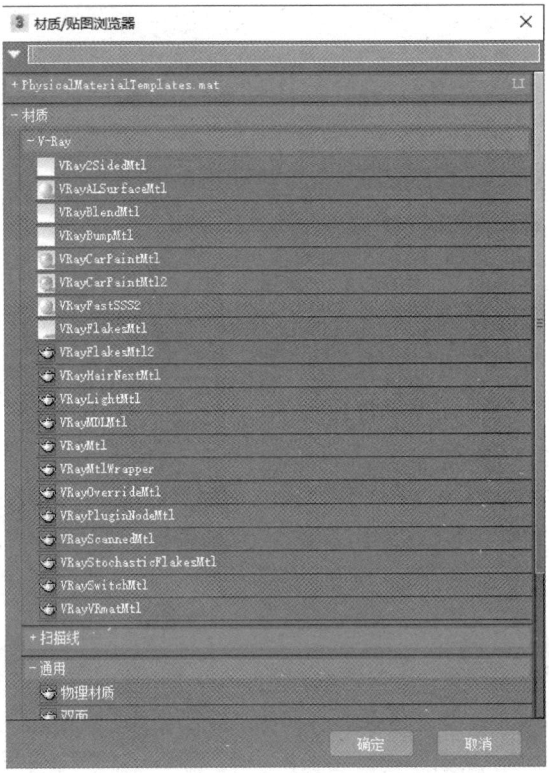

图 2.72　材质/贴图浏览器

2.3.3　材质资源管理器

材质资源管理器主要用来浏览和管理场景中的所有材质。执行“渲染”→“材质资源管理器”菜单命令，即可打开“材质管理器”窗口，如图 2.73 所示。该窗口分为“场景”面板和“材质”面板，其中，“场景”面板主要用来显示场景对象的材质，而“材质”面板主要用来显示当前材质的属性和纹理大小。

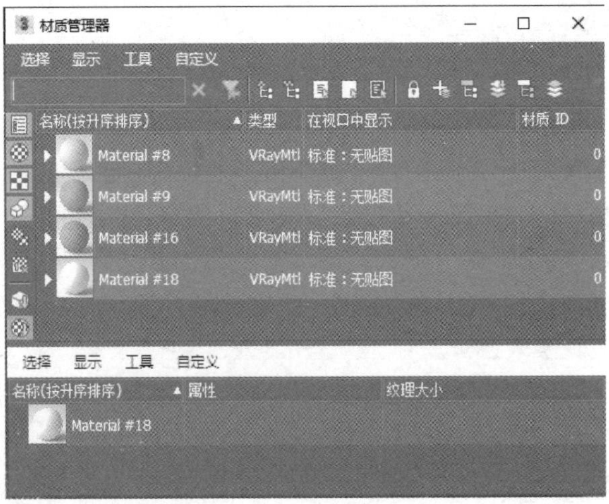

图 2.73　材质管理器

2.3.4 VRayMtl 材质

VRayMtl 材质是 VRay 渲染器提供的一种特殊材质，在虚拟现实场景中使用该材质能够获得更加准确的物理照明和更快的渲染，同时对反射和折射参数的调节也更加方便。用户可以将 VRayMtl 材质应用不同的纹理贴图，来控制反射和折射，增加凹凸贴图和置换贴图，强制直接进行全局照明计算，选择用于材质的 BRDF 等。

VRayMtl 的参数与建模原理类似，即对材质进行“拆分与组合”，如图 2.74 所示。在制作材质之前，先分解出材质的各个属性，然后分别设置这些属性的参数，接着将这些参数组合起来就可以得到需要的材质。其卷展栏主要包括基本参数、反射和折射等，在日常生活中所谈论的材质，主要都是由漫反射、反射和折射三种属性组合而成。设置材质的过程，其实就是分析材质真实属性的过程。

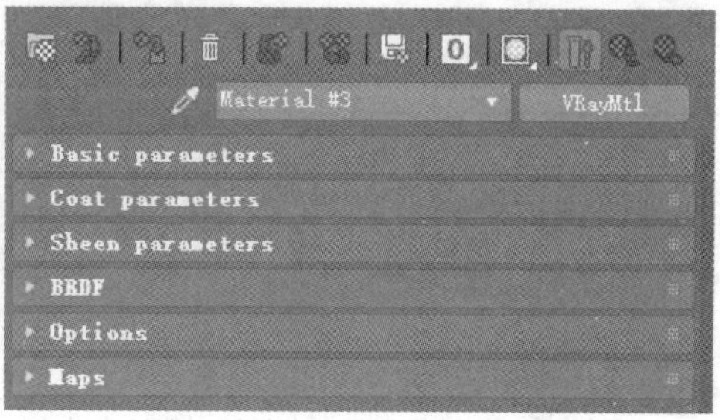

图 2.74 VRayMtl 的参数

1. 漫反射

漫反射的参数比较简单，主要用于设置虚拟场景中能直接看到的材质效果，如颜色和表面的纹路贴等，可以理解为一般物体的固有色，即一般物体表面放大后，因为凹凸不平的表面造成光线从不同方向反射到人眼中形成的反射。普通质感的材质一般无反射、无折射，材质设置很简单，可以使用漫反射制作乳胶漆、白纸等材质。值得注意的是，通常 VRayMtl 材质需要取消勾选“菲涅耳反射”选项，该选项可以快速地把很强的反射效果变得很弱。

2. 反射

反射选项卡中可以设置材质的反射、光泽度等属性，使材质产生反射属性。根据反射的强弱可以产生不同的质感。如镜子反射最强，金属反射比较强，大理石反射一般，塑料反射较弱，壁纸几乎无反射。反射选项卡中的反射色块默认为黑色，代表没有反射。颜色越浅，反射越强。反射光泽度用于控制反射的模糊效果(默认数值为 1，表示没有反射模糊效果)，取值范围为 0～1。数值越小，反射模糊越大。

3. 折射

折射主要用于表现玻璃、水、钻石等透明的材质效果。透明类材质根据折射的强弱产生不同的质感，折射的原理与反射相同，黑色代表没有折射，白色为全折射，如水和玻璃的折射超强，塑料瓶的折射比较强，灯罩的折射一般，树叶的折射比较弱，地面则无折射。透明类材质需要特别注意一点，反射颜色要比折射颜色深，也就是说，通常需要设置反射为深灰色，折射为白色或浅灰色，这样渲染才会出现玻璃质感。假如反射设置为白色或浅灰色，无论折射颜色是否设置为白色，渲染都会呈现类似镜子的效果。不同的材质其折射率是不同的，因而透过透明材质球看到的背景色块是歪的，设置折射率参数值时，直接使用真实的物理参数即可。

2.3.5 贴图

1. 贴图与材质

贴图是指材质表面的纹理样式，使用 VRay 材质，可以应用不同的纹理贴图，控制其反射和折射，增加凹凸效果，从而获得不同的质感效果，如墙面上的壁纸纹理样式、水面的凹凸纹理样式、金属的不规则反射样式等。

材质在 3ds Max 中代表某个物体应用了什么类型的质地，如标准材质、VRayMtl、混合材质等，通俗上理解材质的级别要比贴图大，也就是说，先设置材质，才会出现贴图，贴图需要在材质下面的某个通道上加载。例如，设置一个木纹材质，需要首先设置材质类型为 VRayMtl，并设置其"反射"参数，最后需要在"漫反射"通道上加载"位图"贴图，从而让材质出现贴图纹理效果。

2. 贴图设置方法

贴图的设置相对材质而言要简单一些，具体的设置方法可参考以下准则。

(1) 在确认设置哪种材质，并设置完成材质类型的情况下，考虑"漫反射"通道是否需要加载贴图。

(2) 考虑"反射""折射"通道是否需要加载贴图，常用的如"衰减""位图"贴图等。

(3) 考虑"凹凸"通道上是否需要加载贴图，常用的如"位图""噪波""凹痕"贴图等。

打开材质编辑器中的"贴图"卷展栏，如图 2.75 所示，可以看出卷展栏中有很多贴图通道。单击其中的一个单元，可以弹出"材质/贴图浏览器"，包含很多贴图类型，包括 2D 贴图、3D 贴图、颜色修改器贴图、反射和折射贴图以及 VRay 贴图等。

单击材质编辑器中的"将材质指定给选定对象"后，如果模型上的贴图不显示，可单击"视口中显示明暗处理材质"按钮，即可看到贴图正确显示。有时为平面类模型设置材质时，发现平面在视图中显示为黑色，此时只需要为模型添加"壳"修改器，使平面模型产生厚度，模型上就能正确显示出贴图效果了。

贴图包括位图贴图和程序贴图两种类型，两者有如下区别。

(1) 位图相当于照片，单个图像是由水平和垂直方向的像素组成。图像的像素越多，就变得越大，因此尺寸较小的位图用在对象上时，如果距离摄影机太近可能会造成渲染效果差，而较大的位图则需要更多的内存，渲染上会花费更长的时间。

(2) 程序贴图的原理是利用数学算法生成的贴图，当贴图被放大时，不会降低分辨率，可以看到更多的细节。

3. 常用贴图

位图贴图是由彩色像素的固定矩阵生成的图像，可以用来创建多种材质，也可以使用动画或视频文件替代位图来创建动画材质。

衰减贴图可以模拟对象表面由深到浅或由浅到深的过渡效果，在创建不透明度的衰减效果时，可以制作出类似 X 光射线的虚幻效果。

渐变贴图可从一种颜色到另一种颜色进行明暗过渡，也可以为渐变指定两种或三种颜色。

平铺贴图可以使用颜色或材质贴图创建砖或其他平铺材质，通常包括已经定义的建筑

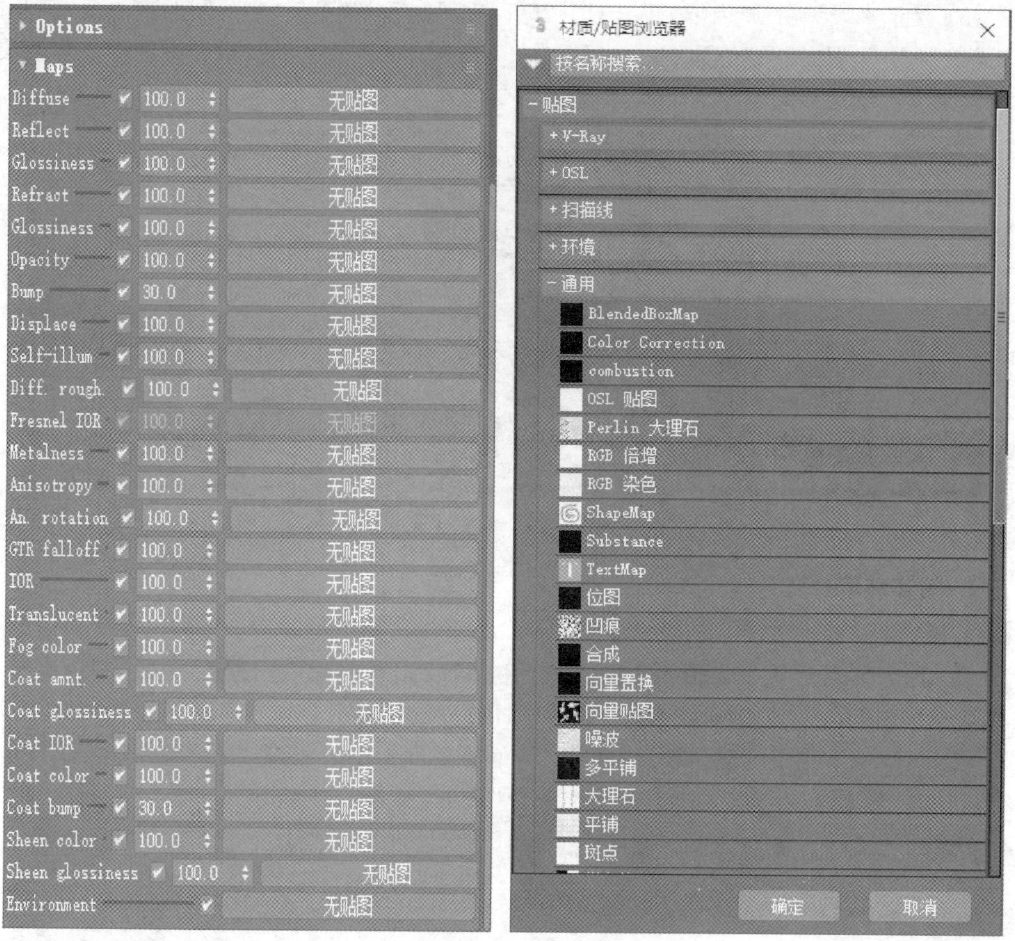

图 2.75　“贴图”卷展栏

砖图案，也可以自定义图案。

噪波贴图可以产生随机的噪波波纹纹理，常使用该贴图制作凹凸效果，如水波纹、草地、墙面、毛巾等。

棋盘格贴图是将两色的棋盘图案应用于材质，默认是黑白方格图案。

2.3.6　常见 VRayMtl 材质制作

在虚拟现实场景设计中，所有的材质参数都是可变的，即便是相同的材质，在不同的虚拟场景空间中，其效果可能也都不一样，也就是说，材质效果是随环境变化而变化的，因此，材质参数设置需要根据不同场景效果进行调整。

1. 制作木纹材质

步骤如下。

(1) 新建一个 VRayMtl 材质球，为“漫反射”加载一张“木纹”位图贴图。加载好贴图后，修改“模糊”的值为 0.01，让木纹的纹理更加清晰。

(2) 设置“反射”颜色的亮度为 30，“反射光泽度”和“高光光泽度”均为 0.85。

(3) 接下来设置材质凹凸效果。打开“贴图”卷展栏，把“漫反射”的贴图拖曳复制到“凹凸”通道中，并设置“凹凸”值为 15。如图 2.76 所示，因材质效果涉及后文中的灯光和渲染，因此效果并非统一效果。

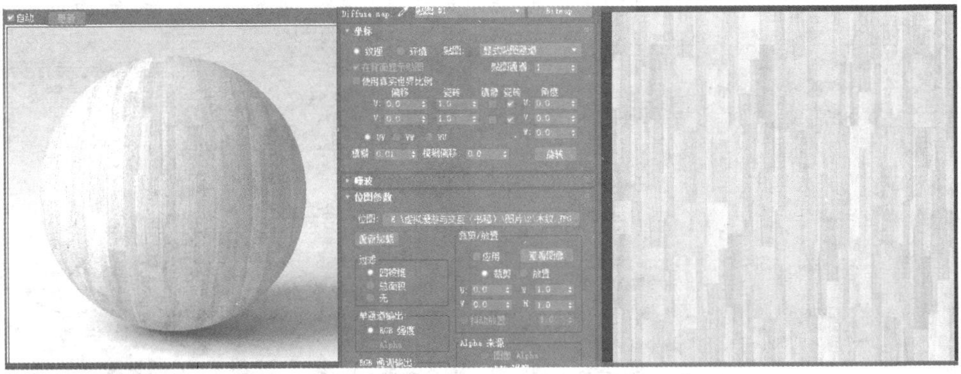

图 2.76　木纹材质

2. 制作玻璃材质

步骤如下。

(1) 因为玻璃材质不靠漫反射表现，设置“漫反射”为纯白。设置“反射”颜色亮度为 180，勾选“菲涅耳反射”，其他参数保持默认即可。

(2) 玻璃的重点是折射。设置“折射”颜色的亮度为 242，设置“光泽度”为 1.0，“折射率”为 1.5，“最大深度”为 5，并勾选“影响阴影”效果，如图 2.77 所示。

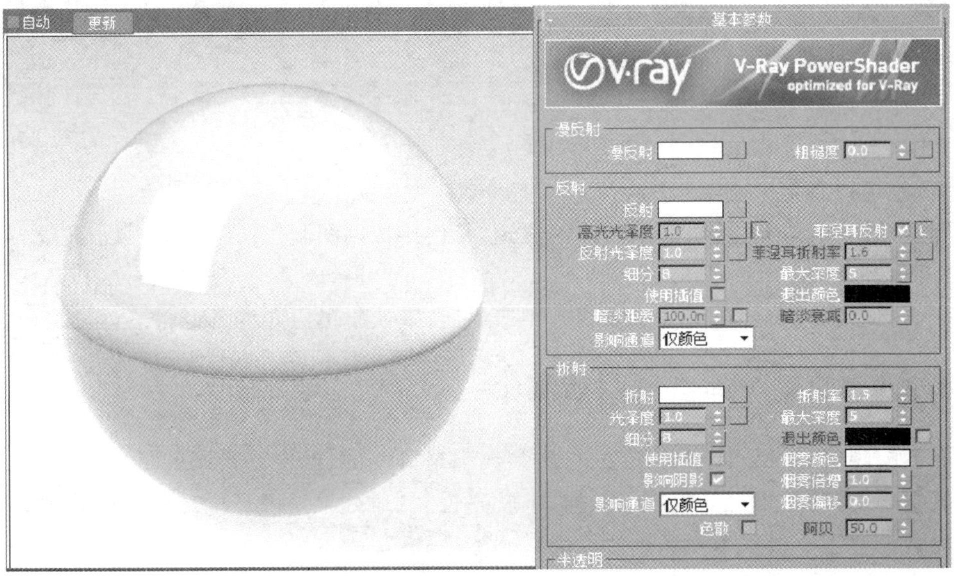

图 2.77　玻璃材质

3. 制作大理石材质

步骤如下。

(1) 为漫反射加载一张大理石的贴图，并设置“模糊”为 0.01。

（2）设置“反射”颜色的亮度为 100，勾选“菲涅耳反射”，接着设置“高光光泽度”为 0.8，“反射光泽度”为 0.98。如图 2.78 所示，因为大理石表面光滑，可不考虑凹凸效果。

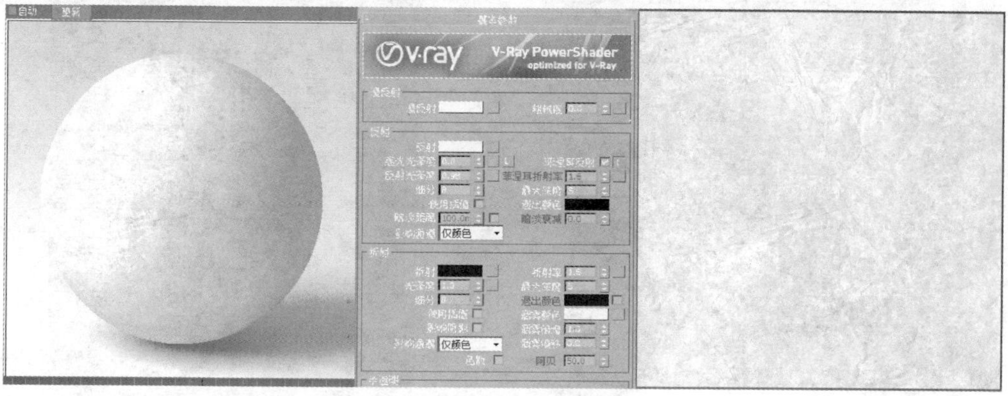

图 2.78　大理石材质

4. 制作陶瓷材质

步骤如下。

（1）选择一个空白材质球，设置为 VRayMtl 材质类型，设置“漫反射”亮度为 253，再设置反射参数中“反射光泽度”为 0.9，细分为 15，取消勾选“菲涅耳反射”，“影响通道”为“仅颜色”。

（2）为反射通道添加“衰减”贴图，衰减参数设置“衰减类型”为 Fresnel，衰减方向为“查看方向（摄影机 z 轴）”，勾选“覆盖材质 IOR”复选框，如图 2.79 所示。

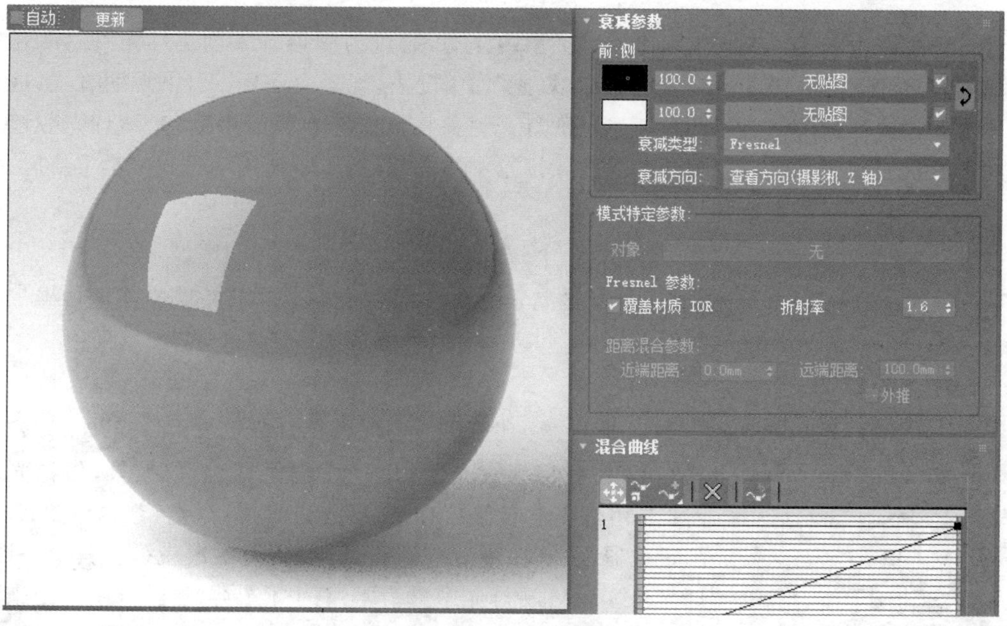

图 2.79　陶瓷材质

将以上制作的 4 种不同材质类型赋予模型后，效果如图 2.80 所示。

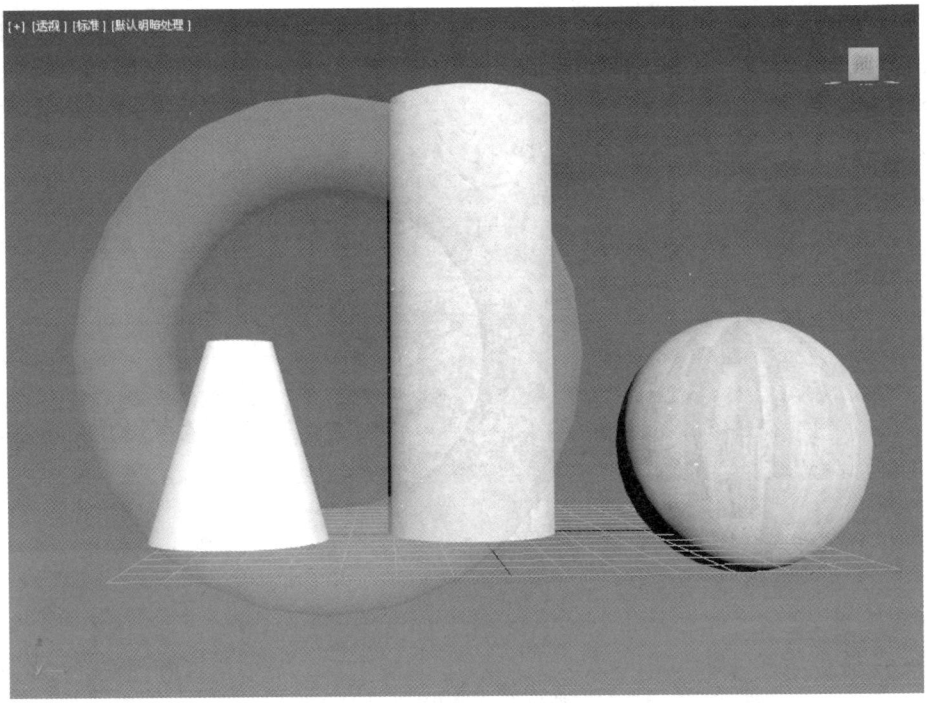

图 2.80　4 种不同材质模型

2.4　灯光

灯光可以用来模拟现实生活中不同类型的光源，通过为虚拟场景创建灯光可以增强场景的真实感和三维纵深度。在没有添加“灯光”的情况下，场景会使用默认的照明方式，这种照明方式根据设置由一盏或两盏不可见的灯光对象构成。若在场景中创建了“灯光”对象，系统的默认照明方式将自动关闭。若删除场景中的全部灯光，默认照明方式又会重新启动。在渲染图中光源会被隐藏。

在“创建”面板中单击“灯光”按钮，在下拉列表中可以选择灯光的类型。3ds Max 中有“光度学”和“标准”两种默认灯光，在加载了 VRay 渲染器后，会提供 VRay 灯光。在虚拟现实场景的灯光设计中，通常使用“光度学”和 VRay 两类灯光。

1. “光度学”灯光

“光度学”灯光共有 3 种类型，如图 2.81 所示，分别是“目标灯光”“自由灯光”“太阳定位器”。其中，“目标灯光”常用来模拟射灯、筒灯效果，俗称光域网；自由灯光没有目标对象，参数与“目标灯光”基本一致；“太阳定位器”只有在特定条件下可用，使用次数较少。其中，目标灯光是 3ds Max 灯光中最为常用的灯光类型之一，主要用来模拟室内外光照效果，光域网、射灯都和该类型灯光关联。

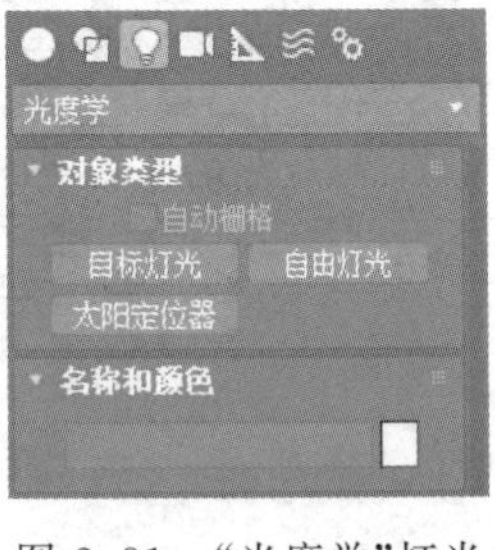

图 2.81　“光度学”灯光

下面通过构建一个小场景来介绍“光度学”灯光。如图 2.82 所示为默认照明场景。

单击“光度学”灯光中“目标灯光”对象类型，在前视图中从

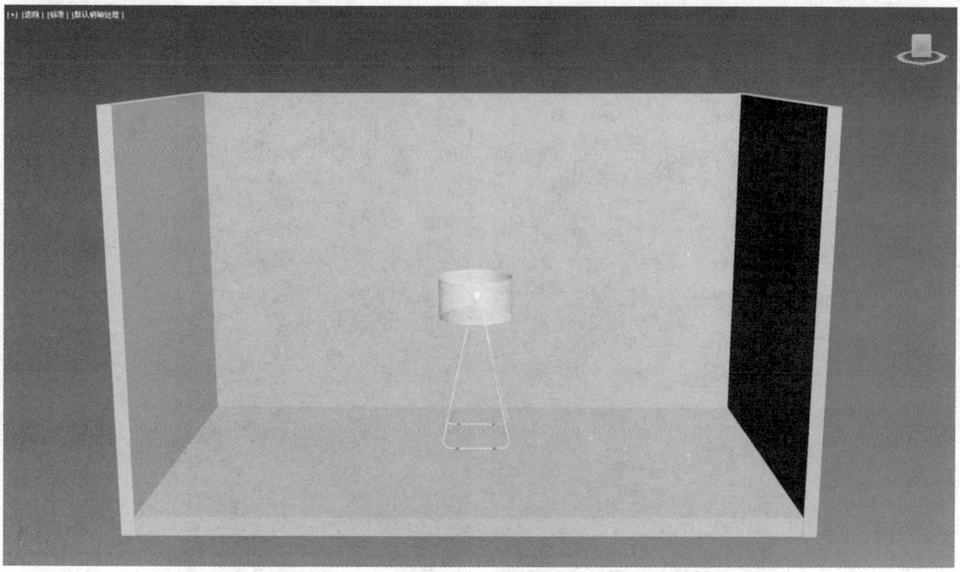

图 2.82　默认照明场景

上往下拖曳一个目标灯光，黄色的大圆球是灯光本体，下面方框是目标点。切换顶视图，如图 2.83 所示，将灯光本体和目标点都移动到靠墙体的位置。注意，目标点的位置并非光线的终点，它只是一个参考的方向点。

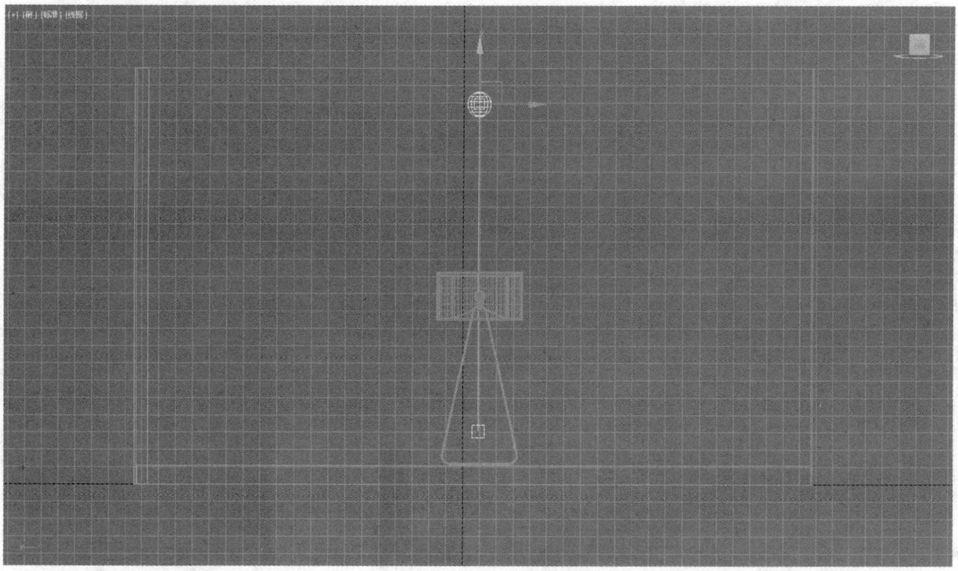

图 2.83　添加“目标灯光”

选中灯光本体，进入“修改”面板，相关参数如图 2.84 所示。

“常规参数”卷展栏中，只有勾选了“启用”复选框，灯光才会有效。“目标”复选框主要用于激活目标点，如果勾选，代表“目标灯光”，用户可以利用目标点自由操控灯光的目标方向；如果不勾选，灯光就会变成“自由灯光”，即没有目标点。所以，目标灯光和自由灯光的差别就在于有没有目标点，其余的参数几乎一模一样。对于“阴影”，必须勾选“启用”复选框，然

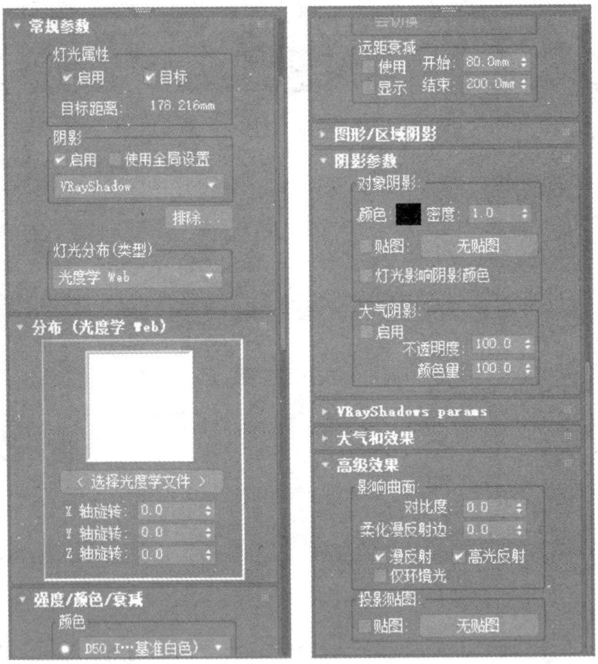

图 2.84 灯光参数

后在下拉菜单中选择 VRayShadow 选项，使用 VRay 渲染器必须选择 VRayShadow 选项。

灯光分布(类型)有 4 种类型，其中，“光学度 Web”是必须选的。选择“光学度 Web”后，会出现“分布(光学度 Web)”卷展栏，单击“选择光学度文件”按钮，系统会弹出对话框让用户选择光学度文件，即常说的以.ies 作后缀的光域网文件，如图 2.85 所示。加载好光域网文件后，卷展栏对应也会发生变化，光域网的效果样式会出现在面板中，如图 2.86 所示。

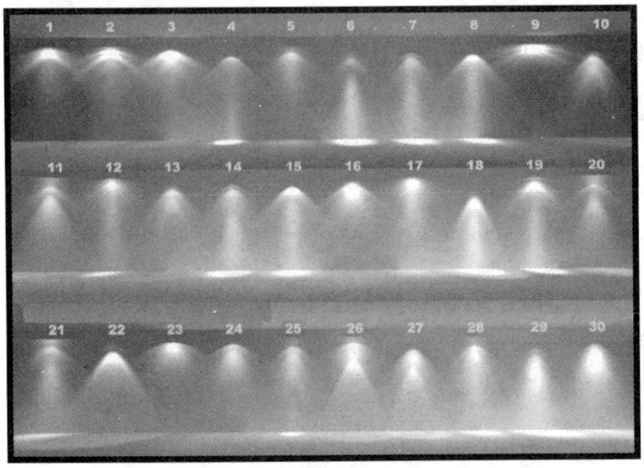

图 2.85 IES 光域网文件

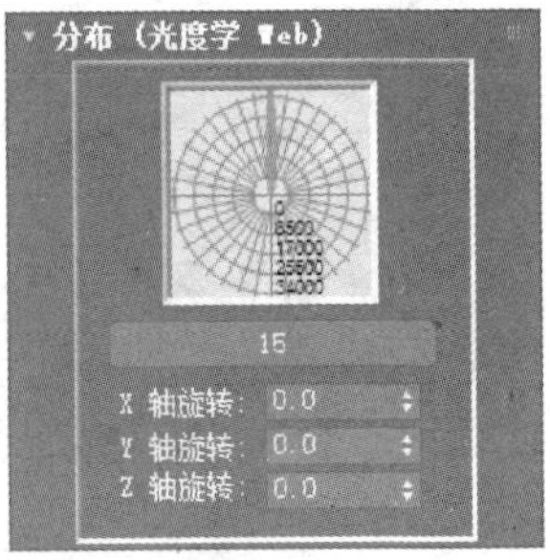

图 2.86 光域网的效果样式

在“强度/颜色/衰减”卷展栏中，可以设置灯光的颜色和强度。其他参数暂时不用调整。渲染一下后的灯光效果如图 2.87 所示。需要注意的是，使用光域网时，要注意光域网的位置和方向，光域网距离目标太近，效果会曝光；光域网距离目标太远，光效会弱化。需要不断调试才能使灯光处于合适位置。

图 2.87　光域网渲染效果

2. VRay 灯光

VRay 灯光只有在安装了 VRay 渲染器后才能使用，如图 2.88 所示，VRay 灯光包含 4 种类型灯光，分别是 VRayLight、VRayIES、VRayAmbientLight 和 VRaySun。其中，VRayLight 类型可以模拟制作主光源、辅助光源，效果比较柔和，几乎取代了默认的“标准”灯光；VRayIES 类型用于添加 IES 光域网的文件来源，选择了.IES 光域网文件，那么渲染过程中光源的照明就会按照光源的光域网文件中的信息来表现，可以达到普通照明无法做到的散射、多层反射、日关灯等效果；VRayAmbientLight 类型可以模拟环境灯光效果；VRaySun 类型可以模拟真实的太阳光效果。

VRayLight 类型和 VRaySun 类型是最常用的两种灯光，图 2.89 为常见 VRayLight 类型灯光参数设置。

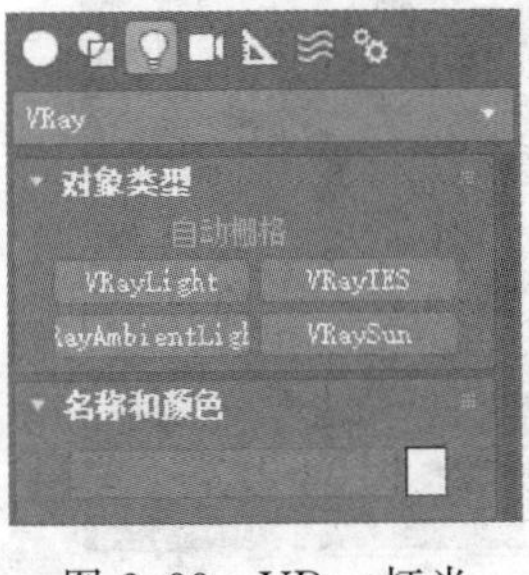

图 2.88　VRay 灯光

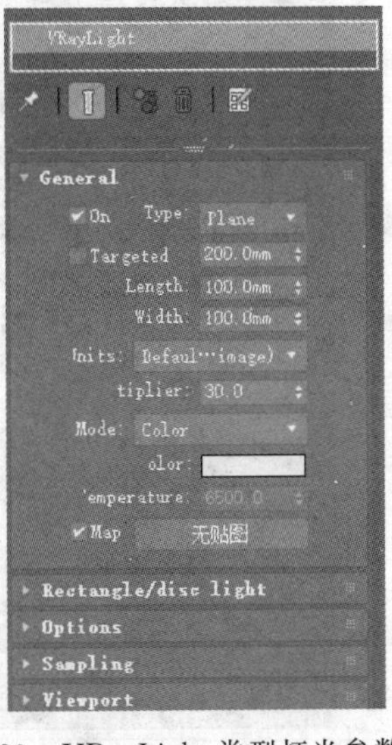

图 2.89　VRayLight 类型灯光参数设置

“常规”选项组中，勾选“开”表示开灯，不勾选表示关灯，这与光域网相同。类型包括平面、穹顶、球体、网格等，其中最常用的是平面光和球体光。“强度”选项组中的参数主要用于调整灯光的强度、大小和颜色。“选项”选项组中的参数主要用来控制灯光效果。“采样”选项组中“细分”越大，渲染质量越高。平面光和光域网一样，灯光尺寸到物体的距离对灯光效果有一定的影响，平面尺寸越大，曝光更严重。在场景中创建一个 VRay 平面光查看 VRay 类型灯光效果，如图 2.90 所示。

图 2.90　VRay 平面光效果

VRay 球光也是一种常用的灯光类型，俗称球光，其尺寸设置参数为“半径”，通常用于制作特定灯光如台灯、壁灯或吊灯等。球光的大小和强度是根据容器来决定的。在场景的灯罩中创建一个 VRay 球光效果，如图 2.91 所示。

图 2.91　VRay 球光效果

2.5 渲染

在平面设计软件创作作品时，可以实时看到最终的效果，但 3ds Max 是三维软件，无法进行实时预览，这就需要一个渲染步骤，才能看到最终效果。在使用 3ds Max 创作作品时，一般遵循"建模—材质—灯光—渲染"这个基本步骤，渲染是最后一道工序，是通过 VRay 渲染器来生成最终图像的工作。

渲染英文为 Render，又称"着色"，是对虚拟场景进行着色的过程。它通过复杂的运算，将虚拟的三维场景投射到二维平面上，最终得到优秀作品。渲染是一个速度和质量平衡的过程，虽说参数设置越高质量越高，但前提是颜色、风格、空间等搭配也要合理，且需要在有限的时间内渲染出满足需求的效果图。

默认渲染是指使用 3ds Max 自带的扫描线渲染，VRay 渲染指使用 VRay 渲染器渲染。一般情况下，渲染都不会用到默认扫描线渲染，因为其渲染质量不高，且渲染参数设置特别复杂。

VRay 渲染器是一种经过了市场洗礼脱颖而出的渲染器。它结合了光线跟踪和光能传递两方面，其真实的光线计算能力可以创建出专业的照明效果。

按 F10 键打开"渲染设置"窗口，如图 2.92 所示，可以看到 VRay 渲染器所有的参数都在这里，虽然参数很多，但真正用于渲染的参数和原理都是固定的，一般只需要掌握核心的参数和方法即可。

在"渲染设置"窗口的顶部会有一些控制选项，包括"目标""预设""渲染器""查看到渲染"，它们可应用于所有渲染器。其中，"目标"用于选择不同的渲染选项；"预设"用于选择预设渲染参数集，加载和保存渲染参数设置；"渲染器"用于选择处于活动状态的渲染器；"查看到渲染"下拉列表用于选择渲染的不同视口。

在"渲染设置"对话框中还包括"帧缓冲区""全局开关""图样采样器""IPR 参数""环境""颜色贴图"和"摄影机"等不同卷展栏，不同版本 VRay 渲染器的卷展栏也会有所不同。

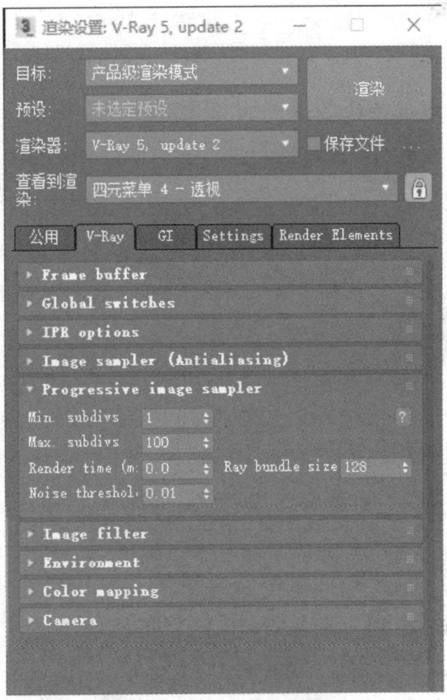

图 2.92 "渲染设置"窗口

2.6 摄影机

摄影机是构图的起点，如图 2.93 所示，摄影机可以用来设置观察虚拟场景的视角，制作完美的效果图。

创建摄影机的方法有以下两种。

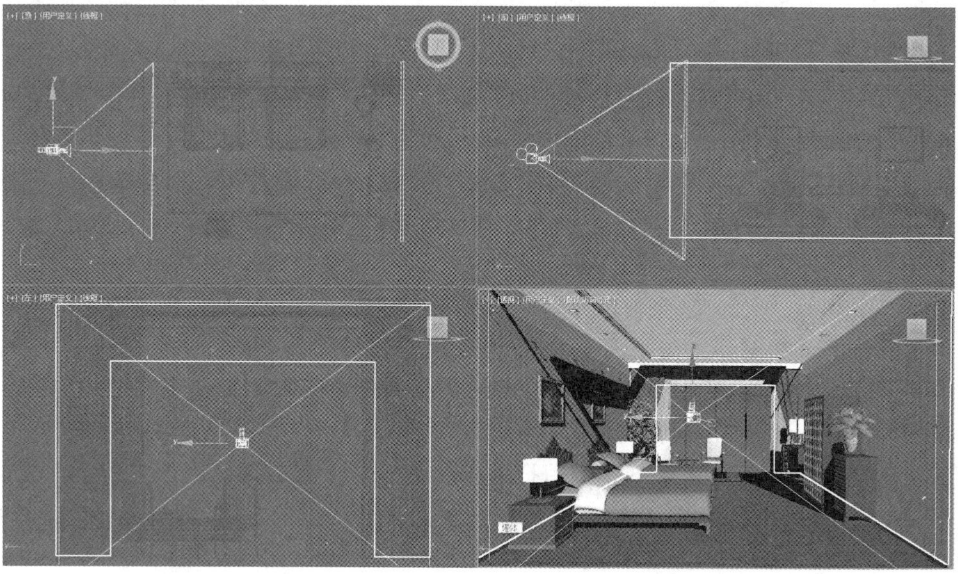

图 2.93 摄影机

(1) 单击“创建”面板中的“摄影机”按钮，然后单击“目标”按钮，在视图中拖曳进行创建。

(2) 在透视图中选择好角度，然后在该角度下按 Ctrl+C 组合键创建该角度的摄影机。

1. 目标摄影机

目标摄影机是 3ds Max 中最常用的摄影机，常用来固定画面的视角，创建后包含目标点和摄影机两个部件，可以通过调节目标点和摄影机来控制角度。将目标点连接到动画对象上，可以拍摄视线跟踪动画，即拍摄点固定而镜头跟随动画对象移动，适合跟踪拍摄、空中拍摄等。在安装了 VRay 渲染器后，会有一个“物理”摄影机，建议使用目标摄影机。在视图中按 C 键可切换到摄影机视图，按 P 键可以切换到透视图。

在顶视图中可以看到，摄影机的创建位置距离场景对象很远，但在摄影机视图中感觉对象离得很近，这就是“视野”。选中摄影机，单击“修改”按钮进入修改面板，默认“视野”是 45°。对于虚拟现实场景空间设计，建议“视野”设置范围为 60～84。低于这个范围，空间感会打折扣；高于这个范围，则拍摄效果会产生畸变，俗称“对象变形”。

摄影机两端的线框范围就是拍摄范围，在这个范围内的对象，都可以被摄影机拍摄，而如果遇到有墙体等遮挡物，则和现实生活中一样，即便是在摄影机范围内，也拍摄不到。

在视图中选择目标摄影机，然后右击并在弹出菜单中选择“应用摄影机校正修改器”命令，可以对摄影机进行校正，并设置相应的参数。

2. 自由摄影机

创建自由摄影机后，在视图中可以观察到只包含摄影机一个部件，这种摄影机可以很方便地被操控进行推拉、移动、倾斜等操作，摄影机指向的方向即为观察区域。自由摄影机比较适合绑定在运动对象上进行拍摄，即拍摄轨迹动画，主要用于流动拍摄、摇摄等，其具体的参数和目标摄影机一致。

两台摄影机的主要参数为“镜头”微调框和“视野”微调框。“镜头”微调框用来设置摄影机镜头的焦距长度，镜头的焦距决定了成像的远近，其值越大看得越远，但视野范围越小，景深也越小。“视野”微调框用来设置摄影机观察范围的宽度，视野与焦距紧密相连，焦距越短视野越宽。

2.7　3ds Max 模型烘焙及导出

在 3ds Max 中贴图完成的模型要导出到 Unity 3D 中进行后续操作，但需要进行烘焙和导出。

1. 烘焙

烘焙本质上是把像素级别的信息存储到贴图上，以方便后续进一步使用，步骤如下。

(1) 选择要烘焙的模型，添加“UVW 展开”修改器，如图 2.94 所示，然后将“UVW 展开”面板的“通道”→“贴图通道”选项切换到通道 2，弹出如图 2.95 所示的“通道切换警告”对话框，单击“移动”按钮，将 UV 从通道 1 移动到所选择的通道 2。

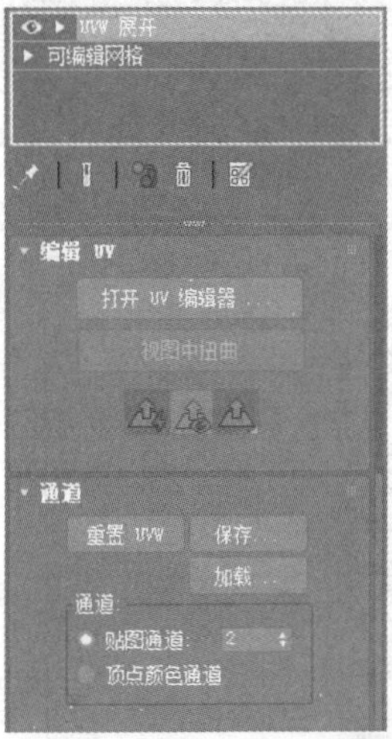

图 2.94　“UVW 展开”修改器

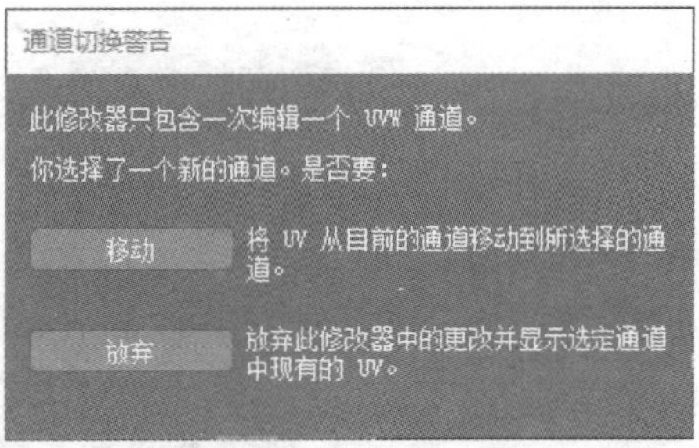

图 2.95　通道切换

(2) 单击“渲染”→“渲染到纹理”菜单命令，弹出如图 2.96 所示“渲染到纹理”窗口。在“常规设置”卷展栏中可以将输出路径直接设置为 Unity/Assets，即可将烘焙完成的对象直接放置到 Unity 3D 资源中，在 Unity 3D 中使用时无须再导入。

(3) 在“渲染到纹理”窗口中选择“贴图坐标”对象为“使用现有通道”，设置为通道 2。在“输出”卷展栏中单击“添加”按钮，弹出“渲染到纹理”窗口，如图 2.97 所示，从中选择 LightingMap，单击“添加元素”按钮完成设置。接着设置“目标贴图位置”为“漫反射颜色”，修改合适的贴图大小，这里设置为 512x512。

(4) 如果模型中添加了高光贴图和法线贴图，则需要继续添加 SpecularMap 和 NormalsMap，贴图大小仍然设置为 512x512。

(5) 单击“烘焙材质”中的“清除外壳材质”，然后单击“渲染”按钮进行烘焙，将渲染出来的贴图纹理保存。按 M 键打开材质编辑器，如图 2.98 所示，单击“从对象拾取材质”按钮，从中可以看到烘焙材质。至此，模型烘焙完成。

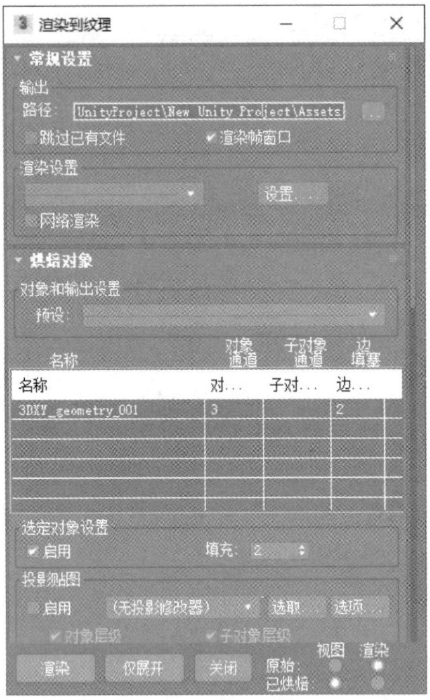

图 2.96 “渲染到纹理”窗口(一)

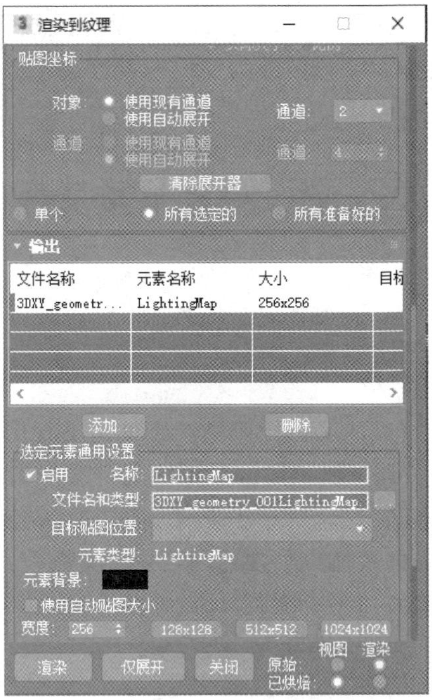

图 2.97 “渲染到纹理”窗口(二)

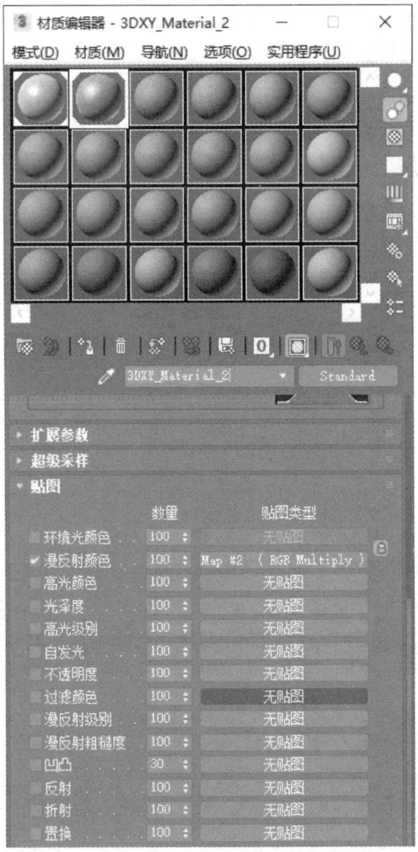

图 2.98 材质编辑器

2. 导出

模型烘焙完成之后就可以导出到 Unity 3D 引擎中使用，步骤如下。

(1) 选中要导出的模型，在菜单栏中选择“文件”→“导出”→“导出选定对象”命令，导出时直接选择对应的 Unity 资源文件夹，命名为. fbx 格式，以便模型自动导入 Unity。

(2) 保存设置完成后弹出“FBX 导出”对话框。对话框中保持大部分默认选项，将“高级选项”卷展栏中“场景单位转化为”设置为“厘米”且 y 轴向上，打开“嵌入的媒体”卷展栏，勾选“嵌入的媒体”复选框，如图 2.99 所示，最后单击“确定”按钮将模型 FBX 文件导出。

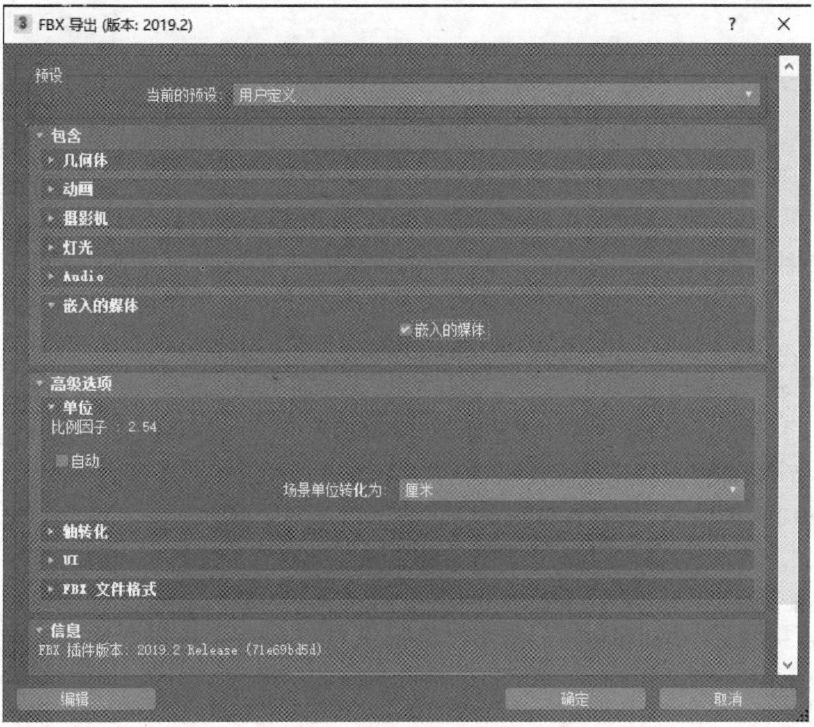

图 2.99 FBX 导出

(3) 启动 Unity 3D，打开存放了 FBX 文件和烘焙文件的项目，可以看到除了模型外，还产生了对应的材质文件夹。最后将. fbx 模型拖动到场景中，设置 Transform 面板中的 Position 为(0,0,0)。保存项目。

注意，若将导出的模型和贴图文件直接复制粘贴到 Unity 3D 工程路径 Assets 文件夹中，导入后原来在 3ds Max 中的贴图与模型的关联会丢失，在 Unity 3D 中需要将模型和贴图重新进行关联，关联只需要将贴图文件拖动到材质球对应参数中即可。例如，一般将 AlbedoTransparency 贴图拖动到 Albedo 中，将 MetallicSmoothness 贴图拖动到 Metallic 中，将 Normal 贴图拖动到 Normal Map 中即可。

小结

虚拟漫游与交互设计首先需要构建虚拟场景的三维模型。本章简要讲解了 3ds Max 的基础知识和常用操作方法，包括 3ds Max 的基本操作、界面布局和视图操作等，常用的基础模型创建方法包括 3ds Max 内置的几何体建模、样条线建模、修改器建模、多边形建模和网格建模、NURBS 建模等，通过材质编辑器对材质设置、材质资源管理和 VRayMtl 材质做了详细介绍，介绍了贴图通道和常用贴图类型，并针对 3ds Max 渲染、摄影机及灯光做了概要说明，最后讲述了 3ds Max 模型烘焙及导出流程和技巧。

习题

一、填空题

1. 虚拟场景漫游的第一步操作就是________。

2. 在 3ds Max 中，工作的第一步就是要创建________。

3. 3ds Max 默认的坐标系是________，________是对视图进行显示操作的按钮区域。

4. 在 3ds Max 中，默认的视图布局有________、________、________和________ 4 种。

5. 在 3ds Max 中，放样物体的变形修改包括________、________、________、________、________ 5 种类型。

6. ________________是指在已有基本模型的基础上，通过添加修改器并设置参数，将模型进行塑形或编辑，从而产生新模型的建模方法。

7. NURBS 建模对象分为________和________两种。

8. 在 3ds Max 中要想设置材质及贴图，需要借助________工具来完成，________是材质在 3ds Max 中的体现形式。

9. "光度学"共有三种类型，分别是________、________和________。

10. ________是构图的起点，可以用来观察虚拟场景的视角制作完美的效果图。

11. 3ds Max 提供的摄影机类型有________________和________________。

12. 在 3ds Max 中贴图完成的模型要导出到 Unity 3D 中进行后续操作，则需要进行________和________。

二、简答题

1. 在 3ds Max 中，给物体设置材质的一般步骤是什么？

2. 请列举 3ds Max 软件在不同领域中的应用情况。

3. 三维基本造型的创建有几种？分别是什么？

4. 为某个虚拟场景中的地板设置材质，请简述其位图贴图的主要调节参数。

第3章

Unity开发基础

学习目标

- 了解 Unity 的基本功能和界面。
- 认识 Unity 中的对象、脚本和材质。
- 掌握物理引擎和碰撞检测。
- 掌握 Unity 中地形系统和资源的应用。
- 掌握 Unity 中的 UI 应用和动画系统。
- 熟悉 Unity 开发工作流程。
- 掌握 Unity 人机交互基础。

3.1 Unity 概述

3.1.1 初识 Unity

Unity 是 Unity Technologies 公司开发的一款主流的三维开发工具和游戏开发平台，同时也是虚拟现实、增强现实、建筑可视化、实时三维动画等交互内容的专业开发引擎，其强大的所见即所得的代码驱动开发模式、基于组件的对象系统、良好的开发生态环境和多平台发布的兼容特性，使得它成为当前性价比最高的引擎之一，可用于创作、运营任何实时互动的 2D 和 3D 内容，支持平台包括手机、平板电脑、PC、游戏主机、增强现实和虚拟现实设备。

2004 年，Unity 诞生于丹麦的阿姆斯特丹，2005 年 Unity Technologies 公司将总部迁至美国的旧金山，并发布 Unity 1.0。起初 Unity 只能用于 Mac 平台，主要针对 Web 项目和 VR 的开发，2008 年推出 Windows 版本，并开始支持 iOS 和 Wii。2009 年，Unity 荣登年度游戏引擎的前五名。2010 年，Unity 开始支持 Android，2011 年开始支持 PS3 和 XBox360，至此完成全平台的构建，支持 Web、iOS 和 Android 等，2019 年 Unity 全球用户安装量超过 370 亿次。Unity 提供强大的关卡编辑器，使用 C# 高级语言实现脚本功能，使开发者无须了解底层复杂的技术，即可快速开发出具有高性能、高品质的虚拟交互产品。

随着 iOS、Android、鸿蒙等移动设备的大量普及和虚拟现实在国内的兴起，Unity 因其强大的功能和良好的可移植性,在移动设备和虚拟现实领域也将得到广泛应用和传播。

3.1.2 Unity 安装与配置

Unity 的发展历程比较长,版本也比较多,读者可以在 https://unity.cn 网站平台注册并通过邮箱验证激活 UnityID,再下载需要的软件版本,下载页面如图 3.1 所示。

图 3.1 Unity 网站下载页面

Unity 版本中,LTS(长期支持版)适用于希望长时间持续开发,并期望长时间保持稳定版本的用户。Unity 同时提供免费个人版,但需要登录账号并不定期进行许可证激活,适合初学者和业务爱好者入门。

为了管理机器上不同版本的 Unity,推荐安装 Unity Hub,同时还可以通过它学习内容管理项目,类似于启动器,下载界面如图 3.2 所示。在 Unity Hub 中可以安装并管理不同版本的 Unity 项目。

图 3.2 Unity Hub 下载界面

在使用 Unity Hub 之前,需要先完成 UnityID 的登录,然后激活许可证才能被授权使用。用户可以在 Unity Hub 主窗口中单击右上角的⚙,显示的页面如图 3.3 所示,通过单击“激活新许可证”按钮进行验证授权,个人用户可以选择个人版并勾选“我不以专业身份使用 Unity”选项激活新许可证。

关闭“激活新许可证”窗口,可返回到 Unity Hub 主窗口,如图 3.4 所示,在主窗口中单击右上角的“安装”按钮,即可选择自己需要的 Unity 版本。推荐选择的版本是稳

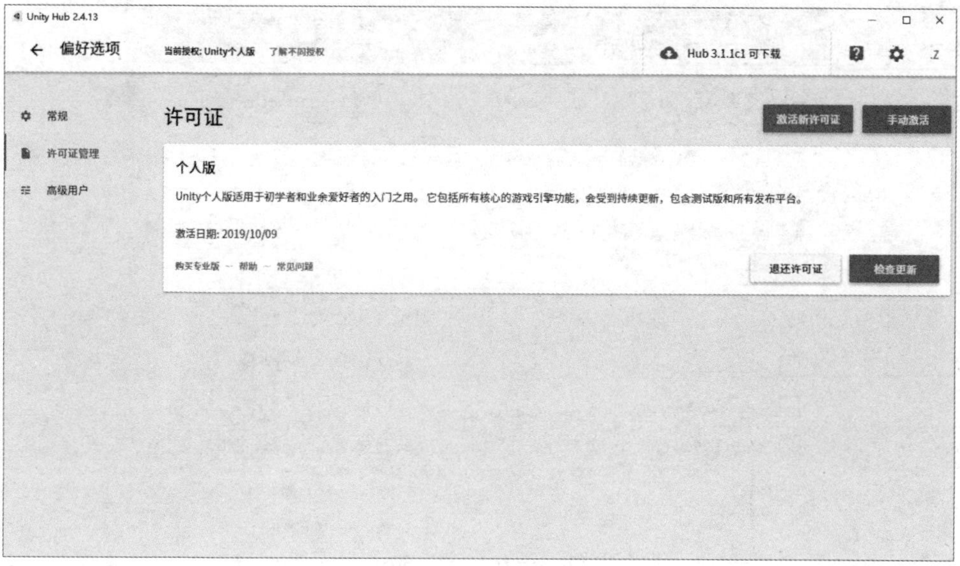

图 3.3 偏好设置

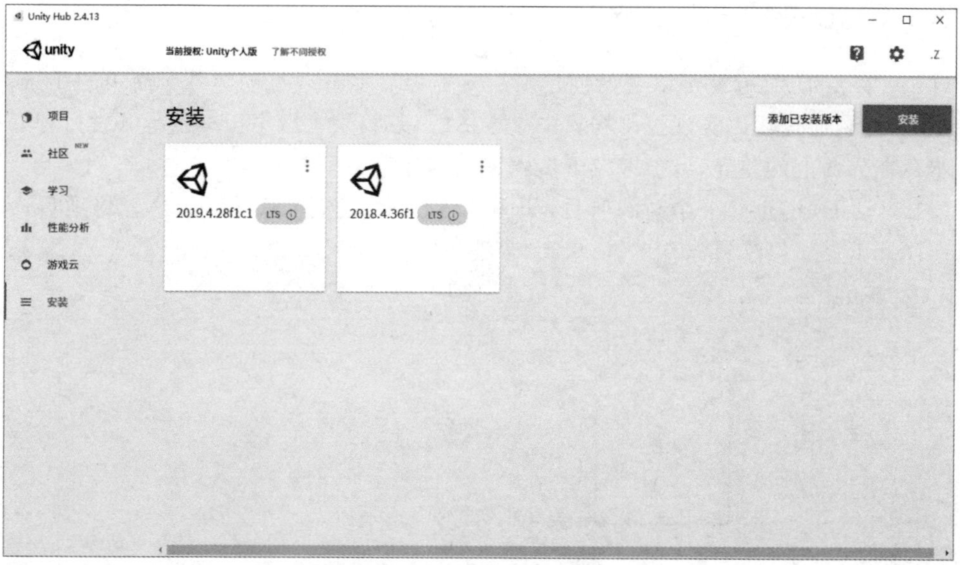

图 3.4 Unity Hub 主窗口

定的版本并且是长期支持的版本。

Unity 早期版本的默认脚本编辑器是 MonoDevelop，Unity 2018.1 以后不再支持使用 MonoDevelop-Unity 进行开发。Unity 3D 支持采用 C# 语言进行开发，本质上底层需要支持.NET 框架，Unity 2018 以后都推荐 Visual Studio 编辑器。

在 Unity 安装过程中，需要勾选并下载 Microsoft Visual Studio Community 2019 模块方可开始安装 Unity 程序，如图 3.5 所示，单击“下一步”按钮，随后由 Unity Hub 引导完成安装。

在语言上，Unity 2018.1 以后才支持中文。

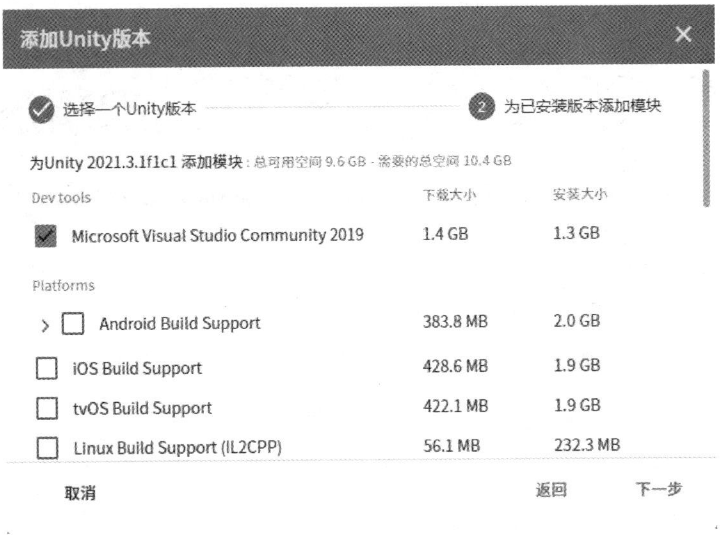

图 3.5　勾选安装 Microsoft Visual Studio Community 2019

3.1.3　创建第一个工程

Unity 安装完成后，就可以开始创建 Unity 工程。本节通过创建一个简单的场景，并为对象添加材质，通过代码实现控制场景中立方体的移动，来了解 Unity 基本开发过程。因不同版本存在界面上的差异，可参考以下步骤完成创建第一个工程。

(1) 启动 Hub，创建一个新的项目，如图 3.6 所示。选择 3D 模板，这里将项目命名为 ProjectDemo，设置好项目保存位置，单击“创建”按钮。

图 3.6　新建项目

(2) 进入 Unity 集成开发环境，如图 3.7 所示，系统会自动创建一个 SampleScene 场景，并默认创建一个 Main Camera 和 Directional Light，为场景提供观察视角和平行光照明。

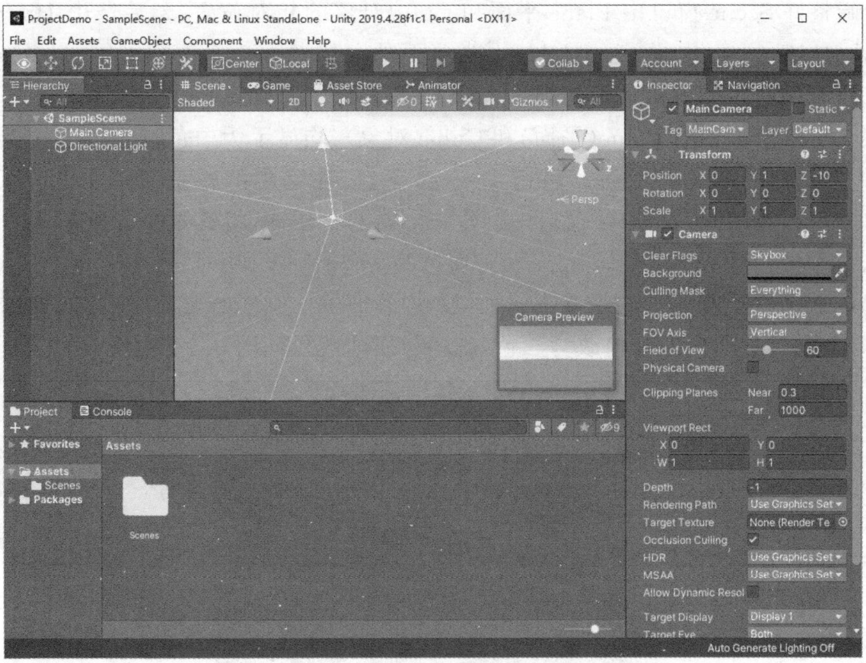

图 3.7　Unity 集成开发环境

(3) 在 Hierarchy 窗口空白处右击,从弹出菜单中选择 3D Object 命令,分别创建一个 Plane(平面)和一个 Cube(立方体),如图 3.8 所示。默认立方体长宽高均为 1m,平面和立方体中心点位置坐标均为(0,0,0),在 Inspector 窗口的 Transform 组件 Position 属性中可以查看以上信息。

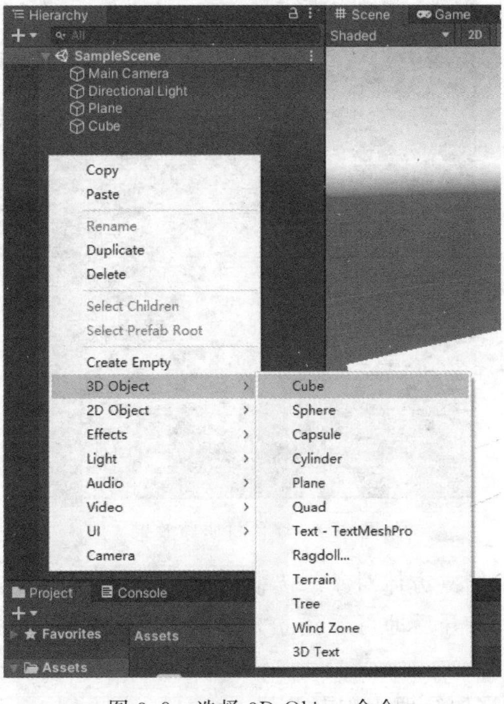

图 3.8　选择 3D Object 命令

(4) 调整好 Scene 窗口中 Plane 平面和 Cube 对象的相对位置，然后选中 Hierarchy 窗口中的 Main Camera，执行 GameObject 菜单下的 Align with View 命令(或者按 Ctrl+Shift+F 组合键)，将摄像机视角与观察者视角保持一致。

观察 Scene 窗口中的 Plane(平面)和 Cube(对象)，均显示为白色，接下来通过创建材质或贴图改变两者的颜色和纹理。右击 Project 窗口，在弹出的快捷菜单中选择 Create→Material 命令，此时会在 Project 窗口中创建一个新的材质球，将其重命名为 Red。

单击选中 Red 材质球，在其 Inspector 窗口的 Main Maps 中单击 Albedo(反射属性，这是表现物体表面材质和纹理的最基本属性)属性后面的白色色块，在弹出的对话框中将颜色设置为 Red，此时材质球即被修改为红色，红色材质球效果如图 3.9 所示。

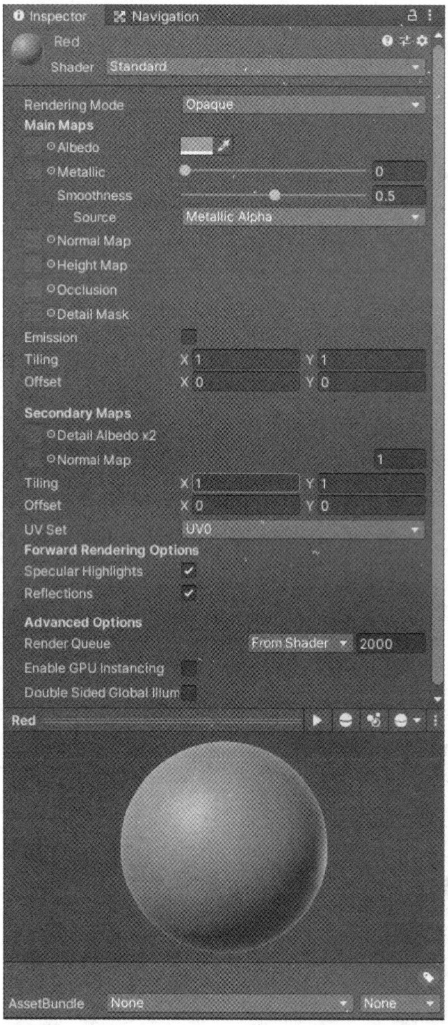

图 3.9 红色材质球效果

(5) 将 Red 材质球赋给立方体对象。选中 Project 窗口中的 Red 材质，通过鼠标拖曳到场景中的立方体对象上，松开后即可看到立方体对象已经由原来的白色变成红色，效果如图 3.10 所示。

(6) 为 Plane(平面)添加纹理。右击 Project 窗口，选择 Show in Explorer 命令打开项

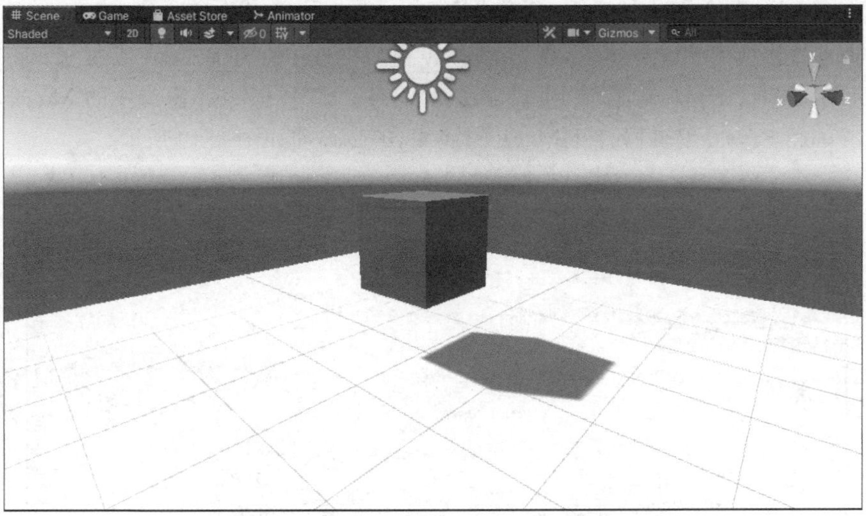

图 3.10 将 Red 材质球赋给立方体对象

目文件夹，在资源管理器中选中纹理图片，这里选择“瓷砖.jpg”图片，将选中的图片拖放到项目文件夹 Assets 中。此步骤也可以右击 Project 窗口，选择 Import New Asset 命令，然后在资源管理器中找到“瓷砖.jpg”图片导入。

(7) 返回 Unity，将看到刚刚导入的“瓷砖.jpg”出现在 Project 窗口中。接下来将图片“瓷砖.jpg”赋给 Plane 平面。选中 Plane，将 Project 窗口中的“瓷砖.jpg”拖动到 Plane 上，此时在 Project 窗口中会自动创建一个 Materials 文件夹，里面包含 Unity 自动创建的一个“瓷砖.mat”材质球。在 Inspector 窗口中 Albedo 选项对应的小方块会显示“瓷砖.jpg”预览图，表示该材质包含一个“瓷砖.jpg”纹理图。再导入一张“铁锈.jpg”图并赋给立方体，Unity 也会在 Materials 文件夹中自动创建一个“铁锈.mat”材质球，并且立方体的每个面都被贴上了“瓷砖.jpg”图片。添加材质纹理后的效果图如图 3.11 所示。

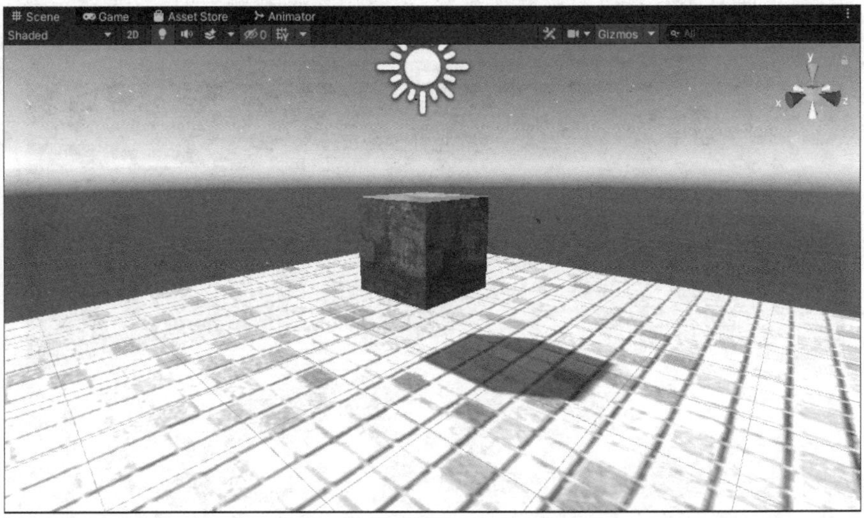

图 3.11 添加材质纹理后的效果图

(8) 实现按键控制立方体移动。右击 Project 窗口，在弹出的菜单中选择 Create→C#

Script 命令，创建一个新的 C# 脚本，将其重命名为 Move. cs。将 Move. cs 赋给立方体，同样是将 rotate 脚本直接拖曳到立方体上，在 Hierarchy 窗口中选中立方体 Cube 或在 Scene 中选中立方体，即可在 Inspector 窗口中看到 Move(Script)组件。双击 Project 窗口中的 Move. cs 文件，即可启动 Visual Studio 编辑器打开 Move. cs 脚本，编辑界面如图 3.12 所示。

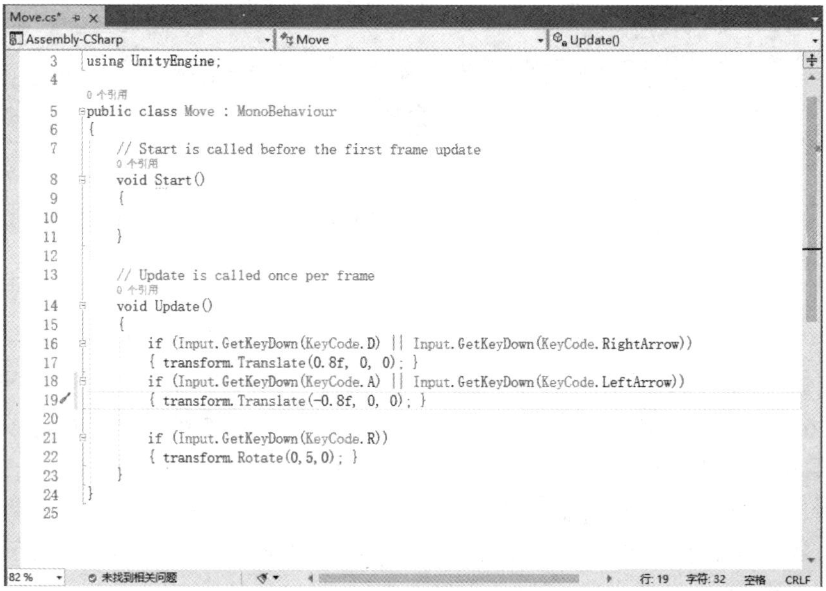
Move.cs*
Assembly-CSharp
Move
Update()
using UnityEngine;
0 个引用
public class Move : MonoBehaviour
{
// Start is called before the first frame update
0 个引用
void Start()
{
}
// Update is called once per frame
0 个引用
void Update()
{
if (Input.GetKeyDown(KeyCode.D) || Input.GetKeyDown(KeyCode.RightArrow))
{ transform.Translate(0.8f, 0, 0); }
if (Input.GetKeyDown(KeyCode.A) || Input.GetKeyDown(KeyCode.LeftArrow))
{ transform.Translate(-0.8f, 0, 0); }
if (Input.GetKeyDown(KeyCode.R))
{ transform.Rotate(0, 5, 0); }
}
}
82 %
未找到相关问题
行: 19
字符: 32
空格
CRLF

图 3.12　Visual Studio 编辑界面

Input. GetKeyDown(KeyCode. D)用于获取用户的键盘输入信息是否为 D 键，Input. GetKeyDown(KeyCode. RightArrow)用于获取用户键盘输入信息是否为向右箭头，Translate(0. 8f,0,0)表示沿 x 轴正方向移动 0. 8m，Translate(－0. 8f,0,0)表示沿 x 轴负方向移动 0. 8m，transform. Rotate(0,5,0)表示绕 y 轴旋转 5°。程序运行时，每一帧调用 Update()方法，监听是否有对应的按键被触发，当对应按键被触发时，立方体就会自动移动或旋转操作，如图 3.13 所示。

Game
Display 1
Free Aspect
Scale
1x
Maximize On Play
Mute Audio
Stats
Gizmos

图 3.13　按键控制移动效果

至此,一个简单的 Unity 项目就制作完成了,单击 Play 按钮运行,通过按 A 键或 D 键可以左右移动立方体,通过按 R 键可以旋转立方体。至此,读者对 Unity 项目流程应该有了一个基本、快速和直接的感受。

3.2 Unity 窗口界面

3.2.1 Unity 窗口

Unity 界面包含有三个面板窗口(Hierarchy 窗口、Project 窗口、Inspector 窗口)和两个视图窗口(Scene 窗口、Game 窗口),如图 3.14 所示。可以单击界面右上角的 Layout 按钮选择布局,也可以根据自己的使用习惯自定义设置布局并保存。

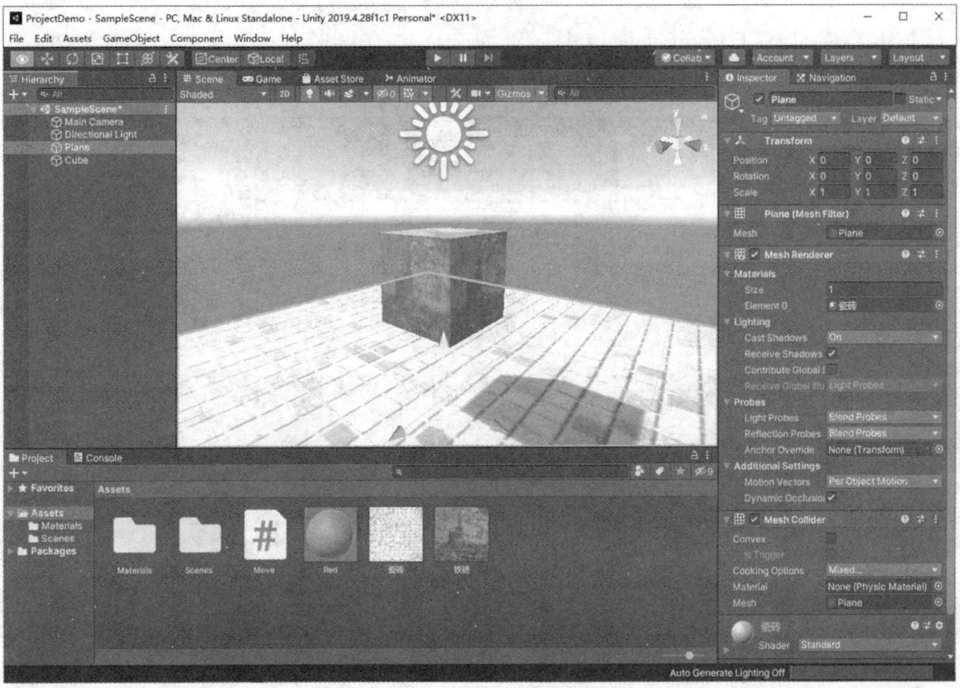

图 3.14 Unity 界面

1. Hierarchy 窗口

Hierarchy 窗口又称层级窗口,如图 3.15 所示,是当前场景中所有对象的层次结构文本表示,揭示了对象之间的链接结构。当在场景中增加或者删除对象时,Hierarchy 窗口中相应的对象则会同步更新。在场景中不易找到对象时,可以直接在 Hierarchy 窗口中查找。Hierarchy 窗口中对象默认按照字母的顺序排列,创建对象时不可重名。Hierarchy 窗口类似一个文件目录,默认有 Main Camera 和 Directional Light 两个对象,Hierarchy 中所有物体都是游戏对象,鼠标双击 Hierarchy 窗口中的模型名称,可以将模型定位到视窗正中央。

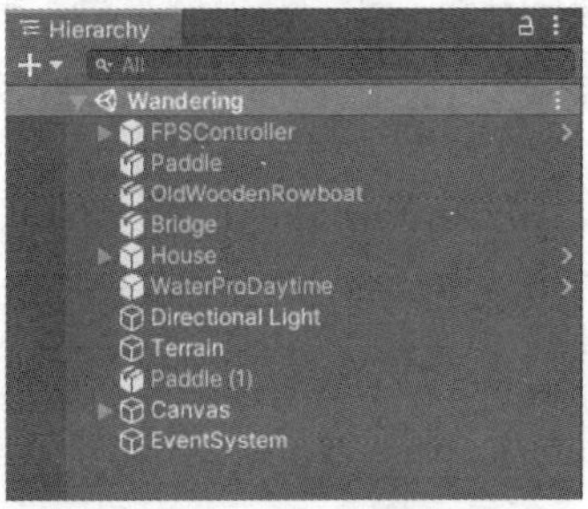

图 3.15 Hierarchy 窗口

在 Hierarchy 窗口中鼠标拖动一个对象 B 到对象 A 上,可以建立 A 和 B 的父子级别关系。对于导入的外部资源模型,可以将模型拖入一个空的 GameObject 上,形成父子物体关系,组件只挂载给空的 GameObject,这样就可以避免后期更换模型时,需要重新为模型添加组件的情况。空物体通常用来管理和控制多个相互之间无关联的游戏物体。

将 Hierarchy 窗口中的物体拖曳到 Assets 中就可以使其成为预制体,成为预制体之后,便于复制多个相同的物体,同时,修改其中一个物体可以使所有的物体发生改变。

选择 Main Camera,选择菜单 GameObject 中的 Align with View 命令(或者按 Ctrl+Shift+F 组合键),可快速将 Camera 移动到与观察者视角保持一致。

2. Project 窗口

Project 窗口显示资源目录下所有可用的资源列表,相当于一个资源仓库,用户可以使用它来访问和管理项目资源,如图 3.16 所示。每个 Unity 的项目包含一个资源文件夹 Assets,其内容将呈现在 Project 窗口中。资源仓库中有很多文件夹,只需要关注 Assets 这一个文件夹即可。

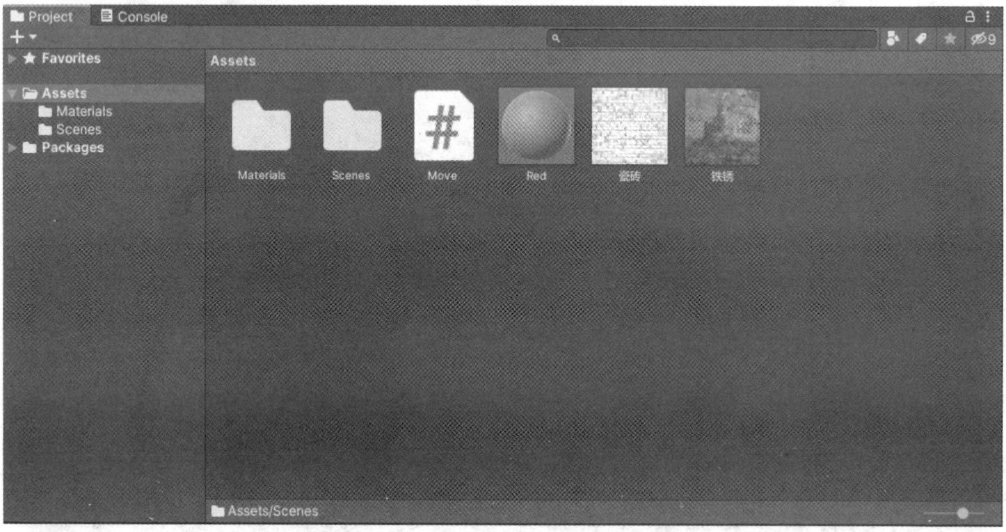

图 3.16 Project 窗口

右击 Assets 文件夹,选择 Show in Explorer 命令可以在资源管理器中查看项目文件。在 Assets 文件夹中,资源管理器和 Unity 中是一致的,并且会同步更新。

Project 窗口左侧显示当前文件夹的层次结构,当选中一个文件夹时,它的内容就会显示在右侧。对于显示的资源,可以从其图标看出它的类型,如脚本、材质、子文件夹等。可以使用视图底部的滑块调节图标的显示尺寸,当滑块移动到最左边时,资源就会以层次列的形式显示出来。当进行搜索时,滑块左边的空间就会显示资源的完整路径。

在 Project 视图中,顶部有一个浏览器工具条。左边是 Create 菜单,其功能与 Assets 菜单下 Create 命令完全相同。开发者可以通过 Create 菜单创建脚本、阴影、材质、动画、UI 等资源,包括导入模型、贴图、场景、动画等对象都会放在 Assets 文件夹中。

3. Inspector 窗口

Inspector 窗口用于显示当前选定对象的所有附加组件(包括脚本组件)及其属性的相

关详细信息，如图 3.17 所示为默认 Plane 对象的 Inspector 窗口。在 Inspector 窗口各组件上方有一些通用属性，如是否激活复选框、Name 名称、Tag 标签和 Layer 层级设置等。Inspector 窗口实现组件的添加、移除和属性的查看、编辑。

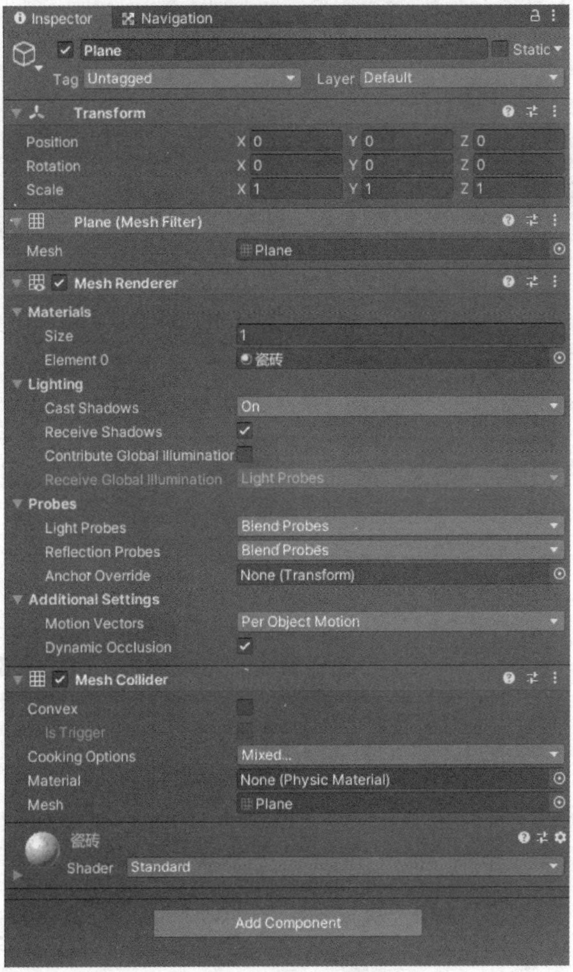

图 3.17 Inspector 窗口

4. Scene 窗口

Scene 窗口用于构建场景，用户创建项目时所用的模型、灯光、相机、材质、音频等内容都将显示在该视图中。开发者可以在该视图窗口中通过可视化方式进行开发，并根据个人的喜好调整 Scene 窗口的位置。

如图 3.18 所示，Scene 窗口上部是控制栏，用于改变相机查看场景的方式。控制栏中包括切换 2D/3D 按钮、控制灯光开关按钮、控制场景中声音开关按钮、控制场景中天空球、雾效、光晕、光源、声音、相机等组件显示和隐藏的按钮、查找物体的功能框。当前项目中只能有一个正在修改(激活)的场景 Scene。

Scene 窗口中包括的绘图模式具体属性参数如表 3.1 所示。

图 3.18 Scene 窗口

表 3.1 绘图模式具体属性参数说明

绘图模式	含义	说明
Shaded	着色模式(默认模式)	所有游戏对象的贴图都正常显示
Wireframe	网格线框显示模式	以网格线框形式显示所有对象
Shaded Wireframe	着色模式线框	以贴图加网格线框形式显示对象
Shadow Cascades	阴影级联	以阴影方式显示对象
Render Paths	渲染路径显示模式	以渲染路径的形式显示
Alpha Channel	Alpha 通道显示	以灰度图的方式显示所有对象
Overdraw	以半透明方式显示	以半透明的方式显示所有对象
Mipmaps	MIP 映射图显示	以 MIP 映射图方式显示所有对象

5. Game 窗口

Game 窗口顶部用于控制显示属性控制条,包括 Free Aspect 自由屏幕比例、Maximize on Play 运行时最大窗口、Mute audio 静音、Gizmos 设备显示和隐藏场景中的灯光、声音、相机等,如图 3.19 所示。编辑状态下一定要关闭运行状态,否则无法保存操作。

3.2.2 Unity 菜单

Unity 菜单包括 File、Edit、Assets、GameObject、Component、Window、Help 等。

1. File 菜单

File 菜单主要用于打开和保存场景项目,同时也可以创建场景。在 Unity 中,每个 Project 项目工程至少需要一个场景,同一个项目也可以包含多个场景,默认情况下有且只有一个场景在运行。要想在场景之间进行切换,需要配置好 Build Settings(发布设置)之后再发布运行。

图 3.19 Game 窗口

2. Edit 菜单

Edit 菜单用于场景对象的基本操作(如撤销、重做、复制、粘贴)以及项目的相关设置。

3. Assets 菜单

Assets 菜单主要用于资源的创建、导入、导出以及同步相关的功能,可以创建包括资源文件夹、C# Script、Shader、Playables、Scene、Material、Physic Material、Sprites 和 Animation 等对象,菜单列表如图 3.20 所示。

4. GameObject 菜单

GameObject 菜单主要用于创建、显示游戏对象,包括创建空的对象、空的子对象和三维、二维对象,也包括灯光、声音、UI 和摄像机对象等,如图 3.21 所示。在 GameObject 菜单中,也可以构建父子对象的对应关系(Make Parent 或 Clear Parent),更改对象的层级关系,使其被其他对象遮挡(Set as first sibling)或遮挡住其他对象(Set as last sibling),也可以改变对象的 Position 的坐标值,将所选对象移动到 Scene 窗口中(Move To View)或视图中心点(Align With View),Toggle Active State 用来设置选中对象是否为激活状态。

5. Component 菜单

Component 菜单主要用于在项目制作过程中为对象添加组件或属性,包括 Mesh(网格)、Effects(特效)、Physics(物理属性)、Physics 2D(2D 物理属性)、Navigation(导航)、Audio(音效)、Video(视频)、Rendering(渲染)、Tilemap(瓦片)、Layout(布局)、Playables(创建工具)、AR(增强现实)、Miscellaneous(杂项)、Scripts(脚本)、UI(界面)、Event(事件)等,如图 3.22 所示。

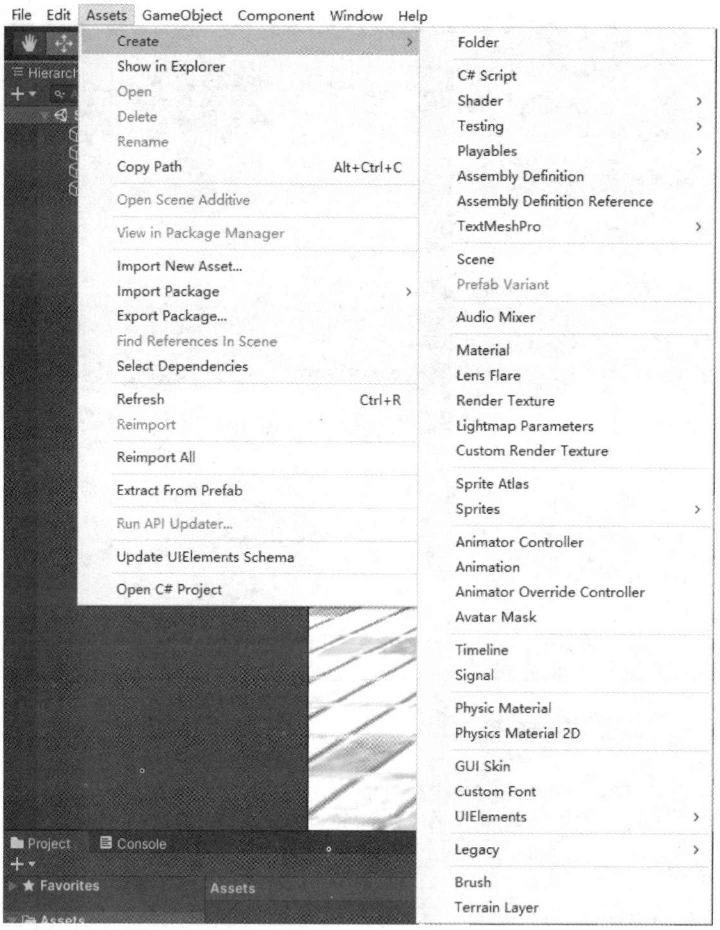

图 3.20 Assets 菜单

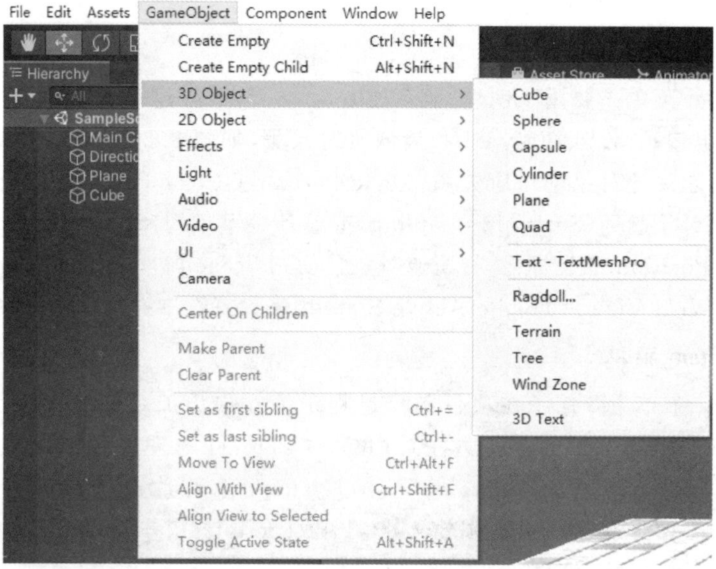

图 3.21 GameObject 菜单

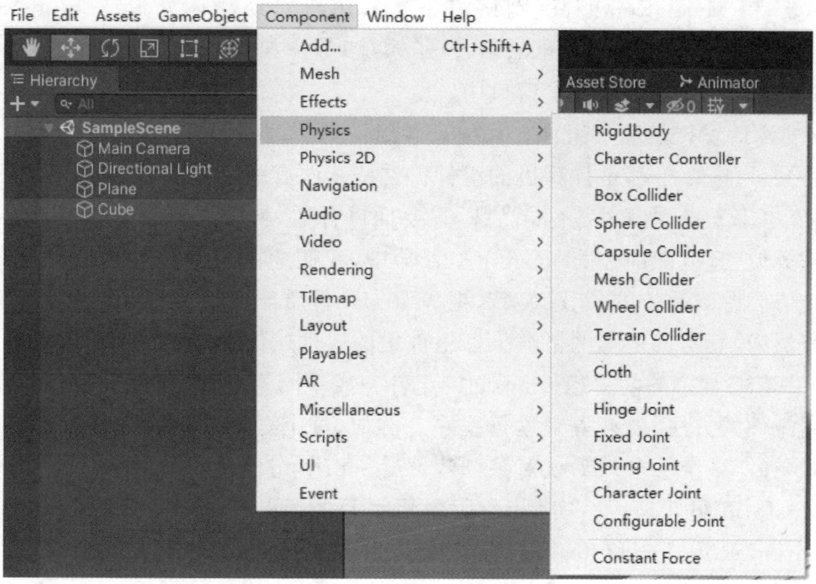

图 3.22 Component 菜单

6. Window 菜单

Window 菜单主要用于在项目制作过程中显示 Layout(布局)、Scene(场景)、Game(运行)、Inspector(检视)、Hierarchy(层次窗口)、Project(项目窗口)、Animation(动画窗口)和 Console(控制台)等窗口。Asset Store(资源商店)显示用于链接资源服务商店的窗口。

7. Help 菜单

Help 菜单主要用于帮助用户快速学习和掌握 Unity 3D,提供当前安装的 Unity 3D 的版本号和发行说明,以及链接至 Unity 官方在线服务平台等。

3.3 对象与脚本

3.3.1 场景、对象和组件的关系

场景、对象和组件是 Unity 中非常重要的三个概念。

整个工程都是由场景组成的,在 Unity 中所做的操作总是属于某个场景的。每个项目工程至少需要一个场景。场景包含项目环境、角色和 UI 元素,在设计项目时可以将项目分成多个场景来分别实现。默认空白场景会有一个主摄像机 Main Camera 和一个方向光源 Directional Light。如果项目工程比较大,建议分场景完成。

当打开场景后,可以在 Hierarchy 视图中看到当前场景中所有对象。可以添加、删除和复制 Hierarchy 视图的对象。选中对象后,在 Inspector 中会显示其属性,每个属性都是组件,每个组件都有具体的功能。一个对象有哪些功能是由这个对象由哪些组件组成来决定的。

组件是用来实现功能的。一个对象可以包含多个组件,其中,变换组件 Transform 必须有且只能有一个,表示物体的位置、选择、缩放信息。比较常用的组件包括:Mesh Filter

（网格过滤器）和 Mesh Renderer（网格渲染器），用于实现物体外形；Collider（碰撞器），Rigidbody（刚体组件），Particle System（粒子系统）等。如 Main Camera 就是对象，选中后可以看到其组件呈现在 Inspector 窗口中。

Unity 的设计思想是基于组件。如何理解组件呢？例如，对于现实中的计算机来说，计算机里面的硬盘、内存条都是计算机的组件。这些东西有一个共同特点——可替换性，如内存条有 4GB、8GB 等不同大小、不同品牌，只要插口合适，就可以更换不同的内存条。Unity 的开发也是类似的，组件都在 Inspector 检查器中，我们之前用到过检查器中 Transform 组件数值直接修改游戏物体的位置、旋转，把 Material 材质球和 C# Script 脚本拖到对象上或对象的检查器中，其实就是对网格渲染器组件中的属性赋值。

Unity 中有非常多的内置组件，不同的组件完成不同的功能，实际开发过程中会获取组件然后使用组件的方法、属性等来运行程序。例如，每个对象都有一个 Transform 组件，当创建一个对象时，系统会自动为该对象创建 Transform 组件。Transform 是一个类，某个对象上的 Transform 组件是一个实例，代码中用小写的 transform 表示。Transform 组件主要通过 Position、Rotation 和 Scale 属性来控制对象的移动位置、旋转角度和缩放比例。

综合来说，场景是由对象组成，对象是由组件组成。

3.3.2 对象基本变换

Unity 中对象的常用操作，以场景中 Cube 为例：F 键可以聚焦，右击可以检视对象。位置的移动可以通过三个轴完成，然后按 F 键可以再聚焦，按 Alt＋鼠标左键可以实现围绕焦点旋转视野。

场景中的虚拟网格，模拟一种三维视觉，其坐标以 m（米）为单位，一个网格代表 1m。一个标准 Cube 长宽高均为 1m，一个原点 Position 位置为中心的球体 Sphere 直径是 1m。放大是通过 Scale 属性设置的。修改 Rotation 中的 x 轴，则对象会绕 x 轴旋转，以°为单位。

对象操作工具栏包括抓手、移动、旋转、缩放、矩形、综合等多个操作按钮，如图 3.23 所示。根据版本不同在菜单栏下方或在 Scene 窗口以横向或纵向排列，其对应的快捷键和操作功能如下。

图 3.23　对象操作工具栏

（1）抓手（快捷键 Q）：用于视角的移动。

（2）移动（快捷键 W）：针对单个或两个轴向做位移。

（3）旋转（快捷键 E）：针对单个或两个轴向做旋转。

（4）缩放（快捷键 R）：针对单个轴向或者整个物体做缩放。

（5）矩形（快捷键 T）：设定矩形选框，通常用于 2D 对象操作。

（6）综合（快捷键 Y）：综合位移、旋转和缩放功能按钮。

对象的基本变换有三种，包括移动、旋转和缩放，分别改变对象的位置、角度和大小。三种基本变换的操作控制框如图 3.24 所示。如果要沿着某个坐标轴操作，需要注意坐标轴的锁定，x 轴、y 轴、z 轴分别对应红色、绿色和蓝色。

图 3.24 对象的三种基本变换的操作控制框(移动、旋转和缩放)

当移动物体时按 Ctrl 键,物体会以指定的单位长度移动,这样可以很方便地调整位置。单位长度用默认的设定在 Edit 菜单下的 Snap Setting 中修改。当移动物体时按 Shift+Ctrl 组合键,可以快速地让物体吸附到 Collider(碰撞体)表面,这在布置场景时非常有用。

选择要移动的物体后一直按 V 键,可以进入吸附顶点模式,此时将鼠标光标指向要移动物体的某个顶点会出现提示指定顶点,拖曳该顶点到另一个物体上,就可以保证让拖曳的物体在目标物体的多个顶点之间进行重合移动。松开 V 键和鼠标移动完毕。

注意:按 Shift+V 组合键可以持续开启或关闭吸附顶点模式,这样就不需要一直按 V 键了。不仅可以让顶点和顶点对齐,还可以让顶点与平面对齐,顶点和模型基准点对齐。

3.3.3 场景视图控制

为了方便对象的编辑,可以平移、环视和缩放场景视图,使场景中的对象最大化显示,还可以漫游场景。

1. 场景视图操作

1) 平移

(1) 单击手形按钮后,按住鼠标左键拖动。

(2) 按住滚轮(或中键)拖动。

2) 环视

(1) 右击拖动。

(2) 按 Alt 键+单击拖动。

3) 缩放

(1) 滚动滚轮。

(2) 按 Alt 键+右击拖动。

4) 聚焦

聚焦即对象最大化,在 Hierarchy 窗口中可选择如下操作。

(1) 选择对象,按 F 键。

(2) 双击选中对象。

5) 漫游

在场景中右击,然后分别按 WSAD 键,可以实现前后左右四个方向的漫游。

2. 场景视图模式

Unity 是一款 3D 开发引擎,场景视图提供了 2D 投影视图和 3D 立体视图两大类。

2D 投影视图可分为 Front、Back、Left、Right、Top 和 Bottom 这 6 种视图模式，可以通过单击 Scene 窗口右上角的罗盘圆锥体实现，也可以右击右上角的罗盘选择。

3D 立体视图可以分为两种：右上角方位罗盘下面有 Persp 和 ISO 两种方式，如图 3.25 所示，分别代表透视模式和正交模式，使用透视模式相当于人眼观察，近大远小；使用正交模式不管这个物体距离你的视野有多远，都会按照原始大小平移到视野中。

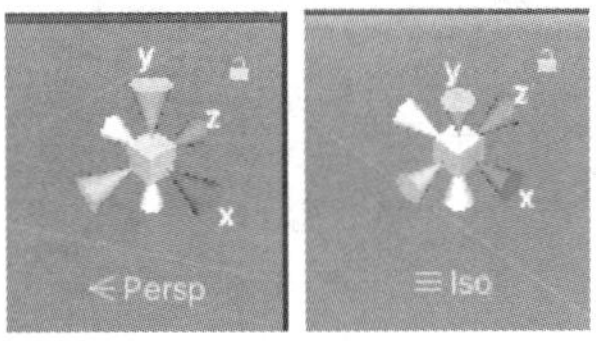

图 3.25　Persp（透视）和 ISO（正交）视图

罗盘可以切换不同视角，单击罗盘中央小方块可以切换 ISO（正交）和 Persp（透视）视图，不同视图模式下鼠标按键的操作也会存在差异。

3.3.4　Unity 中的坐标系

Unity 中的坐标系分为世界坐标系和本地坐标系。场景中每个对象都有一个自己的世界坐标，是相对于世界中心点来说的。本地坐标系又称为相对坐标系，相对坐标是以父元素为坐标原点。

3D 世界中还有两个复杂问题会影响到物体的定位，即 Gizmo 切换工具，如图 3.26 所示。

图 3.26　Gizmo 切换工具

Center/Pivot：Center 以对象中心轴线为参考轴移动、旋转和缩放，而 Pivot 以网格轴线为参考轴做移动、旋转和缩放。可以通过在 GameObject 中创建一个新的 Empty 对象，控制子对象的中心点（轴心）位置，即 Pivot 模式下容器和子对象轴心相互脱离。

Local/Global：Global 模式下对象坐标轴与右上角罗盘始终保持一致，用来控制世界坐标的轴向；Local 模式用来控制对象自身的轴向。

给物体定位时，本地坐标系和世界坐标系会经常切换，比如人们经常将摄像机沿着 x 轴向下旋转 45°～90°，以便形成俯视的效果。这时，在 Local 模式下，移动摄像机的 z 轴，摄像机会有拉近拉远的效果；而在 Global 模式下，摄像机沿着 z 轴移动会和场景的地面平行移动。

3.3.5　脚本

Unity 中的脚本语言是 C＃。在 Unity 开发时，多数情况下使用 Unity 的组件来达到目的，但是无法直接和 Unity 沟通，所以需要使用 C＃ Script 来调用 Unity 的组件从而达到交互目的。Unity 的设计思想是基于组件，代码本质上也是一个组件，例如，写一个功能让角色可以移动，那这个 C＃脚本文件就是一个组件，可以挂载到交互对象上。

Unity 添加脚本的方法主要有两种：一种是选择要添加脚本的对象，单击 Inspector 窗口中的 Add component 按钮，在弹出列表中选择 New Script 命令，输入代码名称，然后单击 Create and Add 按钮创建脚本；另一种创建脚本的方法是在 Project 窗口中选择 Assets 文件夹，右击选择 Create→C＃ Script 命令创建一个脚本文件，然后命名并将脚本拖至 Inspector 窗口中来添加脚本组件。

双击 Project 窗口中的脚本文件，就可以通过默认的 Visual Studio 编辑器打开脚本。

打开后的初始脚本如下。

```
using System.Collections;
using System.Collections.Generic;
using UnityEngine;

public class Init: MonoBehaviour
{
    //Start is called before the first frame update
    void Start()
    {
    }
    //Update is called once per frame
    void Update()
    {
    }
}
```

初始脚本是空脚本,可以看到在 Unity 3D 中创建的空脚本也包含一些方法。using System.Collections; using System.Collections.Generic; using UnityEngine; 是在 Unity 3D 中引用必备的命名空间,Init 是类的名称,它必须和脚本文件的外部名称一致(如果不同,脚本无法在对象上被执行)。所有执行语句,都包含在这个继承自 MonoBehaviour 类的脚本中。void Start()方法是脚本对象的初始化方法,该方法只在程序开始时执行一次。void Update()方法是在游戏每一帧都执行一次,1s 默认为 30 帧,且是在 Start()函数后执行。

在 Unity 编辑器下方有一个 Console 窗口,用来显示控制台信息,加载脚本后,如果脚本出现错误,这里会用红色的字体显示错误的位置和原因,便于读者调试代码。

3.4 物理引擎与碰撞检测

在 Unity 设计中,要想实现真实的,有代入感的、沉浸感的体验,仅凭借画面效果是远远不够的,逼真的物理效果也是不可或缺的一环。Unity 内置了 NVIDIA PhysX 物理引擎,可以用来模拟刚体运动、布料等物理效果,可以在 FPS 运动中使用刚体碰撞模拟角色与场景之间的碰撞,使角色不能够从墙体中穿过。此外,物理功能还包括射线、触发器等。Unity3D 物理引擎设计使用硬件加速的物理处理器 PhysX 专门负责处理物理方面的运算,因此,Unity3D 物理引擎速度较快,可以减轻 CPU 的负担。

3.4.1 刚体

Rigidbody 刚体是物理引擎中最基本的组件,通过刚体组件可以给物体添加一些常见的物理属性,如质量、摩擦力、碰撞参数等。具体参数包括: Mass(质量)、Drag(阻力)、AngularDrag(角阻力)、Use Gravity(使用重力)、Is Kinematic(是否受物理影响)、Collision Detection(碰撞检测)、Constraints(约束运动)等。挂载刚体组件可以让物体在物理引擎控制下运动,刚体组件会对力和扭矩做出反应,从而实现逼真的物理效果,实现物体之间的碰撞、反弹等,任何 Unity 对象只有添加了刚体组件才能受到重力的影响。

刚体在物理学中是一个理想模型,通常把在外力作用下,物理的形状和大小保持不变,而且内部各部分相对位置保持恒定(没有形变)的理想物理模型称为刚体。刚体组件是让物体产生物理行为的主要组件,一旦物体挂载了刚体组件,物体立即就会受到重力的影响,这时不建议通过在脚本中直接修改 transform 属性,如修改物体的位置、旋转角度等来移动物体,而是可以考虑通过对刚体施加力来推动物体,让物体的物理引擎运算并产生相应的结果。

一般来说,不应该既用修改 transform 的方式,又用物理的方式让物体运动,而应该只使用其中一种方式。修改 transform 的方式与物理的方式相比,关键的区别就是力。刚体会对力和扭矩做出反应,而 transform 没有这个功能,这两种方式都可以移动和旋转物体,但是途径和效果都不一样,如果混合使用两种方式,很可能带来碰撞或物理运算方面的问题。

1. 添加刚体

给一个对象添加刚体的方式主要有以下三种。

(1) 单击 Components 菜单选择 Physics→Rigidbody 命令来添加刚体组件。

(2) 在 Inspector 窗口中选择 Add Component→Physics→Rigidbody 命令添加刚体组件。

(3) 通过脚本添加刚体组件。

```
GameObject obj = GameObject.Find("box");                          //实例化 box 类型的对象 obj
obj.gameObject.AddComponent < Rigidbody >();                      //为 obj 添加刚体组件
obj.GetComponent < Rigidboay >().AddForce(new Vector3(0,0,2));    //为 obj 在 z 轴添加大小为 2 的力
```

2. 刚体属性

给物体添加刚体组件后,在 Inspector 窗口中 Rigidbody 组件主要包含以下属性选项。

(1) Mass:该项用于设置物体的质量,质量单位是 kg。

(2) Drag:阻力,物体移动时受到的阻力,0 表示无阻力。典型的取值为 0.001(金属)~10(羽毛)。

(3) Angular Drag:即角阻力,当对象受扭矩力旋转时受到的空气阻力。0 表示没有空气阻力,阻力极大时对象会立即停止运动。

(4) Use Gravity:是否使用重力,勾选此项则重力被开启。

(5) Is Kinematic:是否不受碰撞等力的物理因素影响,勾选被激活,只能通过修改 transform 的方式来让物体运动。

(6) Interpolate:插值,用于控制刚体运动时的抖动情况。

(7) Collision Detection:碰撞检测,该属性用于控制避免高速运动的对象穿过其他对象而未发生碰撞的情况。其中,Discrete 为离散碰撞检测,Continuous 为连续碰撞检测,Continuous Dynamic 为连续动态碰撞检测模式。

(8) Constrains:约束,用于控制对于刚体运动的约束。

Unity 中实际上存在两个独立的物理引擎用于控制刚体组件,一个是 3D 物理引擎,另一个是 2D 物理引擎,这两种引擎的主要概念是一致的,但是它们用到的组件完全不同,3D

物理系统中用到的刚体组件，在 2D 物理系统中是 2D 刚体组件。

刚体往往会和碰撞体一起使用，碰撞体定义了物体的物理外观去模拟碰撞，如果没有碰撞体，那么，两个刚体重叠时就会互相穿过而不发生碰撞，效果如图 3.27 所示。

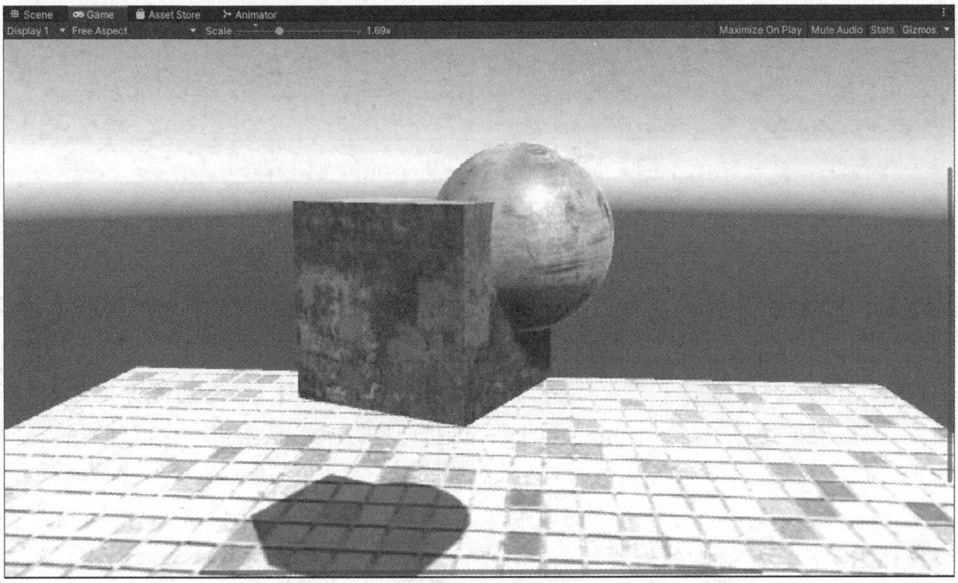

图 3.27 无碰撞体的刚体重叠效果

两个刚体的质量的比值决定了碰撞后它们如何运动，质量更大的物体并不会比质量小的物体下坠得更快或更慢，要想调整下坠速度，可以调整阻力 Drag 的参数，较小的阻力让物体显得更重，较大的阻力让物体显得更轻。

3.4.2 碰撞体

碰撞体是物理组件的一类，它与刚体一起促使碰撞产生。碰撞体是简单的形状，如方块、球形或者胶囊形，在 Unity 3D 中每当一个 GameObject 被创建时，会自动分配一个合适的碰撞器，如方块会得到一个 Box Collider、球体会得到一个 Sphere Collider、胶囊体会得到一个 Capsule Collider 等，颜色一般为绿色线框，可通过组件中的 Edit Collider 属性修改碰撞体绿色线框大小。

在 Unity 3D 物理组件使用过程中，碰撞体需要和刚体一起添加到对象上才能触发碰撞。需要注意的是，刚体 Rigidbody 一定要绑定在运动的对象上才能产生碰撞，而被碰撞体则不一定要绑定刚体。

添加碰撞器方法如下。

(1) 在 Inspector 窗口中选择 Add Component→Physics→“碰撞器”。

(2) 通过菜单选择 Components→Physics→“碰撞器”。

Box Collider 是最基本的碰撞体，很多对象都可以粗略地表示为立方体而具有 Box Collider 属性，如大石块、宝箱、门、墙壁以及墙体等，也可以用于椅子、汽车、玩具等。当用多个碰撞体制作组合碰撞体时，Box 也极为常见。

Sphere Collider 是球体形状的碰撞体，球体碰撞体可以调整大小，但是不能独立调节 x

轴、y 轴、z 轴的缩放比例。当游戏对象的物理形状是球体时，则使用球体碰撞器，如气球、篮球等，还可以用来制作滚落的石块。Center 和 Radius 用来确定球形碰撞体的位置和大小。Box Collider 与 Sphere Collider 组件如图 3.28 所示。

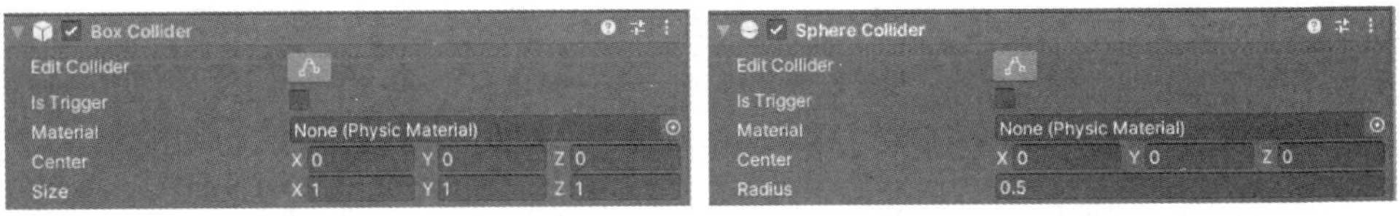

图 3.28 Box Collider 与 Sphere Collider 组件

Capsule Collider 胶囊碰撞体也是一种基本碰撞体，是由两个半球体夹着一个圆柱体组成，由于可以随意地调整胶囊体的长短和粗细，所以它既可以用来表示一个人体的胶囊体，也可以用来制作长杆，还可以用来与其他碰撞体形成组合碰撞体。在角色控制器中，胶囊体常常用来当作角色的碰撞体。

Mesh Collider 网格碰撞体用于创建一个任意外形的碰撞体，网格碰撞体通过模型的网格来建立自身，根据物体 transform 的信息来决定自身的位置和缩放比例，它的优点是可以精确地定义物体的物理外形，得到一个精确可信的碰撞体，但是这种方法的代价就是检测碰撞时更大的计算开销，同时也有额外的限制条件，凸(Convex)的网格碰撞体才可以与其他网格碰撞体发生碰撞。通常的做法是只在场景上以及静态障碍物上挂载网格碰撞体，而在可移动的角色或物体上则使用基本碰撞体的组合。Capsule Collider 与 Mesh Collider 组件如图 3.29 所示。

图 3.29 Capsule Collider 与 Mesh Collider 组件

Terrain Collider 地形碰撞体实现了一种可以碰撞的表面，这个表面的形状和地形信息相同，如图 3.30 所示。勾选 Enable Tree Colliders 后则地形上的树也会有碰撞效果。

图 3.30 Terrain Collider

在所有 Collider 组件参数中，如果 Is Trigger 选项被勾选，则该碰撞体可用于触发事件，并被物理引擎所忽略，不会与刚体发生碰撞。该对象一旦发生碰撞动作，则会产生三个碰撞信息并发送给脚本参数，分别为 OnTriggerEnter、OnTriggerExit、OnTriggerStay。Physics Material 定义了物理材质，包括冰、金属、塑料、木头等。Center 和 Size 定义了碰撞体局部坐标系的位置和在 XYZ 方向上的大小。

碰撞体组件可以添加到不包含刚体的物体上，以创建楼梯、墙壁等不会移动的场景元素，这些也可以被称为静态碰撞体，通常不应当移动静态碰撞体的位置。在含有刚体组件的物体上挂载碰撞体，则被称为刚体碰撞体。静态碰撞体可以和刚体碰撞体发生碰撞，但是由于静态碰撞体没有刚体组件，所以不会由于受到物理影响而运动。

设置 Sphere 添加 Rigidbody 和 Collider，Cube 添加 Rigidbody 和 Collider，而 Capsule 只添加 Collider 无 Rigidbody，调整好相应位置，让 Sphere 自由落体，会依次碰撞到 Cube 和 Capsule 对象。如图 3.31 所示为碰撞前后效果图。

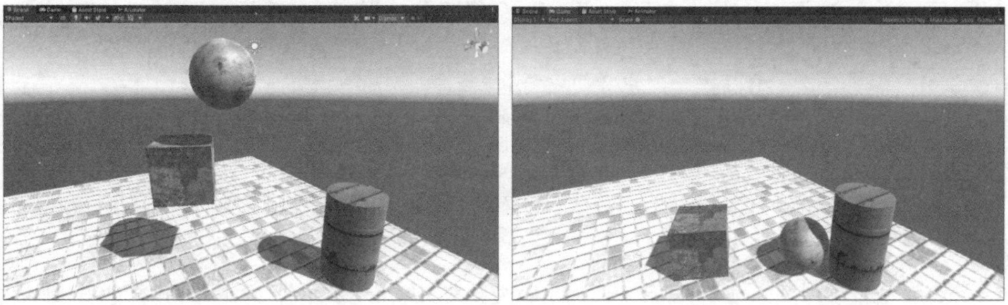

图 3.31 碰撞前后效果图

3.4.3 碰撞检测

检测碰撞发生的方式有两种：一种是利用碰撞体，另一种是利用触发器 Trigger。例如，当绑定碰撞体的对象进入触发器区域时，会运行触发器对象上的 OnTriggerEnter()函数。

Unity3D 中碰撞体和触发器的区别：碰撞体是触发器的载体，而触发器只是碰撞体的一个属性。碰撞体适合模拟汽车碰撞、皮球反弹等效果，而触发器适合模拟人站在靠近门的位置时门自动打开的效果。

1. 碰撞信息检测

碰撞信息检测是实体碰撞，适应于两个物体的运动碰撞检测。可以在以下三种情况中实现。

(1) OnCollisionEnter(Collision collisionInfo)。当 collider/rigidbody 进入另一个 rigidbody/collider 时 OnCollisionEnter()被调用。

(2) OnCollisionExit(Collision collisionInfo)。当 collider/rigidbody 离开另一个 rigidbody/collider 时 OnCollisionExit()被调用。

(3) OnCollisionStay(Collision collisionInfo)。当 collider/rigidbody 逗留另一个 rigidbody/collider 时 OnCollisionStay()被调用。

与 OnTriggerEnter()相比，OnCollisionEnter()传递的是 Collision 类而不是 Collider 类。Collision 是一个类变量，是对碰撞的描述，携带碰撞检测结果信息，碰撞后返回的数据存储在 Collision 类中。通过 Collision 类可以获得所碰撞目标的属性以及碰撞点信息和碰撞速度。

两个物体发生碰撞，如果要检测到碰撞信息，那么其中必有一个物体是 Rigidbody Collider 刚体碰撞体(既带有碰撞体组件，又带有刚体组件)，且检测碰撞信息的脚本通常附加在带有刚体的碰撞器上。

2. 触发信息检测

触发信息检测是非实体碰撞，适用于范围（碰撞盒大小范围）检测。碰撞器如果选择了 Is Trigger 复选框，就变成触发器。触发器取消了碰撞器的阻挡作用，但保留了碰撞检测的功能，工作原理还是和碰撞器相似，只是没有了阻挡作用。触发信息检测可以在以下三种情况中实现。

(1) OnTriggerEnter(Collider other)。当碰撞器 other 进入触发器时 OnTriggerEnter()被调用。

(2) OnTriggerExit(Collider other)。当碰撞器 other 离开触发器时 OnTriggerExit()被调用。

(3) OnTriggerStay(Collider other)。当碰撞器 other 逗留触发器时 OnTriggerStay()被调用。

Collider 是一个组件，是所有碰撞器的基类。Collider 碰撞器类继承了父类的成员变量 gameObject，所以可以通过 other. gameObject 获取碰到的对象，通过 other. GameObject. name 获取碰撞到对象的名称。

例如，上例中，为 Sphere 对象添加 Colliders. cs 脚本，为 Cube 对象和 Capsule 对象勾选 Is Trigger 属性，则被 Sphere 对象碰撞后，Cube 和 Capsule 对象即可消失。

```
using System.Collections;
using System.Collections.Generic;
using UnityEngine;
public class Colliders : MonoBehaviour
{
    void OnTriggerEnter(Collider other)
    {
        Destroy(other.gameObject);          //销毁被碰撞对象
        Debug.Log(other.gameObject.name);
    }
}
```

3.4.4 物理材质

物理材质是指物体表面材质，用于调整碰撞之后的物理效果，包括物体的弹性和摩擦系数等。

通过菜单执行 Assets→Create→Physics Material 可新建物理材质，通过拖入可将物理材质添加到需要的对象上，或通过设置对象 Inspector 窗口中 Collider 组件的 Material 属性添加物理材质。

相关属性主要包括以下几个。

(1) Dynamic Friction(动态摩擦力)：物体移动时的摩擦力，取值为 0～1，值为 0 时效果像光滑冰面，值为 1 时物体移动很快停止。

(2) Static Friction(静态摩擦力)：物体表面静止时的摩擦力，取值为 0～1，值为 0 时效果像光滑冰面，值为 1 时使物体移动非常困难。

(3) Bounciness(弹性)：值为 0 时不发生反弹，值为 1 时反弹不损耗任何能量，可以取大于 1 的值，虽然不太符合实际。

(4) Friction Combine Mode(摩擦力组合方式)：定义两个碰撞物体的摩擦力如何相互作用。

(5) Bounce Combine(反弹组合)：定义两个相互碰撞物体的相互反弹模式。

请注意，物理系统底层所使用的 PhysX 引擎是针对性能与稳定性优化的，并不要求完全符合真实的物理规律，弹性计算的问题也是类似，PhysX 引擎并不能够保证碰撞时能量计算的精确性，毕竟要想得到精确结果的影响因素太多，如碰撞、位置修正等。举个例子，将球体放在空中，然后下坠，碰到地上弹起来的情况，如果设置弹性系数为 1，那么球体可能弹得比起始位置还高。

在 Standard Assets(标准资源包)中 Unity 提供了 5 种物理材质：弹性材质(Bouncy)、冰材质(Ice)、金属材质(Metal)、橡胶材质(Rubber)和木头材质(Wood)，直接拖入可以赋给对象。

3.4.5 力

Constant Force(常量力)组件是一种方便地添加持续力的方法，简单来说，就是挂在了此组件上的物体会持续受到一个固定大小、固定方向的力，它用在发射出去的物体，比如火箭弹上效果很好，可以表现出逐渐加速的过程，而不是一开始就有巨大的速度。要让火箭弹持续前进，可以在 Relative Force 属性上加上一个沿 z 轴方向的力，然后设置刚才的阻尼参数来限制火箭弹的最大速度，阻尼越大，火箭弹的最大速度就越小。记得要去掉重力，以便让火箭弹稳定在它的轨道上。Torque 代表扭矩。

常量力添加方法：在对象的 Inspector 窗口中单击 Add Component，在弹出的搜索框中输入“Constant Force”即可，如图 3.32 所示。

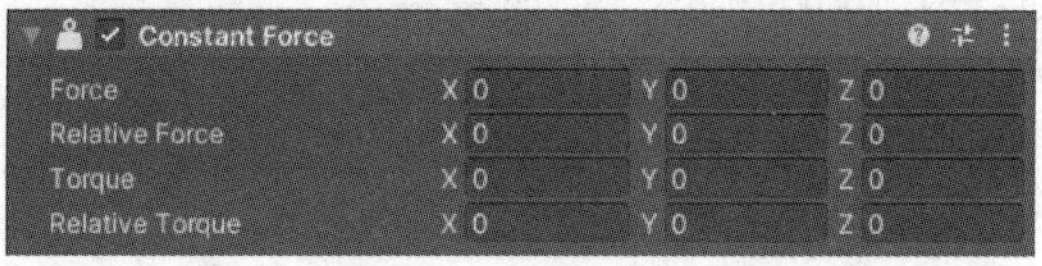

图 3.32 Constant Force(常量力)添加

在现实世界中的物体都受到力的作用，所以才会有千变万化的物理现象，但游戏中物体受力只是现象的一种模拟，不是真的受到力的作用，只不过是执行了力的函数而已。在 Unity 3D 中，通过 Rigidbody 和 AddForce()方法来添加力的作用，该方法的参数是施加力的方向参数，大小代表了力的大小。

案例：通过键盘控制物体移动和碰撞。

```
using System.Collections;
using System.Collections.Generic;
using UnityEngine;
public class Collision : MonoBehaviour
{   private Rigidbody rd;
    public int force = 2;
    void Start()
    {   rd = GetComponent<Rigidbody>();
```

```
    }
    void Update()
    {   float h = Input.GetAxis("Horizontal");      //得到水平轴的正负值并赋值给字母 A,D
        float v = Input.GetAxis("Vertical");        //得到垂直轴的正负值并赋值给字母 W,S
        rd.AddForce(new Vector3(h, 0, v) * force);
    }
}
```

3.5 地形系统

三维世界能给人以沉浸感,是因为在三维空间中可以通过丰富多彩的元素融合在一起,如起伏的地形、葱郁的树木、嫩绿的水草、蔚蓝的天空、神奇的宝藏等,让人们可以置身其中,忘记现实。在大多数 Unity 创建的项目中,人物模型、房屋建筑等都是通过 3ds Max、Maya 等专业的三维建模制作软件作出来的,虽然 Unity 也能支持三维建模,但还是相对比较简单,很难达到专业要求。不过在地形方面 Unity3D 已经非常强大了,这一节主要介绍 Unity 的地形系统。

3.5.1 地形创建流程

1. 导入资源

制作地形,需要导入 Unity 提供的标准资源包,也可以导入第三方开发的各种资源,包括 3D 模型、草地山石等材质、树木花草对象和其他环境包,资源包的扩展名一般为 unitypackage,其他模型、贴图、材质、音频、脚本等也都可以作为 Assets 导入。

导入资源包有以下几种方法。

(1) 通过菜单 Assets→Import Package 命令导入。

(2) 在 Project 窗口中右击,选择 Import Package 命令导入。

(3) 直接将资源包拖入 Project 窗口中。

2. 创建地形

通过菜单 GameObject→3D Object→Terrain 命令可以在场景中自动创建一个 Terrain 对象,也可以在 Hierarchy 视图中右击选择 3D Object→Terrain 选项新建地形。地形最初是一个大型平坦的平面。

地形 Terrain 包含三个默认组件:Transform 组件、Terrain 组件和 Terrain Collider 组件,如图 3.33 所示。地形 Terrain 对象不能通过 Transform 组件中的 Scale 属性修改大小,需要通过 Terrain 组件的设置选项卡中的 Terrain Width 和 Terrain Height 属性进行设置。Terrain 组件可对地形进行编辑和修改,Terrain Collider 组件属于物理引擎方面的组件,实现地形对象的物理运动模拟,如碰撞检测等。

3. 设置地形参数

在 Inspector 视图中找到 Terrain Settings 组件,可以修改包括地形宽度、地形长度、地形高度、高度图分辨率、细节分辨率、网格分辨率和纹理分辨率等参数信息,还可以设置光照贴图,导入或导出高度贴图,地形碰撞器等,如图 3.34 所示。

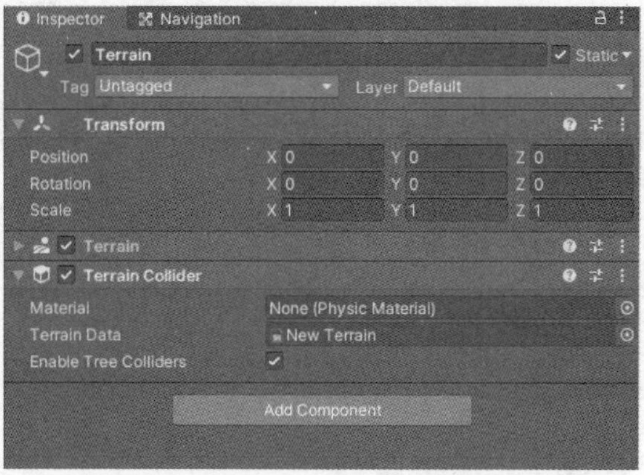

图 3.33 Terrain 默认组件

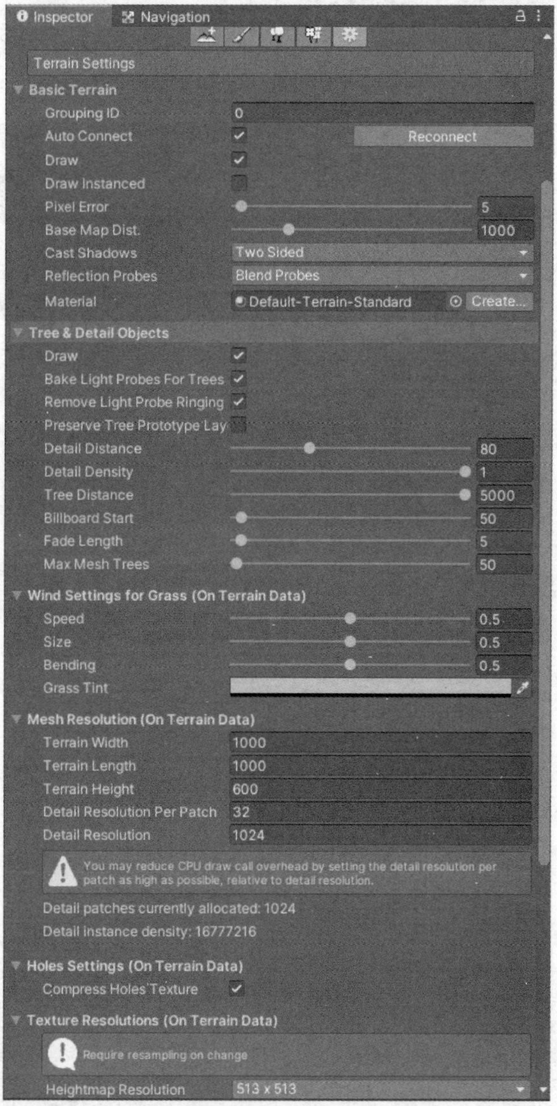

图 3.34 Terrain Settings

3.5.2 地形编辑

在 Hierarchy 窗口中选择 Terrain 地形，在 Inspector 窗口 Terrain 组件中有 5 个绘制地形的工具按钮（不同版本按钮数量可能会有差异），如图 3.35 所示，分别用来创建相邻地形瓦片、绘制和编辑地形、绘制树木、绘制细节等。各工具按钮的功能如下。

图 3.35 地形绘制工具按钮

1. 创建相邻地形瓦片

创建相邻地形瓦片（Create Neighbor Terrains）工具用来快速创建自动连接的相邻地形瓦片，如图 3.36 所示。在地形 Inspector 窗口中，单击 Create Neighbor Terrains 图标，Unity 会突出显示所选地形瓦片周围的区域，指示可以在哪些空间内放置新连接的瓦片，单击区块边缘创建相邻地形。

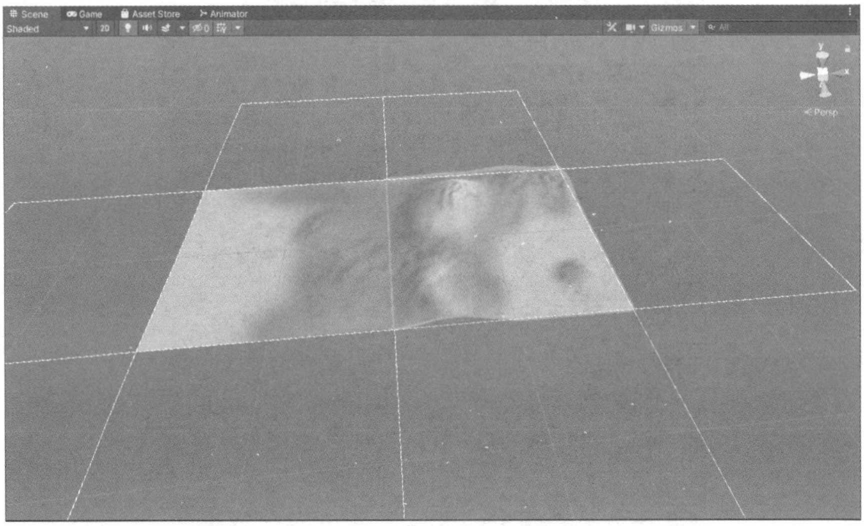

图 3.36 创建 Create Neighbor Terrains 工具

Fill heightmap using neighbors：使用相邻地形瓦片的高度贴图交叉混合来填充新地形瓦片的高度贴图，从而确保新瓦片边缘的高度与相邻瓦片匹配。

Fill heightmap address Mode：对相邻瓦片的高度贴图进行交叉混合，选择 Clamp 或 Mirror，属性描述如表 3.2 所示。

表 3.2 Clamp 和 Mirror 属性描述

属性	描　述
Clamp	Unity 在相邻地形瓦片（与新瓦片共享边框）边缘上的高度之间执行交叉混合。每个地形瓦片最多包含 4 个相邻瓦片：顶部、底部、左侧和右侧。如果 4 个相邻空间都没有瓦片，则沿着该相应边框的高度将设为零
Mirror	Unity 会为每个相邻地形瓦片生成镜像，并对这些瓦片的高度贴图进行交叉混合以生成新瓦片的高度贴图。如果 4 个相邻空间都没有瓦片，则该特定瓦片位置的高度将设为零

要创建新的地形瓦片，请单击现有瓦片旁的任何可用空间。Editor 会在与所选地形相同的组中创建新的地形瓦片，并复制其连接到的瓦片的设置。此外，还会创建新的 TerrainData 资源。

默认情况下，Unity 在地形区块的 Terrain Settings 中启用 Auto connect 属性。启用 Auto connect 属性后，地形系统会自动管理相邻地形区块之间的连接，并且区块会自动连接到具有相同 Grouping ID 的所有邻居。

2. 绘制和编辑地形

Terrain 组件提供 6 种不同的工具绘制和编辑地形，如图 3.37 所示。

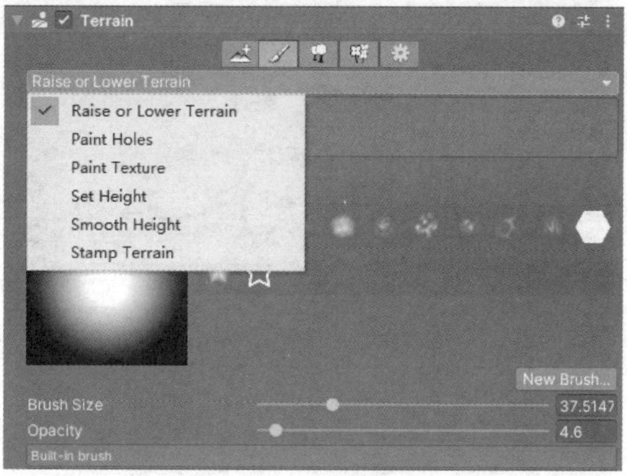

图 3.37 Terrain 组件

6 种工具的主要功能如下。

(1) Raise or Lower Terrain：升高或降低地形高度，使用画笔工具绘制高度贴图，按 Shift 键降低地形高度。有各种画笔可以选择，并可以设置画笔的透明度。

(2) Paint Holes：画洞刷子工具，在地形上遮罩出一些区域。用画洞刷子工具增加诸如游戏里的洞窟、山门、巢穴、湖泽等地貌特征会比以往更容易一些，还可以通过代码控制这些遮罩。

(3) Paint Texture：应用表面纹理(如草、雪或沙)。该工具需要资源支持，使用前需要导入相关资源包，导入的地形资源包中包含基本的地形纹理。该工具可以通过添加 Terrain Layers(地形图层)添加多种材质，添加的第一种纹理会自动地作用在整片地形上。

(4) Set Height：设置高度，将高度贴图调整为特定值。可以将地形绘制到 Height 属性设置的高度，使用该工具可以方便地绘制指定高度的平台，或在平台和山峰上绘制凹坑。按 Shift 键可以取样鼠标位置处的高度，然后根据鼠标位置处的高度设置 Height 属性值。

(5) Smooth Height：平滑高度，可以平滑高度贴图以柔化地形特征，使比较尖锐的山峰看起来更加光滑和真实。

(6) Stamp Terrain：在当前高度贴图之上标记画笔形状。

选择画笔图标可以访问绘制工具，这些工具允许修改地形。使用光标可以雕刻地形的高度，或将纹理绘制到地形上。从几个内置画笔形状中进行选择，或使用纹理来自定义画笔。还可以更改画笔的大小和不透明度(应用效果的强度)。定义属性后，光标将变为所选画笔的形状。单击或拖动地形来创建不同的形状和纹理。

与在地形上使用画笔进行绘制的方式类似，可以添加纹理、树和细节（如草、花和岩石）。还可以创建其他连接的地形瓦片，更改整个瓦片的高度，甚至可以编写具有复杂效果的自定义画笔。

3. 绘制树木

绘制树木（Paint Trees）工具也需要资源支持，使用前需要导入相关资源包。通过 Edit Trees→Add Tree 命令弹出 Select Object 对话框，然后从列表中选择需要的树木预制体对象，此时 Inspector 窗口中会出现调整绘制树木特征参数，如图 3.38 所示。

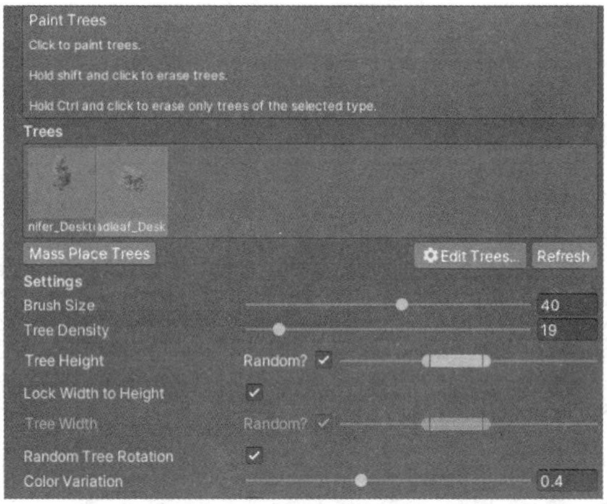

图 3.38 调整绘制树木特征参数

选择要放置的树之后，可调整其绘制参数以便自定义树的位置和特征，如表 3.3 所示。

表 3.3 调整树木特征参数

属　性	功　能
Mass Place Trees	创建一批整体覆盖的树，但不绘制在整个地形上。批量放置树后，仍然可以使用绘制功能来添加或移除树，从而创建更密集或更稀疏的区域
Brush Size	控制可添加树的区域的大小
Tree Density	控制 Brush Size 定义的区域中绘制的树的平均数量
Tree Height	使用滑动条来控制树的最小高度和最大高度。将滑动条向左拖动绘制矮树，向右拖动绘制高树。如果取消选中 Random，可以将所有新树的确切高度比例指定为 0.01～2 的范围内
Lock Width to Height	默认情况下，树的宽度与其高度锁定，因此始终会均匀缩放树。然而，可以禁用 Lock Width to Height 选项，然后单独指定宽度
Tree Width	如果树的宽度未与其高度锁定，则可以使用滑动条来控制树的最小宽度和最大宽度。将滑动条向左拖动绘制细树，向右拖动绘制粗树。如果取消选中 Random，可以将所有新树的确切宽度比例指定为 0.01～2 的范围内
Random Tree Rotation	如果为树配置 LOD 组，请使用 Random Tree Rotation 设置来帮助创建随机自然的森林效果，而不是人工种植的完全相同的树。如果要以相同的固定旋转来放置树，请取消选中此选项
Color Variation	应用于树的随机着色量。仅在着色器读取_TreeInstanceColor 属性时有效。例如，用 Tree Editor 创建的所有树的着色器将读取_TreeInstanceColor 属性
Tree Contribute Global Illumination	启用此复选框可向 Unity 指示树影响全局光照计算

使用类似于绘制高度贴图和纹理的方式在地形上绘制树。然而，树是从表面生长的3D对象实体。Unity使用优化(比如针对远处树的公告牌)来保持良好的渲染性能，这意味着可以实现茂密的森林(拥有数以千计的树)，而仍然保持可接受的帧率，如图3.39所示。

图3.39　场景中的树木

4. 绘制细节

绘制细节(Paint Details)工具可在地形上绘制花草，该工具也需要导入资源支持。在Paint Detail窗口中，单击Edit Details→Add Grass Texture命令，在弹出的如图3.40所示的Add Grass Texture对话框中单击Detail Texture后面的按钮，弹出如图3.41所示的Select Texture2D对话框，选择一个2D花草纹理，然后返回Add Grass Texture对话框，单击Add按钮即可。重复上述操作可以添加多种花草纹理，选择不同的纹理，使用笔刷在地形上拖动，会在地形上添加对应的草丛，效果如图3.42所示。

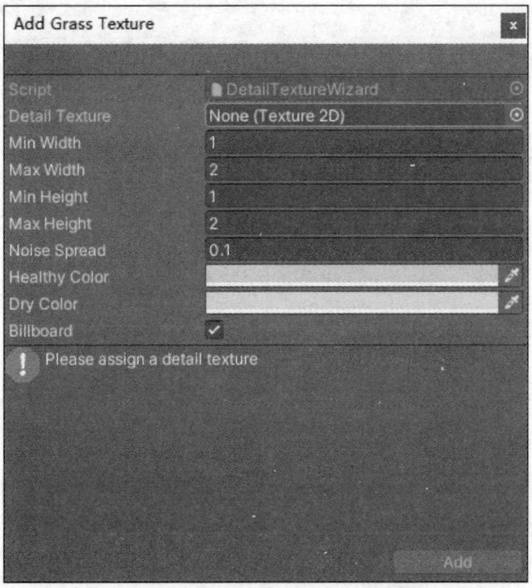

图3.40　Add Grass Texture对话框

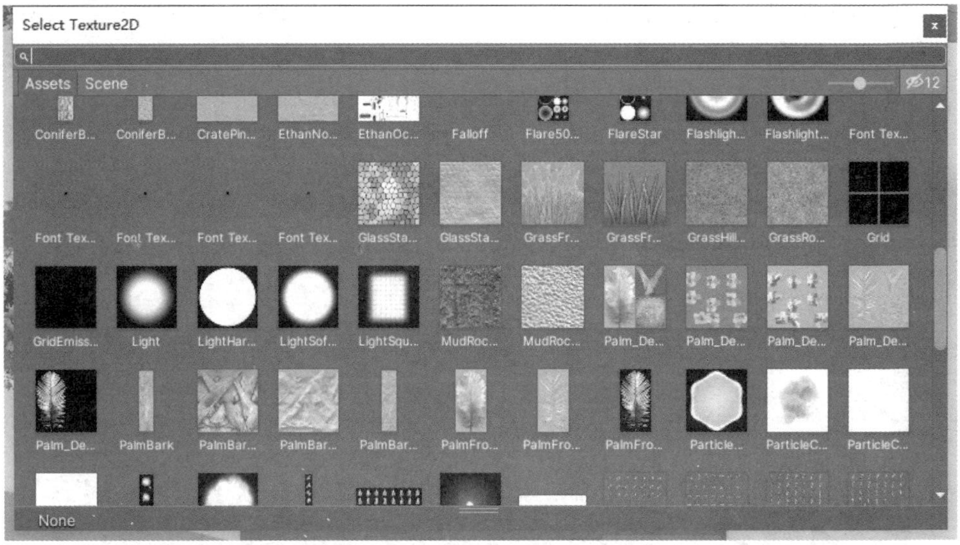

图 3.41　Select Texture2D 对话框

图 3.42　绘制草地效果

3.5.3　环境特效

1. WindZone 风域

要在地形和粒子系统上创建风的效果，可使用 WindZone 组件添加一个或多个游戏对象。风区内的树会以逼真的动画弯曲，而风本身以脉冲方式移动，从而在树之间营造自然的运动模式。风域不仅能实现风吹树木的效果，还可以模拟爆炸时树木受到波及的效果，要注意的是：风域只能作用于树木，其他对象无效。

添加风域的方法：选择菜单 GameObject→3D Object→WindZone。添加后 Inspector

窗口中会显示如图 3.43 所示 WindZone 组件。

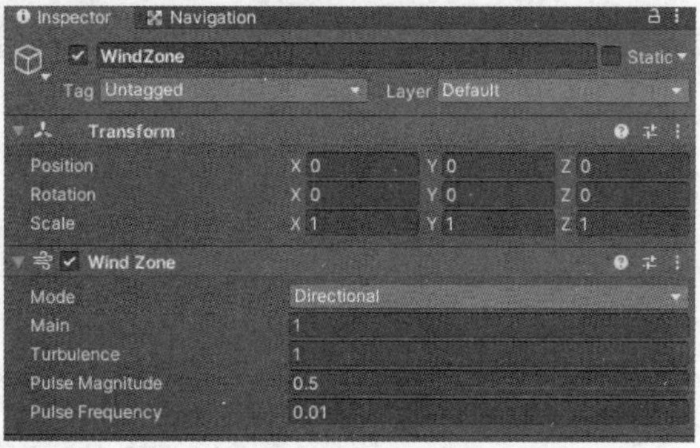

图 3.43 WindZone

在 WindZone 组件中，将 Mode 设置为 Directional 或 Spherical，在不同模式下风的影响效果会有差异。

- 在 Directional 模式下，风立刻影响整个地形。这对于创建树木的自然运动等效果非常有用。
- 在 Spherical 模式下，风在 Radius 属性定义的球体内向外吹。这对于创建爆炸等特殊效果非常有用。

Main 属性决定了风的整体强度，但可使用 Turbulence 带来一些随机变化。风以脉冲方式吹过树，从而产生更自然的效果。可使用 Pulse Magnitude 控制脉冲强度，并使用 Pulse Frequency 设置脉冲之间的时间间隔。

2. Water 水效果

Unity 标准资源包中的水其实是把一个动画材质应用在物体表面，从而得到流动的效果，图形学里面叫流体模拟。执行 Import Package→Environment 导入环境包，利用 Water 或 Water(Basic)文件夹中的 Prefab 文件夹，这里包含多种水特效的预制件，可以直接将其拖曳添加到场景中。

在 Project 窗口中选择 Standard Assets→Environment→Water→Water→Prefabs 文件夹中的 WaterProDaytime.prefab 预制体组件，把它拖到场景视图中，修改它的位置使它覆盖整个河道即可实现水特效，如图 3.44 所示。Water 资源包提供了两种水特效功能，可以实现反射和折射的效果，还可以包含对其波浪大小、反射扭曲等参数的调整。Water(Basic)文件夹下也包含两种基本水的预制件：WaterBasicDaytime.prefab 和 WaterBasicNightime.prefab。基本水功能较为单一，没有反射和折射效果，仅可以修改水波纹大小和颜色，但这两种水消耗计算资源很小，更适合移动平台的开发。

3. Fog 雾效果

雾效的开启方法是单击菜单 Window→Rendering→Lighting，在打开的面板中选中 Fog 复选框，在设置面板中设置雾的模式及雾的颜色，如图 3.45 所示。这种优化配合摄像机对象远裁切面远近设置。通常先调整雾效，得到正确的视觉效果，然后再调小摄像机的远裁切面，使场景中距离摄像机较远的对象在雾效变淡前被裁切掉。Unity 3D 集成开发环境中雾有三种模式，分别为 Linear(线性)模式、Exponential(指数)模式、Exponential Squared

图 3.44　水效果

(指数平方)模式,三者的不同之处在于雾效的衰减方式。

4. 天空盒

天空盒(Skybox)是每个面上都有不同纹理的立方体。使用天空盒渲染天空时,Unity 是将场景放置在天空盒立方体中。Unity 首先渲染天空盒,因此天空总是在背面渲染。

天空盒本质上是一种特殊类型的材质笼罩在整个场景之外,并根据材质中指定的纹理模拟出类似远景、天空效果,使得场景看起来更加逼真。

通过菜单 Window→Rendering→Lighting 命令可以打开渲染设置窗口,单击 Scene 选项卡中 Environment 模块中 Skybox Material 选项后面的圆形按钮,如图 3.46 所示,双击可以选择不同材质的天空盒。

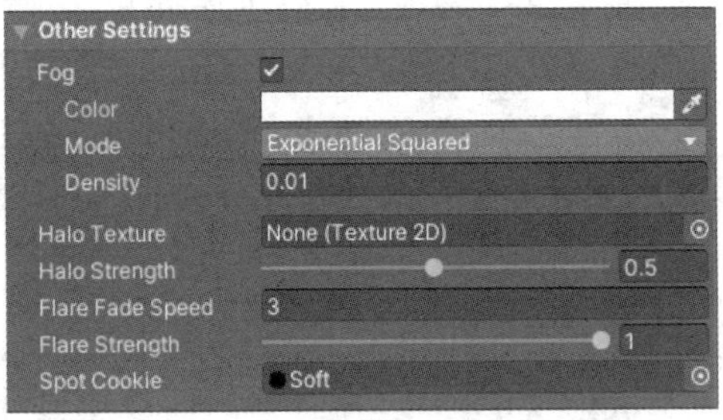

图 3.45　Fog 设置

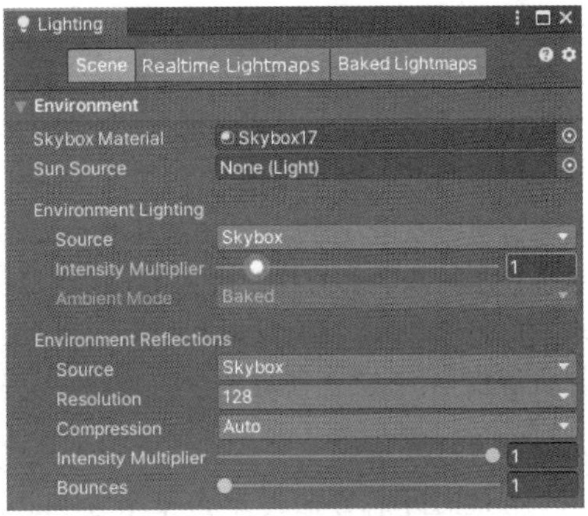

图 3.46　Skybox 设置

使用天空盒操作如下:在场景周围渲染一个天空盒。配置光照设置来根据天空盒创建逼真的环境光照。使用天空盒组件覆盖由单个摄像机使用的天空盒。添加天空盒的效果如图 3.47 所示。

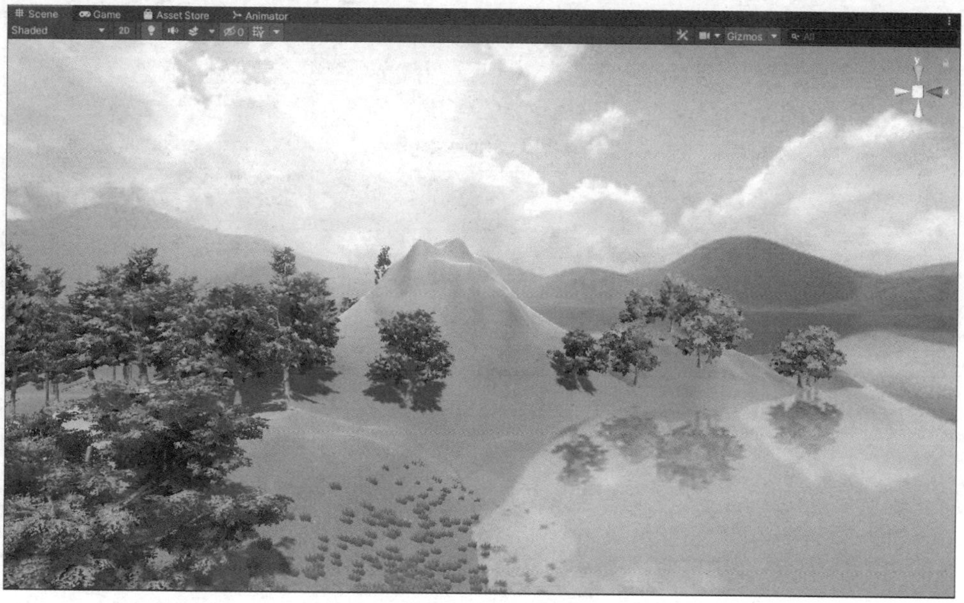

图 3.47 添加天空盒的效果

3.5.4 添加第一视角漫游地形

1. 添加第一视角

选择 Assets→Import Package，导入 Standard Assets 资源包，加载到场景中，会显示第一人称和第三人称控制器，每个控制器都有 Prefab 对象。Prefab 是 Unity 里面的包含多对象的容器，如 3rd person Controller 里面有动画、角色控制器、第三人称控制器、脚本等，右击可以创建新的 Prefab。

添加 First Person Controller 到场景中，它会以胶囊体形状显示。Inspector 窗口中有属性参数，可以启用或关闭键盘快捷键和 MouseLook 功能，甚至隐藏角色控制器本身。摄像机在胶囊体形状的顶部，网格碰撞器以胶囊形状存在于第一视角中。

2. 案例演示

在场景中添加一个宝藏箱，通过第一视角漫游查看，效果如图 3.48 所示。

添加宝藏箱：将 Treasure_box 文件夹复制到项目文件夹 Assets 中，切换到 Unity，即可在 Project 窗口中看到这个文件夹。选择 Treasure_box 文件夹中的 tresure_box.fbx 文件，将其拖放到场景中，调整好放置的位置和角度，在 Inspector 窗口中 Add Component→Physics 组件中选择添加 Box Collider。通过 Edit Collider 修改碰撞器尺寸。

添加第一人称漫游：导入 Characters 资源包后，将 Project→Standard Assets→Characters→FirstPersonCharacter→Prefabs 中的 FPSController 拖放到 Scene 窗口中，FPSController 自带摄像机，需要将默认的 Main Camera 关闭或删除。单击 Play 按钮实现漫游浏览效果。

提示：为防止第一人称视角从地形边缘跌落，可以在边缘生成隐形碰撞墙。方法如下：创建一个 Cube，摆放在碰撞无法通过的位置，调整到合适的大小，取消网格碰撞器 Mesh Collider，即可形成一堵隐形的碰撞墙。

图 3.48 第一视角漫游效果

3.6 Unity 资源

3.6.1 材质与贴图

1. 材质

材质是指定给对象的曲面或面，以在渲染时按某种方式出现的数据信息。材质主要用于描述对象如何反射或传播光线，为对象表面加入色彩、光泽、纹理和不透明度等，包含基本材质属性和贴图。

Unity 中材质是一种资源，不是一种可以单独显示的对象，通常赋给场景中的对象，对象表面的色彩、纹理等特性由添加给该对象的材质决定。材质也是类，类名为 Material。

1）创建材质

创建材质有以下两种方法。

(1) 选择菜单 Assets→Create→Material 命令。

(2) 在 Project 窗口的 Assets 文件夹窗口中右击，在弹出的快捷菜单中选择 Create→Material 命令。

2）为对象指定材质

可以采用以下两种方法为对象指定材质。

(1) 直接将材质拖动到场景的对象上。

(2) 将材质拖到 Hierarchy 窗口的对象名称上。

2. 贴图

贴图是指定给材质的图像，可以将贴图指定给构成材质的大多数属性，影响对象的颜色、纹理、不透明度以及表面质感等。Unity 中通过 Material 类的 MainTexture 属性，来表现对象表面最主要的纹理贴图。

(1) 将贴图指定给材质的某个属性。

有以下两种方法可以将一个贴图纹理应用到材质的某个属性。

- 将贴图纹理从 Project 窗口中拖动到方形纹理上面。
- 单击 Select 按钮,然后从弹出的对话框中选择纹理。

(2) 贴图类型。

导入 Unity 中的图片,默认为 Texture 类型,可以将其直接指定给材质的某个属性,在 Inspector 窗口中也可以将其设置为其他类型,如 Normal Map(法线贴图)、Sprite(精灵贴图)、Cursor(鼠标贴图)等,对于不同应用要将其设置为对应的贴图类型。

具体贴图类型的渲染方式和作用效果可参考以下说明。

- Shader 着色器:专门用来渲染 3D 图形的技术,可以使纹理以某种方式展现。实际就是一段嵌入渲染管线中的程序,可以控制 GPU 运算图像效果的算法。
- Rendering Mode 渲染模式:Opaque——这是默认选项,适合没有透明区域的普通固态物体。Cutout——允许创建一个透明效果,在不透明区域和透明区域之间有鲜明界线。在这个模式下,没有半透明区域,纹理要么是 100%不透明,要么不可见。当使用透明来创建像树叶或者带洞、碎布的衣服这种材质的形状时,这很有用。Transparent——适合渲染真实的透明材质如透明塑料或者玻璃。在此模式中,材质自身会带有透明值(基于纹理和色彩的 alpha 通道),而反射和光照高光将仍然以完整清晰度可见,如真实的透明材质那样。Fade——允许通过调整透明度数值从而彻底地使一个物体淡出,包括任何它可能带有的镜面高光或者反射。如果希望让物体动态淡入淡出,可使用此模式。不适合渲染如透明塑料袋或玻璃的真实透明材质,因为反射和高光也会被淡出。
- Texture 纹理:附加到物体表面的贴图。
- Albedo:反照率参数,控制表面的基色,一般都是给 Albedo 参数分配纹理贴图。这应当代表了物体表面的颜色。比较重要的是要注意 Albedo 纹理不应包含任何光照,因为光照将会根据物体被看到时依据其所处的环境添加给它。Albedo color 的 alpha 值控制了材质的透明级别。如果材质的渲染模式被设置为透明模式之一、非不透明模式时,这个选项才起作用。
- Metallic:金属参数,决定了表面的“金属化”。当金属化参数调整到更大时,材质更金属化,它将更多地反映环境。
- Smoothness:平滑度参数,平滑度越低则漫反射越多,而调高平滑度则镜面反射变多。
- Normal Map:法线贴图,是一种凹凸贴图。它们是一种特殊的纹理,在不增加模型面数的情况下,允许将表面细节加到能捕获光(接收光照)的模型中,看起来就像由实际的模型面来表示一样。
- Height Map:高度贴图,与法线贴图类似,这种技术更复杂,性能也更高。Height Map 通常与 Normal Map 一起使用,用于给纹理贴图负责渲染突起的表面提供额外的定义。

以木质材质为例,其贴图效果如图 3.49 所示。

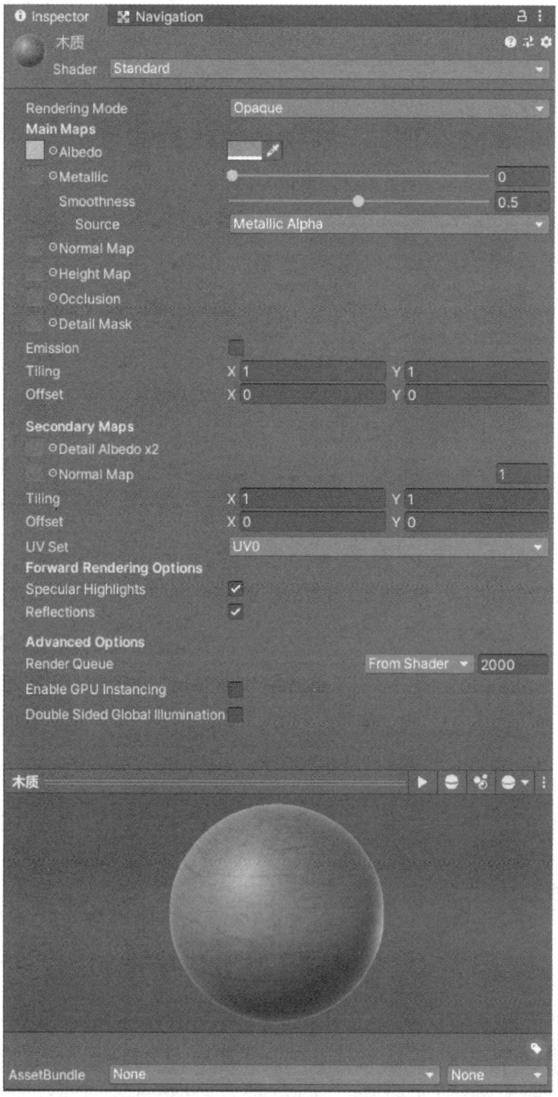

图 3.49　木质贴图效果

(3) 精灵贴图(Sprite)。

精灵纹理(Texture Type 为 Sprite 的纹理)与非精灵纹理的不同在于,Project 窗口中的精灵纹理能直接用鼠标拖入 Scene 窗口或 Hierarchy 窗口中成为一个精灵对象,而非精灵纹理则不能直接拖动。精灵纹理是创建 2D 用户界面的重要元素。

将导入的图片进行贴图类型转换方法如下:在 Project 窗口中选中该图片,然后在 Inspector 窗口中将 Texture Type 选项设置为 Sprite(2D and UI)属性,如图 3.50 所示,最后单击 Apply 按钮。

3.6.2　角色控制器

1. 角色控制器概述

在 Unity 中,开发者可以通过角色控制器来控制角色的移动,主要用于第一人称以及第

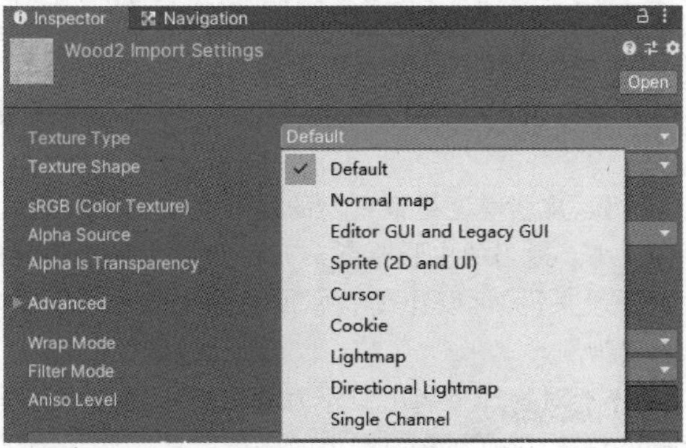

图 3.50 贴图类型转换

三人称游戏主角的控制操作。

角色控制器允许开发者不使用刚体的物理特性来控制角色，通过在任务模型上添加角色控制器组件进行模拟运动。

选择要控制的角色对象，执行 Component→Physics→Character Controller 命令，即可为该对象添加角色控制器(Character Controller)组件，此时在该对象的 Inspector 窗口中，Character Controller 组件如图 3.51 所示。

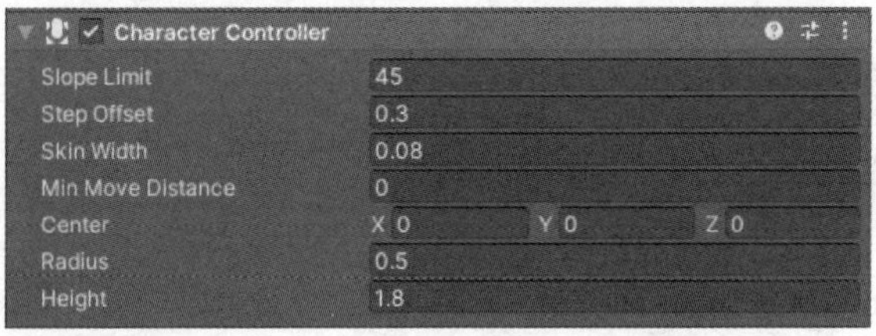

图 3.51 Character Controller 组件

Character Controller 组件具体参数说明如下。

- Slope Limit：限制角色所能爬上的最大斜坡的角度。
- Step Offset：限制角色所能爬上的最高台阶的高度，这个高度不能高于角色本身的高度，否则会提示错误。
- Skin Width：表面的厚度。决定了两个碰撞体碰撞后相互渗透的程度，较大的表面厚度有助于减少抖动的发生，较小的表面厚度可能会让角色卡在场景上无法移动，建议设置表面厚度为半径的 10%。
- Min Move Distance：最小移动距离。如果角色试图移动一个很小的距离，角色根本不会移动，这个功能有助于减少抖动的发生，在大多数情况下，这个值可以设置为零。
- Center：中心位置。这个参数会偏移胶囊碰撞体的位置，以列坐标表示，用这个参数不会影响角色本身的中心位置。
- Radius：角色的胶囊碰撞体的半径。
- Height：角色的胶囊碰撞体的高度。这个高度以角色中心为基准，而不是角色的脚下。

角色控制器可以修改高度和半径，让角色控制器的外形更接近角色的外形，对于人形角色来说，别忘了高度应该是 2m 左右，还可以调整胶囊体的中心偏移位置，以便让角色中心和控制器中心尽量一致。

台阶高度也需要确保，对于 2m 左右的人物来说，台阶高度为 0.1～0.4m，坡度限制不应太小，设置为 90°，在大多数情况下可以工作得很好，就算这样设置角色，也并不会爬上墙。

调整角色控制器的时候，皮肤厚度是很重要的属性之一，如果角色被卡住了，那么最有可能的情况是皮肤厚度太小。适当的皮肤厚度会允许角色少量穿透其他物体，有助于避免角色抖动或者被卡住。一般来说，可以让皮肤厚度总是大于 0.01m，却小于半径的 10%。建议将最小移动距离设置为 0。

请注意，角色控制器不会对物理影响比如外力做出反应，修改角色控制器的参数时，引擎会在场景中重新生成控制器，所以在之前产生的碰撞信息会丢失，而且在调整参数的时候所发生的碰撞并不会产生 onTriggerEnter()事件，但在角色再一次移动时就能正常碰撞了。

2. 角色控制器交互

下述 Colliders.cs 脚本用于实现第一人称视角在地形中漫游，碰到特定标记的旋转对象后选择躲避或者碰撞使其消失效果。

```
using System.Collections;
using System.Collections.Generic;
using UnityEngine;

public class Colliders : MonoBehaviour {
//碰撞加载在碰撞体上,而不是加载在被碰撞体上
    void OnTriggerEnter(Collider other)
    {
        if (other.tag == "Hidden") {
            Destroy(other.gameObject);
        }
    }
}
```

注意，碰撞消失代码 Colliders.cs 需要加载到第一视角角色对象上。接着创建 Rotate.cs 脚本加载到对象上，用于实现对象旋转，同时设置对象的 tag 标签值为 Hidden。

```
using System.Collections;
using System.Collections.Generic;
using UnityEngine;
public class Rotate : MonoBehaviour {
void Update () {
        transform.Rotate (new Vector3 (0,0,2f));
    }
}
```

3.6.3 灯光

灯光可以奠定一个场景的基调，为了让场景更加逼真，往往需要给场景添加光照阴影效果，具体做法如下。

选择场景中的光照对象 Directional Light，在它的属性窗口中找到 Light 组件中的

Shadow Type 阴影模式，选择 No Shadow，也可以选择 Soft Shadows（软渲染）或者 Hard Shadows（硬件渲染）。其中，Soft Shadows（软渲染）以消耗 CPU 的计算为代价来产生阴影效果，这种模式运行速度较慢，但对机器配置比较落后的使用者是唯一选择。Hard Shadows（硬件渲染）可利用 GPU 的显卡加速功能进行渲染处理，其运行速度快，渲染效果也比较理想。无论哪一种选项，场景的物体都会相对于阳光产生阴影效果，如图 3.52 所示。

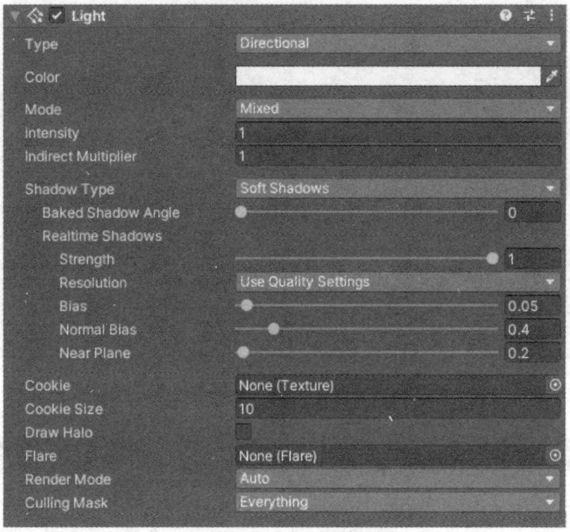

图 3.52 Light 组件

添加灯光的方法和创建 Cube 等对象的方法类似，在 Hierarchy 窗口中右击 Light 选择添加即可。灯光也分为很多类型，方向光（Directional Light）最适合作为室外场景的整体光源。

灯光本质上是一个组件，所以对灯光进行移动、旋转等操作的方法和其他物体的操作方法没有区别。

1. 灯光的分类

Unity 提供了 4 种基本光源，不同光源的主要区别在于照明的范围不同。

Point Light（点光源）是指空间中的一个点，向每个方向都发射同样强度的光，在只有一个点光源的场景中，直接照射某个物体的一条光线一定是从点光源中心发射到被照射位置的，光线的强度会随着距离的增加而减弱，到了某个距离就会减小为零。光照强度与距离的平方成反比，这被称为平方反比定律，这与真实世界中的光照规律相吻合。点光源非常适合用来模拟场景中的灯泡或蜡烛等具有特定位置的光源等，如图 3.53 所示。

Spot Light（探照灯）可以类比为点光源，它也具有位置固定强度，随着距离增大而逐渐减弱。最主要的区别是探照灯的发射角度是被限制在一定固定的角度的，最终形成一个锥形的照射区域，锥形的开口默认指向该光源所在物体的行走方向。探照灯发射的光线会在锥形侧边缘处截止，扩大发射角度可以增大锥形的范围，但是会影响光线的聚集效果，这与现实中的探照灯或手电筒的光线特征是一致的。探照灯通常用来表现一些特定的人造光源，如手电筒、汽车大灯或直升机的探照灯等。在脚本中控制物体的旋转，就可以控制探照灯的方向，如图 3.54 所示。

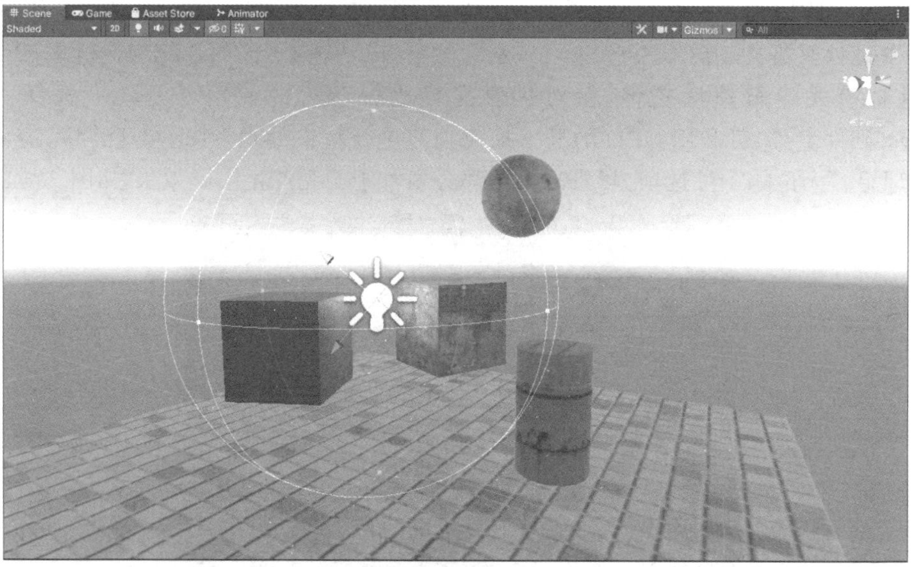

图 3.53　Point Light 效果

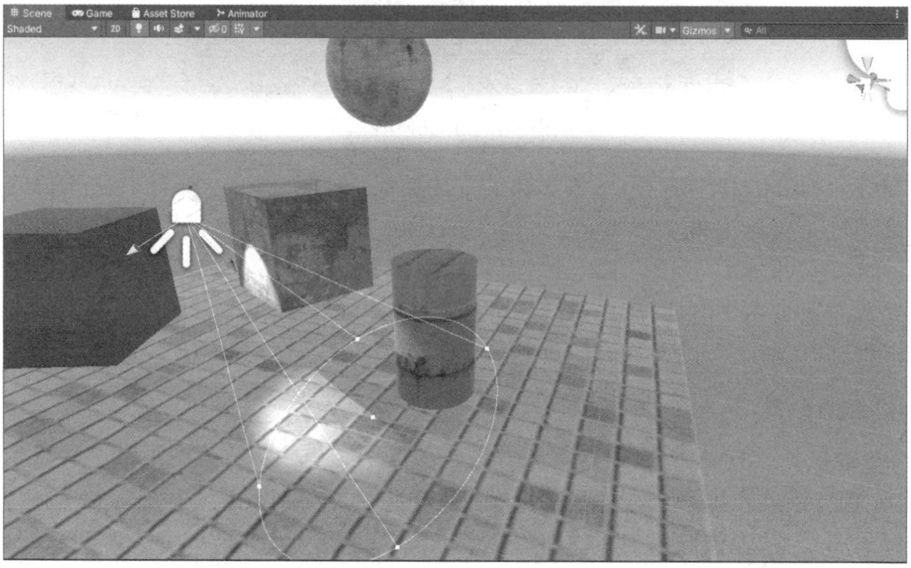

图 3.54　Spot Light 效果

Directional Light(方向光)又叫平行光,默认的场景中只有一个方向光,绝大多数场景都需要方向光来提供基本的照相,就算是晚上的场景,也需要一个类似月光的照明效果,这和现实中的太阳光非常相似。方向光并没有发射源位置,可以放在任何位置。但是它的旋转角度非常重要。对于方向光来说,所有的物体都被同一个方向光照射,光照的强度不会减弱,且与距离完全无关,太阳光照在地面上的光线可以认为是平行的。这就是方向光模拟太阳光的原理,可以认为方向光代表这个太阳光对当前场景的影响。每个新建的场景默认都有一个方向光。在 Unity 5.0 之后的版本中,这个默认的方向光会和天空盒相关,通过 Window→Rendering→Lighting 菜单命令可以设置全局灯光和天空盒的颜色。通过倾斜方向光源,可以让方向光接近平行于地面,营造出一种日落或日出的效果。如果让方向光向斜上方照射，不仅整体环境会暗下来，天空盒颜色也会暗下来，和晚上一样。在 Forward Rendering(正向渲染)模式下，只有方向光可以显示实时阴影效果，如图 3.55 所示。

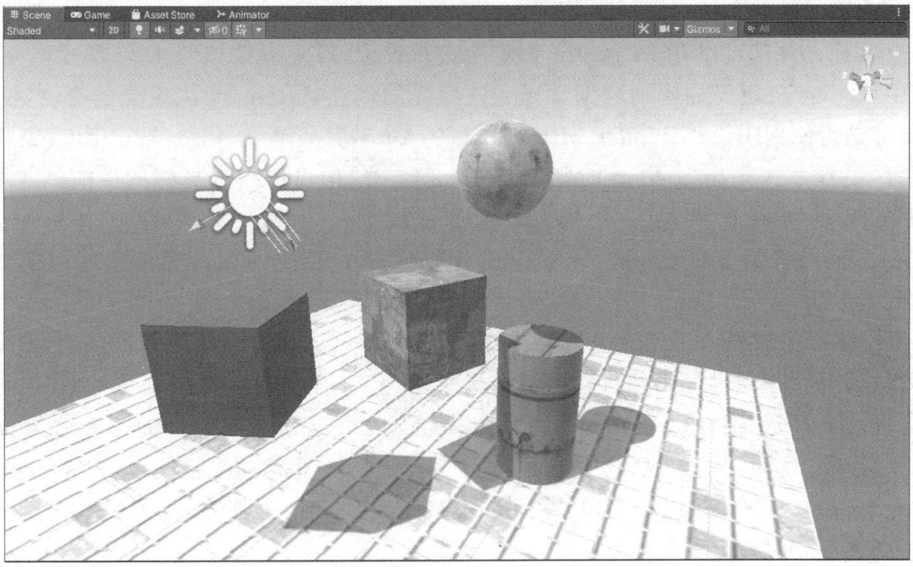

图 3.55 Directional Light 效果

Area(baked only) Light(区域光)在空间中是一个矩形，光线从矩形的表面均匀地向四周发射，但是光线只会来自矩形的一面，而不会出现在另一面。光源不提供设置光照范围的选项，但是因为光线强度是受平方反比定律约束的，最终光照效果还是会被光照强度所控制，由于区域光源所带来的计算量比较大，引擎不允许实时计算区域光源，只允许将区域光源烘焙到光照贴图中。和点光源不同，区域光源会从一个面发射光线到物体上，也就是说，照射到物体上的光线，同时来自许许多多不同的点不同的方向，所以得到的光照会非常柔和，如图 3.56 所示。

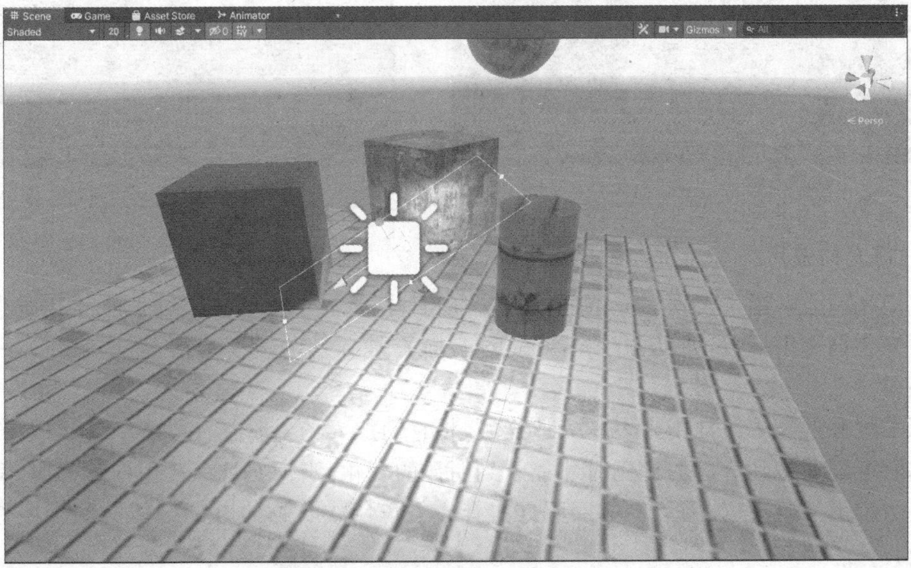

图 3.56 Area(baked only) Light 效果

注意，区域光和方向光、点光源、聚光灯都不一样，它需要被照射的物体勾选 Inspector 窗口中的 static。如果勾选后还看不见光线，检查 Lighting 窗口中 Window→Rendering→Lighting 选项，勾选 Auto Generate 值。

以上 4 种光源都可以在 Inspector 窗口中进行设置，设置参数如图 3.57 所示。

其中，Range 决定光的影响范围，Color 决定光的颜色，Intensity 决定光的亮度，Shadow Type 决定是否使用阴影。Render Mode 默认为 Auto，其设置为 Important 时渲染将达到像素质量，设置为 Not Important 时则总是一个顶点光，但可以获得更好的性能。如果希望光线只用来照明场景中的部分模型，可通过设置 Culling Mask 控制其影响对象。Lightmapping 可设为 RealtimeOnly 或 BakedOnly，这将使光源仅能用于实时照明或烘焙光照贴图。

Environment Lighting 环境光是一种特殊的光源，它会对整个场景提供照明，但是这个照明不来自任何一个具体的光源，它为整个场景增加基础的亮度，影响整体的效果，在很多情况下，环境光都是必要的。当我们需要整体提高场景的亮度包括阴影的亮度时，也可以用环境光来实现。和其他类型的灯光不同，环境光不属于组件，它可以在 Rendering→Lighting→Scene 选项卡中进行调节，默认环境光是以天空盒为基础，也可以在此基础上调节亮度，如图 3.58 所示。

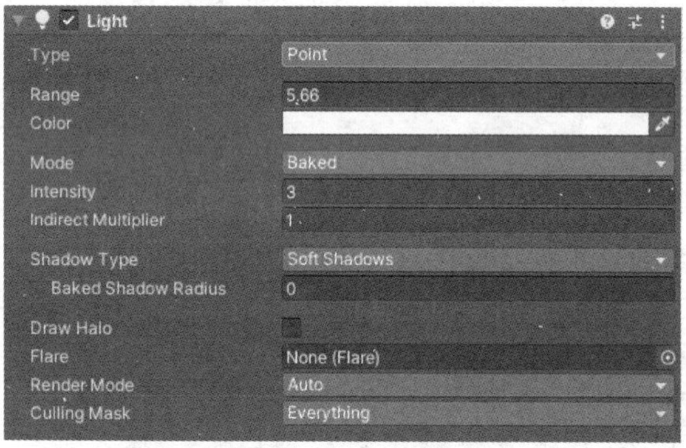

图 3.57 设置光源

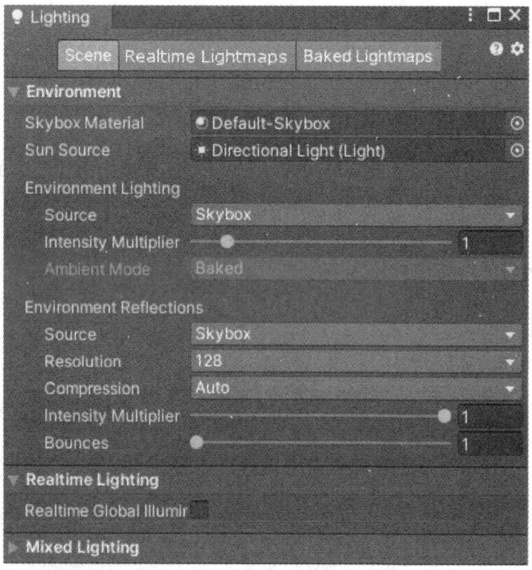

图 3.58 Environment Lighting 设置窗口

2. 灯光的使用

方向光源通常用于表现日光下的效果，一般日光的方向是斜向下方的，如果用垂直地面照射的光会显得很死板，如果方向光源是正向，而不是有一定角度的话，立体感和表现力就会差很多。

探照灯和点光源通常用来表现人造光源，将它们加入场景时往往看不到什么效果，只有将光线的范围调整到合适的比例时才能看到明显的变化，当探照灯只是射向地面时，只能感受到一个锥形的照亮范围，只有当探照灯前有一个角色或者物体时才会体会到探照灯特有的效果。

所有灯光具有默认的光照强度和颜色即白色，适用于大多数正常的场景，当你想要个性化的场景氛围时,调整它们可以立刻得到完全不同的效果。

3. 实时光照

实时光照是指实时更新光线信息,在运行状态时任意修改光源所有的变化可以立即更新。

操作步骤:

(1) 选择光源,修改 Inspector 窗口中的 Light→Mode→Realtime 参数。

(2) 在工具栏中找到 Window→Light→Settings 命令。

(3) 在灯光设置中将环境光模式调成 Realtime,勾选 Auto Generate。

4. 光照烘焙

光照烘焙就是使用烘焙技术将光线效果、阴影信息等预渲染成贴图信息作用在物体上,烘焙灯光只对静态物体有效。

操作步骤:

(1) 将物体设置成静态物体,选择物体勾选 Static。

(2) 将灯光设置成烘焙模式,选择光源 Mode→Baked。

(3) 在光照设置中将环境光模式改成 Baked,取消勾选 Auto Generate,单击 Generate Lighting 按钮开始烘焙。

3.6.4 摄像机

1. 摄像机概述

在场景中,摄像机就是观察者的眼睛,它将拍摄到的影像作为场景空间和最终屏幕展示之间的媒介。在一个场景中必须有一台摄像机,也可以有多台摄像机,但摄像机上的 Audio Listener 只能有一个是激活的状态。多台摄像机可以用来同时显示场景中两个不同的部分,也可以用来制作一些高级的效果,如分屏、镜面、小地图的效果等。

摄像机在场景中是作为对象存在的,可以像普通对象一样对摄像机进行操作和控制。选择摄像机,如图 3.59 所示,在 Inspect 窗口里面可以看到摄像机的相关组件,包括视野选项、Culling Mask 选项、背景颜色等。如果版本高,也可以为摄像机导入 Image Effects,为摄像机添加特效。

Camera 组件设置如下。

- Clear Flags 属性:对于空白区域的处理,有 Skybox(天空盒)、Solidcolor(固定颜色处理)、Depth only(仅有深度,只渲染物体)、Don't clear(不做处理)选项。Clear Flags(清除标记)可以用来设置摄像机如何渲染其背景。每台摄像机都保存着各自的颜色和深度信息,没有物体可渲染的部分就是空白区域,空白区域默认渲染为天空盒。当使用多个摄像机的时候,每个摄像机都保存着自己的颜色和深度信息,这些信息是可以叠加的,为每台摄像机设置不同的 Clear Flag(清除标记)可以达到同时显示两层画面的效果。其中,天空盒摄像机设置 Clear Flag(清除标记)后,默认设置空白区域会显示为天空盒,天空盒以光照窗口中指定的默认值为准,而实体颜色为纯色,该颜色可以在摄像机的背景中指定。
- Background 属性:负责当 Clear Flags 选择 Solidcolor 时选择颜色。

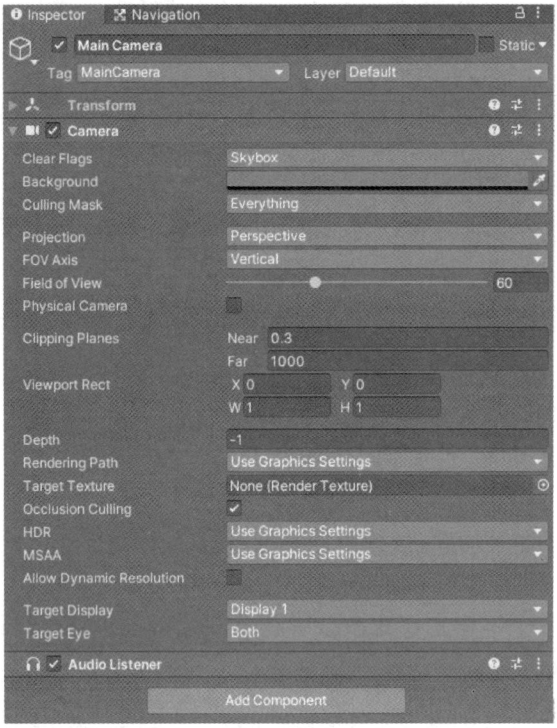

图 3.59 Camera 默认组件

- Depth 属性：渲染顺序，数值小的先渲染。为了使 UI 在前面，UI 相机的 Depth 应为最大的。Depth 深度常用于在一个场景中有多个摄像机的情况。由于摄像机的深度有多个摄像机区分先后绘制顺序，所以后一个摄像机在设置时就可以保留前一个摄像机的画面，但却清除了之前所有的深度信息，这样一来，后一个摄像机所拍摄的画面就会叠加到之前的画面上，但是绝对不会被遮挡，因为之前的深度信息已经被清除了。
- Culling Mask 属性：决定 Camera 可以看见哪些层(Layer)，看不见的层不会渲染。摄像机的这个选项是和物体的层级配合使用的。
- Projection 属性：管理 Camera 的类型，分为透视相机(3D，Perspective 模式)和正交相机(2D，Orthographic 模式)。其中，透视模式下的 Field of View 属性是管理相机缩放的，可用于制作望远镜效果。数值越小，看得越远。正交模式对应的是 Size 属性。
- Clipping Planes 属性：相机的渲染距离。
- Field of View 属性：视野主要用来设置摄像机的四角剪切平面，用来设置摄像机拍摄的范围及摄像机剪切平面的位置。摄像机所拍摄的范围实际上是一个四锥体，由于我们不需要渲染特别远处的物体，实际上，需要拍摄的物体被限制在一个有效的范围内。距离摄像机较近的平面叫作近裁切面，较远的平面叫作远裁切面，这两个平面截取了视锥体的一部分，只需要拍摄和渲染中间的这一部分物体即可。将远裁切面移到更远处就可以看到更多的细节，拉近远裁切面可以减少渲染的工作，如图 3.60 所示。

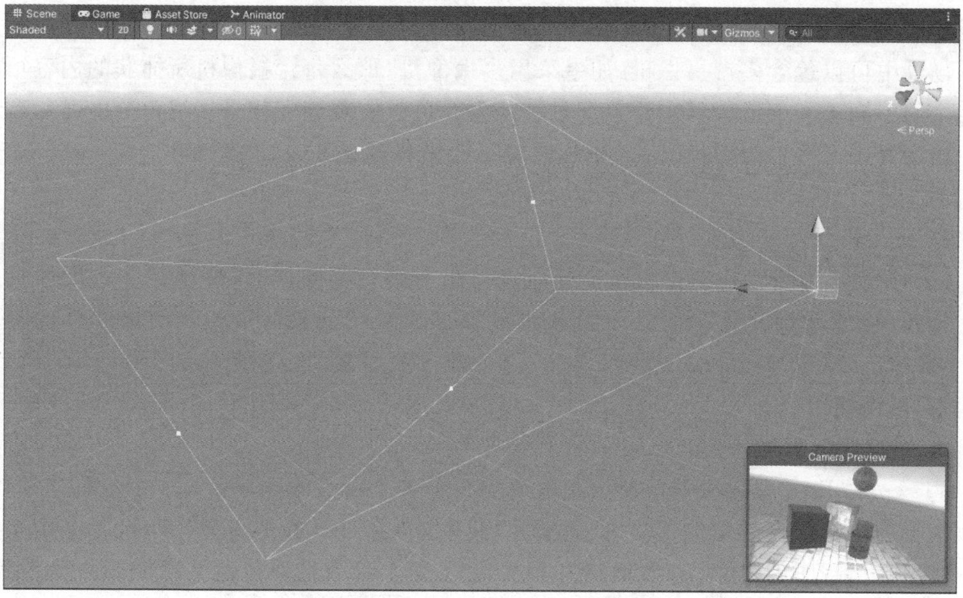

图 3.60 Field of View 视野

- Viewpoint Rect 属性：视图长方形项主要用于场景中存在多个摄像机的情况，可以设置其中一个摄像机的四口的长方形尺寸，使其更好地叠加在画面上，例如，X，Y 控制相机的方位（0～1 代表 0%～100%），W，H 控制相机的大小（0～1 代表 0%～100%），可用于制作小地图或者分屏操作。用于制作小地图时建议设置成正交相机。
- Rendering Path 属性：用于定义相机将使用什么渲染方法。
- Target Texture 属性：将相机的渲染画面输出到一个 Render Texture 纹理上。

Target Texture 的应用方法如下。

(1) 创建 Render Texture 纹理，将创建好的 Render Texture 拖曳给对应的 Camera（获得相机画面）。

(2) 创建一个 material，修改此 material 的 Shader 为 Texture 并将 Render Texture 赋给该 material。

(3) 将该 material 赋给想要显示相机画面的物体的 Mesh 组件。Camera2 的画面被投放在了 plane 游戏对象上。

Target Display 显示目标用来指定摄像机渲染到哪个外部设备上，可以从 1 到 8 的数值中选取。

摄像机所在的物体也可以被实例化，被作为子物体，也可以用脚本控制，和其他游戏对象是一样的，使用较大或者较小的视野范围可以用来表现不同的场景，如果在摄像机上添加刚体，也可以让摄像机受物理引擎的控制。场景中摄像机的数量不受限制，只需要考虑其性能，正交摄像机非常适合用来表现 2D 用户界面。如果两个物体表面非常接近，容易产生显示问题，那么这时可以尽可能地加大近裁切面。摄像机无法同时渲染到屏幕和一张贴图上，一次只能选择一个。第三人称视角需要给视角添加一个摄像机作为子元素，才能实现视野跟随。

2. 多摄像机

场景中可以包含多台摄像机,如果采用多摄像机,那么每台摄像机所捕获的内容可以在画面中的不同层次上或者不同位置上显示,例如,可以实现同一场景多视角分屏显示。

当场景中有多台摄像机时,渲染效果与每台摄像机的 Depth 属性和 Viewport Rect 属性有关。

1) 摄像机深度 Depth

Depth 表示摄像机在渲染顺序上的位置。当有多台摄像机时,需要对这些摄像机进行深度排列。数值越小,深度越深,深度较深的摄像机视图会被深度较浅的摄像机视图所覆盖,主摄像机(Main Camera)的 Depth 为−1。此设置通常配合规范化的 Viewport Rect(视口矩形)属性使用。

2) 视口矩形 Viewport Rect

Viewport Rect 设置摄像机所渲染的内容在屏幕上所占的区域。有 4 个规范化参数,分别表示摄像机视图左下角位置的 X、Y 坐标,其中,屏幕左下角坐标为(0,0),右上角坐标为(1,1),摄像机视图的尺寸 W(宽度)和 H(高度)。4 个参数的取值范围遵循归一化设置,即取值范围为 0～1。

例如,在场景中新建一个新的 Camera,Viewport Rect 和 Depth 属性设置如图 3.61 所示,则 Camera 渲染的视图位于屏幕左下方,并覆盖 Main Camera 视图,效果如图 3.62 所示。

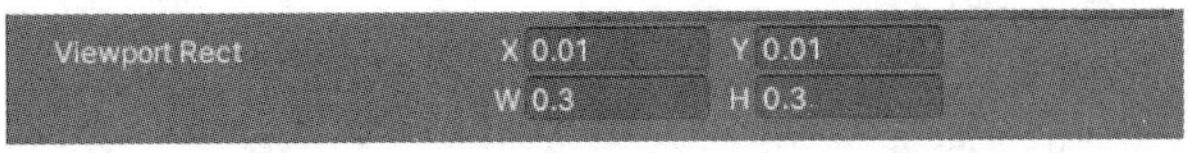

图 3.61 Viewport Rect 设置

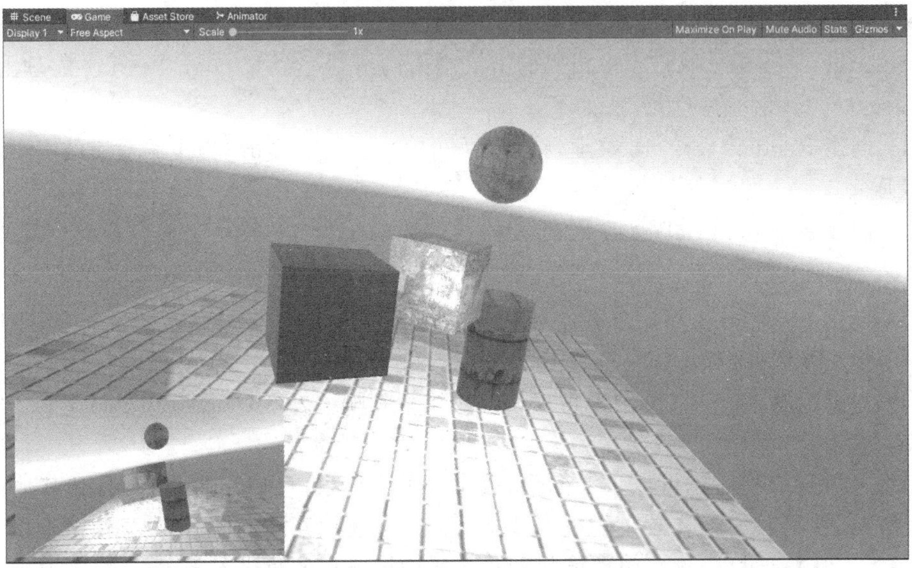

图 3.62 多摄像机渲染效果

3.6.5 音频

在虚拟场景中,只有视觉体验而没有听觉体验,那么用户的沉浸体验就会是不完美的。

Unity 的音频系统既灵活而又强大。它可以导入大多数标准音频文件格式，精通于在 3D 空间中播放声音，还可根据需要提供其他效果(如回声和滤波)。在开始向场景中添加音频之前，需要了解一下音频在 Unity 中的工作方式。

Unity 音频主要包括三部分：音频剪辑(Audio Clips)、音频源(Audio Sources)和音频监听器(Audio Listener)。为了模拟位置的影响，Unity 要求声音源来自附加到对象的音频源(Audio Sources)，然后发出的声音由附加到另一个对象(通常是主摄像机)上的音频监听器(Audio Listener)拾取。Unity 然后可以模拟音频源与监听器物体之间的距离和位置的影响，并相应地播放给用户。此外，还使用源对象和监听器对象的相对速度来模拟多普勒效应以增加真实感。

这些不同的部件通常以如下方式协同工作：音频源播放音频剪辑，如果音频监听器离音频源足够近，则可以听到声音。特定音频源的空间混合决定了音频听起来是来自虚拟世界中的某个特定点，还是无论音频源与音频监听器之间的距离如何都是同等大小的音量。

1. 音频剪辑 Audio Clip

被导入 Unity 中的音频片段称为 Audio Clip。Unity 支持的音频文件格式有 wav、aif、mp3、ogg 4 种。音频资源有压缩和不压缩两种方式，不进行压缩的音频将采用音频源文件；而采用压缩的音频文件会先对音频进行压缩，此操作会减小音频文件，但是在播放时需要额外的 CPU 资源进行解码，所以需要生成快速反应的音效时，最好使用不压缩的方式。背景音乐可以使用压缩的音频文件。任何格式的音频文件被导入 Unity 后，在内部自动转换成 ogg 格式。

在 Assets 窗口中选择一个音频剪辑，对应地在右侧的 Inspector 窗口中会显示音频文件导入设置选项。可以对导入的音频文件进行相关设置。例如，强制单声道、加载是否压缩、压缩格式、采样率设置等，还可以查看音频文件导入 Unity 前后的文件大小和压缩比。

2. 音频组件

音频剪辑需要配合两个组件来实现音频的监听和播放。

1) 音频监听器 Audio Listener

Audio Listener 组件是用于接收声音的组件，其配合音频源为虚拟现实和游戏创建听觉体验。该组件的功能类似于麦克风，当音频监听组件挂载到游戏对象上时，任何音频源，只要足够接近音频监听组件挂载的游戏对象，都会被获取并输出到计算机等设备的扬声器中输出播放。如果音频源是 3D 音效，监听器将模拟 3D 音效的位置、速度和方向。

Audio Listener 组件默认添加在主摄像机上。该组件没有任何属性，只是标注了该游戏对象具有接收音频的作用，同时用于定位当前的接收位置。

添加方法：选择 Component→Audio→Audio Listener 菜单命令。

2) 音频源 Audio Source

Audio Source 组件用于播放音频剪辑文件，通常挂载在游戏对象上。该组件负责控制音频的播放，通过组件的属性设置音频剪辑的添加和播放方式，例如，添加音频剪辑文件、是否循环、音量大小、多普勒效应和 3D 音频源效果等，如果音频文件是 3D 音效，音频源也是一个定位工具，可以根据音频监听对象的位置控制音频的衰减。

添加方法：选择 Component→Audio→Audio Source 菜单命令添加 Audio Source 组

件，在 Inspector 窗口中 Audio Source 组件设置界面如图 3.63 所示。

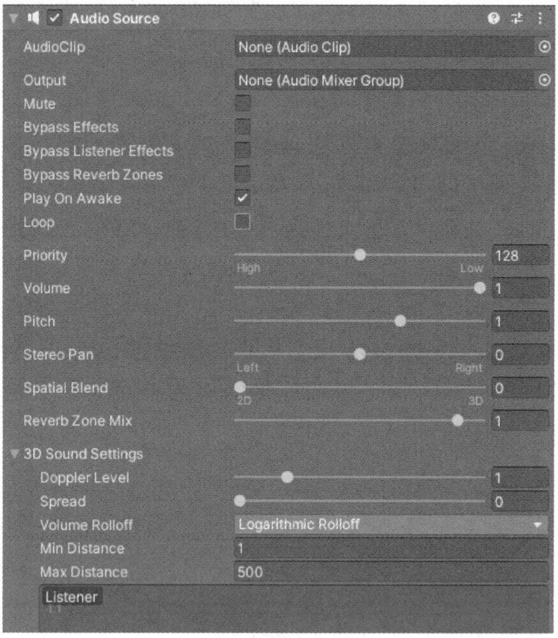

图 3.63 Audio Source 组件设置界面

从图中可以看出，Audio Source 组件设置参数主要有以下 4 个选项。

(1) AudioClip：音频片段，将需要播放的音频文件放入其中，支持 aif、wav、mp3 和 ogg 格式。

(2) Play On Awake：在唤醒时开始播放。勾选后，在游戏运行以后，就会开始播放。

(3) Loop：循环。勾选后，声音进入“单曲循环”状态。

(4) Mute：静音。勾选后，静音，但音频仍处于播放状态。

(5) Volume：音量。0 表示无声音，1 表示音量最大。

(6) Spatial Blend：空间混合，设置声音是 2D 声音，还是 3D 声音。2D 声音没有空间的变化，3D 声音有空间的变化，离音频源越近，听得越明显。

3. 背景音乐案例

本实例通过为场景添加背景音乐，并实现音乐的切换和播放控制功能。步骤如下。

(1) 打开场景，为 Main Camera 添加 Audio Source 组件，设置音频剪辑 AudioClip 属性为音频文件“背景素材 01.wav”，播放即可听到背景音乐响起。

(2) 修改相关属性 Play On Awake(运行时播放)、Loop(循环)、Volume(音量)等，运行观察效果。

(3) 编写脚本 audio_control.cs，挂载到 Main Camera 上，运行时通过脚本控制背景音乐的切换和播放控制。audio_control.cs 代码如下。

```
using System.Collections;
using System.Collections.Generic;
using UnityEngine;

public class audio_control : MonoBehaviour
{
```

```
    public GameObject Audio_bj;                //定义添加 AudioSource 组件的对象
    public AudioClip audioclip01;              //定义音频剪辑 1,该变量保存音频文件
    public AudioClip audioclip02;              //定义音频剪辑 2,该变量保存音频文件
    public float MouseWheelSensitivity = 0.1f;

     // Update is called once per frame
    void Update()
    {
        if (Input.GetKeyDown(KeyCode.P)) {
            Audio_bj.GetComponent<AudioSource>().Play();          //播放音频剪辑
        }
        if (Input.GetKeyDown(KeyCode.O))
        {
            Audio_bj.GetComponent<AudioSource>().Stop ();         //停止音频剪辑
        }
        if (Input.GetKeyDown(KeyCode.Alpha1))                     //按数字键 1
        {
            Audio_bj.GetComponent<AudioSource>().clip = audioclip01; //设置音频剪辑为
//audioclip01,加载后不会自动播放,要按 P 键播放
        }
        if (Input.GetKeyDown(KeyCode.Alpha2))                     //按数字键 2
        {
            Audio_bj.GetComponent<AudioSource>().clip = audioclip02; //设置音频剪辑为
//audioclip02,加载后不会自动播放,要按 P 键播放
        }
        if (Input.GetKeyDown(KeyCode.Equals))                     //按 = 键
        {
            Audio_bj.GetComponent<AudioSource>().volume += 0.1f; //增加音量
        }
        if (Input.GetKeyDown(KeyCode.Minus))                      //按 - 键
        {
            Audio_bj.GetComponent<AudioSource>().volume -= 0.1f; //降低音量
        }
          Audio_bj.GetComponent<AudioSource>().volume -= Input.GetAxis("Mouse
ScrollWheel") * MouseWheelSensitivity;                   //滚动鼠标滚轮提高或降低音量
    }
}
```

(4) 将脚本 audio_control.cs 挂载到主摄像机上,并为全局变量赋值,组件设置如图 3.64 所示。

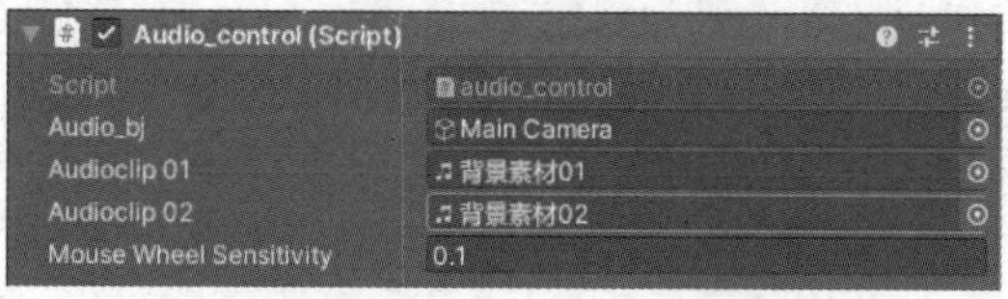

图 3.64 audio_control.cs 组件设置

(5) 运行,通过按键和鼠标控制音频的播放、停止、切换和音量增减等。

3.6.6 视频

许多游戏都是在开场 CG 播放后,进入主菜单的界面,因此 Unity 中的视频至关重要。

Untiy 在 5.6 版本推出了 Video Player 控件，用以取代 MovieTexture，导入的视频将默认以 Video Clip 的格式保存，仍然保留 MovieTexture 格式的切换，如图 3.65 所示。

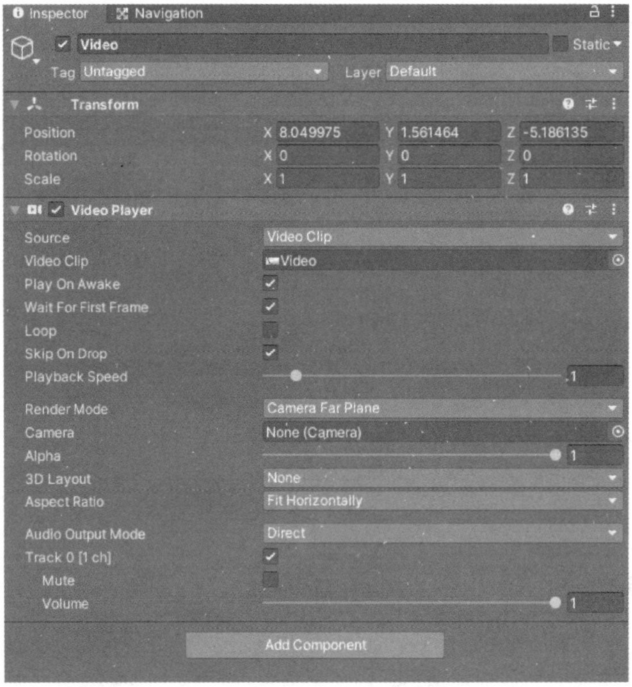

图 3.65 Video Player 组件

生成 Video Player 组件有以下几种方式。

(1) 新建一个空白的 Video Player：选择菜单 GameObject→Video→Video Player 或者在 Hierarchy 窗口上选择 Create→Video→Video Player 或者右击 Hierarchy 窗口空白处选择 Video→Video Player。

(2) 直接将导入的 Video Clip 拖入场景或者 Hierarchy 窗口，生成的 Video Player 控件的 Video Clip 将会自动被赋值，如果场景中存在 Main Camera，Camera 也会被自动赋值为 Main Camera，模式默认选择 Camera Far Plane。

(3) 将导入的 Video Clip 拖动到场景中的 Camera 物体上，生成的 Video Player 控件的 Video Clip 和 Main Camera 将会自动被赋值，模式默认选择 Camera Far Plane。

(4) 将导入的 Video Clip 拖动到场景中的 2D 或者 3D 物体上，生成的 Video Player 控件的 Video Clip 和 Renderer 将会自动被赋值，模式默认选择 Material Override。

(5) 将导入的 Video Clip 拖动到场景中的 UI 物体上，生成的 Video Player 控件的 Video Clip 将会自动被赋值，模式默认选择 Render Texture。

Inspector 窗口中 Video Player 组件主要设置如下。

- Video Clip：导入的本地视频。
- Play On Awake：脚本载入时自动播放。
- Wait For First Frame：决定是否在第一帧加载完成后才播放，只有在 Play On Awake 被勾选时才有效。
- Loop：循环。

- Playback Speed：播放速度。
- Render Mode：渲染方式，如表 3.4 所示。

表 3.4　渲染方式

渲染方式	说　明
Camera Far Plane	基于摄像机的渲染，渲染在摄像机的远平面上，需要设置用于渲染的摄像机，同时可以修改 alpha 通道的值作透明效果，可用于背景播放器
Camera Near Plane	基于摄像机的渲染，渲染在摄像机的近平面上，需要设置用于渲染的摄像机，同时可以修改 alpha 通道的值作透明效果，可用作前景播放器
Render Texture	将视频画面保存在 Render Texture 上，以供物体或者 RawImage 使用，可以用作基于 UGUI 的播放器
Material Override	将视频画面复制给所选 Render 的 Material。需要选择具有 Render 组件的物体，可以选择赋值的材质属性。可制作 360 全景视频和 VR 视频

视频的声音输出有以下两种方式。

- Direct：直接和视频画面一起输出。
- Audio Source：添加一个 Audio Source 组件，以 Audio Source 的方式输出。

这里设置好 Render Mode 为 Camera Near Plane，Camera 为 Main Camera，单击播放就可以看到视频，如图 3.66 所示。

图 3.66　Video Player 生成视频

3.6.7　粒子特效

Particle System 粒子系统是 Reeves 在 1983 年提出，迄今为止被认为是模拟不规则模糊物体最为成功的一种图形生成算法。Unity 粒子系统 Particle System 可以创建场景中的火焰、气流、烟雾、大气效果等。

粒子系统原理：将若干粒子组合在一起，通过改变粒子的属性来模拟火焰、爆炸、水滴、雾等效果。Unity 3D 提供了一套完整的粒子系统,包括粒子发射器、粒子渲染器等。

一个粒子系统由三个独立部分组成,包括:粒子发射器、粒子动画器和粒子渲染器等。通过 GameObject→Effects→Particle System 可以添加粒子系统。

粒子系统采用模块化管理,个性化粒子模块配合粒子曲线编辑器可以创造各种复杂粒子效果。

1. 制作尾焰效果

本案例利用 Unity 粒子系统制作火箭发动机喷射尾焰效果,制作步骤如下。

(1) 创建粒子系统,执行 GameObject→Effects→Particle System 命令。

(2) 修改粒子系统基本属性参数,具体包括:

- 设置 Start Lifetime 为 2,减少粒子的存活时间。
- 设置 Start Speed 为 0.1,降低粒子运动速度。
- 设置 Start Size 为 0.6,减小粒子大小。
- 设置 Start Color 为红黄相间色,让粒子富于变化。
- 设置 Max Particle 为 200,减少粒子的最大数量。

(3) 发射频率设置,Inspector 中 Emission 发射模块 Rate 为 100,增大发射频率。

(4) 发射器形状设置,Inspector 中 Shape 设为 Cone 模式,改变粒子发射器形状,设置 Radius 为 0.5。

(5) 粒子受力设置。Force Over Lifetime 生命周期受力模块中设置 x 轴、y 轴、z 轴相应受力,设置 z 轴受力为−2,使粒子统一受到一个沿轴向的力的作用。

(6) 渲染设置。选择一个火焰材质,或者使用默认材质。

(7) 单击 Play 按钮测试尾焰。

(8) 导入火箭模型,调整粒子系统位置,将尾焰和模型结合起来。如果模型下落可取消 Rigidbody 中重力勾选。完成。

尾焰粒子效果如图 3.67 所示。

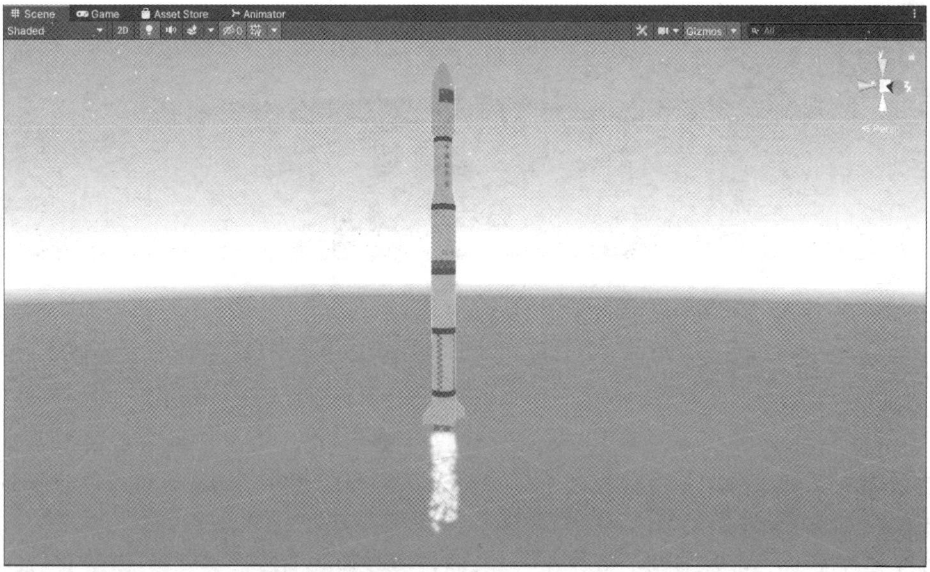

图 3.67 尾焰粒子效果

2. 制作喷泉效果

本案例利用 Unity 粒子系统制作水池喷泉效果，制作步骤如下。

(1) 创建粒子系统，选择 GameObject→Effects→Particle System 菜单命令。

(2) 修改粒子系统基本属性参数，包括：

- 设置 Start Size 为 0.3，减小粒子大小。
- 设置 Start Color 为蓝白相间色，让粒子富于变化。
- 设置 Max Particle 为 5000，增大粒子的最大数量。

(3) 设置发射频率，将 Inspector 中 Emission 发射模块 Rate 为 1000，增大发射频率。

(4) 设置发射器形状，将 Inspector 中 Shape 设为 Cone 模式，改变粒子发射器形状。

(5) 粒子受力设置。Force Over Lifetime 生命周期受力模块中设置 x 轴、y 轴、z 轴相应受力，设置 z 轴数值为 -5，使粒子统一受到一个沿轴向的力的作用。

(6) 渲染设置。单击 Play 按钮测试喷泉，效果如图 3.68 所示。

图 3.68 喷泉粒子效果

3.6.8 外部资源导入

在 Unity 项目中有一个固定的文件夹——Assets 文件夹，Assets 是存放项目所需要的文件资源，包括贴图文件、3D 模型文件(.FBX 格式)、动画、音频等。资源文件可能来自 Unity 外部创建的文件，但需要 Unity 支持文件类型。Unity 中的外部资源主要包括 3D 模型、动画和贴图，同时也支持如 wave、mp3、Ogg 等音频格式。导入这些资源的方式是一样的，只要将它们复制粘贴到 Unity 工程路径内即可，开发者可以自定义路径结构管理资源，就像在 Windows 资源管理器上操作一样。此外，还可以通过 Unity 的资源商店导入其他开发者上传到共享平台上的模型以及项目等。

Unity 支持多种 3D 模型文件格式，如 C4D、3ds Max、Maya 等。大部分情况下，可以将 3D 模型从 3D 软件中导出为 FBX 格式到 Unity 中使用。并不是所有导入 Unity 工程中的资源都会被使用到项目中，这些资源一定要与场景文件相关才会被加载到游戏中。除此之外，还有两种方式可以动态地加载资源到游戏中：一种是将资源制作为 Asset Bundles 上传到服务器，动态地下载到游戏中；另一种是将资源复制到 Unity 工程中名字为 Resources 的文件夹内，无论是否真的在游戏中使用了它们，这些文件都会被打包到游戏中，可以通过资源的名称动态地读取资源。

在 Unity 中还可以创建一种名叫 Prefab 的文件，通常称其为预制体、预制件。开发者可以将模型、动画、脚本、物理材质等各种资源整合到一起，作成一个 Prefab 文件，以实现对象的重复利用。在 Unity 中创建 Prefab 文件的方法很简单，将 Hierarchy 窗口中对象拖曳到 Project 窗口的 Assets 文件夹中即可。预制件的主要作用是模板利用，既可以实现 GameObject 的重复利用，也可以实现 GameObject 的差异化生成。

1. 贴图的导入

贴图是指定给材质的图像，可以将贴图指定为构成材质的大多数属性，影响对象的颜色、纹理、不透明度以及表面质感等。Unity 中通过 Material 类的 MainTexture 属性，来表现对象表面最主要的纹理贴图。

有两种方法可以将一个贴图纹理应用到一个属性：一是将贴图纹理从 Project 窗口中拖动到方形纹理上面；二是单击 Albedo 字符前面的 Select 按钮，然后从弹出的对话框中选择贴图纹理，如图 3.69 所示。

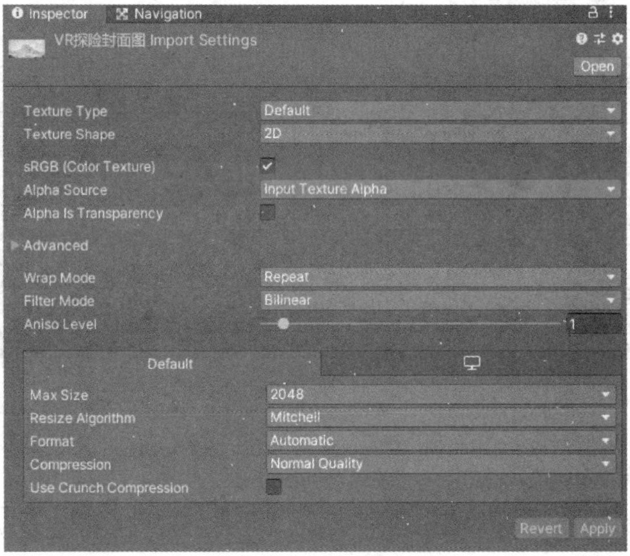

图 3.69 设置图片类型

Unity 支持 PSD、TIFF、TGA、PNG、GIF、BMP 等常见格式的图片。在大部分情况下，推荐使用 PNG 的图片，相比其他格式图片，它的容量更小且有不错的品质。如果将分层的 Photoshop(.psd)文件保存到 Assets 文件夹中，Unity 会将它们导入为展平的图像。

作为模型材质使用的图片，其大小必须是 2 的 n 次方，如 16×16、32×32、128×128 等，单位为 px，通常会将其 Texture Type 设为默认的 Texture 类型，将 Format 设为 Compressed 模式进行压缩。在不同平台，压缩的方式可能是不同的，可以通过 Unity 提供的预览功能查看压缩模式和图片压缩后的大小。对于那些大小非 2 的 n 次方的图片，其默认的 Format 设置为 Automatic，Compression 的默认设置为 Normal Quality。

贴图类型中的精灵贴图（Texture Type 为 Sprite 的纹理）与非精灵贴图有所不同。在 Project 窗口中，精灵贴图能直接用鼠标拖入 Scene 窗口或 Hierarchy 窗口中成为一个精灵对象，而非精灵贴图则不能直接拖动。精灵贴图是创建 2D 用户界面的重要元素。

将导入的图片转换为 2D 精灵贴图的操作如下：在 Project 窗口中选中该图片，然后在 Inspector 窗口中将 Texture Type 设置为 Sprite（2D and UI），再单击 Apply 按钮即可。

2. 3D 模型导入

Unity 默认的系统单位是 m，新建 Cube 立方体默认的长宽高是 1m×1m×1m，所以在 3ds Max、Maya 等建模软件中创建模型时，建议提前设置单位为 m 或 cm，便于后期统一。要将 3ds Max 或 Maya 等建模软件中的 3D 模型导入 Unity，通常先将这些模型导出为 FBX 格式文件。

将 3D 模型导入 Unity 的方法有以下两种。

（1）将 FBX 模型和所用到的贴图，拖动或复制到项目对应的文件夹中，打开 Unity，3D 模型会自动导入项目中，并为模型创建材质，贴图也会由 Unity 自动设置。

（2）将 FBX 模型和所用到的贴图，直接拖动到 Project 窗口的 Assets 文件夹窗口中。

注意：当 3D 模型添加有 UV 展开贴图时，需要进行以下设置：将 3D 模型导入 Unity 后，选中对象，在 Inspector 窗口的 Model 选项卡中，选择 Swap UVs 复选框，这样 Unity 才能正确识别和处理 UV 展开贴图。这一步很关键，否则不能得到正确的贴图效果。

在 3ds Max 中完成静态模型的制作和导出，一般步骤如下。

（1）在 3ds Max 菜单栏中选择“自定义”→“单位设置”命令，将单位设为 mm。

（2）选择“系统单位设置”，将 1 Unit 设为 1mm。

（3）完成模型、贴图的制作，确保模型的正面面向 Front 视窗。

（4）如果没有特别需要，通常将模型的底边中心对齐到世界坐标原点（0，0，0）的位置。方法是先确定模型处于选择状态，在 Hierarchy 窗口中选择“仅影响轴”，将模型轴心点对齐到世界坐标原点（0，0，0）的位置。

（5）在 Utilities 窗口中单击“重置 XForm”按钮，将模型坐标修改信息全部塌陷。

（6）在 Modify 窗口中右击，选择 Collapse All 命令将模型修改信息全部塌陷。

（7）按 M 键打开材质编辑器，确定材质名与贴图名一致。

（8）选中要导出的模型，在菜单栏中选择“文件”→“导出”命令，格式选择 FBX，打开导出设置窗口，可保持大部分默认设置，将“场景单位转换为”单位设为 Centimeters 且 y 轴向上，单击“确定”按钮将模型导出。具体导出设置可参考第 2 章内容。

（9）将导出的模型和贴图复制粘贴到 Unity 工程文件夹 Assets 文件夹中即可完成导入。导入后原来在建模软件中的贴图与模型的关联会丢失，在 Unity 中需要将模型与贴图重新进行关联，关联时只需将贴图文件拖到模型上即可。

3. 动画的导入

动画模型是指那些绑定了骨骼并可以动画的模型，其模型和动画通常需要分别导出，动画模型在完成创建流程后，通常还需要进行如下操作。

在 3ds Max 中完成动态模型的制作和导出，一般步骤如下。

(1) 将材质绑定到模型。

(2) 创建一个辅助物体(如点物体)放到场景中的任意位置，以使导出的模型和动画的层级结构一致。

(3) 选择模型(仅导出动画时不需要选择模型)、骨骼和辅助物体，在菜单栏中选择“文件”→“导出”命令，选择 FBX 格式，打开“FBX 导出”对话框，勾选 Animation 复选框才能导出绑定动画信息，其他设置与导出静态模型基本相同。

模型文件可以与动画文件分开导出，但模型文件中的骨骼与层级关系一定要与动画文件一致。仅导出动画的时候，不需要选择模型，只需要选择骨骼和辅助物体导出即可。

提醒：动画文件的命名需要按“模型名@动画名”格式命名，如模型命名为 Player，则动画文件可命名为 Player@idle、Player@walk 等。

4. Unity 商店资源的导入

Unity 3D 的资源平台提供了丰富的模型资源和项目资源，包括 3D 模型、动作、声音、项目等。这些资源有收费的，也有免费的，用户可以通过 Unity 3D 的资源商店下载并导入这些资源。

利用 Unity 资源商店完成资源的下载和应用，一般步骤如下。

(1) 单击 Unity 窗口中的 Asset Store 窗口或登录 https://assetstore.unity.com/网站打开资源商店窗口，如图 3.70 所示。

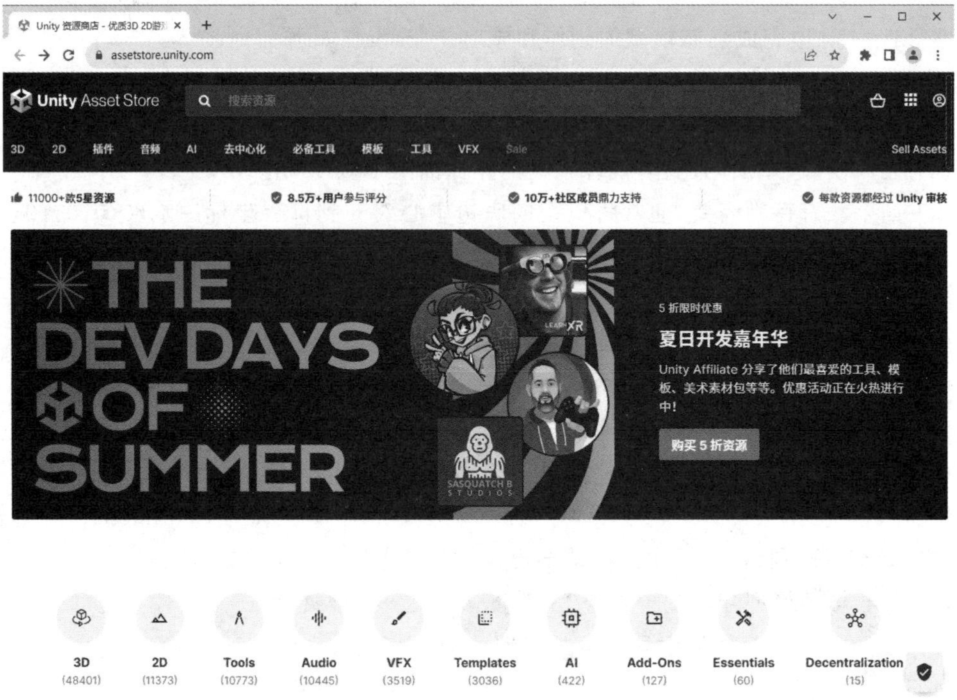

图 3.70 Asset Store 窗口

(2) 如果需要导入免费的资源，可以通过设置排序方式为价格由低到高。窗口右上角可以设置账号登录(在 Unity 中打开一般是自动登录)、在浏览器中打开和简体中文语言。

(3) 在列表中选择一个模型，进入模型详细界面，如图 3.71 所示，可以查看其价格、大小、发布日期和原始 Unity 版本等，加入购物车可进一步完成购买流程。

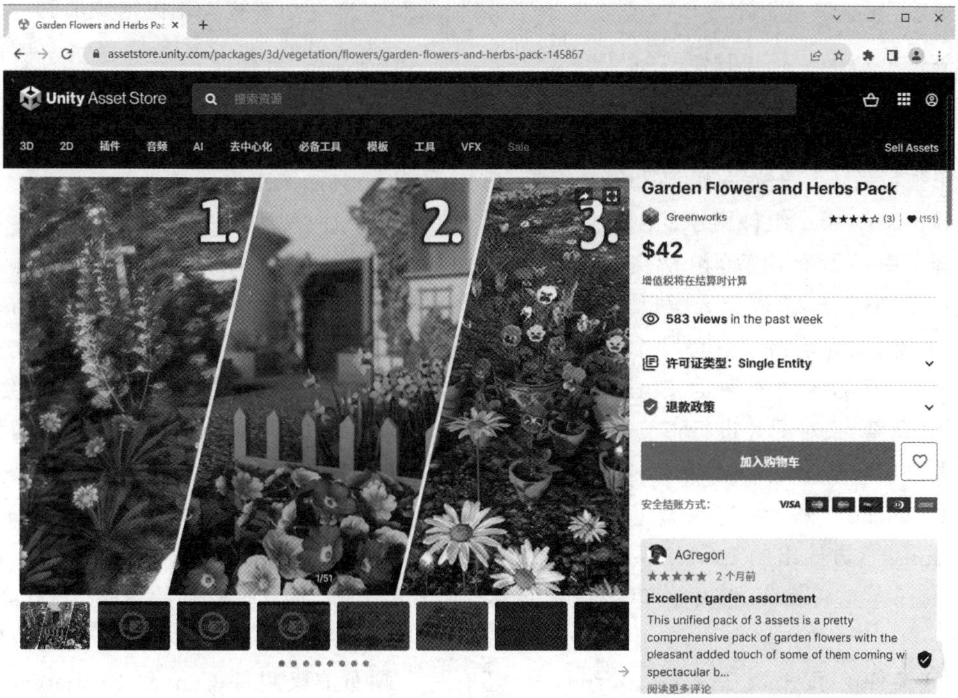

图 3.71 模型详细界面

3.7 图形用户界面

UI 是 User Interface(用户界面)的简称，GUI(Graphical User Interface，图形用户界面)，又叫图形用户接口。UGUI 是 Unity 官方的 UI 实现方式，是 Unity 提供的一套原生的可视化用户界面开发工具。

在 Unity 的 UI 系统中，Canvas 画布是一种特殊的组件，是摆放所有 UI 元素的区域。可以将 Canvas 画布组件理解成一个容器，其他 UI 控件都放在该容器中，形成一个 UI 界面。在场景中创建的所有控件会自动变成 Canvas 对象的子对象，若场景中没有画布，在创建控件时会自动创建画布。

创建 Canvas 画布有两种方式：一是通过菜单直接创建；二是直接创建一个 UI 组件时自动创建一个容纳该组件的画布。不管用哪种方式创建画布，系统都会自动创建一个名为 EventSystem 的对象，上面挂载了若干与事件监听相关的组件，所有交互组件的响应事件都由该组件处理。该组件只会在整个 UI 系统中存在一个。

只有放在 Canvas 画布组件下的子物体才会参与 UI 的渲染。画布的形状大小取决于屏幕分辨率，可以看到创建出来的画布是一个矩形。可以修改 Game 窗口中的分辨率选项来修改矩形的大小，窗口分辨率默认设置为 FreeAspect，可以把它切换成 1920px×1080px 这样的具体数字的分辨率，这样界面就不容易出现变形。

在 Canvas 画布上有一个 Render Model 属性，它有三个选项，分别对应 Canvas 的三种渲染模式。

Screen Space-Overlay(覆盖渲染模式)：所有UI被渲染到屏幕上，UI界面处于屏幕空间最顶层，如果屏幕大小发生改变或更改了分辨率，画布将自动更改大小以适配屏幕。

Screen Space-Camera(摄像机渲染模式)：与Overlay类似，画布被放置在指定摄像机前的给定位置上，支持在UI前方显示3D模型。

World Space(世界空间渲染模式)：此模式下UI组件是3D场景中的一个Plane对象，可以单独设置UI的位置、旋转和缩放变换，常用于血条、对话文本框等。

Canvas Scaler组件用于控制整体界面的缩放和画布上UI元素的像素密度，这种缩放影响画布中的所有内容，包括文字大小和图像边框。其中，UI Scale Mode可以设置为Constant Pixel Size(固定像素尺寸)、Scale With Screen Size(随屏幕尺寸缩放)或Constant Physical Size(固定物理空间尺寸不管分辨率和屏幕大小)。

因为UI物体的资源为Sprite精灵像素图片，因此，通常需要设置Width(宽度)和Height(高度)来对图片进行形变。UI物体的形变通常不通过修改缩放值进行设置，因为修改缩放之后容易出现模糊、精度丢失等问题。因为UI经常会遇到排版和屏幕适应问题，因此需要Anchors锚点功能来做定位，Unity对UI物体单独制作了矩形变换组件。

Unity官方推出的UGUI系统创建的所有UI控件都有一个UI控件特有的组件Rect Transform。在Unity 3D中创建的三维物体是Transform，而UI控件的Rect Transform组件是UI控件的矩形方位，其中的PosX、PosY、PosZ指的是UI控件在相应轴上的偏移量。UI控件除了Rect Transform组件外，还有一个画布渲染组件Canvas Renderer，一般不用理会它，因为它不能被打开。

3.7.1 UI组件与应用

1. Panel组件

Panel组件实际上是一个容器，在其上可以放置其他UI控件，当移动Panel窗口时，放在其上的UI控件就会跟随移动，这样就可以更加合理与方便地移动和处理一组控件。拖动窗口控件的四个角或者四条边可以调节窗口的大小。一个功能完备的UI界面往往会使用多个Panel容器控件。当创建一个窗口时，此窗口会默认包含一个Image组件，其中，Source Image用来设置窗口的图像，Color用来改变窗口的颜色。

2. Image组件

Image组件是UI界面最基础的组成元素，一切需要渲染出图片信息的功能都会使用到图片Image组件。除了两个公共组件Rect Transform与Canvas Renderer外，默认情况下就只有一个Image组件，其中，Source Image是要显示的源图像。要想把一个图片赋给Image，需要把图片转换成Sprite精灵格式，转换后的Sprite图片就可拖放到Image的Source Image中。转换方法是在Project视图中选中要转换的图片，然后在Inspect属性窗口中单击Texture Type(纹理类型)下拉列表，选中Sprite，并单击下方的Apply按钮，然后就可以拖放到Image中的Source Image上了。

3. Text组件

Text文本组件用于文字的显示，在该组件中可以很方便地改变文字的样式和对齐方式。

4. Raw Image 组件

向用户显示了一个非交互式的图像，它可以用于装饰、图标等，类似于 Image 控件。但是它可以显示任何纹理，而 Image 组件只能显示一个 Sprite 精灵格式图片。

5. Button 组件

Button 是一个复合控件，其中还包括一个 Text 子控件，通过子控件可设置 Button 上显示的文字的内容字体样式等，与前面所讲的 Text 控件是一样的。

6. Slider 组件

Slider 滑动条组件用来控制音量或者滑块的灵敏度，根据滑块的拖曳距离改变值的大小。

7. Scrollbar 组件

滚动条控件可以垂直或水平放置，主要用于通过拖动滑块以改变目标的比例。

案例：漫游场景界面设计。

步骤如下。

(1) 在 Unity 中新建项目工程，添加一个新的场景 Scene，在 Hierarchy 窗口中选择 UI→Image 对象，并将 Image 名称修改为 background。选择 background 对象，在其 Inspector 窗口中按 Alt 键并单击 Stretch 选项修改图片使其铺满整个背景。

(2) 导入并选择背景图片。在 Inspector 中修改纹理类型为 Sprite(2D 和 UI)，单击 Apply 按钮，然后将其拖放到 background 的 Image 组件 Source Image 源图像中，此时背景图片铺满 background。

(3) 给 background 添加子元素 Button，删除 Button 子元素 Text，其功能将通过修改 Button 的 Image 组件源图片进行替换。

(4) 导入并选择 Scene_Enter 图片，在图片的 Inspector 中设置纹理类型为 Sprite(2D 和 UI)，单击 Apply 按钮，Project 文件夹中 Scene_Enter 游戏开始图片上会出现一个播放图标即完成格式转换。

(5) 选择按钮 Button，将 Scene_Enter 场景进入图片设置成其图像组件的源图像，选择 Set Native Size 设置原生大小，调整大小和位置，并设置按钮组件的按下状态颜色值。

(6) 同样方法添加“退出”按钮。

(7) 在 Assets 中新建添加 Control.cs 脚本，并将其添加到 Canvas 组件中，用于完成 Canvas 中 Button 的交互响应。Control.cs 代码如下。

```
using System.Collections;
using System.Collections.Generic;
using UnityEngine;
using UnityEngine.SceneManagement;

public class Control : MonoBehaviour
{
public void Quit() {
        Application.Quit();
}
```

```
public void LoadGame(){
        SceneManager.LoadScene(1);    //数字由 Build Setting 场景编号确定。也可以将场景名
//作为参数,如 SceneManager.LoadScene("SampleScene")
    }
}
```

(8) 选择 Canvas→background→Scene_Enter 按钮,在其组件 Button(Scripts)中的 OnClick()事件中添加 Canvas 对象,并选择 Control.LoadGame()事件方法,即可实现单击 Scene_Enter 按钮完成两个场景的跳转效果。OnClick()事件设置如图 3.72 所示。

图 3.72 OnClick()事件设置

(9) 同样,通过"退出"按钮完成场景退出的功能。

(10) 完成后的 UI 界面效果如图 3.73 所示。

图 3.73 UI 界面效果图

3.7.2 UI 交互

1. 通过按钮控制场景灯光

本案例新建了一个场景,包括一个地形 Terrain、一个房屋 House 及其门口的路灯 Lamp,7 个控制按钮。在 Hierarchy 窗口中新建了一个空对象 light,并为其添加一个点光源子对象 Point Light,设置默认关闭 Point Light 的 Inspector 窗口中的 Light 组件。本案例通过 light_cont.cs 灯光控制代码实现单击按钮分别控制灯光的开关、颜色和亮度的修改效果。

新建 light_cont.cs 灯光控制代码如下。

```
using System.Collections;
using System.Collections.Generic;
using UnityEngine;

public class light_cont : MonoBehaviour
{
    public GameObject light_obj;
    public GameObject light_pos;
    private void Start()
    {
        light_obj = new GameObject("myLight");
        light_obj.AddComponent<Light>();
        light_obj.GetComponent<Light>().type = LightType.Point;
        light_obj.GetComponent<Light>().color = Color.yellow;
        light_obj.GetComponent<Light>().intensity = 4;
        light_obj.GetComponent<Light>().range = 4;
        light_obj.transform.position = light_pos.transform.position;
    }
    public void kai() {
         light_obj.SetActive(true);
    }
    public void guan() {
         light_obj.SetActive(false);
    }
    public void change_red() {
        light_obj.GetComponent<Light>().color = Color.red;
    }
    public void change_green()
    {
        light_obj.GetComponent<Light>().color = Color.green;
    }
    public void change_light()
    {
        light_obj.GetComponent<Light>().intensity = 8;
    }
    public void change_dark()
    {
        light_obj.GetComponent<Light>().intensity = 2;
    }
    public void change_normal()
    {
        light_obj.GetComponent<Light>().intensity = 4;
    }
}
```

为 light 对象挂载 light_cont.cs 脚本，将 Light_obj 和 Light_pos 均设置为 Point Light 对象，选中每个按钮设置 OnClick()事件，通过代码创建一个灯光对象 light_obj 并实例化为 myLight，放置在 light_pos 对象位置，定义 7 个方法分别控制灯光的开关、颜色和亮度，如图 3.74 和图 3.75 所示。

运行时，单击“开灯”“关灯”按钮实现灯光的开关控制；单击“红色”“绿色”按钮实现修

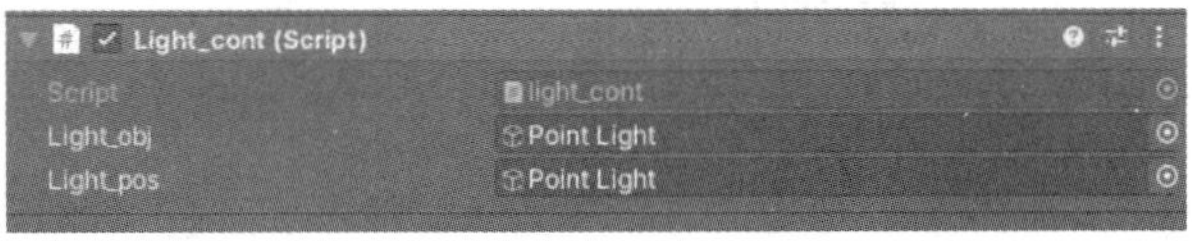

图 3.74 设置 Light_obj 和 Light_pos 对象

图 3.75 设置红色按钮的 OnClick()事件

改灯光的颜色；单击“增亮”“变暗”“正常”按钮实现修改灯光的亮度。效果如图 3.76 所示。

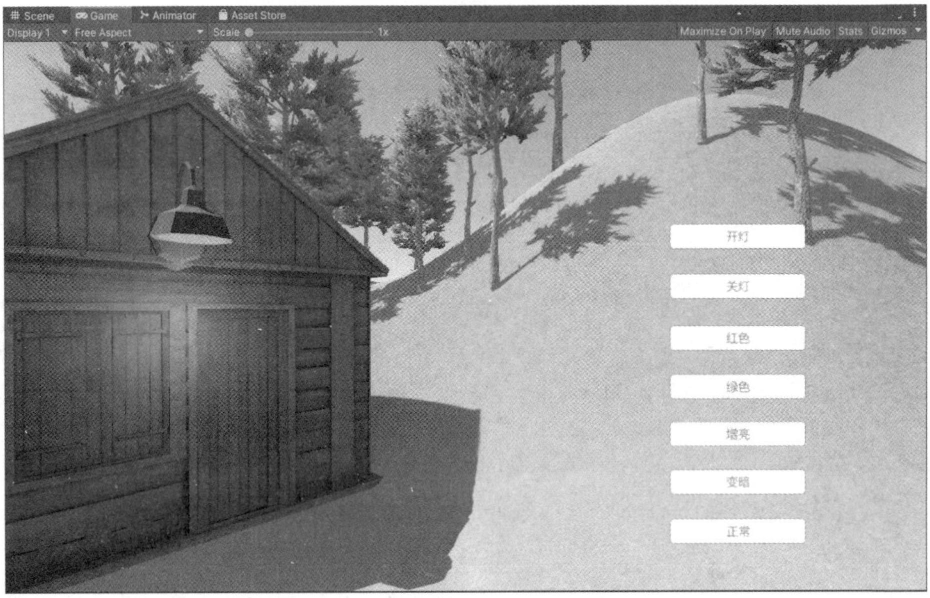

图 3.76 按钮控制场景灯光效果图

3.7.3 可视化交互

Unity 可以借助插件来实现虚拟空间交互的可视化，从而有效降低脚本代码编写的复杂度。PlayMaker 是由第三方软件商 Hutong Games 开发的一个可视化交互设计插件，其 Logo 是一个中文的“玩”字。它提供了一套可视化的解决方案，让用户可以无须撰写脚本代码，就能运用有限元状态机的设计思路在 Unity 3D 中设计并实现交互逻辑。PlayMaker 相关资源包可以在 Unity Asset Store 下载获取。

1. PlayMaker 可视化交互

本案例通过 PlayMaker 实现初步的鼠标交互，步骤如下。

(1) 新建 Cube，调整 Camera 居中。在 Project 窗口中右击选择 Import Package 命令导入 Playmaker v1.9.0 可视化编辑器插件资源包，如图 3.77 所示，在弹出对话框中单击 Import 按钮导入。

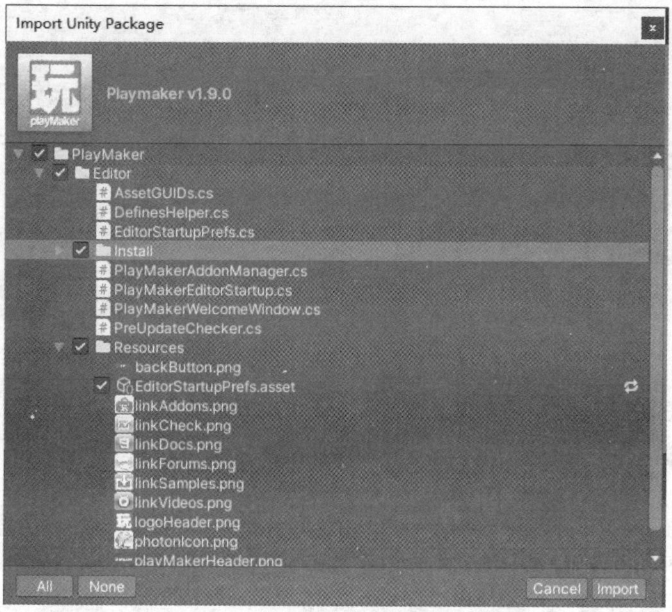

图 3.77 导入 Playmaker 资源包

(2) 在 Unity 菜单栏中选择 PlayMaker→Install 菜单命令，弹出安装对话框，单击 Install 按钮，在弹出的备份提示对话框中选择 Go Ahead! 命令再次进行导入安装。安装完成后，在 Project 窗口中会添加 Gizmos、PlayMaker 和 Plugins 文件夹到 Assets 中。

(3) 在安装完成后，如果总是弹出提示 AutoUpdater 自动更新，如图 3.78 所示，可以在 PlayMaker Auto Updater. cs 文件中查找 You can run the…语句，在前面加//以屏蔽。

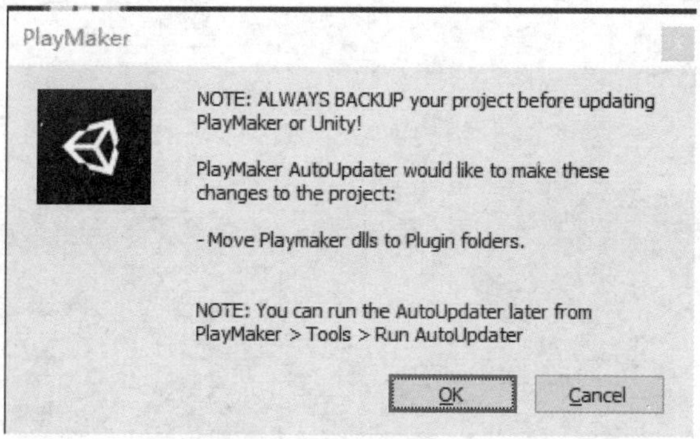

图 3.78 自动更新提醒

(4) 选择菜单中的 PlayMaker Editor 命令，弹出如图 3.79 所示窗口，右击弹出窗口的左侧添加 FSM(状态机)。

(5) 在场景中添加并选择对象 Cube，在 PlayMaker 选项卡右侧 State 状态中修改状态名称(如 Rotate)，如果有代码提示，按 Hints(F1)关闭提示。单击 Action Browser 弹出行为库，添加交互行为。选择 Transform 中的 Rotate(关闭 Preview)并添加到 State 状态中，然后单击 Y angel 后面 Use Variable 按钮，手动添加值为 1(每一帧旋转 1°)。

(6) 在 PlayMaker 左侧窗口上右击再添加一个 State 并更名为 Idle，右击选择设置为 Start State。添加 Add Transition，选择 System Events 事件，选择 MOUSE DOWN，此时状

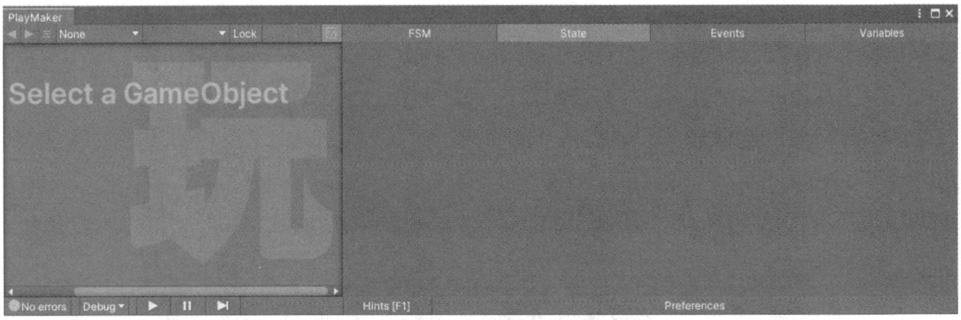

图 3.79 PlayMaker Editor 窗口

态 Idle 会出现 error，拖曳状态中的 MOUSE DOWN 到 Rotate。

(7) 采用同样的方法，为 Rotete 状态添加 System Events 事件，选择 MOUSE DOWN，返回到 Idle。

(8) 查看运行效果，如图 3.80 所示。在 Cube 上单击进入 Rotate 状态，Cube 开始绕 y 轴旋转，再次单击进入 Idle 状态停止旋转。

图 3.80 运行效果图

除鼠标动作交互外，PlayMaker 还可以通过自定义事件 Events 或设置 Variables 变量控制交互。

1) 自定义事件 Events

在 PlayMaker 右侧选择 Events 后，在下方 Add Event 框内添加并命名如 spaceDown，为 Idle 和 Rotate 状态右击添加 CustomEvents，选择 SpaceDown。在 Action 窗口中搜索 Get Key Down，拖曳添加到状态 Events 中，修改 Key 值为 Space，设置 Send Event 值为 spaceDown。

查看运行效果，如图 3.81 所示。按空格键，则 Cube 立方体进入 Rotate 状态，开始绕 y 轴旋转，再次按空格键进入 Idle 状态停止旋转。

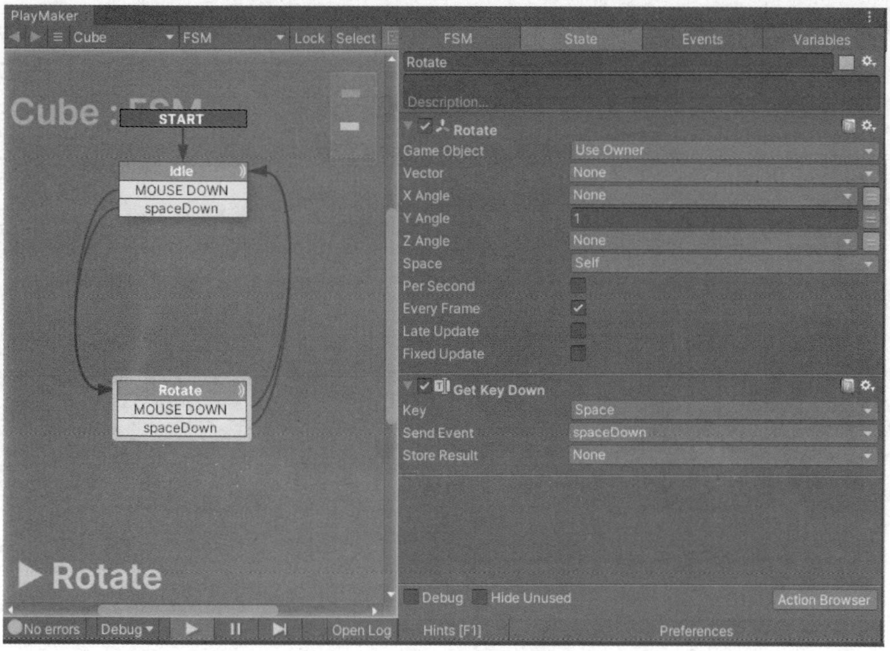

图 3.81 运行效果图

2) Variables 变量控制

在 PlayMaker 中选择 Variables 选项卡，创建 New Variables 如 RotSpeed，Type 为 Float，修改 State 中的 Y Angle 中值为 RotSpeed 使其关联起来。

在 Project 窗口中右击选择 Import Package 命令，选择 uGuiProxyFull. unityPackage 导入。

在 Hierarchy 中添加 UI→Slide，调整好 Slide 的位置，为 Slide 添加组件 Add Component，选择 Play Maker U Gui Component Proxy(Script)使之与变量进行关联。设置 Action 为 Set FSM Variable，Target 为 GameObject，拖曳 Cube 到下方文本框，设置 Float Variable 为 RotSpeed，如图 3.82 所示。

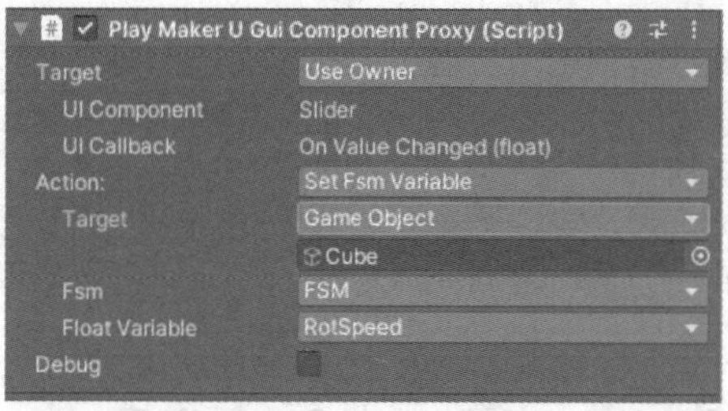

图 3.82 设置 Play Maker U Gui Component Proxy(Script)

查看运行效果，如图 3.83 所示。单击 Cube 开始旋转，通过拖曳 Slide 游标可以调节 Cube 的旋转速度。注意，如果需要修改 Rotate 最大旋转速度，可以修改 Slider 的参数 Max Value，默认值为 1。

2. 可视化 UI 交互综合案例

本案例通过可视化 UI 交互的方式，通过单击按钮选择车身颜色的改变、开关车灯、开

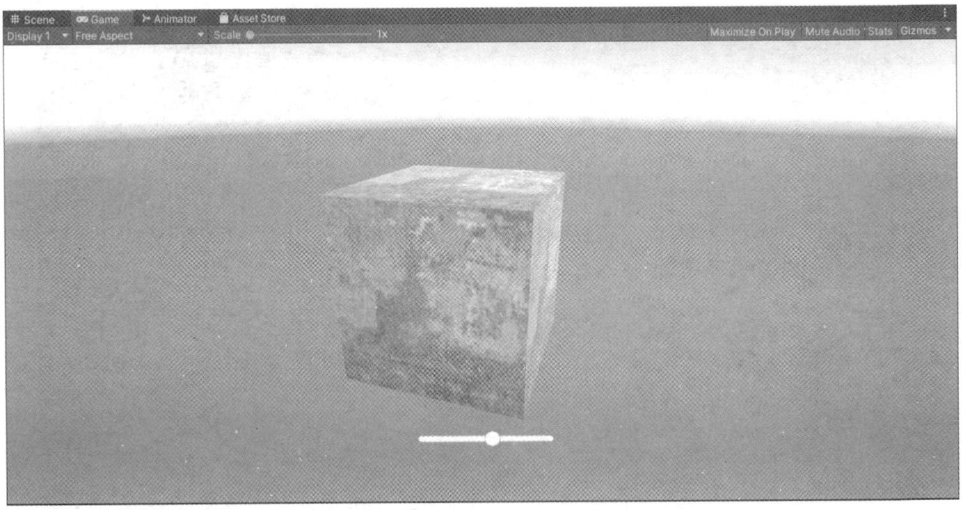

图 3.83 通过 Slide 控制旋转速度

关车门、鼠标控制车辆旋转浏览效果，具体步骤如下。

1）设置车身颜色

（1）导入 CarShow. unitypackage，在 Project 窗口中双击打开 startscene 场景。

在 Hierarchy 窗口中右击，选择 UI→Canvas 创建一个画布，在 Canvas 上右击选择 UI→Button，调节按钮尺寸，设置按钮颜色。如果不要文字的话，Text 可以删掉。注意按钮大小和位置，通过 Ctrl+C 和 Ctrl+V 组合键即可得到多个同样大小的按钮。

（2）选中 Car，调出 PlayMaker Editor，在 PlayMaker Editor 窗口中右击选择 Add FSM。本例中车门开关控制是一个 FSM，颜色控制是一个 FSM，车灯开关是一个 FSM。

（3）修改 State1 为 White，选择 White 状态，在 State 选项卡中添加 Action Browse 中的 Set Material Color，设置 GameObject 为 Specify GameObject，选择 Hierarchy 层级窗口中 Car 的 BodyBackBottom，设置 Material 为 GreenPaint，NamedColor 为_BaseColor（注意：_BaseColor 取决于组件材质球 GreenPaint 的 Select Shader 中的 Properties），Color 为白色。

（4）在 Events 选项卡中定义事件 Event：turnWhite，为 ButtonWhite 添加全局 Globle Transition，选择定义的事件 turnWhite。注意是添加全局变换 Global Transition，而不是状态变换 Transition。

（5）为按钮 ButtonWhite 添加组件 Add Component，选择 Play Maker U Gui Component Proxy(Script)，设置该组件的 Target 为 Game Object，Car，单击 Edit 设置 Event 为 turnWhite。

（6）在 FSM 中新增其他几个不同 State 并修改名称，新增 State 后如图 3.84 所示，分别设置使它的颜色不同。复制 State 选项卡中的 Set Material Color 粘贴到其他 State 中，再修改相应 Color 参数即可。

（7）新添加其他几个事件，4 个颜色按钮对应 4 个事件 turnWhite、turnRed、turnGreen、turnBlue。按照上述方法分别为按钮添加组件，设置组件 Target 为 Car，单击 Edit 按钮设置不同 Event。运行即可通过单击不同颜色按钮变换汽车车身颜色，效果如图 3.85 所示。

2）设置车灯开关

（1）在 Canvas 中新建两个 Button：ButtonLightOn 和 ButtonLightOff 按钮，文本显示

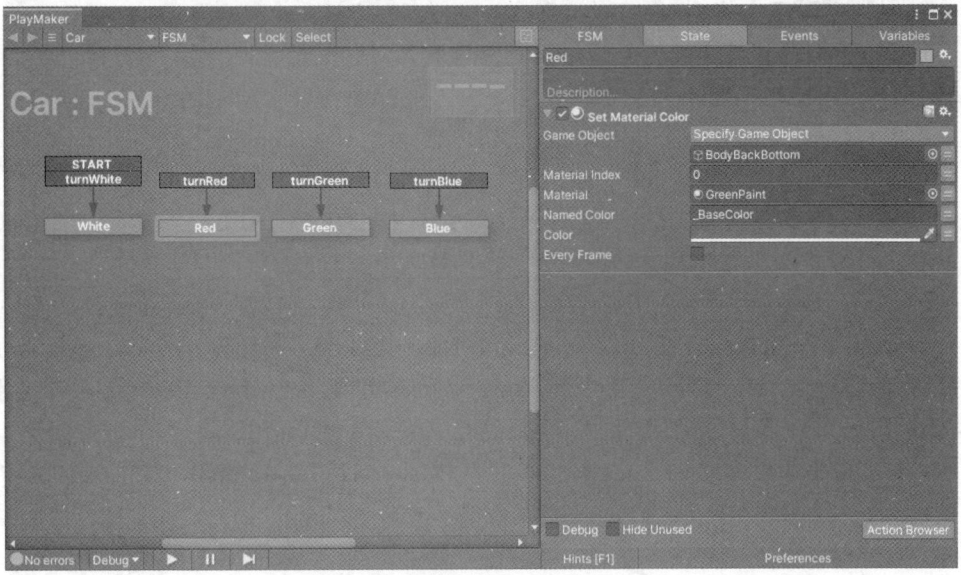

图 3.84　新增不同 State

图 3.85　通过按钮变换车身颜色

Text 设置为“开灯”和“关灯”。

（2）由于车辆本身已经包含一个 FSM 用于控制车身颜色变换，车灯开关控制需要新增一个 FSM。选择 Car，选择 Add FSM to Car，命名为 FSMLightCtrl。

（3）新建两个 State，修改名称分别为 LightOn 和 LightOff。

（4）在 Events 选项卡中新增两个事件 Event：OnLight 和 OffLight，分别为两个按钮 LightOn 和 LightOff 添加全局变换 Add Globle Transition。

（5）分别为两个状态 LightOn 和 LightOff 各添加一个 Action：Activate Game Object，Game Object 均为 Specify Game Object，分别设置为 FrontLeftGlowBlue 和 FrontLeftShaftBlue。其中，LightOff 的两个 Action 取消勾选 Activate 参数。

（6）为 ButtonLightOn 和 ButtonLightOff 按钮添加组件 Play Maker U Gui Component

Proxy(Script),设置 Target 为 Car,Event(Custom)分别为 OnLight 和 OffLight。

(7) 运行即可通过两个按钮分别控制左前灯的开灯和关灯。

3) 一个按钮控制车灯开关

(1) 在 Canvas 中新建一个按钮,修改按钮名称为 ButtonLightSwitch。

(2) 选择 Car 对象,选择 Add FSM to Car,在 PlayMaker Editor 窗口中右击选择 Add State 命令新建一个状态 Switch,在 Event 选项卡中定义 SwitchLight 事件。新建变量 LightState,设置类型为布尔型。

(3) 为状态 Switch 添加全局变换 Global Transition 选择 SwitchLight 事件。在 State 选项卡中添加一个 Action 选择 Bool Flip,设置 Bool Variable 为变量 LightState,再添加两个 Action 选择 Activate Game Object,Game Object 均为 Specify Game Object,分别为 FrontLeftGlowBlue 和 FrontLeftShaftBlue,设置 Activite 由 LightState 布尔型控制。

(4) 为按钮添加组件 Component,选择 Play Maker U Gui Component Proxy(Script),设置该组件的 Target 为 Game Object,Car,设置 Event 为 SwitchLight。

(5) 运行即可通过单击按钮控制左前灯的开灯和关灯,效果如图 3.86 所示。

图 3.86 按钮控制车灯开关

4) 车门开关控制

本案例利用 iTween 插件来实现按钮控制车门开关功能。iTween 是一款可以方便快捷地完成 Unity 动画的插件,其优势是使用最小的投入实现最大的产出,轻松实现各种动画效果。将插件直接导入 Unity 编辑器中,一个 iTween.cs 文件可以撑起整个动画实现,是建议 Unity 初学者必须掌握的一款插件。

Playmaker 1.9.0 版本取消了默认自带的 iTween 包。在最新版本中,若要使用 iTween,需在 Asset Store 中先下载 iTween 编辑器后导入,再单击 PlayMaker 欢迎窗口中的 Add ones 按钮。窗口下拉看到最下一栏 Legacy Systems 里最末一项 iTween Support,单击右边的 Import 按钮即可添加导入 Action,如图 3.87 所示,否则无法正常添加 Action。本案例中如果不能用 iTween,也可以用 Set Rotate()替代,只是在动画效果上稍有不同。

(1) 在 Hierarchy 中为 Canvas 创建两个按钮 ButtonDoorOpen 和 ButtonDoorClose。

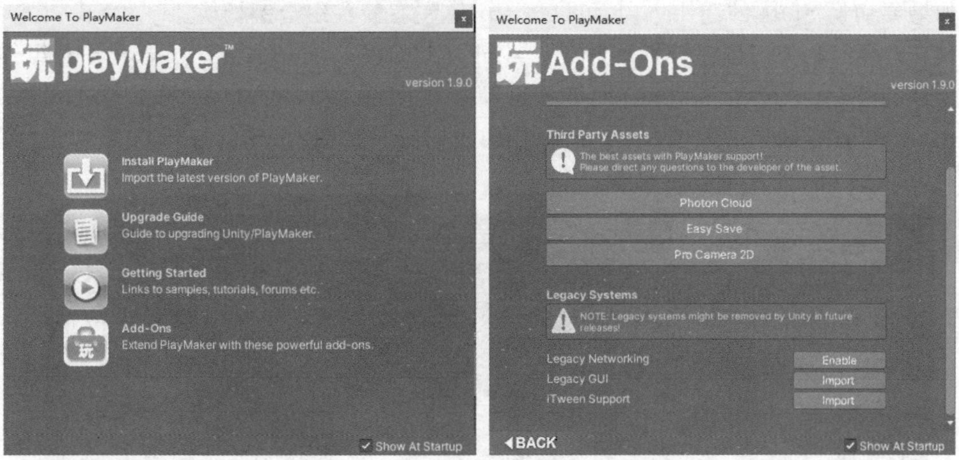

图 3.87 下载 iTween 编辑器

(2) 为 Car 添加新的 FSM，命名为 FSMDoorCtrl。在编辑器 Event 选项中创建 OpenDoor 和 CloseDoor 两个事件。

(3) 添加 Closed、Opening、Opened 和 Closing 四种状态，设定 Closed 为默认 Start 状态，为其添加 OpenDoor 事件，使其能够变换到 Opening 状态；选择 Opening 状态，单击 Action Browser 按钮添加 Action：I Tween Rotate Add，设置目标 Target 为 Specify Game Object，指定对象 DoorsFrontRLeft，角度 Vector 绕 *Z* 轴旋转 60°，坐标系由 World 修改为 self，为其添加 FINISHED 事件，使其能够变换到 Opened 状态；为 Opened 状态添加 CloseDoor 事件，使其能够变换到 Closing 状态；选择 Closing 状态，单击 Action Browser 按钮添加 Action：I Tween Rotate Add，设置目标 Target 为 Specify Game Object，指定对象 DoorsFrontRLeft，角度 Vector 绕 *Z* 轴旋转 −60°，坐标系由 World 修改为 self，为其添加 FINISHED 事件，使其能够变换到 Closed 状态。

流程如下(打开/关闭过程中只能监听 FINISHED 事件，开的过程中不允许关门)：Start—Closed(OpenDoor)—Opening(FINISHED)—Opened(CloseDoor)—Closing(FINISHED)—Closed(OpenDoor)。效果如图 3.88 所示。

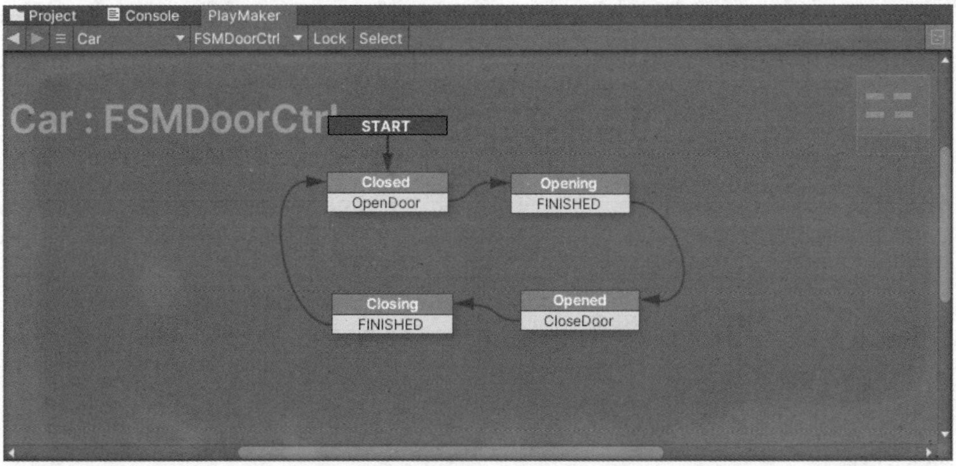

图 3.88 FSMDoorCtrl 各种状态

如果要切换 State 的箭头方向，可以按 Ctrl+左右箭头组合键切换。

（4）为开门和关门按钮分别添加 Play Maker U Gui Component Proxy(Script)组件，设置该组件的 Target 为 Game Object，Car，设置相应 Event 为 OpenDoor 和 CloseDoor。

（5）运行查看效果。如图 3.89 所示，当单击“开门”按钮时，车门打开 60°；单击“关门”按钮时，车门关闭，恢复至起始状态。

图 3.89 按钮控制车门开关

5）鼠标控制车辆旋转浏览

（1）为 Car 添加新的 FSM，命名为 FSM360View，添加默认状态 Idle 和 360View 两个 State。

（2）在 Event 选项中定义两个新的 Event：mouseDown 和 mouseUp。为状态 Idle 添加全局变换 mouseUp，为状态 360View 添加全局变换 mouseDown。

（3）为 Idle 添加 Action：Get Mouse Button Down，设置左键 Left Button，Send Event 为 mouseDown。

（4）为 360View 添加 Action：Mouse Look 2 和 Get Mouse Button Up。设置 Mouse Look 2 参数 Axes 为 MouseX，SensitivityX 为−5，设置 Get Mouse Button：Button 为 Left，Send Event 为 mouseUp。

（5）运行查看效果。如图 3.90 所示，鼠标左键可以控制左右旋转 360°查看汽车全貌，松开鼠标左键则停止控制。

图 3.90 360°查看效果

本案例还可以设置在 X 和 Y 方向上单击均可以查看效果，只需要在 360View 状态下设置 Mouse Look 2 参数 Axes 为 MouseX 和 MouseY，并分别设置 SensitivityX 和 SensitivityY 参数即可，读者可自行尝试。

3.8 动画系统

3.8.1 Unity 动画系统概述

Unity 引擎的 Mecanim 动画系统提供了可视化界面来编辑角色的动画效果，使得动画所需代码量大大减少，动画系统简单、高效，没有编程经验的设计人员也可以灵活使用。

1. 新旧版动画系统切换

外部动画模型导入 Unity 后，在 Rig 选项卡中 Animation Type 属性有 4 个选项，其中，None 表示无动画、Legacy 表示旧版动画、Generic 表示通用动画、Humanoid 表示人形动画（或称两足动物动画）。

当使用旧版动画系统时，Animation Type 属性要选择 Legacy 选项。当把模型放置到场景中时，系统会自动为模型添加 Animation 组件，进行相关设置后，就可以通过代码控制动画的播放了。

当使用新版 Mecanim 动画系统时，Animation Type 属性要选择 Generic 或 Humanoid 选项。当把模型放置到场景中时，系统会自动添加 Animator 组件，然后使用 Animator Controller 动画控制器进行动画状态的编辑，从而实现对动画的播放和过渡等控制。

2. 动画系统工作流

在 Unity 引擎中，任何功能系统最后都可以拆分为三个模块：资源模块、控制 & 编辑模块和实体模块。

动画剪辑 Animation Clip 是资源模块，它包含对象如何随着时间改变它们的位置、旋转或其他属性。每个动画剪辑都是单一线性记录，可以由外部软件制作，也可以是 Unity 利用内部曲线编辑器完成。

动画控制器 Animator Controller 是控制 & 编辑模块，我们需要对动画剪辑进行管理，需要记录动画之间的关系，这些信息存放在动画控制器中。动画控制器在 Animator 视图中进行编辑，可以控制对象何时播放动画剪辑、何时改变、何时混合等。在 Unity 中，动画控制窗口能把动画剪辑梳理成结构化的流程图，方便用户查看当前状态。

动画组件 Animator 是实际运行时动画功能的实体模块，可以对当前对象读取动画控制器、设置动画刷新时间等。

3.8.2 动画剪辑

被导入 Unity 中的 3D 动画称为动画剪辑（Animation Clip），动画剪辑包含一段相对完整的动画，一个角色可以带多个动画剪辑。带有动画的 3D 模型导入到 Unity 中时，会自动创建动画剪辑。动画剪辑用于存储角色或者简单动画的动画数据，对动画动作的修改和编辑通过 Animation 视图完成。通过 Animation 视图也可以创建新的动画剪辑文件，扩展名为. anim。

动画剪辑数据和模型对象是分离的，同一个动画剪辑可以应用到不同的模型对象。

从外部资源导入的动画剪辑主要包括：动作捕捉捕获的人形动画、由外部3D软件创建的动画、来自Unity商店的动画、通过剪辑切割得到的动画等。来自外部资源的动画是以.FBX文件导入Unity中的。这些文件，无论它们是通过何种软件导出，都可以在Unity中得到对象线性记录形式的动画数据。

导入动画的属性包括Model、Rig、Animation和Materials这4个选项卡，如图3.91所示。

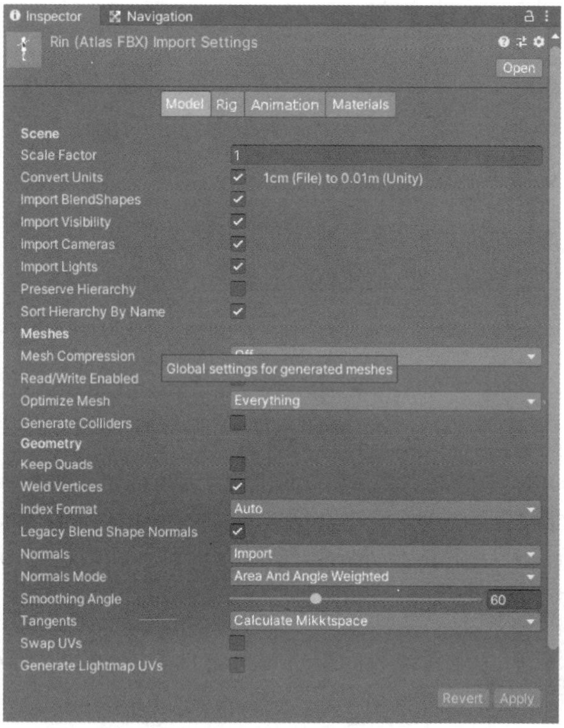

图3.91　动画属性选项卡

在Unity中可以创建简单的动画短片和动画对象，通过Animation窗口可以轻松完成，如图3.92所示，利用Animation窗口可以创建和编辑动画剪辑的下述内容。

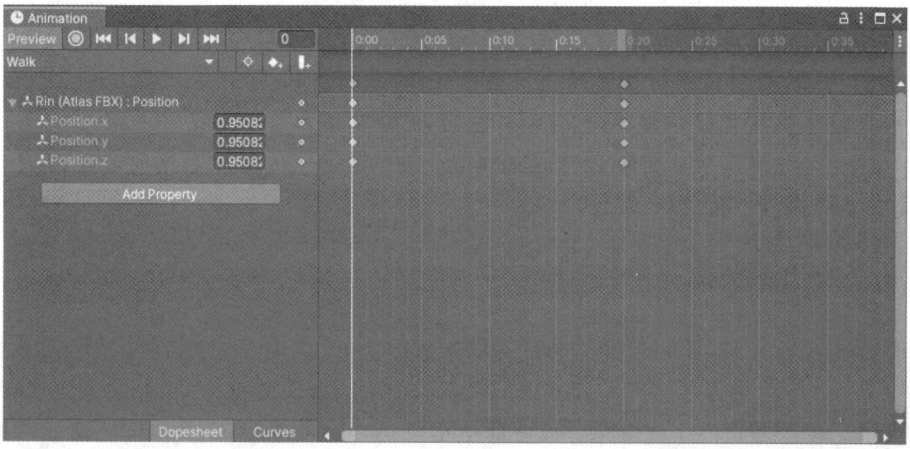

图3.92　Animation窗口

- 对象的位置、旋转和缩放。
- 组件的属性，如材料的颜色、光的强度、声音的音量。
- 控制对象身上的脚本参数。
- 设置动画事件调用的脚本中的函数。

3.8.3 动画状态机

1. Animator 组件

Unity 通过 Animator 组件实现角色对象的动画控制。如图 3.93 所示，当导入类型为 Generic 或 Humanoid 的动画模型到场景中时，系统会自动添加 Animator 组件，并且将创建好的动画控制器赋予 Animation Controller 属性。同一个 Animator Controller 资源可以被多个模型通过 Animator 组件引用。

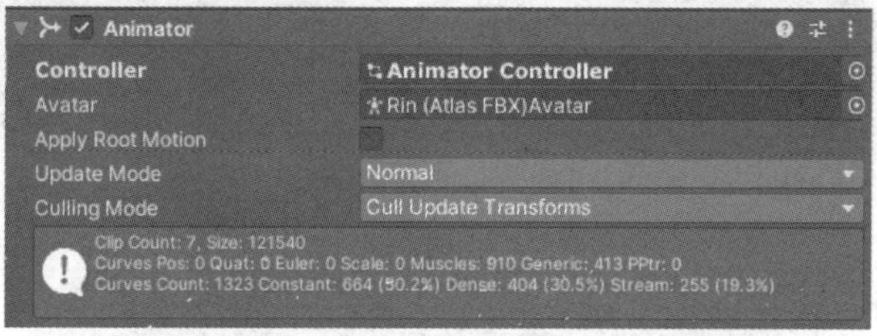

图 3.93 Animator 组件

2. Animator Controller 动画控制器

Animator Controller 动画控制器负责在不同的动画之间进行切换，属于制作动画效果的必备组件。动画控制器可以实现动画状态的添加、删除、切换和过渡等效果，把大部分动画相关的工作从代码中抽离出来，方便动画的设计。

在 Assets 窗口中右击，在弹出的快捷菜单中选择 Create→Animator Controller 命令创建动画控制器。也可以通过对象上的 Add Component 添加一个崭新的 Animator 组件，但是这种情况下 Animator 的 Controller 参数默认为 None，需要手动将事先准备好的 .controller 文件拖曳到该参数位置，动画控制器才能正常工作。动画控制器在 Animator 视图中进行编辑。如图 3.94 所示为 Animator 视图窗口。

通过 Animation 创建的 .anim 文件拖曳进 Animator 视图窗口，可作为 Animator Controller 的一个状态使用。通过 Animator 创建的 Animation Clip 无法直接通过挂载 Animation 组件进行播放，强行播放 Console 会报警告信息，需要勾选 Animation Clip 的 Legacy 复选框。不过这种方式已经是过时的做法，推荐使用 Animator 来播放 Animation Clip。

3. 动画状态机

通过 Animator 视图窗口打开动画控制器，可以看到一个空的动画控制器，如图 3.95 所示。默认每个 Animator Controller 都会自带三个状态：Any State（任意动画状态），Entry（动画入口）和 Exit（动画出口）。

- Any State 状态：表示任意状态的特殊状态。例如，如果希望角色在任何状态下都有可能切换到死亡状态，那么 Any State 就可以做到。当你发现某个状态可以从任何状态以相同的条件跳转时，那么就可以用 Any State 来简化过渡关系。

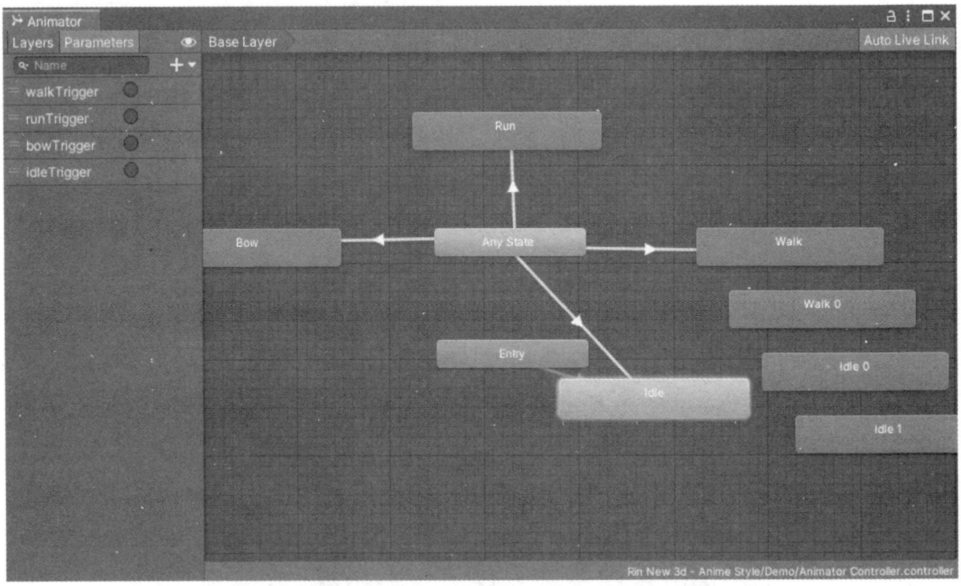

图 3.94　Animator 视图窗口

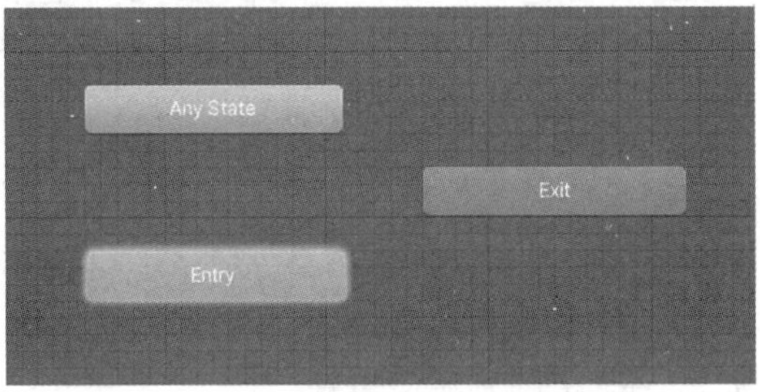

图 3.95　Animator Controller 自带三个状态

- Entry 状态：表示状态机的入口状态。当某个 GameObject 添加上 Animator 组件时，这个组件就会开始发挥它的作用。如果 Animator Controller 控制多个 Animation 的播放，那么默认情况下 Animator 组件会播放哪个动画呢？由 Entry 来决定的。但是 Entry 本身并不包含动画，而是指向某个带有动画的状态，并设置其为默认状态。被设置为默认状态的状态会显示为橘黄色，也可以随时在任意一个状态上通过鼠标右击选择 Set as Layer Default State 命令更改默认状态。注意，Entry 在 Animator 组件被激活后无条件跳转到默认状态，并且每个 Layer 有且仅有一个默认状态。
- Exit 状态：表示状态机的出口状态，以红色标识。如果动画控制器只有一层，那么这个状态可能并没有什么用途。但是当需要从子状态机中返回到上一层（Layer）时，把状态指向 Exit 就可以了。

在动画控制器中可以添加动画剪辑，动画剪辑添加到 Animator 视图，就被称为动画状态。一个动画剪辑就是一个动画状态。初始动画状态显示为橙色。更为复杂的动画状态机，还可以包含子动画状态机、混合树等。选中某一个动画状态，在 Inspector 窗口中可以观察它具有的属性，如图 3.96 所示。

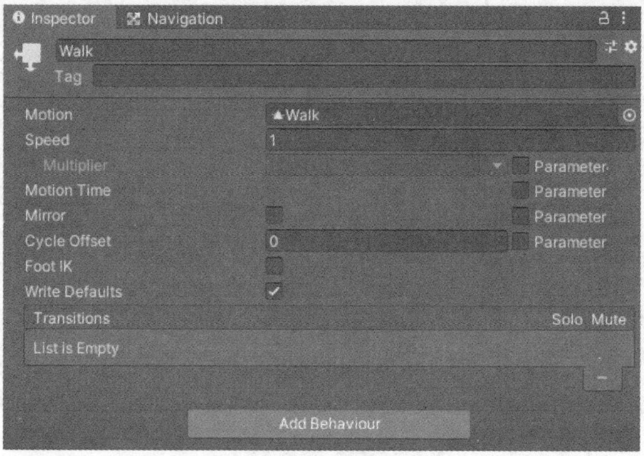

图 3.96 动画状态属性

状态机属性说明如表 3.5 所示。

表 3.5 状态机属性说明

属 性	描 述
Motion	状态对应的动画。每个状态的基本属性,直接选择已定义好的动画(Animation Clip)即可
Speed	动画播放的速度。默认值为 1,表示速度为原动画的 1.0 倍
Mutiplier	勾选右侧的 Parameter 后可用,即在计算 Speed 的时考虑区域 1 中定义的某个参数。若选择的参数为 smooth,则动画播放速度的计算公式为 smooth × speed × fps (Animation Clip 中指定)
Mirror	仅适用于 Humanoid Animation(人型机动画)
Cycle Offset	周期偏移,取值范围为 0～1.0,用于控制动画起始的偏移量。把它和正弦函数的 Offset 进行对比就能够理解了,只会影响起始动画的播放位置
Foot IK	仅适用于 Humanoid Animation(人型角色动画)
Transitions	该状态向其他状态发起的过渡列表,包含 Solo 和 Mute 两个参数,在预览状态机的效果时起作用
Add Behaviour	用于向状态添加“行为”

4. 子状态机

一个角色的复杂动作由多个阶段组成,相比用单个状态机处理整个动作,还不如确定单独的阶段,并为每个动作单独使用一个状态。例如,一个角色从跳跃到落下有弯腰、起跳、落地三个动作,可以将三个动作合并在一个跳跃阶段中处理。

这样处理的好处是可以将一系列相同状态的动作变成一个状态机处理,简化了流程图,避免了状态机变得庞大而笨拙。多个子状态机效果如图 3.97 所示。

双击子状态机,可以继续编辑子状态机,就像一个完全独立的状态机一样。

5. 动画状态转换

一个角色可以有多个动画状态(动作),当满足一定条件时,Unity 允许一种动画状态过渡到另一种动画状态,直观上说,过渡就是连接不同状态的有向箭头。要创建一个从状态 A 到状态 B 的过渡,直接在状态 A 上右击选择 Make Transition 命令并把出现的箭头拖曳到状态 B 上单击鼠标左键即可。

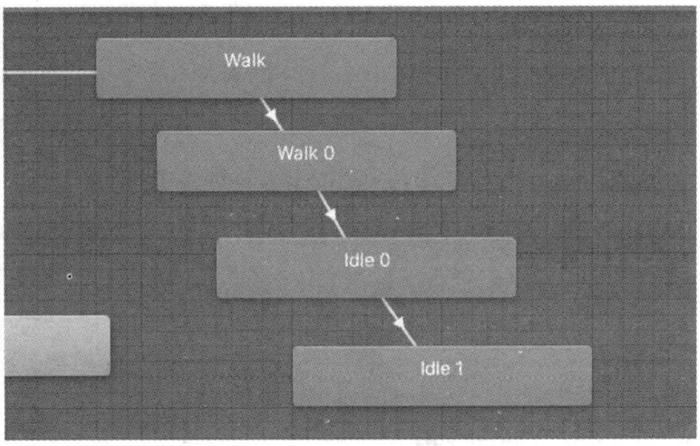

图 3.97　多个子状态机

在动画过渡箭头上单击，在右侧 Inspector 窗口中就可以编辑该动画过渡，可以设置过渡的时间长度和两段动画重叠的位置等。

通过条件控制可以从一个动画状态过渡到另一个动画状态。动画状态控制参数有 Float、Int、Bool、Trigger 4 种。Float、Int 用来控制一个动画状态的参数，例如，速度方向等可以用数值量化的东西；Bool 用来控制动画状态的转变，例如，从走路转变到跑步；Trigger 本质上也是 bool 类型，但它默认为 false，且当程序设置为 true 后，它会自动变回 false。最常用的是 Trigger 和 Bool 方法。

动画状态转换不仅定义了状态之间的混合需要多长时间，而且定义了它们应该在什么条件下激活。只有当某些条件为真时，才能设置转换。单击状态之间的连线，在 Inspecter 窗口中可以进行设置，在 Conditions 栏下可以添加条件。如图 3.98 所示表示当参数 AnimState 为 0 时会执行这个动画 Any State 到 Surprised 状态的过渡。

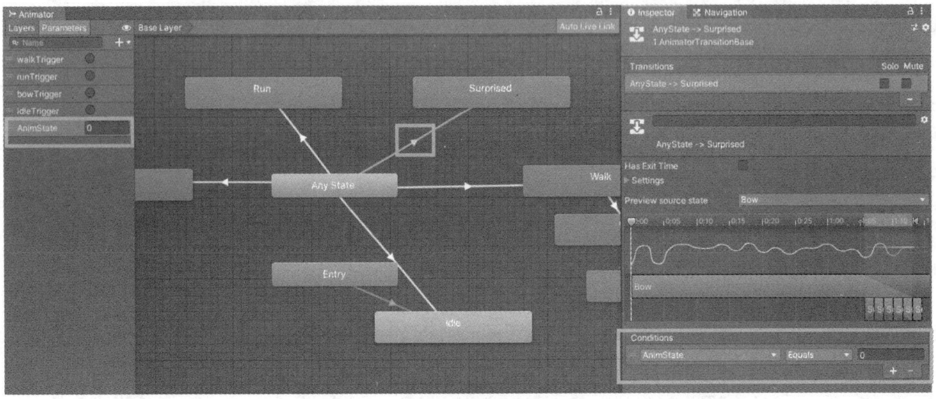

图 3.98　动画状态过渡

必须在 Parameters 窗口中添加了参数才可以在这里查看到，其次添加的条件须为 && (逻辑与)的关系，即必须同时满足。

可以通过代码来设置条件状态，达到动画切换的目的。

```
Animator ator = Rin.GetComponent<Animator>();
ator.SetInteger("AnimState", 0);
```

如果转换时间不为零，则动画转换就会对过渡前后的动画进行混合，混合的结果取决于两个动画的位移、旋转等属性的插值。

注意事项：

- 设置动画切换时，需要取消勾选 Can Transition To Self 复选框，否则动画会出现抖动。
- 动画剪辑的 Loop Time 复选框若没有勾选，则如果没有下个状态切换，直接停止动作。
- 如果勾选 Has Exit Time 复选框，则表示在该动作完成后才允许切换。
- 动画状态参数中的 Mirror(镜像)可以反转当前动画，减少动画制作工作流。
- 在 Transitions 中，Mute 相当于把目标过渡禁用掉，Solo 表示只生效这一条过渡。可以多选，当选中后会出现箭头提示。条件满足优先于 Solo/Mute，当条件没有满足时依然不会过渡。

3.8.4 带有动画的角色控制器实例

本案例实现通过按键控制角色从任意运动状态切换到静止、走、跑和鞠躬等动作。步骤如下。

(1) 在 Unity 中新建场景，导入第三视角角色模型(这里选择资源商店中的 Latifa V2 模型导入)，创建一个新的动画控制器 PlayController，并拖动到角色模型 Animator 组件的 Controller 属性上，如图 3.99 所示。随后调整摄像机位置。

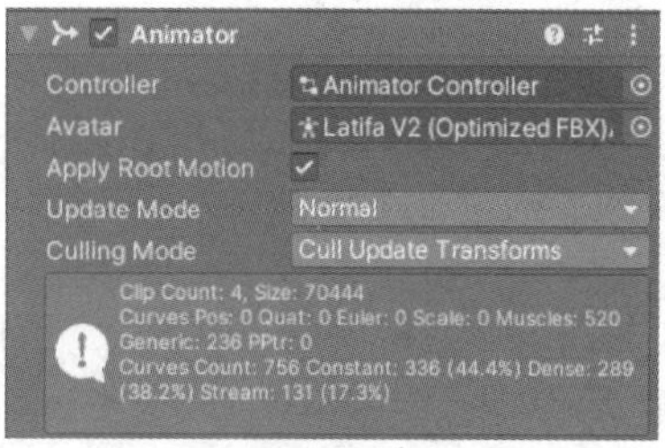

图 3.99 设置 Animator

(2) 在 Animator 组件中双击 PlayController，打开 Animator 视图，创建 4 种不同的动画状态，并分别设置 Motion 为对应的动画剪辑 Idle、Walk、Run、Bow。

(3) 创建任意状态到相应动画状态之间的动画过渡。

(4) 创建 Trigger 参数 walkTrigger、runTrigger、bowTrigger 和 idleTrigger，如图 3.100 所示，用于触发角色动画的过渡。

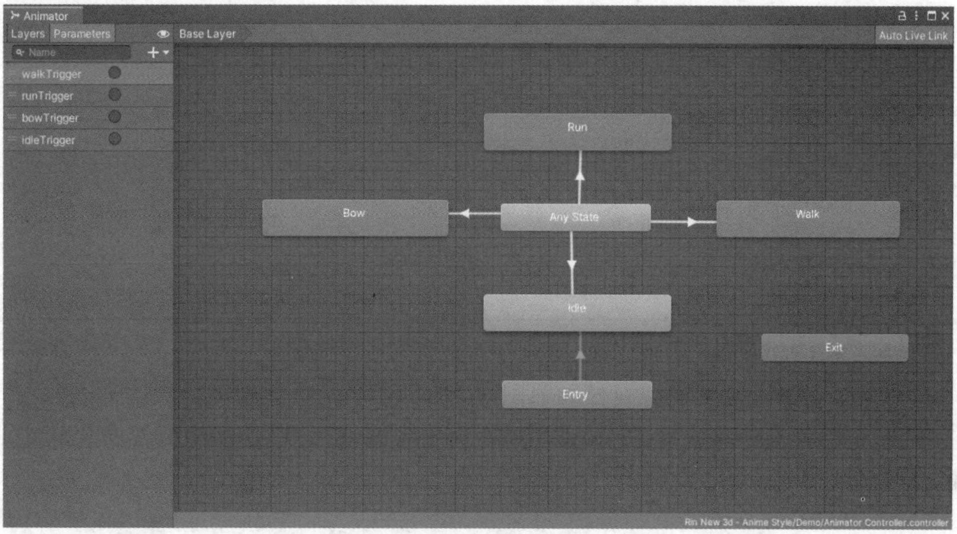

图 3.100 创建动画过渡

（5）编写 PlayController.cs 脚本，用于实现角色控制。PlayController.cs 代码如下。

```
using System.Collections;
using System.Collections.Generic;
using UnityEngine;

public class PlayController : MonoBehaviour
{
    public Animator playAnimator;

    // Start is called before the first frame update
    void Start()
    {
        playAnimator = GetComponent<Animator>();
    }
    // Update is called once per frame
    void Update()
    {
        playAnimator.SetBool("walkTrigger", false);
        playAnimator.SetBool("runTrigger", false);
        playAnimator.SetBool("bowTrigger", false);
        playAnimator.SetBool("idleTrigger", false);

        if (Input.GetKeyDown(KeyCode.W))
        {
            playAnimator.SetBool("walkTrigger",true);
        }
        else if (Input.GetKeyDown(KeyCode.R))
        {
            playAnimator.SetBool("runTrigger", true);
        }
        else if (Input.GetKeyDown(KeyCode.B))
        {
            playAnimator.SetBool("bowTrigger", true);
        }
        else if (Input.GetKeyDown(KeyCode.Space))
        {
            playAnimator.SetBool("idleTrigger", true);
        }
    }
}
```

（6）将 PlayController.cs 脚本赋给人物角色模型。

（7）运行。4 种动画状态切换效果如图 3.101 所示，人物角色模型默认为 Idle，即静止状态，按 W 键切换至走路状态，按 R 键切换至跑步状态，按 B 键切换至低头鞠躬状态，按空格键切换至静止状态。

图 3.101 4 种动画状态切换

3.9 导航系统

3.9.1 导航系统概述

Unity 导航系统组成部分包括导航网格(Navigation Mesh,简称 Nav Mesh)、导航代理(Nav Mesh Agent)、导航障碍物(Nav Mesh Obstacle)和网格链接(Off Mesh Links)。

导航网格定义了场景中可以通过的三角面,以及不是三角面的导航通路,Unity 可以自动构建或者烘焙出导航网格。

导航代理能够创建一些朝着自己的目标移动并且相互之间能够避开的代理。使用代理的目的就是因为它们知道如何避开彼此以及障碍物。

导航障碍物组件定义了导航中的障碍物,当障碍物处于移动状态下时,代理会直接避开它,一旦这个障碍物处于静止状态,代理就会在导航网格上挖一个洞,然后绕这个洞走。如果静态障碍完全阻挡了路径,那么代理会寻找一个新的路径。

网格链接是一种抽象通路,一般不能直观看到的通路如跳过沟、栅栏,以及通过之前先打开门等都以网格链接描述。

3.9.2 自动寻路

本案例利用导航系统实现动态跟随功能,当导航目标移动时,导航代理会避开障碍物持续向导航目标移动。步骤如下。

(1) 新建三维场景,命名为 Navigation。其中,胶囊体作为动态移动的对象,球体作为导航的目标。

(2) 选中场景中所有除了 Sphere、Cylinder、摄像机以及直射光以外的所有物体，单击 Inspector 窗口中右上角的 Navigation Static，使这些物体成为静态物体，并设置成 Navigation Static 类型。

(3) 执行菜单栏中的 Window→AI→Navigation 命令，打开 Navigation 窗口。

(4) 单击 Navigation 窗口中的 Bake 选项，单击右下角的 Bake 按钮，即可生成导航网格。

(5) 接下来可以让胶囊体根据一个导航网格运动到目标 Sphere 位置。执行 Component→Navigation→Nav Mesh Agent 为该胶囊体挂载一个 Nav Mesh Agent。

(6) 最后写一个脚本就可以实现自动寻路了。创建 C# 脚本文件，将其命名为 DemoNavigation.cs，其代码如下。

```
using System.Collections;
using System.Collections.Generic;
using UnityEngine;

public class DemoNavigation : MonoBehaviour {
        public Transform target;
        void Update () {   //代码如果放在 Start()中则只会移动到指定位置
            if (target != null) {
              this.gameObject.GetComponent < UnityEngine.AI.NavMeshAgent > ().destination =
target.position;}
    }
}
```

(7) 脚本完成后挂载到胶囊体上，然后将 Sphere 赋予胶囊体的 Navigation 脚本。运行场景，胶囊体会自动寻路运动到 Sphere 对象的位置。

在本案例中，如果将 Sphere 切换成 Characters 对象则可以实现动态跟随。执行 Component→Navigation→Nav Mesh Obstacle 命令添加 Nav Mesh Obstacle 组件，主角会绕过障碍物并到达终点。

3.10 AI 智能追踪与定向巡航

本例通过一个综合应用，实现 AI 智能追踪与固定路线定向巡航效果。步骤如下。

(1) 创建新地形场景，在场景中添加胶囊体 Capsule 和 4 个立方体 Cube，立方体将作为构造智能机器人巡航路线的结点，调整好立方体的相对位置构成一个合适大小的区域。

(2) 为立方体添加脚本 WayPoint.cs，将立方体设置为定向巡航路线的结点，WayPoint.cs 代码如下。

```
using System.Collections;
using System.Collections.Generic;
using UnityEngine;
public class WayPoint : MonoBehaviour
{
    public WayPoint nextWayPoint;                //定义巡航路线结点
    private void OnDrawGizmosSelected()
```

```
    {
      Gizmos.color = Color.green;              //定义路线颜色
      Gizmos.DrawLine(transform.position,nextWayPoint.gameObject.transform.position);
                                               //绘制巡航路线
    }
}
```

(3) 为每个立方体添加 WayPoint.cs 脚本，如图 3.102 所示，依次分别设置立方体的 Inspector 窗口中 WayPoint 脚本的 Next Way Point 值，使立方体结点依次连接，构成定向巡航路线。

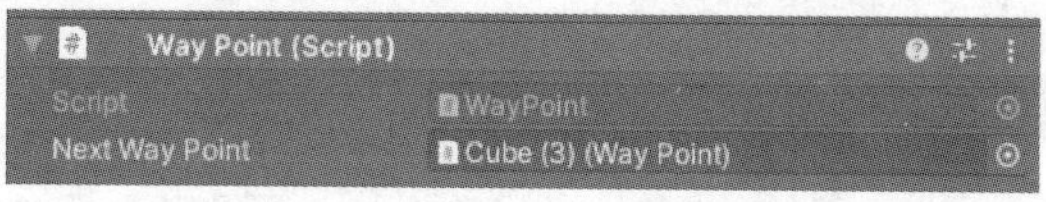

图 3.102　设置 Next Way Point 值

(4) 创建智能机器人对象(本例中为绿色胶囊体)，为机器人对象添加脚本 AI.cs，实现定向巡航以及智能追踪功能。AI.cs 代码如下。

```
using System.Collections;
using System.Collections.Generic;
using UnityEngine;

public class AI : MonoBehaviour
{
    [SerializeField]                          //保护封装性
    private float speed = 3f;                 //定义 AI 巡航速度
    [SerializeField]
    private WayPoint targetPoint, startPoint; //定义 AI 巡航起点和终点
    [SerializeField]
    private Hero mage;                        //定义追踪目标
    // Start is called before the first frame update
    void Start()
    {
        if (Vector3.Distance(transform.position, startPoint.transform.position) < 1e-2f)
        {
            targetPoint = startPoint.nextWayPoint;
        }
        else { targetPoint = startPoint; }
        StartCoroutine(AINavMesh());
    }

    IEnumerator AINavMesh() {
        while (true) {
            if (Vector3.Distance(transform.position, targetPoint.transform.position) < 1e-2f)
            {
                targetPoint = targetPoint.nextWayPoint;
                yield return new WaitForSeconds(2f);
            }
            if
                (mage!= null&&Vector3.Distance(transform.position, mage.gameObject.transform.
position)< = 6f) {
                Debug.Log("侦测到目标,开始追踪!");
                yield return StartCoroutine(AIFollowHero());
```

```
            }                                    //当目标在追踪范围内时,发现目标,追踪目标
            Vector3 dir = targetPoint.transform.position - transform.position;
            transform.Translate(dir.normalized * Time.deltaTime * speed);
            yield return new WaitForEndOfFrame();
            }
        }

    IEnumerator AIFollowHero() {
        while (true) {
             if (mage != null && Vector3.Distance(transform.position, mage.gameObject.
transform.position) > 6f)
            {
              Debug.Log("目标已走远,放弃追踪!");
              yield break;
            }                                    //当目标超出追踪范围时,放弃追踪,继续巡航
            Vector3 dir = mage.transform.position - transform.position;
            transform.Translate(dir.normalized * Time.deltaTime * speed * 0.8f);
            yield return new WaitForEndOfFrame();
        }
    }
}
```

(5) 添加 AI.cs 脚本后,在机器人胶囊体对象 Inspector 窗口的 AI 脚本组件中,分别设置机器人的巡航速度 Speed、起始巡航点 Start Point、目标巡航点 Target Point、追踪目标 Mage 等参数,如图 3.103 所示。

(6) 添加第一视角 RigidBodyFPSController。为了能够添加脚本,在 Hierarchy 窗口中对象上右击 Prefab 选择 UnPack 命令将其预制体解除,并为其添加 Hero.cs 脚本。这里 Hero.cs 脚本不用添加新代码,在本例中仅起到标记作用,使智能机器人能够识别该目标。

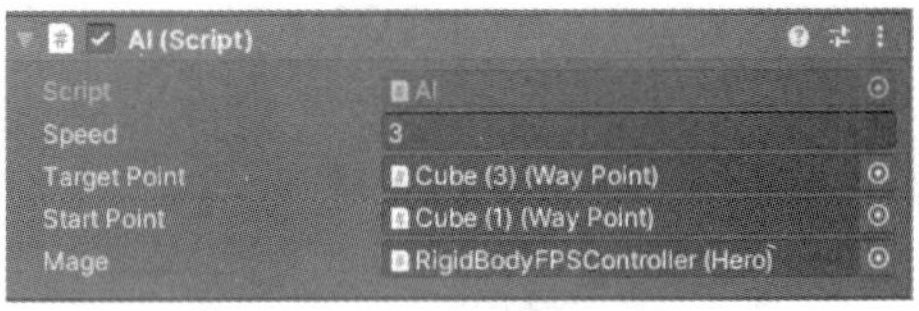

图 3.103　AI 设置

(7) 运行程序,如图 3.104 所示,当第一视角对象不在智能机器人追踪范围内时,机器人进行定向巡航;当第一视角对象进入智能机器人追踪范围时,机器人能够发现目标并进行追踪;当第一视角对象超出智能机器人追踪范围时,机器人放弃追踪,继续返回按原路线进行定向巡航。

图 3.104　AI 定向巡航及智能追踪

3.11 漫游与交互应用案例

本例通过一个综合应用,实现室内场景的漫游,并完成与抽屉、电视机、遥控器和书籍等对象的交互操作。步骤如下。

1. 场景准备

(1) 新建项目。导入 Wander. unitypackage 场景,双击 StartScene 启动场景,如图 3.105 所示,导入 Characters. unitypackage 角色资源包,在场景中添加 Characters→FirstPersonCharacter→Prefabs→FPSController. prefab 对象,调整 Position Y 值为 0.5,删除其 Rigidbody 组件,修改其 Height 为 1.2,Radius 为 0.3,Skin Width 为 0.5,WalkSpeed 为 1,RunSpeed 为 3;关闭 Mouse 的 Lock Cursor 属性。

图 3.105 场景效果

(2) 因为第一视角中自带 Camera,在 Hierarchy 中删除 InteractObject 中多余的 Camera。

(3) 导入 DOTween HOTween v2. unitypackage 插件以实现三维变换效果。

2. 抽屉互动

(1) 新建 C# Script 组件并命名为 DrawerMove. cs,代码如下。

```
using System.Collections;
using System.Collections.Generic;
using UnityEngine;
using DG.Tweening;

public class DrawerMove : MonoBehaviour {
    public float XStartPos;
    public float XEndPos;
    public bool isOpened;

    void OnMouseDown()
    {
```

```
            if (isOpened)
            {
                transform.DOLocalMoveX(XStartPos, 1f);
            }
            else
            {
                transform.DOLocalMoveX(XEndPos, 1f);
            }
            isOpened = !isOpened;
        }
```

(2) 单击选中 Hierarchy→InteractObjects→BedStand 对象下的抽屉 ChouTi01，将 DrawerMove.cs 脚本赋值给该组件。在 Inspector 的组件 DrawerMove(Script)中分别设置 X Start Pos 和 X End Pos 为抽屉打开前后的位置值。

(3) 为 ChouTi01 添加碰撞组件 BoxCollider。

(4) 同样方法为抽屉 ChouTi02 添加打开和关闭鼠标交互效果。

(5) 运行即可实现在场景中的第一视角漫游。如图 3.106 所示，鼠标单击抽屉可实现抽屉打开和关闭交互效果。

图 3.106 抽屉交互效果

3. 开关门交互

(1) 新建 C# Script 组件并命名为 DoorCtrl.cs，代码如下。

```
using System.Collections;
using System.Collections.Generic;
using UnityEngine;
using DG.Tweening;

public class DoorCtrl : MonoBehaviour
{
    public bool isOpened = false;
    void OnMouseDown()
```

```
        {
            if (isOpened)
            {
                transform.DORotate(new Vector3(0,0,0), 1f, RotateMode.Fast);
            }else
            {
                transform.DORotate(new Vector3(0,90,0), 1f, RotateMode.Fast);
            }
            isOpened = !isOpened;
        }
    }
```

(2) 单击选中 Hierarchy→InteractObjects→Door3 对象下的 door_open，将 DoorCtrl.cs 脚本赋值给该组件。在 Inspector 窗口中添加碰撞组件 BoxCollider，取消右上角 door_open 的 Static 勾选。

(3) 运行场景，如图 3.107 所示，以第一视角漫游至 Door 位置，鼠标单击 Door 可实现 Door 打开和关闭交互效果。

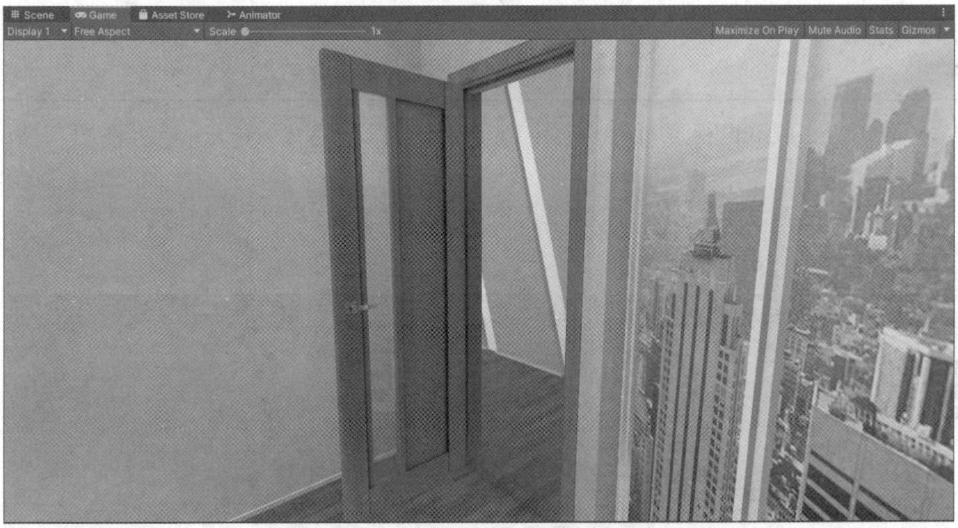

图 3.107　开关门交互效果

4. 电视播放互动

(1) 单击选中 Hierarchy→InteractObjects→TV 对象下的 TVScreen(电视屏幕)(注意不是 TV)，为其添加 VideoPlayer、AudioSource 音视频组件。

(2) 为 VideoPlayer 设置 VideoClip 为 Assets/Resources/Videos 中的 TestMovie。

(3) 为 AudioSource 设置 AudioClip 为 Assets/Resources/Sounds 中的 TestMovie。

(4) 组件中的 Play on awake 用于控制初始是否播放，本案例中 VideoPlayer、AudioSource 参数均取消勾选。

(5) 新建 TVCtrl.cs 脚本，并赋值给 TVScreen(电视屏幕)，代码如下。

```
Using System.Collections;
using System.Collections.Generic;
using UnityEngine;
```

```
using UnityEngine.Video;

public class TVCtrl: MonoBehaviour {
public bool isPlaying;

void OnMouseDown()
 {
  if (isPlaying)
  {
      GetComponent<VideoPlayer>().Stop ();
      GetComponent<AudioSource>().Stop ();
      GetComponent<MeshRenderer>().material.color = Color.black;
      isPlaying = false;
 }else
  {
      GetComponent<VideoPlayer> ().Play ();
      GetComponent<AudioSource>().Play ();
      GetComponent<MeshRenderer>().material.color = Color.white;
      isPlaying = true;
  }
 }
}
```

(6) 将 TVScreen(电视屏幕)拖曳到 Inspector 窗口 TVCtrl(Script)组件的 TvScreen 参数中。

(7) 运行。如图 3.108 所示,鼠标单击电视屏幕即可在屏幕中看到播放视频效果,同时可听到视频声音。

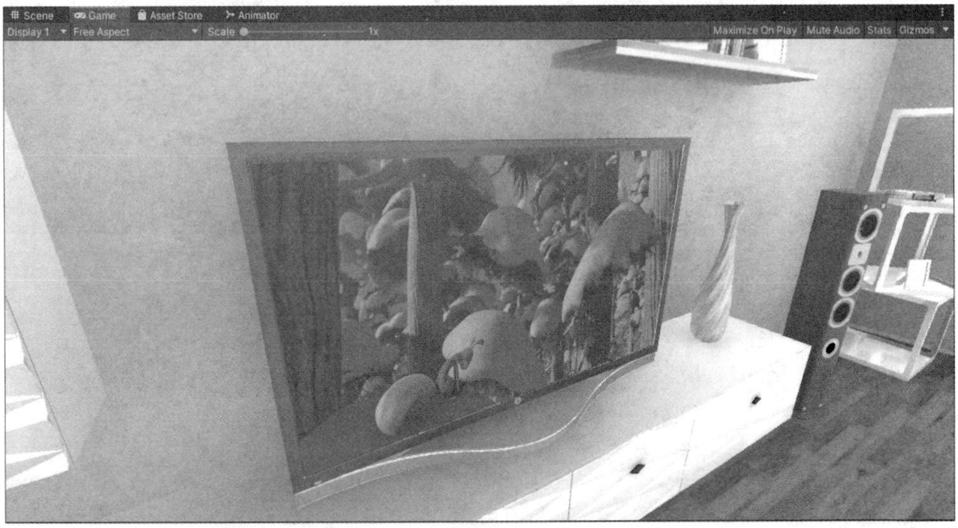

图 3.108　电视播放交互效果

5. 遥控器控制电视播放

(1) 给遥控器添加 BoxCollider 碰撞组件和 TVCtrl2. cs 脚本,指定组件 TVCtrl (Script)中 TVScreen 为电视屏幕,通过触碰遥控器实现电视屏幕开关效果。TVCtrl2. cs 代码如下。

```
using System.Collections;
using System.Collections.Generic;
using UnityEngine;
using UnityEngine.Video;

public class TVCtrl2: MonoBehaviour {
    public bool isPlaying;
    public GameObject tvScreen;

    void OnMouseDown()
    {
        isPlaying = tvScreen.GetComponent<VideoPlayer>().isPlaying;
        if (isPlaying)
        {
            tvScreen.GetComponent<VideoPlayer>().Stop();
            tvScreen.GetComponent<AudioSource>().Stop();
            tvScreen.GetComponent<MeshRenderer>().material.color = Color.black;
            isPlaying = false;
        } else
         {
            tvScreen.GetComponent<VideoPlayer>().Play();
            tvScreen.GetComponent<AudioSource>().Play();
            tvScreen.GetComponent<MeshRenderer>().material.color = Color.white;
            isPlaying = true;
         }
    }
}
```

(2) 运行。鼠标单击虚拟场景中的遥控器,即可在电视屏幕中看到播放视频效果,同时可听到视频声音。至此,最终漫游与交互效果完成。

小结

Unity是当前主流的一款三维开发工具和游戏开发平台,同时也是虚拟现实、增强现实、建筑可视化、实时三维动画等交互内容的专业开发引擎,支持多种VR、AR、头盔和体感设备的交互开发。

本章主要介绍Unity的基本功能和简单漫游交互应用。首先介绍了Unity的发展和界面组成,认识了Unity中的对象、脚本和材质等基本概念。然后介绍了物理引擎、碰撞器、刚体、碰撞检测的概念和检测方法;Unity地形系统能完成基础的地形创建,Unity还提供了包括材质和贴图、角色控制器、灯光、摄像机、音频、视频、粒子特效和其他外部资源导入渠道,介绍了Unity中的UI应用、动画系统原理和Unity开发工作流程。最后结合以上内容以实例加深思考和应用,帮助读者掌握初步的Unity人机交互知识。

习题

一、填空题

1. Unity内置的几何体主要有:________、________、________、________、________等。

2. Unity 中为物体启用物理行为的主要组件是________。

3. Unity 搭建 3D 场景的基础平台是________。

4. Unity 导出资源包的格式是________格式。

5. Unity 当中有 4 种灯光源类型，分别是：________、________、________、和________，其中可以模仿太阳下的照射环境的是________。

6. UI 布局中所有 UI 元素呈现的区域是________。

7. Canvas 组件的 Render Mode 属性有三种模式，分别是________、________和________。

8. Unity 创建的 C# 脚本，都会默认继承________________类。

9. Unity 创建的 C# 脚本，有两个默认的方法，分别是：________和________。

二、选择题

1. Unity 引擎使用的是左手坐标系还是右手坐标系？（　　）

A. 左手坐标系

B. 右手坐标系

C. 可以通过 Project Setting 切换左右手坐标系

D. 可以通过 Reference 切换左右手坐标系

2. 以下哪个组件是任何 GameObject 必备的组件？（　　）

A. Mesh Renderer　　B. Transform

C. Game Object　　D. Main Camera

3. Unity 引擎中，以下对 Mesh Renderer 组件描述正确的是哪一项？（　　）

A. Mesh Renderer 组件决定了场景中游戏对象的位置、旋转和缩放

B. 为场景中的某一游戏对象增添物理的特性，需要为该游戏对象添加 Mesh Renderer 组件

C. Mesh Renderer 组件从 Mesh Filter 组件中获得网格信息，并根据物体的 Transform 组件所定义的位置进行渲染

D. Mesh Renderer 是从网格资源中获取网格信息的组件

4. 在 Unity 引擎中，Collider 所指的是什么？（　　）

A. Collider 是 Unity 引擎中所支持的一种资源，可用作存储网格信息

B. Collider 是 Unity 引擎中内置的一种组件，可用作对网格进行渲染

C. Collider 是 Unity 引擎中所支持的一种资源，可用作游戏对象的坐标转换

D. Collider 是 Unity 引擎中内置的一种组件，可用作游戏对象间的碰撞检测

5. 可以通过以下哪个视图来录制场景中 Game Object 的动画？（　　）

A. Mecanim　　B. Animation　　C. Animator　　D. Navigation

6. 在 Unity 工程的一个场景中，需控制多个摄像机的渲染画面的前后层次，可以通过 Camera 组件中哪个选项来进行设置？（　　）

A. Field of View　　B. Depth

C. Clear Flags　　D. Rendering Path

7. 在 Unity 引擎中，关于如何向工程中导入图片资源，以下做法错误的是？（　　）

A. 将图片文件复制或剪切到项目文件夹下的 Assets 文件夹或 Assets 子文件夹下

B. 通过 Assets→Import New Asset 导入资源

C. 选中所需图片，单击拖入 Project 视图中

D. 选中所需图片，单击拖入 Scene 视图中

8. 如果将一个声音剪辑文件从 Project 视图拖动到 Inspector 视图或者 Scene 视图中的游戏对象上，则该游戏对象会自动添加以下哪种组件？(　　)

A. Audio Listener　　B. Audio Clip

C. Audio Source　　D. Audio Reverb Zone

9. 什么是导航网格(NavMesh)？(　　)

A. 一种用于描述相机轨迹的网格

B. 一种用于实现自动寻路的网格

C. 一种被优化过的物体网格

D. 一种用于物理碰撞的网格

10. 在 Unity 编辑器中，停止对 Game 窗口进行预览播放的快捷键操作是以下哪一项？(　　)

A. Ctrl/CMD+P　　B. Ctrl/CMD+Shift+P

C. Ctrl/CMD+Alt+S　　D. Ctrl/CMD+S

三、简答题

1. Unity 3D 中碰撞器和触发器有什么区别？什么是物体发生碰撞的必要条件？

2. 简述 Prefab 的用处和环境。

3. 简述 Animation 与 Animator 的区别。

4. 简述 Audio 与 Audio Clip 的区别。

5. 简述 Image 与 Raw Image 的区别。

第 4 章

虚拟场景设计与搭建

学习目标

- 虚拟场景模型规范。
- 材质与贴图规范。
- 模型烘焙及导出规范。
- 虚拟场景设计搭建。

4.1 虚拟场景模型规范

本节将 3ds Max 模型导入 Unity 引擎中。在导入模型之前，需要在三维制作软件中对模型参数进行规范设置，以保证导入引擎的模型正确完整。

4.1.1 导入 VR 模型的整体要求

一个虚拟现实场景的运行流畅程度取决于很多因素，从建模角度来说，与场景中模型的个数、模型面数和模型贴图三方面息息相关。一个 VR 模型所包含的单位、尺寸、命名、结点编辑、归类塌陷、纹理、纹理尺寸、纹理格式和材质球等必须符合建模规范，这对于优化虚拟现实场景是十分必要的。对于 3ds Max 创建的 VR 模型，整体规范要求如下。

(1) 模型单位、比例要统一。在建模型前先设置好单位，在同一场景中会用到的模型的单位设置必须一样，模型与模型之间的比例要正确，和程序的导入单位一致，即便需要缩放也可以统一调整缩放比例。

(2) 所有角色模型最好站立在原点。没有特定要求下，必须以物体对象中心为轴心。

(3) 面数的控制。移动设备每个网格模型控制在 300～1500 个多边形将会达到比较好的效果。而对于桌面平台，理论范围为 1500～4000。正常单个物体控制在 1000 个面以下，整个屏幕应控制在 7500 个面以下。所有物体不超过 20 000 个三角面。

(4) 整理模型文件，仔细检查模型文件，尽量做到最大优化，合并断开的顶点，移除孤立的顶点，模型给绑定之前必须做一次重置变换。

(5) 可以复制的模型尽量复制。

(6) 建模时尽量采用多边形建模。采用多边形建模的模型更利于贴图的 UV 分布，输出场景的时候也会更快，并且多边形建模方式在最后烘焙时不会出现三角面现象。

4.1.2　VR 模型命名规范

(1) 模型的命名不可以使用中文名称，包括模型、材质和贴图，否则在英文操作系统中浏览虚拟场景会有问题，模型名称不超过 32 位。

(2) 角色模型命名：项目名_角色名。Max 文件中模型对象如果需要分开各部位时，应在此命名的基础上加"_部位"，如角色头部命名为"项目名_角色名_head"，以此类推。对应的材质球、贴图都应命名一致。

(3) 场景、道具命名：项目名_场景名。Max 文件中对应的物体为"项目名_场景名_物体名"，同类比较多的情况下，命名为"项目名_场景名_物体名_01(02…)"，同类型的物体以数字类推方式命名。材质球、贴图对应物体名称。同类物体只需要给同一个材质球、同一贴图即可。

(4) 带通道的贴图：要加_al 后缀，特效贴图以特效名称命名，贴图加入_vfx 后缀。

4.1.3　导入 VR 模型的优化设置

VR 场景模型的优化对虚拟现实场景的运行影响很大，前期优化不足的场景模型，后期可能还需要再次返回 3ds Max 重新修改，并进行重新烘焙后再导入 VR 平台中，容易导致重复工作，从而大大降低工作效率。因此，VR 场景模型的优化在创建场景时就必须注意。

VR 场景的建模与做效果图、动画的建模方法不同，主要体现在模型的精简程度上。做 VR 模型与游戏建模类似，最好是做简模。所谓简模，即低精度模型，VR 平台用低精度的模型去塑造复杂的结构，同时需要对模型进行精确控制和后期贴图效果配合。在创建模型过程中，应注意以下事项。

(1) 尽量做简模，控制模型面数，在表现细长条的物体时，尽量不用模型而用贴图的方式表现。

(2) 模型的三角网格面尽量是等边三角形，不要出现长条形。模型的数量不要太多，要合理分布 VR 场景的模型密度。

(3) 相同材质的模型尽量合并以减少物体个数，可以加快场景的加载时间和运行速度。模型的面数过多且相隔距离很远则不宜进行合并。

(4) 删除看不见的面，如 Box 底面、贴着墙壁物体的背面等，这样可以提高贴图的利用率，减少整个场景的面数，提高交互场景的运行速度。

(5) 对于复杂的造型，可以用贴图或实景照片来表现。

在 3ds Max 中，模型的每个面都有一个平滑组(又称光滑组)属性。当相邻的两个面在同一个平滑组属性内时，说明这个组中的所有面趋于光滑。反之，若相邻的两个面不在同一光滑面，则这两个面趋于棱角。如图 4.1 所示，平滑组的优化设置需要根据用户想实现的最终效果确定。

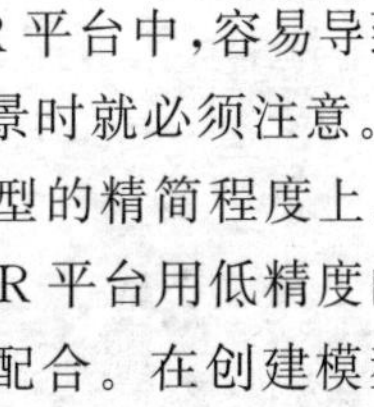

图 4.1　平滑组设置选项

使用 3ds Max 平滑组时，首先需要选中要编辑的物体，然后添加一个“编辑网格”或“编辑多边形”修改器，选择“面”或“体”的层级，只有在这两个层级下才可以对模型的平滑组进行设置。选中想要平滑的那些表面，它们会变成红色。接下来，在“编辑网格”或“编辑多边形”修改器的窗口中找到平滑组的部分，就是好多数字的那个部分，从中选择一个数字单击，然后再退出修改器就可以了。

其中，“按平滑组选择”表示选择单独物体的所有平滑组；“清除全部”表示从选定的面片中删除所有的平滑组分配；“自动平滑”表示根据面与面之间的角度设置平滑组，如果任意两个相邻的面法线间的角度小于该按钮右侧的微调器阈值角度，则表示这两个面处于同一个平滑组中。使用自动平滑，可以通过改变阈值，快捷地改变一些较复杂模型的平滑设置，如图 4.2 所示为不同阈值平滑组效果。

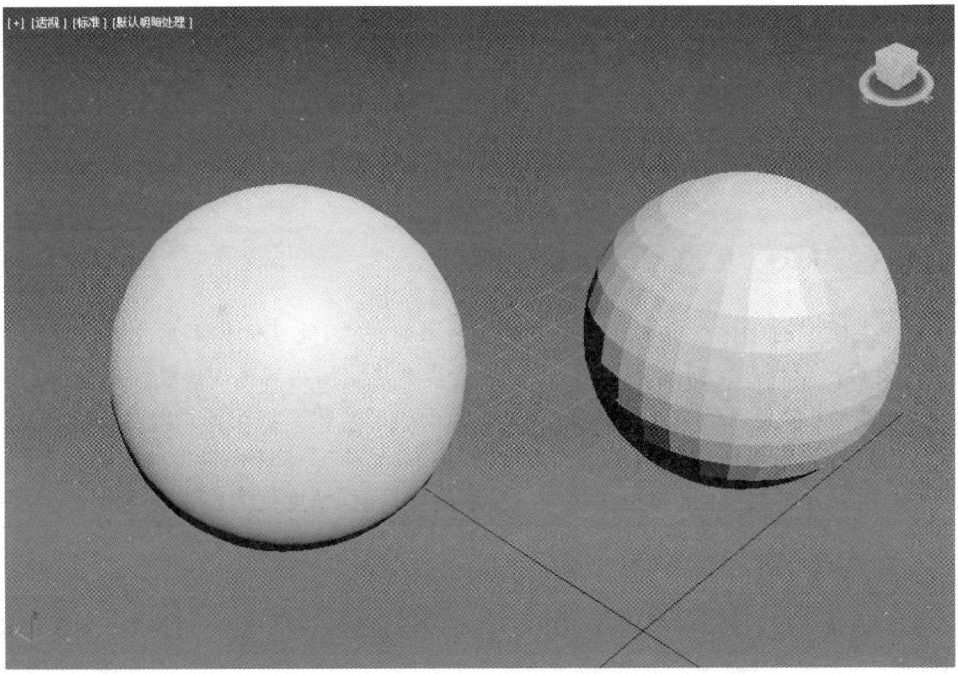

图 4.2　不同阈值平滑组效果

注意，选择平滑组中的数字后，物体看起来可能还是不太平滑，但渲染出来的图像是平滑的。这是因为这个“编辑多边形”的平滑组的工作原理不是真的让物体平滑，而是在渲染时造成一种平滑的视觉假象。它的缺点是不如真正的平滑效果好，优点是计算所用的时间较短，速度更快。更好的平滑效果是直接使用“网格平滑”工具。这个工具才是实际上改变物体的形状，产生更好的平滑效果，但这个工具会生成很多的多边形，渲染时间会增加。

4.1.4　导入 VR 模型的 UV 设置

模型制作完成后，需要将模型导入 Unity 3D 中，这时还需要对模型的 UV 进行调整，制作第二套 UV。

通常情况下，第一套 UV 用于纹理贴图，包括颜色、法线、粗糙度等。在 UV 完全展开的前提下，第一套 UV 允许出现贴图公用的现象，而且允许 UV 镜像。有时为了提升贴图精度质量，可以超出 UV 框，来增加贴图像素尺寸。

第二套 UV 则放在 Unity 3D 引擎中使用，用于在引擎当中烘焙贴图使用，因此，第二套 UV 不允许出现共同贴图的现象，并保证要在 UV 框内。

设置第二套 UV 的方法如下：首先对制作的模型添加“UVW 展开”修改器，在 UVW 修改器中可以看到“编辑 UV”和“通道”选项栏，如图 4.3 所示。

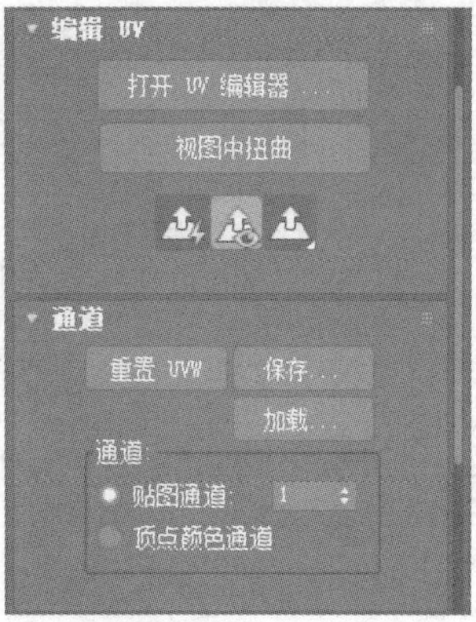

图 4.3　“编辑 UV”和“通道”选项栏

单击“打开 UV 编辑器”按钮，弹出如图 4.4 所示 UV 编辑器窗口，可以看到第一套 UV 用棋盘格打开。

制作完第一套 UV 后，将“贴图通道”的数值设置为 2，然后按回车键，弹出“通道切换警告”对话框，如图 4.5 所示。如果是第一次制作二套 UV，则单击“移动”按钮，复制第一套 UV，这样只需要重新摆放，检查重复面、镜像面问题即可。

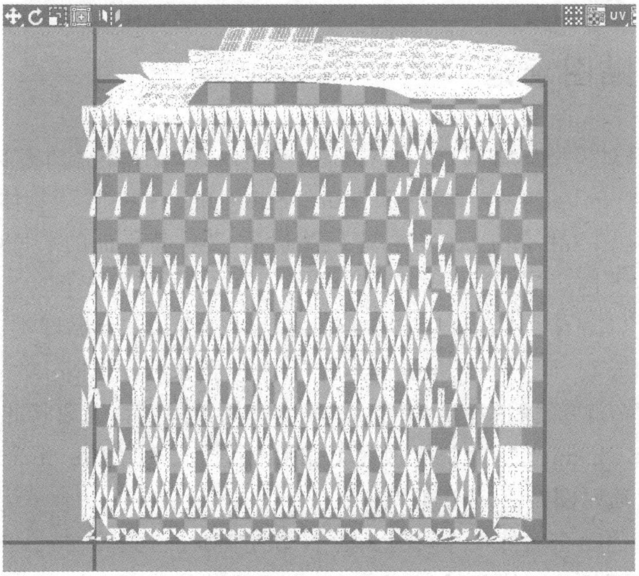
图 4.4　UV 编辑器

重新摆放 UV，可以单击“自动摆放”按钮，将所有的 UV 按比例缩放为同等像素，并且分散摆放到 UV 框中。或者使用 UV 编辑器中“贴图”菜单中的“展平贴图”命令弹出对话框，如图 4.6 所示，设置完成后单击“确定”按钮，如图 4.7 所示为重新摆放 UV 效果。

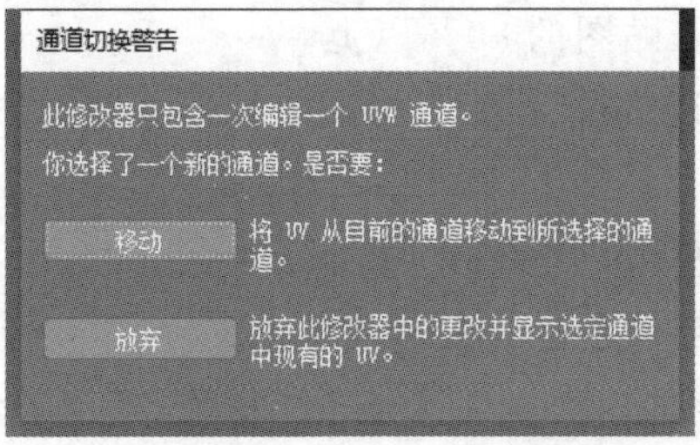

图 4.5　通道切换警告

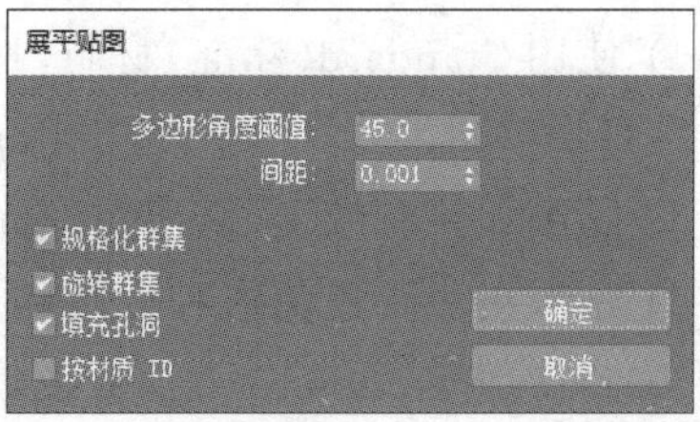

图 4.6　展平贴图

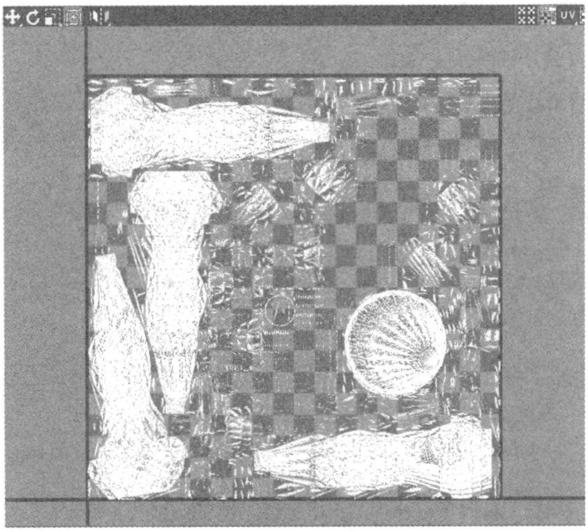

图 4.7 重新摆放 UV

4.2 材质与贴图规范

Unity 3D 引擎对模型的材质有一些特殊要求，3ds Max 中不是所有材质都被 Unity 3D 软件所支持，只有 Standard（标准材质）和 Multi/Sub-Object（多维/子物体材质）被 Unity 3D 软件所支持，且 Multi/Sub-Object（多维/子物体材质）要注意里面的子材质必须为 Standard（标准材质）才能被支持。

在贴图类型上，Unity 3D 目前只支持 Bitmap 贴图类型，其他贴图类型均不支持。只支持 DiffuseColor（漫反射）同 Self-Illumination（自发光，用来导出 LightMap）贴图通道。Self-Illumination（自发光）贴图通道在烘焙 LightMap（光照纹理）后，需要将此贴图通道 Channel 设置为烘焙后的新 Channel，同时将生成的 LightMap 指向 Self-Illumination。

3ds Max 中材质贴图及其应用规范如下。

(1) Max 模型的贴图文件尺寸须为 2 的 N 次方（如 8、16、32、64、128、256、512、1024），重点模型的最大贴图尺寸不能超过 1024px×1024px，其他控制在 512px×512px 以内，特殊情况下尺寸可在这些范围内做调整。不能出现不规则贴图尺寸，存储时要将贴图品质设为最佳分辨率 72px/in。

(2) 原始贴图采用不带通道的 JPG，带通道的透明贴图为 32 位 TGA 或者 PNG，在命名时加_al 以区分，贴图品质为 12（最佳）。物体为纯色的贴图大小不得超过 16px×16px。

(3) 贴图利用率大，合理拆分 UV，UV 要占整张贴图的 80%以上。

(4) 使用 Standard（标准）材质，材质类型使用 Blinn。不能在材质编辑器中对贴图进行裁切，在材质编辑器中不能使用 Tiling（瓷砖）选项。

(5) 贴图如果有炫光，需要对炫光进行效果处理。

(6) 贴图用色要避免饱和度高的色彩，不适用百分之百的白色或黑色。

(7) 若使用 CompleteMap 烘焙，烘焙完毕后会自动产生一个 Shell 材质，必须将 Shell 材质变为 Standard 标准材质，并且通道要一致，否则不能正确导出贴图。

4.3 模型烘焙及导出规范

贴图烘焙技术(Render To Texture)是一种把 Max 光照信息渲染成贴图,然后把这个烘焙后的贴图再贴回到场景中去的技术。这种技术将光照信息变成贴图,不需要 CPU 再去费时地计算,只需要计算普通的贴图即可。

模型的烘焙方式有两种：一种是 LightMap 烘焙方式,这种烘焙贴图渲染出来的贴图只带有阴影信息,不包含基本纹理。具体应用于制作纹理较清晰的模型文件(如地形),原理是将模型的基本纹理贴图和 LightMap 阴影贴图进行叠加。优点是最终模型纹理比较清楚,而且可以使用重复纹理贴图,节约纹理资源；烘焙后的模型可以直接导出 FBX 文件,不用修改贴图通道。缺点是 LightMap 贴图不带有高光信息。另一种是 CompleteMap 烘焙方式,这种烘焙贴图方式的优点是渲染出来的贴图本身就带有基本纹理和光影信息。但缺点是没有细节纹理,且在近处时纹理比较模糊。

在烘焙贴图设置方面,进行 CompleteMap 烘焙方式设置时,贴图通道和物体 UV 坐标通道必须为 1 通道,烘焙贴图文件存储为 TGA 格式,背景要改为与贴图近似的颜色；设置 LightMap 烘焙时,和 CompleteMap 设置有些不同,贴图通道和物体 UV 坐标通道必须为 3 通道,烘焙时灯光的阴影方式为 adv. raytraced(高级光线跟踪阴影),背景色要改为白色,可以避免黑边的情况。主要物件的贴图 UV 必须手动展开。

自发光(Self-Illumination)贴图通道在烘焙光照纹理(LightMap)后,需要将此贴图通道的通道设置为烘焙后的新通道,同时将生成的光照纹理(LightMap)指向自发光(Self-Illumination)。

4.4 虚拟场景设计搭建

4.4.1 创建项目并导入模型

本节通过在 Unity 项目中导入三维模型构建一个完整的虚拟漫游场景,展示虚拟场景设计搭建过程。步骤如下。

(1) 在 Unity 中创建一个新项目。打开 UnityHub,选择“新建”项目,设置项目名称和保存位置。

(2) 场景中需要的素材,可提前在 3ds Max 中制作好,设置好材质和光照信息,然后导出 FBX 格式文件到 Unity 项目文件 Assets 文件夹中,所用贴图文件如图 4.8 所示,均放置在 Textures 文件夹中,并将 Textures 贴图文件赋给 FBX 模型,此时会自动生成 Materials 文件夹,用以存放对应. mat 格式的材质球文件,材质球效果如图 4.9 所示。

(3) 本案例为室内场景模型。对于室内场景模型,首先需要构建的是整体的墙壁、地面和屋顶模型。注意模型在制作时需要预留出门窗的位置,如果墙或者地面、屋顶上有其他部件,也需要同时制作,有利于方便整合处理模型。如果只完成室内场景的漫游,则可以不考虑模型外部的贴图和材质问题。完成整体墙壁、屋顶和地面模型后效果如图 4.10 所示。

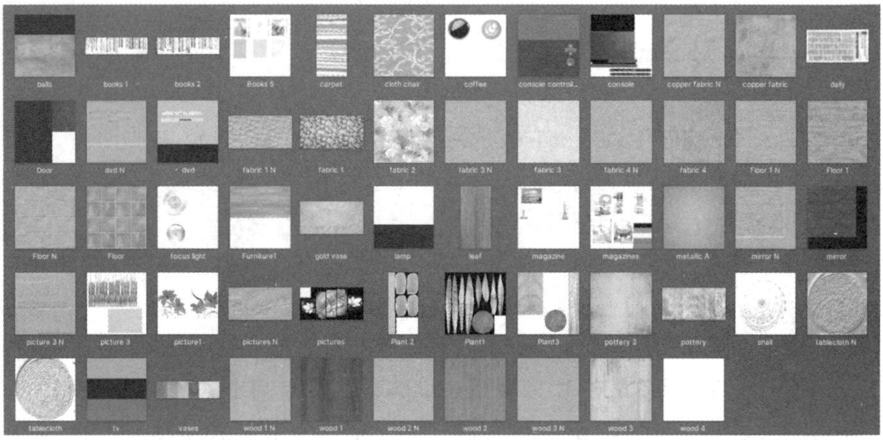

图 4.8　贴图文件

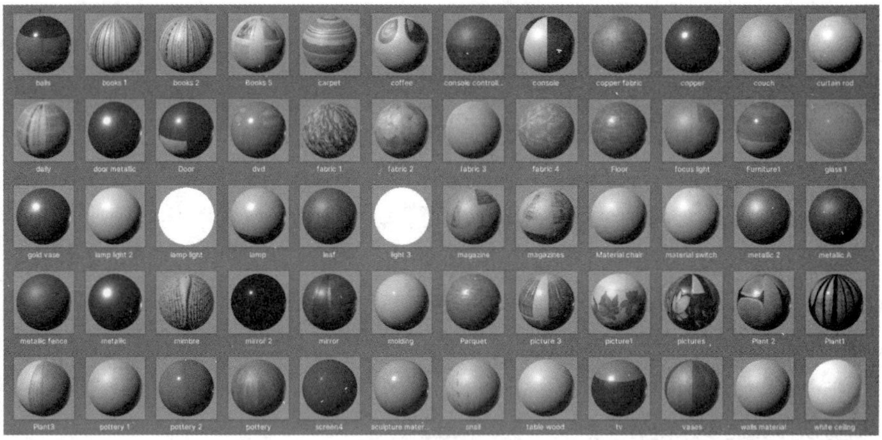

图 4.9　材质球

图 4.10　整体墙壁、屋顶和地面模型

4.4.2 室内模型物体摆放

(1) 接着解决室内模型摆放的问题。先摆放最主要的模型,这里选择了起居室中的桌椅、柜子和沙发为主要对象。在 3ds Max 中通常将制作单位设置成 cm,物体的尺寸完全按照实物模型尺寸制作,这样才能保证在 VR 漫游环境中看到的大小和实际大小相符。将室内主要模型赋予材质,效果如图 4.11 所示。

图 4.11 室内主要模型

(2) 添加门窗,并调整定向光源的光照角度,使其能对准窗户但尽量避免直射,让太阳光照进室内,适当调整光照强度和阴影。

(3) 按照上面的思路,将起居室中其他模型摆进来,如桌上的花瓶、茶几、装饰品、绿植、灯具、窗帘、电视、电视柜、墙面上的画和柜子上的书籍等,效果如图 4.12 所示。

图 4.12 其他模型摆放

(4) 因为墙壁会遮挡定向光源的照射，考虑到室内光照效果，需要在合适位置增加一些点光源 Spotlight，进而弥补因光照不足而造成的室内昏暗问题。

(5) 继续完善起居室内小件物体部分，如茶具、杯垫、地毯和其他桌上物品，使得整个起居室场景更加美观合理。小件装饰品不可或缺，但也不宜过多，主要以符合场景为主。效果如图 4.13 所示。

图 4.13 室内元素摆放效果

4.4.3 室外环境设计

室内场景构建完成后，有必要对室外环境进行相应的设计，以保证整个场景的真实性。室外环境必须符合整个室内效果的氛围。在制作方法上，又可以分为实体模型制作和全景图制作。

(1) 考虑本例为起居室，可以制作一个高层住宅小区效果的外景，制作内容以植物和建筑为主，制作不需要过于复杂，远景建筑的面数也不能太多，贴图可以选择照片材质直接贴在模型上。在摆放的时候要错落有致，最好不要出现高度完全一致的情况。从室内观察外景，如图 4.14 所示，注意查看窗户外景效果图。

图 4.14 室内观察外景

(2) 制作室外环境的另一种方法，就是使用全景图。如图 4.15 所示，将全景图放在一个环形或能覆盖全部窗户的凹型面模型上，设置大小，然后调整到一个合适的位置，将观察视角放在室内，从而达到一个理想的效果。

图 4.15　全景图

从全景图整体效果看还是不错的，就是图中带有天空，和 Unity 引擎本来的 SkyBox 冲突，所以需要对这幅图进行处理。

(3) 在 Photoshop 中制作 Alpha 通道，如图 4.16 所示，将全景图中天空区域涂黑，非天空部分为白色，将这幅图放到全景图的 Alpha 通道中，通道窗口如图 4.17 所示，最后将全景图另存为 TGA 格式即可。

图 4.16　Alpha 通道图

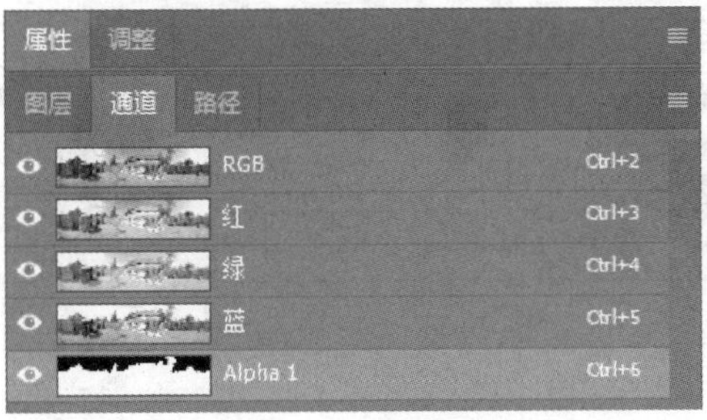

图 4.17　通道窗口

(4) 在 3ds Max 中制作一个圆环，贴上刚才的全景图。将圆环 FBX 格式和全景图分别导入，在材质球中将 Alpha 通道与不透明度相连接，就可以让全景图中天空的位置透明。或者制作一个凹型面模型，将全景图贴入，实现凹形面模型覆盖整个窗户，效果如图 4.18 所示。

(5) 从室内视角观察，凹形面覆盖内部效果如图 4.19 所示。

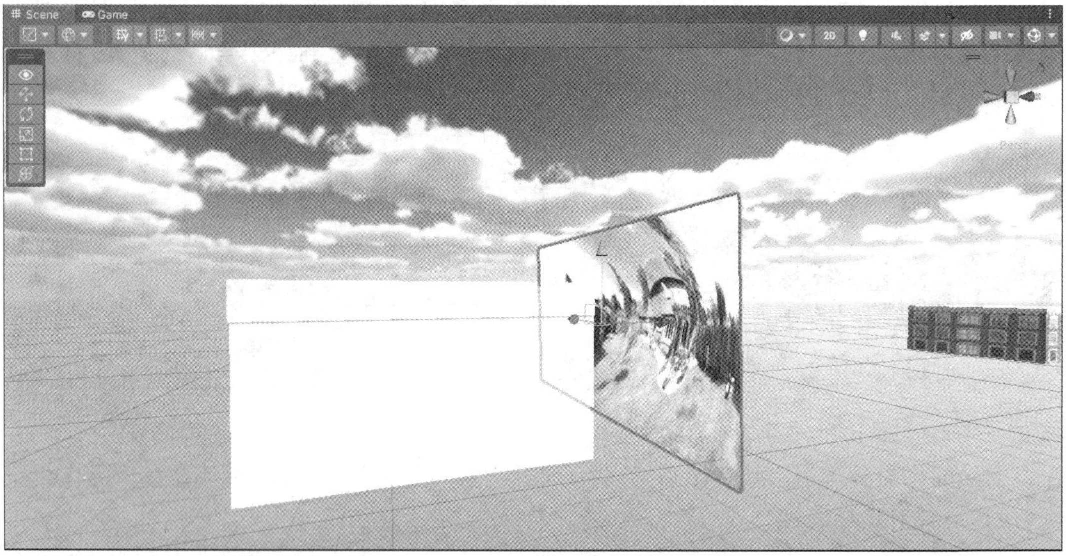

图 4.18 凹形面模型覆盖

图 4.19 凹形面覆盖内部观察效果

小结

本章从虚拟场景中的模型导入入手，讲述了虚拟场景中模型在制作过程中的规范，包括模型命名规范、优化设置和 UV 设置等，对模型常规要求做了一些总结。随后介绍了模型制作材质与贴图规范，以及模型烘焙及导出规范，为初学者创建虚拟场景模型提供了一个基本遵循，最后通过一个虚拟室内场景的设计和搭建，全面介绍了虚拟空间中从模型的摆放到室内外环境光线的优化等详细流程。

习题

一、填空题

1. 虚拟现实场景的运行流畅程度取决于很多因素，从建模角度来说，与________、________和________三方面息息相关。

2. 模型的命名不可以使用________，包括模型、材质和贴图名称。

3. 通常情况下，模型的第一套 UV 是用于________，包括________、________、________等，第二套 UV 则是放在 Unity 3D 引擎中使用。

4. ________是一种把 Max 光照信息渲染成贴图，然后把这个烘焙后的贴图再贴回到场景中去的技术。

5. 进行 CompleteMap 烘焙方式设置时，贴图通道和物体 UV 坐标通道必须为________通道，烘焙贴图文件存储为________格式。

二、简答题

1. 简述导入 VR 模型设置第二套 UV 的方法。

2. 简述 3ds Max 中材质贴图及其应用规范。

3. 简述虚拟场景设计搭建流程。

第 5 章

虚拟漫游与交互

学习 目标

- 理解虚拟漫游的概念。
- 了解虚拟漫游制作流程。
- 掌握虚拟场景的创建和漫游。
- 掌握虚拟场景跳转漫游与生成发布。

5.1 虚拟漫游概述

5.1.1 虚拟漫游简介

虚拟漫游,是虚拟现实技术的重要分支,在建筑、旅游、游戏、航空航天、医学等多个行业发展迅速,目前主要用于校园漫游、旅游教学、古迹复原、旅游模拟、城市规划等。由于具备可贵的"3I"特性——沉浸感、交互性和构想性,使得沿用固定漫游路径等手段的其他漫游技术和系统无法与之相比。

虚拟场景漫游是虚拟场景建立技术和虚拟漫游技术的结合。前者是基础,后者是系统运行方法。其设计与实现方法可归纳为三种:基于多边形的直接绘制法(简称直接建模法)、场景模型导入法和基于图像的绘制方法。

(1) 基于多边形绘制的漫游系统。这种方法适合于场景组织不复杂、多边形数目比较少的较规范、较简单或简化的场景绘制。例如,建筑物远观或大场景的建筑点缀等。

(2) 基于模型导入的漫游系统。这种方法通常利用造型软件(如 3ds Max、Maya 等)手工搭建三维模型,建立场景,因而需要耗费大量的时间,工作量很大,一般涉及测量现场、定位和数字化结构平面或者转换现存 CAD 数据;其次很难校验其结果是否精确。其漫游场景是由计算机根据一定的光照模型绘制,色彩层次没有自然景观丰富,带有明显的人工痕迹,即使采用贴图渲染也不能逼真地再现现实世界。随着建模软件的功能日益强大,设计中人们的分工日益明确,人们可以利用日益精细的建筑模型和丰富的模型库资源来加快设计,这一基于几何建模的模型导入技术已成为当今游戏设计等领域的主流技术。

（3）基于图像的虚拟场景漫游。基于图像的虚拟场景漫游，是利用在某一固定位置所抓取的一个环境的360°全景图像，通过展现全景图像的相应部分来实现相互的调整。人们所熟悉的全景图像技术就是利用系列局部图像拼接起来的，能够进行全视野、360°全方位环视漫游的图像环境。这种技术可以避免复杂的三维建模工作，所以更适合复杂的自然风光、地景的漫游。

虚拟场景漫游的最大特点是硬件要求低、图形处理速度快、高效的网络分布式计算。在大规模场景仿真方面，它通过地块的动态调度、物体细节等级的智能变化、快速消隐等算法使任意规模的场景都可以在普通计算机平台上实时仿真。在数据管理方面，它能够与现有数据库进行有效对接，达到可视化对象和后台数据信息的有效关联，从而实现数据管理和查询。

虚拟场景漫游方案具有以下特色。

（1）模拟场景的实时漫游。支持鸟瞰、步行、飞行等多角度对整个景区进行全方位的观赏。三维场景具有固定线路和自主漫游功能。通过键盘的简单结合或触摸屏可以方便灵活地实现漫游：前进、后退、左转、右转、左平移、右平移、上升、下降、仰视、俯视等一系列漫游操作。通过键盘上设定的按键就可以对漫游速度进行自由控制。

（2）身临其境的感受。虚拟现实漫游系统所创造的平台，通过3D建模根据实际场景进行等比例的建模，然后通过高级材质球，打造逼真的场景还原。最后通过渲染引擎，在漫游的同时，实时渲染场景。例如，太阳光和阴影的实时更新、24h天气效果模拟、春夏秋冬效果等。

（3）支持快捷聚焦功能。可以在固定路线和自由漫游中实时切换相机焦距，并具备焦距切换快捷键。在固定路线的游览教学中，可对游览路线进行暂停、播放和停止的操作，暂停后可以360°环视场景，并能对漫游速度进行方便调节；利用鼠标、键盘、操纵杆等通用交互设备，操作者可以在虚拟场景内若干条特定路线设定导航路径，操作简单直观，初学者即可很方便地控制速度、方向、观测角度、高度等漫游模式。也可对特定景物进行细节聚焦、360°展看，并且可对游览路线进行暂停、播放和停止的操作。

虚拟场景漫游的制作技术主要包括虚拟场景制作技术和场景交互技术。

虚拟场景制作通常包括两种方法：一种方法是利用三维建模软件（通常是3ds Max、Maya等），根据真实场景的客观数据制作三维模型，然后将多个三维模型搭建成虚拟场景；另一种方法是利用摄像设备扫描周围空间的真实图像，再将图像拼接成全景图实现场景的虚拟再现，此技术即是全景图技术。而场景交互技术是通过引擎软件（通常是Unity或Unreal）设计场景的交互操作，例如，自主漫游、自动漫游和鼠标交互、人机交互等。本章重点介绍三维模型搭建场景的虚拟漫游的制作步骤。

5.1.2　虚拟漫游制作流程

虚拟场景漫游的制作流程通常分为4个步骤：场景设计、三维建模、场景搭建和人机交互，如图5.1所示。

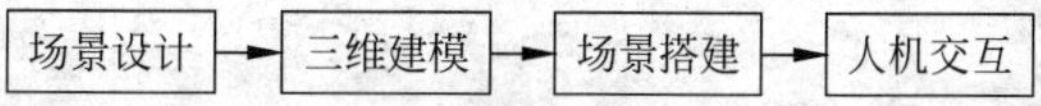

图5.1　虚拟场景漫游制作流程

场景设计是对场景的布局，设计场景中物体的大小、形状和位置等信息。

三维建模是利用3D建模软件（3ds Max、Maya等）创建场景中物体的三维模型。

场景搭建是根据场景的设计方案，利用引擎软件(Unity 或 Unreal)将三维模型拼接起来，形成相对完整的场景，并添加物理碰撞系统，模拟真实的碰撞效果。

人机交互是利用脚本控制语句(C＃、C++等)，实现自由漫游、自主漫游、鼠标交互操作甚至沉浸式交互漫游等。

本章案例以 3ds Max 创建的虚拟场景为基础，讲授 Unity 3D 虚拟漫游的制作，重点讲解通过导入三维模型进行场景的搭建和人机交互的初步实现。

5.2 虚拟漫游与交互设计

打开 Unity 软件，新建 3D 工程文件，设置保存工程文件的路径，单击“创建”按钮。注意项目名称和工程文件保存路径不要使用中文，推荐使用 Unity Hub 新建项目。

5.2.1 虚拟场景的创建

1. 导入标准资源包

打开新建工程，在 Project 窗口中右击，选择 Import Package 命令，选择 Unity 标准资源包 Standard Assets，单击 Import 按钮，导入 Environment 模型、Characters 模型和贴图素材包等资源，如图 5.2 所示。本节使用标准资源包创建一个简单地形效果，读者也可以搜索相关三维地形生成软件，如 World Creator、QuadSpinner Gaea 等，可以根据个人需求，快速模拟各种自然地形效果。

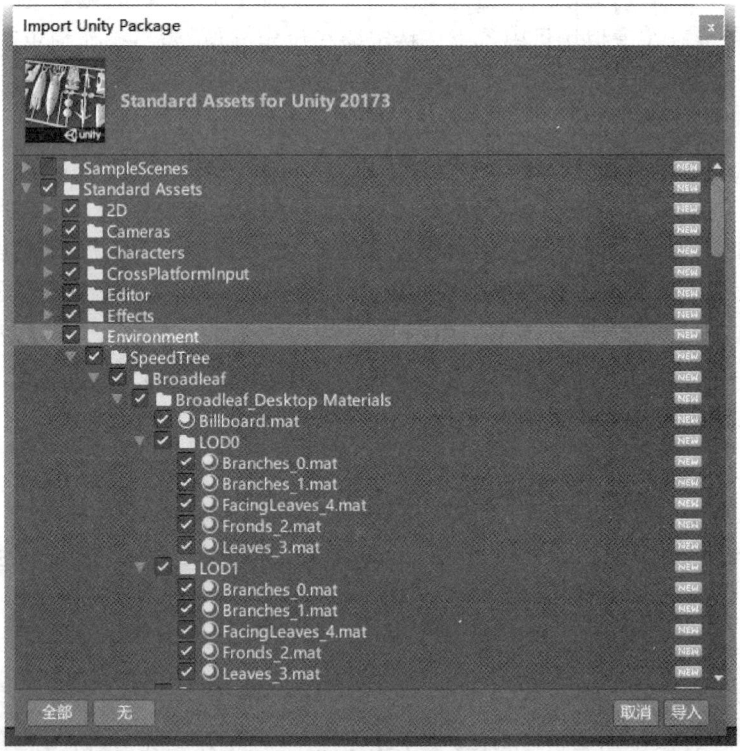

图 5.2 标准资源包

2. 绘制地形

在 Hierarchy 窗口空白处右击，选择 3D Object→Terrain 命令创建一个基本地形。选择 Terrain，可以在 Inspector 视图的 Terrain 组件中找到 Mesh Resolution 属性，设置 Terrain 选项，如图 5.3 所示。这里设置 Terrain Width 和 Terrain Length 均为 100。

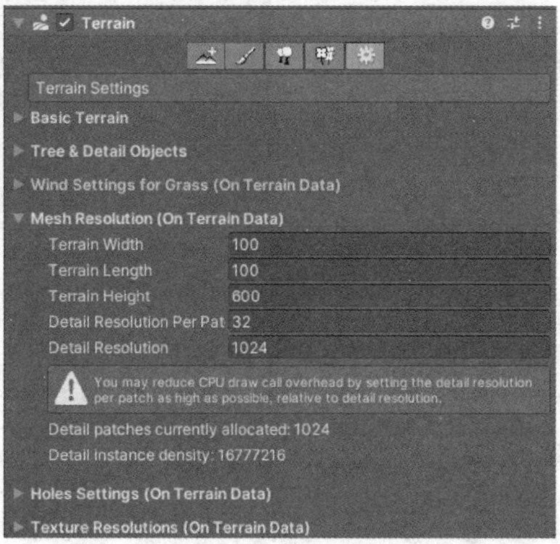

图 5.3　设置地形参数

选择 Terrain，在 Hierarchy 视图中选择主摄像机，可以在 Scene 视图中观察到地形，将其移到主摄像机适当的位置。在右边 Inspector 视图的 Terrain 组件中选择 Rains/Lower Terrain 工具，选择笔刷样式，然后在地形上刷就可以刷出突出山形，按住 Shift 键单击可以让山形重新凹平下去。

选择 Smooth Height 工具，可以平滑山形，使得地形过渡自然，不那么陡峭。可以先用大笔刷刷出大概，再用小笔刷刷细节，最后用笔刷平滑。选择不同的笔刷与贴图以及下面对笔刷大小等设置就可以刷出更复杂的地形来。选择 Paint Height 工具，然后选择“笔刷”可以输出平顶的山形，绘制地形效果如图 5.4 所示。

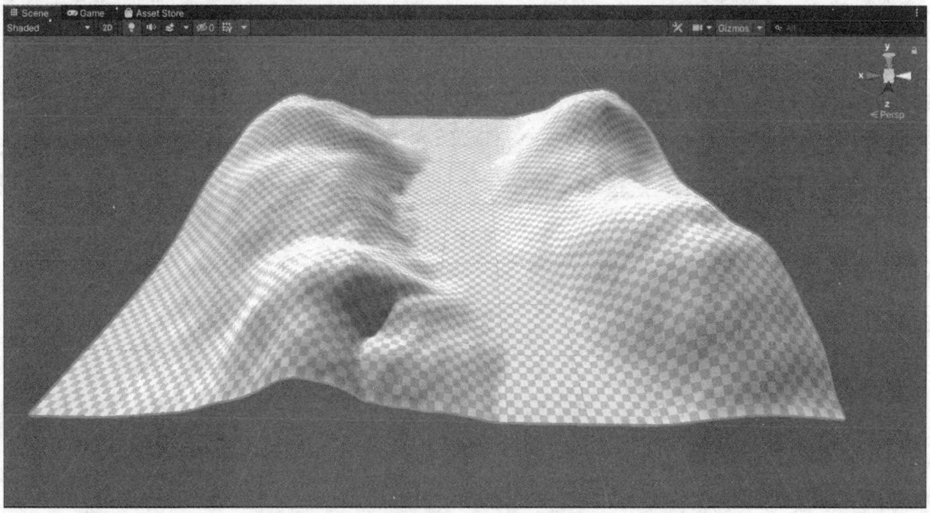

图 5.4　绘制地形效果

3. 绘制纹理

选择 Paint Texture 绘制纹理，然后选择 Edit Terrain Layers→Create Layer 命令添加地形图层，如图 5.5 所示，这个操作可以反复执行多次添加多个地形图层，最后在图层中选择需要的贴图，将贴图画在 Terrain 上面。注意在 Tiling Setting 中设置贴图的尺寸，并选择笔刷(Brushes)的大小、类型。

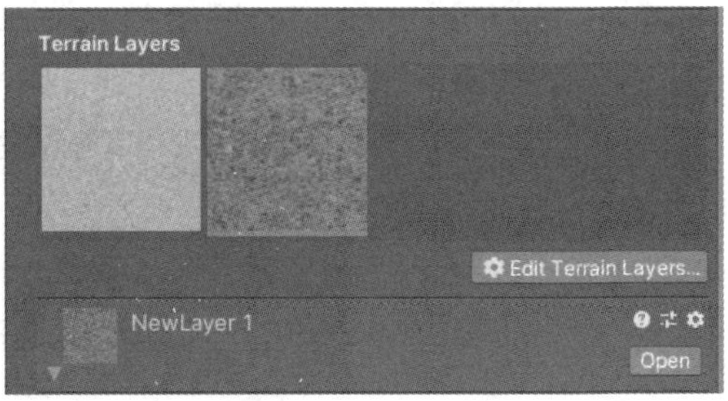

图 5.5　添加纹理图层

4. 绘制树木

选择 Terrain 组件中的 Paint Trees(绘制树木)工具，选择 Edit Trees→Add Tree 命令弹出对话框，选择 Tree Prafab 模型，这样操作也可以执行多次加入多个模型。在 Trees 中选择需要的模型，设置好绘制树木笔刷的大小、树的密度、高度和其他参数，然后在地形上单击鼠标即可将树木绘制到 Terrain 上面，绘制树木效果如图 5.6 所示。

图 5.6　绘制树木效果

树木是固定的、从地形表面生长出的三维对象。当一棵树被选中时，可以在地表上用绘制纹理或高度图的方式来绘制树木，为保证好的渲染效果，Unity 3D 对远距离树木进行了优化，以保持可以接受的帧率。按住 Shift 键并单击可从区域中移除树木，按住 Ctrl 键并单击则只绘制或移除当前选中的树木。

5. 绘制细节

选择 Terrain 组件中的 Paint Details(绘制细节)工具，选择 Edit Details→Add Grass Texture 命令弹出对话框，选择 Detail Texture 模型设置草地细节，如图 5.7 所示。这样操作也可以执行多次加入多个模型。草地使用二维图像进行渲染来表现草丛，而其他细节从标准网格中生成，绘制草地贴图效果如图 5.8 所示。注意，该效果在远视角中不可见。

6. 添加水特效

找到 Water 文件夹下的 Prefab 文件夹，其中包含两种水特效的预制件，可将其直接拖

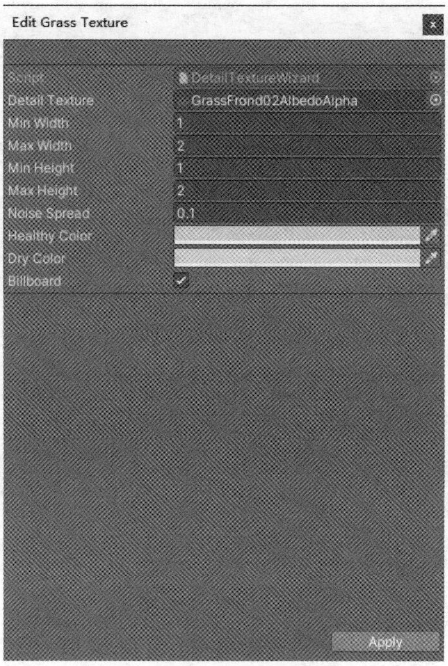

图 5.7　设置草地细节

图 5.8　绘制草地贴图效果

曳到场景中，这两种水特效功能较为丰富，能够实现反射和折射效果，并且可以对其波浪大小、反射扭曲等参数进行修改。

单击 Unity 3D 编辑器上的“运行”按钮，如图 5.9 所示，可以观察水效果。水波荡漾，效果比较符合现实。

7. 加入天空盒

完整的漫游场景还需要使用 Skybox（天空盒）技术来实现天空的效果，Skybox 资源并不包含在标准资源包中，需要用户通过外部导入。导入的天空盒资源包可以来自第三方建模软件开发的资源，也可以是在 Unity 3D 资源商店中共享的资源。在 Project 窗口中右击，

图 5.9 添加水特效

选择 Import Package→Custom Package 命令，选择要导入的 SkyBox.unitypackage 资源包。读者可以将 Project 中 SkyBox 文件夹中的天空盒直接拖曳到 Scene 中，也可以通过菜单添加。在场景中选择 Main Camera 摄像机，在菜单栏中选择 Component→Rendering→Skybox 命令为其添加 Skybox 组件，将 Clear Flags 设置为 Skybox，在 Custom Skybox 中选择 Skybox24 天空模型，如图 5.10 所示。

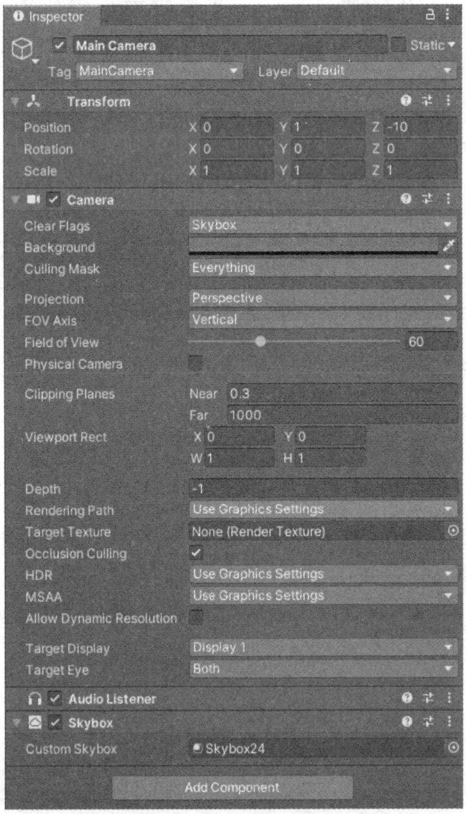

图 5.10 创建 Skybox 材质

在菜单栏中选择 Window→Lighting 命令，为场景添加 Skybox 组件，在 Skybox Material 中选择 Skybox24 天空模型，如图 5.11 所示。

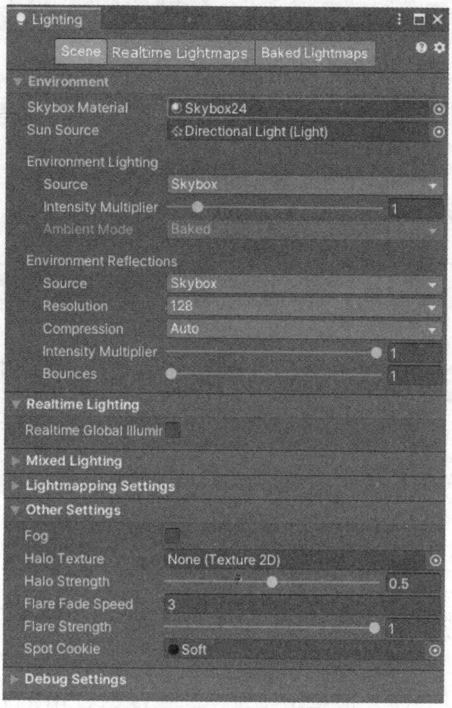

图 5.11 设置 Lighting 窗口

单击 Unity 3D 编辑器上的“运行”按钮，如图 5.12 所示，可以看到天空效果。

图 5.12 加入天空效果

8. 导入三维模型

在 Project 窗口中，右击，在弹出菜单中选择 Import Package 命令，分别导入利用三维建模软件创建的资源包 House、Boat 和 Simple Wood Bridge。在打开的对话框中，单击 Import 按钮，将资源导入到工程窗口中。然后，选择导入的资源的预制体 Prefab，按照场景要求拖入 Scene 场景中，并通过位移、缩放、旋转等操作，对场景内的资源进行布局。最终场景效果如图 5.13 所示。

图 5.13 最终场景效果

9. 添加物理碰撞

碰撞系统是模拟物体遇到障碍物时的物理响应。众所周知，物体在没有添加碰撞时，在场景中漫游会无视所有的物体，直穿而过。例如，场景中的建筑物会发生穿过墙体的现象，不符合实际情况。所以，为了逼真地模拟现实，需要对场景中的物体添加碰撞，它是漫游系统真实性实现的方式之一。

由于地面是由自带碰撞系统的 Terrain 地形制作而成，所以不需要添加碰撞系统。而对于其他的，尤其是资源包中导入的模型，则需要添加碰撞。

选中场景中的小房子，在 Inspector 窗口中，单击 Add Component 按钮添加 Box Collider 组件，然后单击所选物体的 Inspector 中 Box Collider 组件中的 Edit Collider 按钮，如图 5.14 所示，此时包围物体的碰撞体为可编辑状态，每个碰撞面的中心都有一个可编辑点，通过拖曳可编辑点实现对碰撞范围的编辑，最终使得碰撞体紧密包围建筑物即可。

图 5.14 添加碰撞体

5.2.2 虚拟漫游的实现

虚拟场景中的自主漫游，比较简单且常用的方式是用Unity Standard Assets中导入的Characters包，如图5.15所示，里面包含第一人称控制器FPSController，将第一人称控制器的FPSController.prefab预制体拖入场景中就可以用W、S、A、D按键实现前、后、左、右移动，控制器自带脚步音效，如图5.16所示，在第一视角的虚拟场景漫游中经常使用。需要注意的是，当把第一人称控制器的预制体拖入场景后，因其绑定有Camera组件，需要关闭或删除Hierarchy窗口中系统自带的Main Camera（主摄像头）才可以避免冲突，实现自主漫游。为了便于操作，在测试运行阶段也可以将鼠标在屏幕上显示出来，通过设置FPSController的Inspector窗口中First Person Controller（Script）组件中的Mouse Look属性，取消Lock Cursor参数即可。

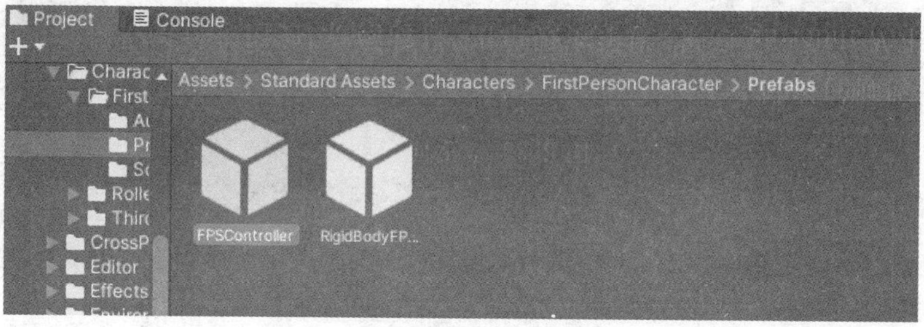

图5.15 第一人称控制器

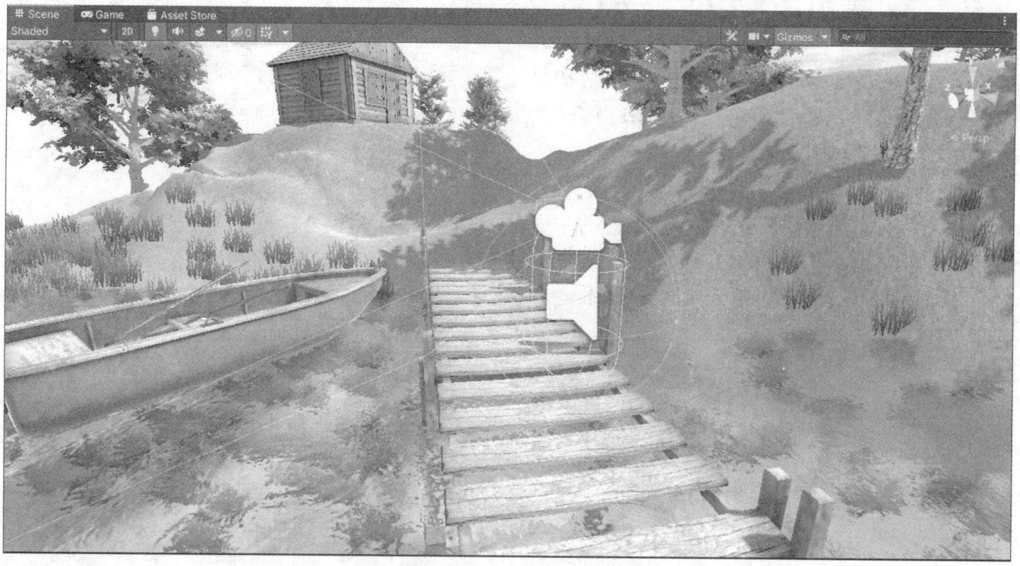

图5.16 添加第一人称预制体

需要提醒的是，在加入角色控制器后，运行有时会出现视线一直在往下掉的情况，用户会看到前面加入的树和地面在往上升，这是因为重力的作用，必须将First Person Controller的Gravity Multiplier选项设置为0，默认是2，这样就不会发生往下掉的情况了。如图5.17所示为第一视角自主漫游效果。

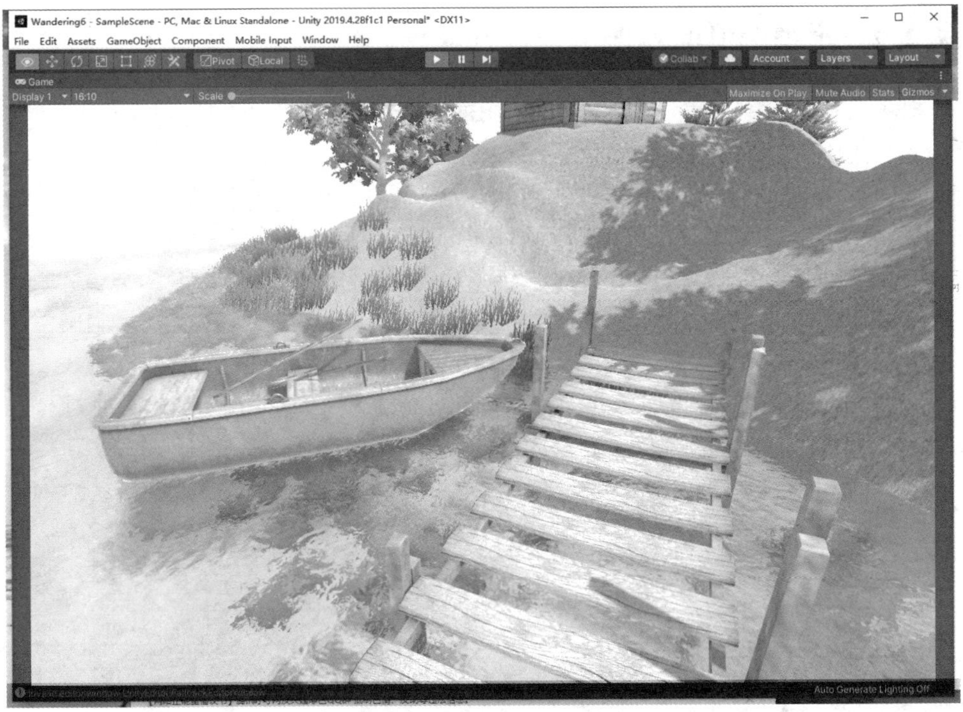

图 5.17 第一视角自主漫游效果

5.2.3 虚拟场景中的交互

完成虚拟场景第一视角自主漫游的功能后，接下来将通过为用户制定多种漫游方式（自动漫游、自主漫游），并通过按钮调用，来实现可视化集成虚拟场景漫游系统的所有功能。

1. 添加跳转按钮

(1) 打开场景 Wandering，在 Hierarchy 窗口中右击，选择 UI→Button 命令新建一个按钮。选中 Button，在 Inspector 窗口中，将其名字修改为 Automatic，如图 5.18 所示。

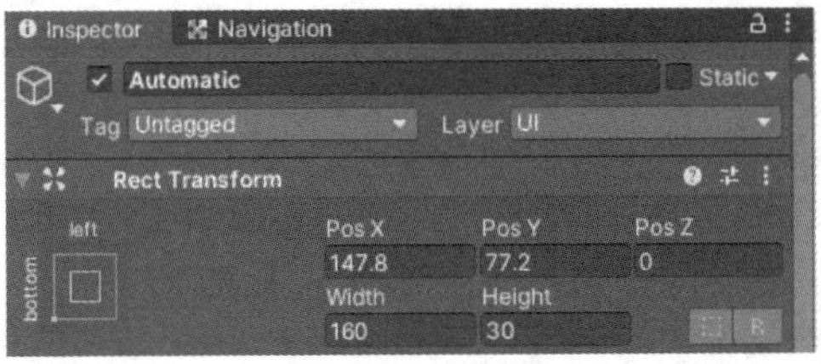

图 5.18 修改 Button 名字

(2) 选中 Automatic 按钮，在 Inspector 中，通过 Rect Transform 调整其在屏幕中的位置。选择九宫格图标，按住 Shift 键和鼠标左键，设置锚点在屏幕的正中间。按住 Alt 键和鼠标左键，设置 Automatic 按钮控件在屏幕的左下方。相关操作如图 5.19 所示。

(3) 利用 Photoshop 软件创建透明背景的“自动漫游”按钮图标，将按钮导入 Project 窗口中，在图标的 Inspector 中，修改 Texture Type 类型为 Sprite（2D and UI），如图 5.20 所示。

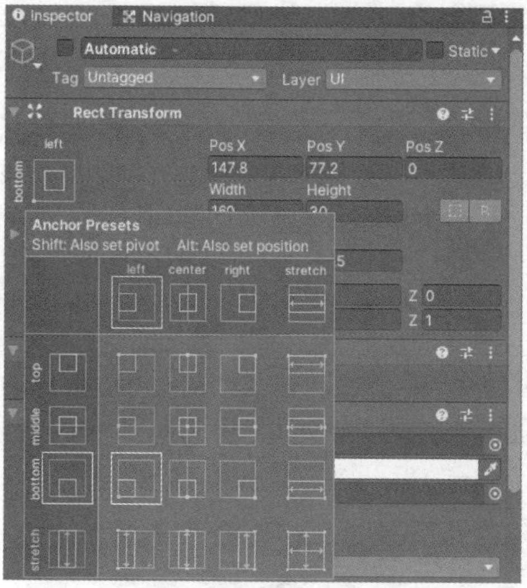

图 5.19　设置按钮控件位置

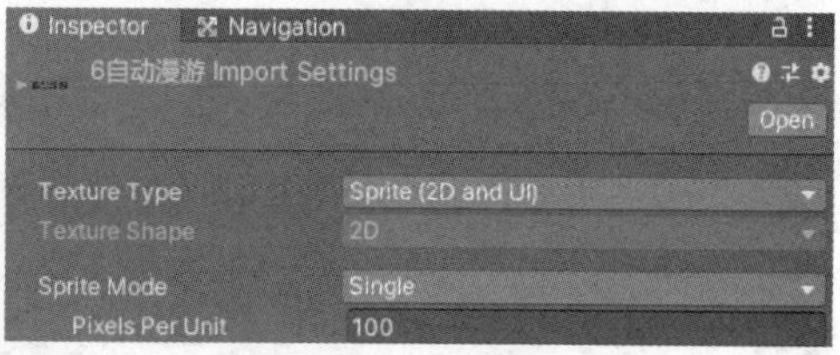

图 5.20　设置图标 Texture Type

（4）在 Project 窗口中，选择 Automatic，删除下属子控件 Text，调整 Inspector 中 Width 和 Height 的值到合适大小，并修改 Image 组件的 Source Image 值，选择“自动漫游”图标。调整后按钮组件如图 5.21 所示。

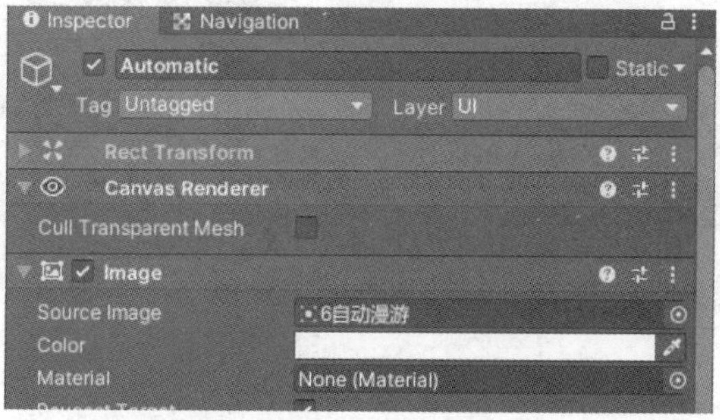

图 5.21　调整后按钮组件

（5）以同样的方式，添加“退出”按钮，效果如图 5.22 所示。

图 5.22　按钮效果

2. 自动漫游的实现

虚拟场景中的自主漫游，是以第一人称的角色视角浏览场景，通过 W、A、S、D 键或上、下、左、右方向按键控制角色的位置，拖曳鼠标进行视角的旋转，空格键完成跳跃。自动漫游与自主漫游不同，是通过特定触发条件，允许角色沿着既定路线进行漫游，可以通过 Animator 控制摄像机运动来实现。接下来我们通过关键点和漫游动画的制作，分别实现基于按钮的自动漫游和基于导航组件的自动漫游。

1）关键点的制作

（1）执行 File 菜单下的 Save as 命令，将场景另存为 AutoWandering，然后删除 AutoWandering 场景的 Hierarchy 窗口中非场景模型和灯光的其他物体，包括 FPSController、Canvas 等，仅保留场景模型和灯光。

（2）在 AutoWandering 场景的 Hierarchy 窗口中，右击选择新建 Camera 摄像机并选中，然后选择菜单 Window→Animation→Animation 命令，弹出 Animation 动画窗口，如图 5.23 所示，单击 Create 按钮，新建动画 AAutoMaticAni. anim。

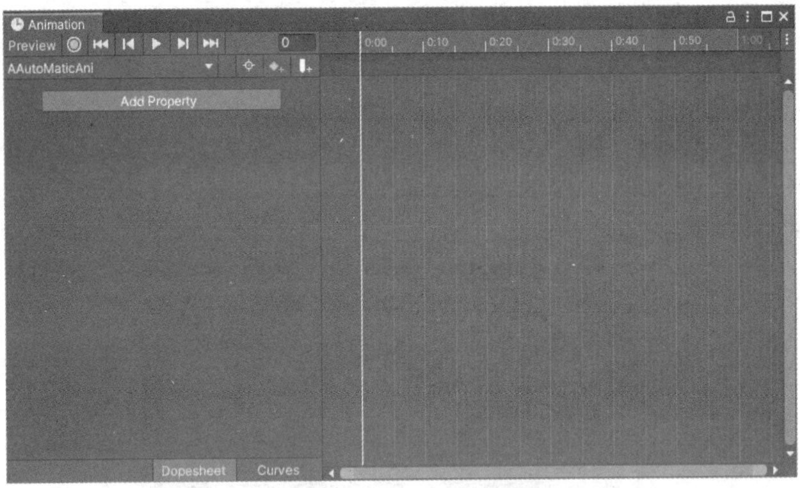

图 5.23　Animation 动画窗口

（3）单击 Add Property 按钮，选择 Camera 的 Transform 属性，为摄像机的 Position 和 Rotation 设置属性值。属性设置如图 5.24 所示，其中，方框内的数据为当前相机的位置和角度的数值。

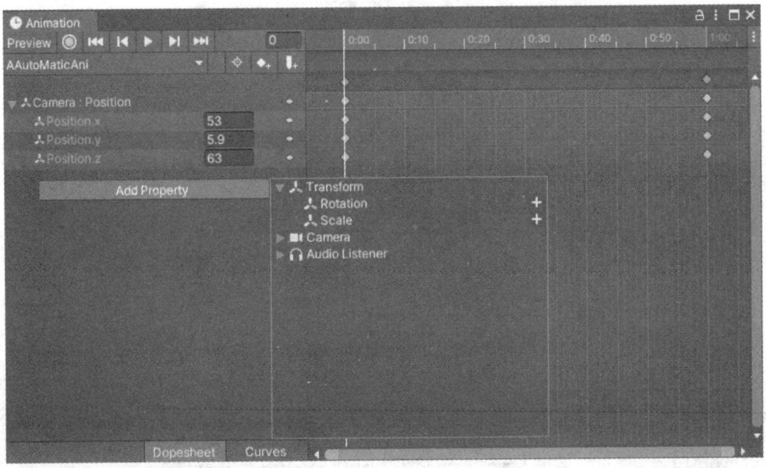

图 5.24　属性设置

(4) 在 Scene 场景中，按漫游设定的路线移动摄像机 Camera，确定下一个 Camera 位置，调整视角，按 Shift + Ctrl + F 组合键将摄像机视角与 Scene 视角同步。然后在 Animation 窗口中选择时间点，单击 Add keyframe 按钮添加关键帧。如图 5.25 所示，重复此过程，直到漫游路线的最后一个位置，即可获得摄像机的运动路径。为方便时间点选择，在 Animation 窗口中滚动鼠标滚轴可以缩放时间轴视图。

图 5.25　摄像机的运动路径

(5) 单击 Animation 对话框中的“录制”按钮，完成动画的录制。

(6) 关闭 Animation 对话框后，在 Project 中选择 AutoMaticAni 动画，在其 Inspector 窗口中，取消勾选 Loop Time 选项，取消后 Inspector 窗口如图 5.26 所示。

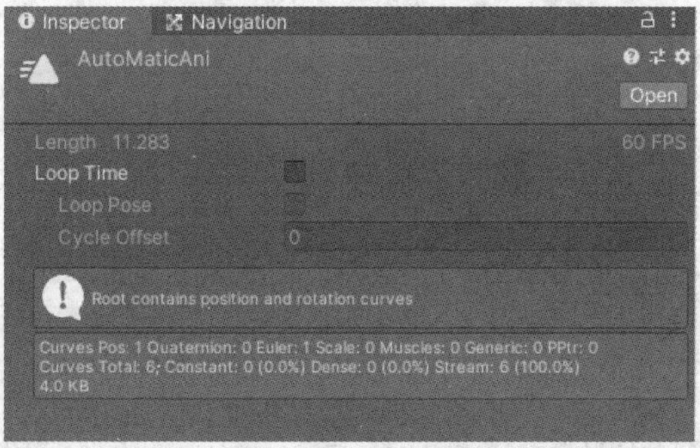

图 5.26　取消勾选 Loop Time

2) 漫游动画的制作

(1) 选择菜单栏 Window→Animation→Animator 命令，打开 Camera 的 Animator 窗口，右击选择 Create State→Empty 命令，新建一个空的状态 New State，新建过程如图 5.27 所示。

(2) 选择 New State，右击选择 Set as Layer Default State 将其设置为默认的初始状态，设置过程如图 5.28 所示。

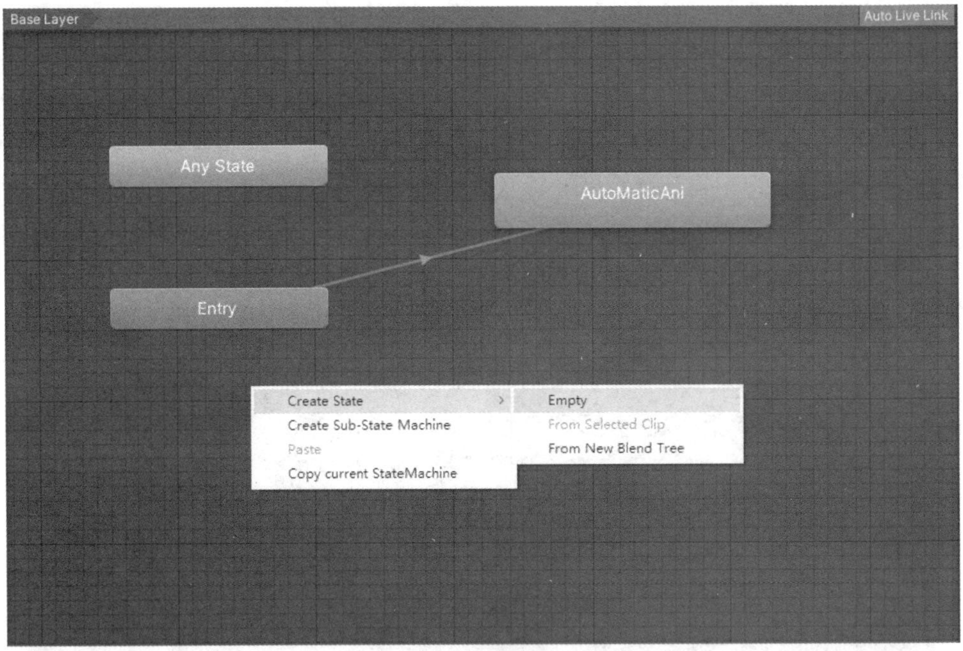

图 5.27 新建空的状态

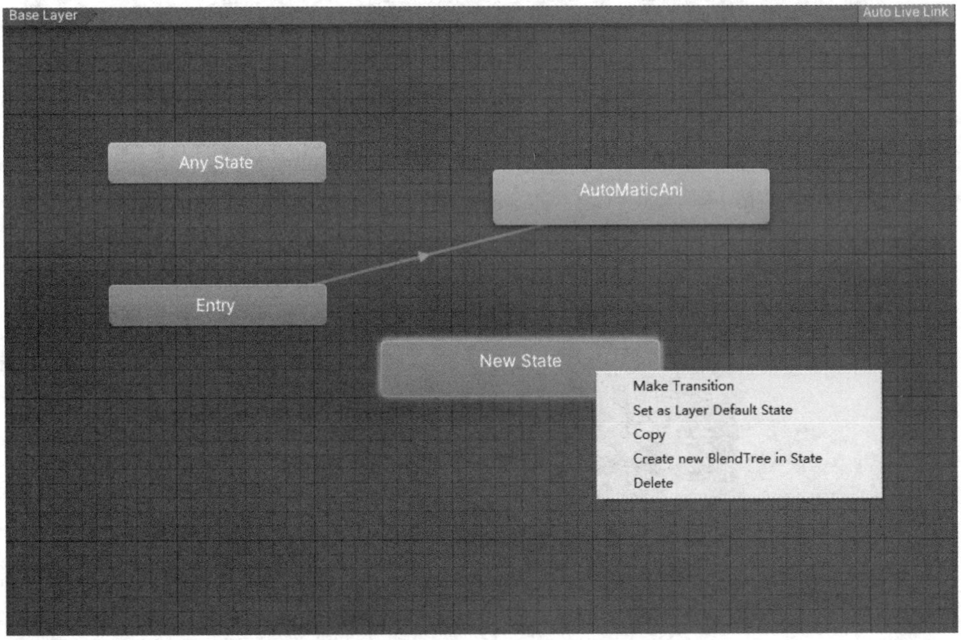

图 5.28 默认初始的状态

(3) 选择 New State,右击选择 Make Transition 命令,创建 New State 与 AutoMaticAni 之间的链接。同样,选择 AutoMaticAni,右击选择 Make Transition 命令,创建 AutoMaticAni 与 New State 之间的链接,如图 5.29 所示。

(4) 设置状态转换的条件。选择 Animator 窗口左侧的 Parameters,单击"+"(添加)按钮,在弹出的下拉菜单中选择 Bool,创建布尔类型的变量,如图 5.30 所示。在新建的框体

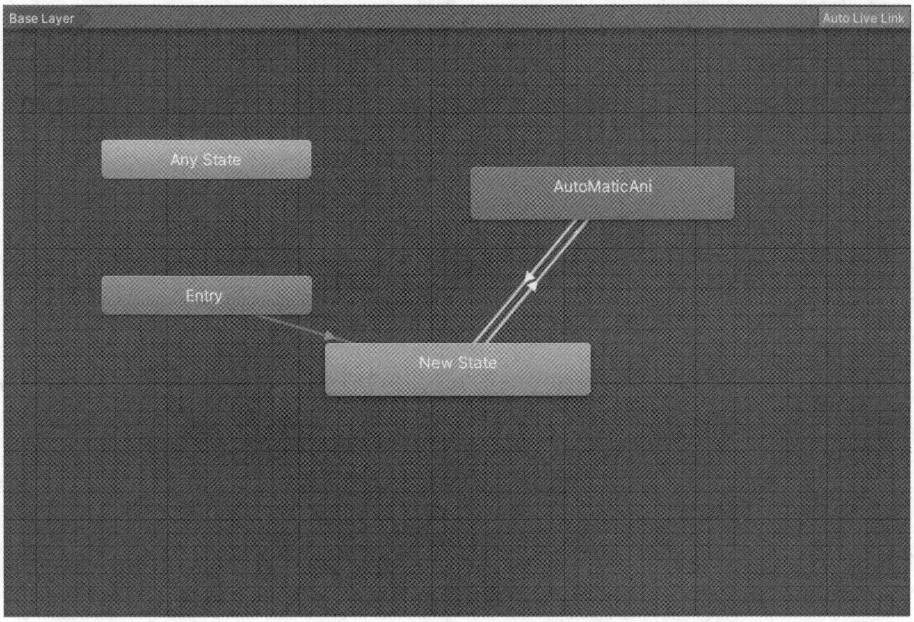

图 5.29　创建状态之间的链接

中输入变量的名字“IsRun”，名字后面的复选框，如果处于选中状态，表示变量的初始值为True；如果处于未选中状态，表示变量的初始值为 False。本案例中 IsRun 的初始值为Flase，即不勾选复选框。

（5）使用变量 IsRun 对 Animator 中的连线设置条件。通过鼠标单击选择 New State 到 AutoMaticAni 的连线，在 Inspector 窗口中，取消 Has Exit Time 的选择，单击“＋”按钮添加变量 IsRun，设置值为 True，如图 5.31 所示。

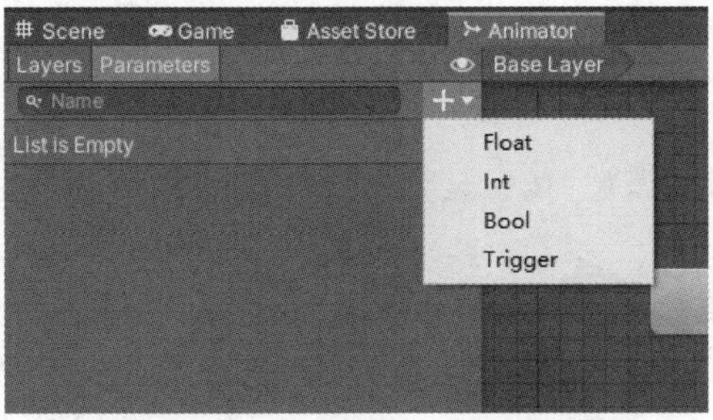

图 5.30　创建布尔类型的变量

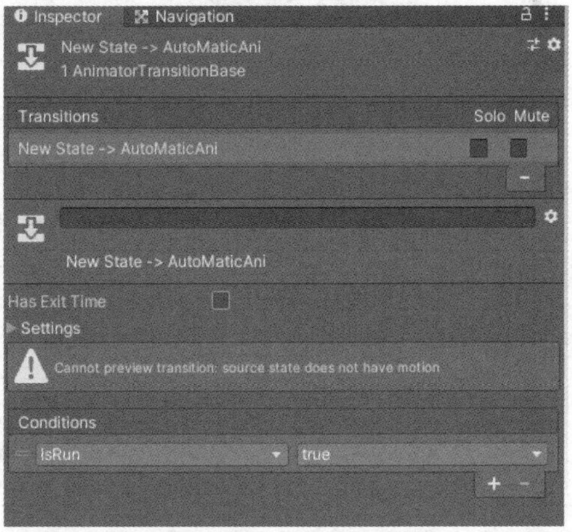

图 5.31　设置 New State 到 AutoMaticAni 的条件

（6）同样的方法，在 Animator 窗口中选择 AutoMaticAni 到 New State 的连线，单击“＋”按钮添加变量 IsRun，设置值为 False，如图 5.32 所示。

（7）在 AutoWandering 场景中添加“返回”按钮，作为中断自动漫游返回主页面的快捷方式，效果如图 5.33 所示。创建的添加和定位方法类似“自动漫游”按钮，这里就不再赘述。

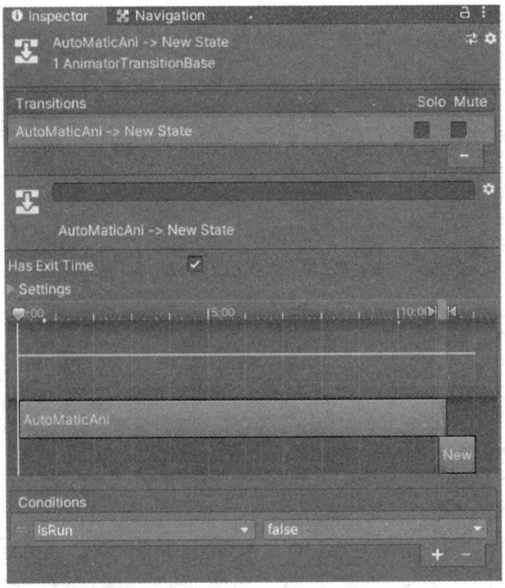

图 5.32 设置 AutoMaticAni 到 New State 的条件

图 5.33 “返回”按钮

3）漫游动画的控制

（1）打开 Wandering 场景，为了实现单击“自动漫游”按钮进行场景跳转的功能，需要为“自动漫游”按钮添加场景跳转控制代码。

（2）在 Project 窗口中，右击新建 C# Script，重命名为 AutoWanderingScript.cs。然后双击打开，在程序编辑器中输入以下代码。这里需要注意的是，因为要操作按钮进行场景跳转，所以需要引入类 UnityEngine.UI 和 SceneManagement。最后，将 AutoWanderingScript 脚本文件拖曳到 Hierarchy 窗口中的 Automatic“自动漫游”按钮上。AutoWanderingScript.cs 代码如下。

```
using System.Collections;
using System.Collections.Generic;
using UnityEngine;
using UnityEngine.UI;
```

```
using UnityEngine.SceneManagement;
public class AutoWanderingScript : MonoBehaviour
{
    // Start is called before the first frame update
    void Start()
    {
        GetComponent<Button>().onClick.AddListener(OnClick);   //监听按钮
    }
     void OnClick()
    {
        SceneManager.LoadScene("AutoWandering");               //场景跳转
    }
}
```

(3) 为了使自动漫游能够自动运行,还需要用代码控制 AutoWandering 场景中的 Camera 的动画控制器 AutoMaticAni。新建 C# Script,重命名为 RunScript.cs,将其挂载到 Camera 摄像机上。RunScript.cs 代码如下。

```
using System.Collections;
using System.Collections.Generic;
using UnityEngine;
public class RunScript : MonoBehaviour
{
    private Animator ani;
    // Start is called before the first frame update
    void Start()
    {
        ani = GetComponent<Animator>();    //找到动画控制器
        ani.SetBool("IsRun",true);         //设置动画控制器变量的值
    }
    // Update is called once per frame
    void Update()
    {
    }
}
```

4) 基于导航组件实现自动漫游

"自动漫游"可以理解为通过构造一系列关键点组成的行走路线,程序控制按照规定好的路线来漫游场景。Unity 中自带的导航系统(Navigation)是实现动态物体自动寻路的一种技术,根据开发者所编辑的场景内容,自动地生成用于导航的网格。实际导航时,只需要给导航物体挂载导航组件,导航物体便会自行根据目标点来寻找符合条件的路线,并沿着路线行进到目的地。因此,自动漫游也可以借助 Navigation 系统来实现。具体过程如下。

(1) 前期静态导航设置。将 AutoWandering 场景中的所有几何对象选中,然后在 Inspector 视图中,在 Static 下拉列表中勾选 Navigation Static,将所有对象标记为 Navigation Static(静态导航)。

(2) 烘焙导航网格。选择菜单栏中的 Window→AI→Navigation 命令,如图 5.34 所示,在弹出的 Navigation 窗口中,单击 Bake 标签,设置 Bake 选项卡中的各项参数,例如,Agent Radius 设置为 0.3,Agent Height 设置为 1,Step Height 设置为 0.5 等。然后单击右下角

的 Bake 按钮,烘焙生成导航网格效果如图 5.35 所示。

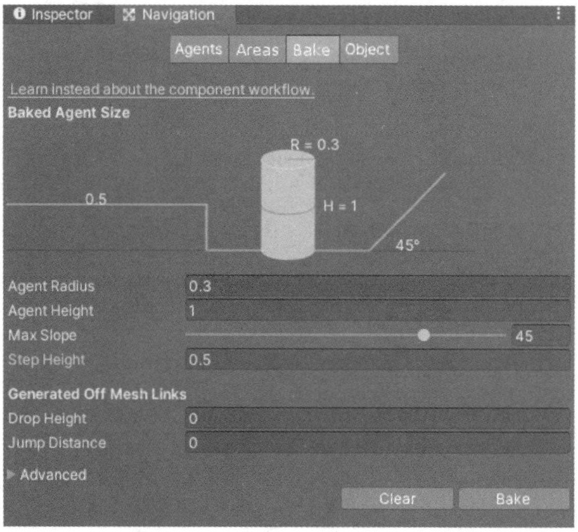

图 5.34　Navigation 窗口

图 5.35　烘焙生成导航网格

(3) 创建导航代理。新建一个 Capsule 对象并命名为 Player,设置其 Scale 为(0.5.1.0.5),然后选择菜单栏中的 Component→Navigation→NavMesh Agent 命令,为 Player 对象添加导航代理组件。

(4) 设置漫游路径的关键点。添加一个空物体,命名为 Nav_Patrolling。然后,创建多个空物体作为 Nav_Patrolling 的子物体,放置在场景的关键位置,分别以漫游的顺序序号命名,代表着漫游路径中的关键点,关键点名称如图 5.36 所示。

(5) 代码控制实现自动漫游。在 Project 窗口中创建 C# Script 代码,命名为 Nav_Patrolling.cs,然后将代码绑定到移动对象 Player 中,并将 Nav_Patrolling 组件中的路径设为代码中的漫游关键点 patrolWayPoints。Nav_Patrolling.cs 代码如下。

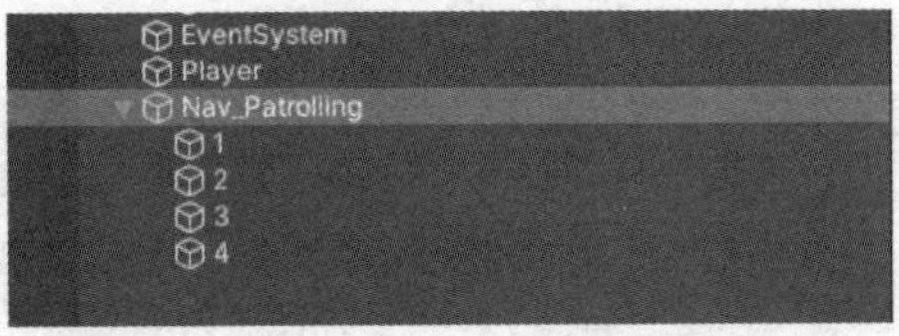

图 5.36 关键点

```
using System.Collections;
using System.Collections.Generic;
using UnityEngine;
using UnityEngine.AI;
public class Nav_Patrolling : MonoBehaviour
{
    public float patrolSpeed = 2f;                  //漫游的速度
    public float patrolWaitTime = 1f;               //每个关键点等待的时间为 1s
    public Transform patrolWayPoints;               //漫游点
    private NavMeshAgent agent;                     //智能体
    private float patrolTimer;                      //每个关键点的停留时间
    private int wayPointIndex;                      //漫游关键点的编号
    // Start is called before the first frame update
    void Start()
    {
        agent = GetComponent<NavMeshAgent>();       //找到漫游的智能体
    }
    // Update is called once per frame
    void Update()
    {
        Patrolling();
    }
    void Patrolling()
    {
        agent.speed = patrolSpeed;
        if (!agent.pathPending && agent.remainingDistance <= agent.stoppingDistance)//剩余
//距离小于 stoppingDistance 则计算持续时间,否则持续时间为 0
        {
            patrolTimer += Time.deltaTime;          //持续时间
            if (wayPointIndex == patrolWayPoints.childCount - 1)//如果是最后一个结点,则
//编号为 0,否则++,持续时间改为 0
            {
                wayPointIndex = 0;
            }
            else
            {
                wayPointIndex++;
            }
            patrolTimer = 0;
        }
        else{
        patrolTimer = 0;
            }
        agent.destination = patrolWayPoints.GetChild(wayPointIndex).position; //制定下一
//个目标点的位置
    }
}
```

设置关键点后，Nav_Patrolling 组件如图 5.37 所示。

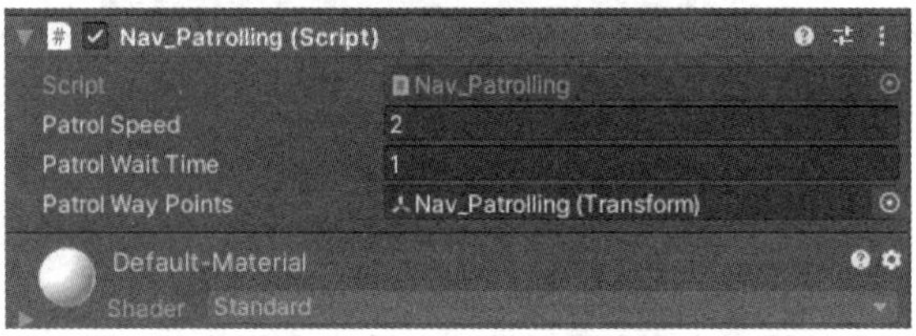

图 5.37　Nav_Patrolling 组件

(6) 相机跟随 Player，提升沉浸体验效果。采用固定摄像机的方法，将摄像机放置在主角头部上方靠后的位置，在主角移动的过程中，摄像机也随着移动。在 Project 窗口中创建 C# Script 代码，命名为 CameraFollow.cs，代码挂载在 Camera 上，并将移动对象 Player 与代码中的 follow 相连。CameraFollow.cs 代码如下。

```
using System.Collections;
using System.Collections.Generic;
using UnityEngine;
public class CameraFollow : MonoBehaviour
{
    public float disAway = 1.7f;
    public float disUp = 1.3f;
    public float smooth = 2f;
    private Vector3 m_TargetPosition;
    public Transform follow;
    // Start is called before the first frame update
    void Start()
    {
    }
        // Update is called once per frame
    void Update()
    {
         m_TargetPosition = follow.position + Vector3.up * disUp - follow.forward * disAway;
         transform.position = Vector3.Lerp(transform.position, m_TargetPosition, Time.deltaTime * smooth);
        transform.LookAt(follow);
    }
}
```

在运行的过程中，如果不想看到第三人称对象 Player，则可以选择 Player 的 Inspector 窗口下的 Mesh Renderer，取消勾选即可。

3. 返回与退出

“返回”按钮的功能是从自动漫游的场景跳转到初始场景，“退出”按钮的功能是结束程序，退出漫游场景。

1) “返回”按钮的实现

从自动漫游的场景返回，首先需要将自动漫游场景中的自动漫游关闭，然后再跳转到初始场景。“返回”按钮的代码为 BackScript.cs，编辑完成后将 BackScript.cs 文件直接拖放到 AutoWandering 场景的 Hierarchy 窗口中的 Return 按钮上。BackScript.cs 代码如下。

```
using System.Collections;
using System.Collections.Generic;
using UnityEngine;
using UnityEngine.UI;
using UnityEngine.SceneManagement;

public class BackScript : MonoBehaviour
{
    private Animator ani;
    // Start is called before the first frame update
    void Start()
    {
        GetComponent<Button>().onClick.AddListener(OnClick);
        ani = GameObject.Find("Camera").GetComponent<Animator>();
}

    void OnClick()
    {
        ani.SetBool("IsRun",false);                //动画关闭,设置变量 IsRun 为 False
        SceneManager.LoadScene("Wandering");
    }
}
```

2)“退出”按钮的实现

“退出”不是退出自动漫游状态,而是退出整个虚拟漫游系统,结束虚拟漫游程序,所以通常出现在最顶层的界面或漫游窗口中。“退出”按钮的代码是 ExitScript.cs,编辑完成后将 ExitScript.cs 直接拖入 Wandering 场景的 Hierarchy 窗口中的 Exit 按钮上。ExitScript.cs 代码如下。

```
using System.Collections;
using System.Collections.Generic;
using UnityEngine;
using UnityEngine.UI;
using UnityEngine.SceneManagement;

public class ExitScript : MonoBehaviour
{
    // Start is called before the first frame update
    void Start()
    {
        GetComponent<Button>().onClick.AddListener(OnClick);
    }
    // Update is called once per frame
    void OnClick()
    {
        Application.Quit();
    }
}
```

至此,自主漫游和自动漫游功能均已经实现,选择 File→Build Setting 命令,在弹出的对话框中,分别将 Wandering 和 AutoWandering 场景添加到生成场景中,即可通过按钮实现两种不同漫游方式的切换。场景漫游最终效果如图 5.38 所示。

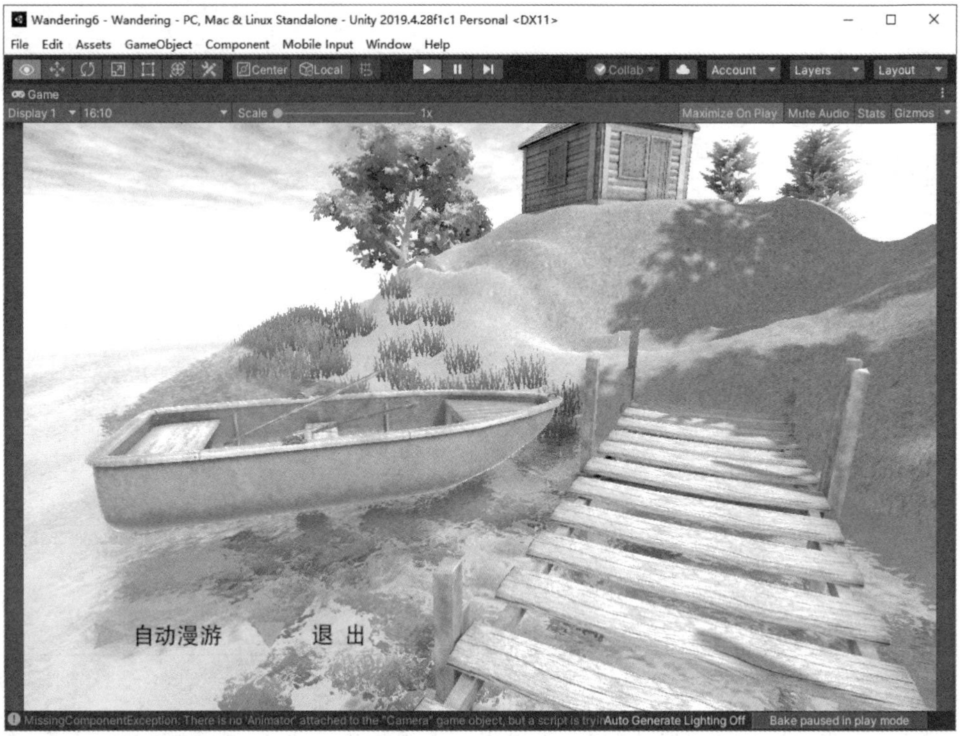

图 5.38 自主漫游与自动漫游场景效果

5.3 虚拟场景的跳转

5.3.1 场景的创建与管理

为丰富场景漫游的内容，可以利用外部资源导入的方式构建新的场景。在 Project 窗口中右击，选择 Import package→Custom package 命令，在弹出的窗口中选择 POLYGON City Pack. unitypackage。这是由 Synty Studios 呈现的一个包含角色、建筑物、道具、车辆和环境资产的低多边形资产包，用于创建基于城市的多边形风格游戏。

导入资源后，在 Project 中会出现 POLYGON city pack 文件夹，找到并双击打开 scene 文件夹下的 DemoScene. unity，可以看到如图 5.39 所示场景效果。

选择 Standard Assets→Characters→FirstPersonCharacter→Prefabs→FPSController. prefab 文件，将其拖曳到 DemoScene 场景中，调整到合适的位置，单击“运行”按钮，即可实现第一人称视角的自主漫游。注意：为了防止边缘跌落，建议创建一个 Cube 并调整合适宽度和高度，摆放在碰撞无法通过的位置，取消勾选网格碰撞器 Mesh Collider 即可形成一堵隐形的碰撞墙。

5.3.2 虚拟漫游的界面设计

虚拟漫游的界面设计通常采用 UI 元素实现，本例通过三个按钮分别实现两个场景的

图 5.39　DemoScene 场景效果

漫游进入和退出漫游系统功能，步骤如下。

（1）添加新 Scene，在 Hierarchy 窗口中右击添加 UI→Image，并将 Image 修改为 background。选择 background 对象，单击 Inspector 窗口，按住键盘上的 Alt 键，同时单击 Inspector 窗口中的 stretch 图标，此时可以将 background 对象铺满整个 UI 界面背景。

（2）导入 bg.jpg 图片并选中，在 Inspector 中修改纹理类型为 Sprite(2D 和 UI)，单击右下角的 Apply 按钮，然后将其拖曳到 background 对象 Image 组件 SourceImage 中，也可以直接拖曳到 Hierarchy 窗口的 background 上。

（3）给 background 对象添加子元素 Button，修改 Button 名称为 Nature，删除 Button 子元素 Text，通过精灵图片替换 Inspector 窗口中按钮的 Source Image，得到“漫游自然”按钮。采用类似方法分别添加“漫游城市”和“退出”按钮，效果如图 5.40 所示。

图 5.40　漫游系统界面

(4) 保存场景名为 Start. unity，并将其加入到 Build Setting 窗口 Scenes In Build 选框中，并确保 Start 场景编号为 0。

截至目前，在 Project 中一共添加了 4 个场景，分别为 Start、AutoWandering、Wandering 和 DemoScene，打开 File 菜单下的 Build Setting 窗口，可以利用鼠标直接将其他三个场景从 Project 窗口拖曳添加到 Scenes In Build 选框中，此时四个场景均有一个编号。Build Setting 设置如图 5.41 所示。

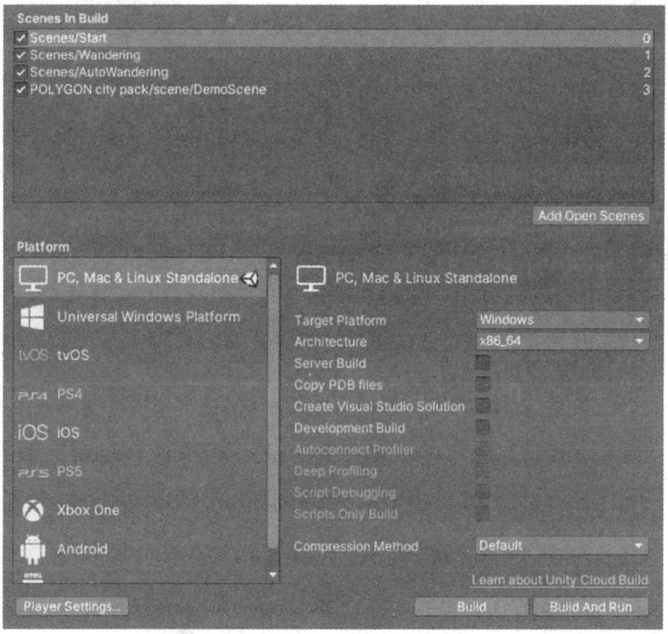

图 5.41 Build Setting 设置

5.3.3 场景跳转漫游

本节想实现的效果，是通过一个 Start 场景的 UI 界面上的按钮，分别触发前面完成的 Wandering 和 City 两个场景的漫游。其中，Wandering 除了可以自主漫游外，还保留"自动漫游"按钮和返回功能，在 Wandering 场景窗口中的"退出"按钮可以返回到 Start 起始场景 UI。不管是 Wandering 和 City 任一场景的漫游过程中，只要按了 Esc 键即可终止漫游，返回到 Start 起始场景 UI，UI 界面中的"退出"按钮可以终止漫游程序，退出虚拟场景。实现过程主要从两个方面考虑，一是单击 UI 界面按钮的进入环节，二是漫游过程中的返回和退出环节。

1. UI 界面按钮实现场景跳转

在 Project 窗口中右击，新建 C# Script，保存名称为 Control. cs，代码如下。

```
using System.Collections;
using System.Collections.Generic;
using UnityEngine;
using UnityEngine.SceneManagement;
```

```
public class Control : MonoBehaviour
{
    public GameObject UIbg;

    // Start is called before the first frame update
    void Start()
    {
        UIbg.SetActive(true);
    }

    public void Return() {
        SceneManager.LoadScene(0);
        UIbg.SetActive(true);
    }
    public void Quit() {
        Application.Quit();
    }
    public void LoadScene1(){
        SceneManager.LoadScene(1);
    }
    public void LoadScene3()
    {
        SceneManager.LoadScene(3);
    }
}
```

将完成后的 Control.cs 代码挂载到 Hierarchy 窗口中的 Canvas 画布上,并通过鼠标拖曳设置 Control 组件的 UIbg 为 background,此时 Control 组件设置如图 5.42 所示。

图 5.42 Control 组件设置

单击 Exit 按钮,在 Inspector 窗口中设置 Button 组件的 OnClick()事件,添加 Canvas 对象,并选择 Control.Quit 事件方法。此时 OnClick()属性设置如图 5.43 所示。

图 5.43 属性设置

同样方法,分别为 Nature 按钮设置 Button 中的 OnClick()事件,添加 Canvas 对象并选择 Control.LoadScene1 事件方法,为 City 按钮设置 Button 中的 OnClick()事件添加 Canvas 对象并选择 Control.LoadScene3 事件方法,最后保存场景 Start。

2. 漫游过程中按 Esc 键返回

在 Project 窗口中右击,新建 C# Script,保存名称为 Getout.cs,代码如下。

```
using System.Collections;
using System.Collections.Generic;
```

```
using UnityEngine;
using UnityEngine.SceneManagement;

public class Getout : MonoBehaviour
{
    // Update is called once per frame
    void Update()
    {
    if(Input.GetKeyDown(KeyCode.Escape)→→Input.GetKeyDown(KeyCode.Home))
        {
            SceneManager.LoadScene(0);
        }
    }
}
```

打开 Wandering 场景，在 Hierarchy 窗口中选中 FPSControl 对象，将代码 Getout.cs 挂载到第一视角 FPSControl 对象身上。注意，如果弹出 Cannot restructure Prefab Instance 警告窗口，单击 Open Prefab 按钮即可。

打开 DemoScene 场景，在 Hierarchy 窗口中选中 FPSControl 对象，同样方法确保将代码 Getout.cs 挂载到第一视角 FPSControl 对象身上。这样就可以实现在漫游过程中，可以随时通过按 Esc 键返回到 Start 场景 UI 界面。

注意：测试运行的虚拟漫游很多功能无法呈现，尤其是按钮的触发效果，只有发布出来才可以完整运行。同时，在跳转到其他场景漫游时，跳转后的场景会出现光照烘焙的问题，缺乏光照效果。解决的办法是提前进行光照渲染。

要为多个场景同时烘焙光照贴图，只需要打开所有需要操作的场景，在 Window→Rendering→Lighting 窗口中关闭 Auto Genarate 选项，然后单击 Genarate Lighting 按钮即可。

5.4 虚拟漫游系统的设置与发布

选择 File→Build Setting 命令，可以打开发布设置窗口，如图 5.44 所示，其中包含多个发布选项。Unity 开发的项目支持发布到多个平台，Web 和 PC 版是免费发布的，其他平台的发布则需要付费并安装相应的发布插件。发布出来的虚拟场景漫游系统在任何一台不联网的对应类型 PC 上都可以运行。

Scenes In Build 一栏是一个场景列表，默认是空的。如果在场景列表为空的时候发布，则只会将当前正在编辑的场景发布出去并启动场景。这有利于我们快速做一些独立场景的测试工作。正式发布的系统往往包含多个场景，有两种方式添加场景：一是单击 Add Open Scenes 按钮，将打开正在编辑的场景加入栏目；二是直接将保存的场景文件从 Project 窗口拖动到发布窗口栏中。

拖动场景到列表中后，每个场景都被分配了一个数字，其中，0 是漫游开始后第一个被自动加载的场景。如果已经添加多个场景文件并且希望重新排列它们的顺序，只需要在列表中选中并拖动以交换场景。选中一个场景并按 Delete 键就可以删除某个已经添加的场景。

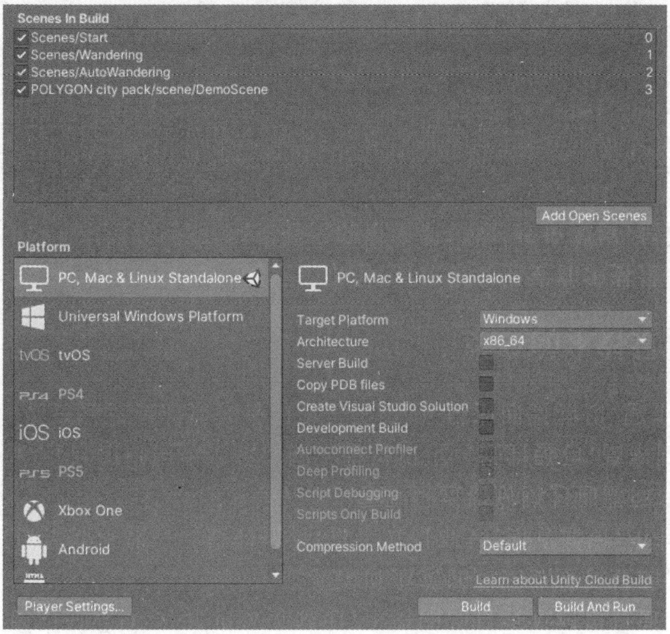

图 5.44 Build Setting 对话框

PC 版本虚拟场景漫游系统在运行时,可以发布选择 Windows 复选框,可以选择窗口运行,可以设置窗口大小;或者选择全屏运行。发布的可执行文件如图 5.45 所示。发布时建议新建一个文件夹,单独存放发布出来的可执行文件及其配套文件,文件之间的相对路径保持不变。

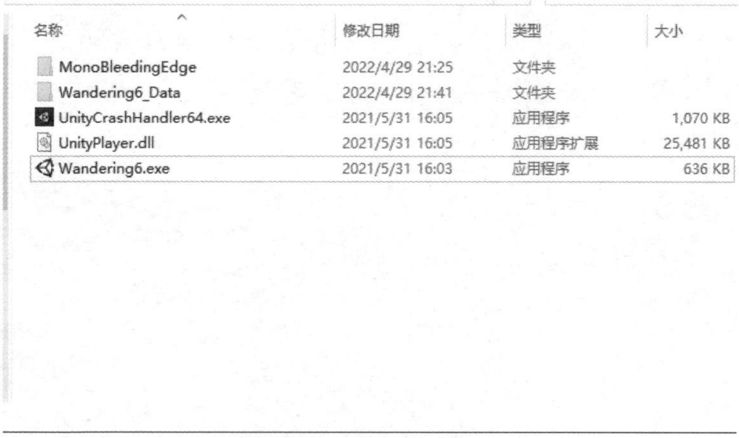

图 5.45 可执行文件

小结

本章主要介绍了虚拟漫游的概念,了解虚拟漫游制作流程,并利用一个完整实例逐步讲解了虚拟场景的创建和漫游实现,最后掌握虚拟场景跳转漫游与生成发布,发布出来的虚拟漫游系统可独立运行。

习题

一、填空题

1. 虚拟场景漫游设计与实现方法可归纳为三种：________、________和________。

2. 虚拟场景漫游的制作技术主要包括________和________。

3. 虚拟场景漫游的制作过程通常分为 4 个步骤：________、________、________和________。

4. 虚拟场景制作通常包括两种方法：一种是________；另一种是________。

二、简答题

1. 虚拟现实场景漫游方案具有哪些特色？

2. 请简述目前主流三维地形生成软件有哪些，各有什么特点。

3. 请简述虚拟漫游系统制作流程。

第 6 章

三维全景虚拟现实技术

学习目标

- 认识三维全景虚拟现实。
- 了解全景图的拍摄硬件。
- 熟悉全景图的拍摄及技巧。
- 掌握全景虚拟环境的软件实现。

三维全景虚拟现实技术是一种桌面虚拟现实技术,是目前迅速发展并流行的一个虚拟现实分支。三维全景技术并不是真正意义上的三维图形虚拟现实技术,它利用实景照片建立虚拟环境,给人们带来全新的真实现场感和交互式的体验,因而它在互联网上得到广泛的应用。

6.1 虚拟全景技术概述

6.1.1 全景图的概念

全景图也称为全景 Panorama、全景环视或 360°全景,从广义上讲,全景就是视角超过人的正常视角的图画,一般是指大于人的双眼正常有效视角(大约水平 90°,垂直 70°)或双眼余光视角(大约水平 180°,垂直 90°)以上,乃至 360°完整场景范围拍摄的照片。全景图实际上仅仅是一种对周围现象以某种些许联系进行映射生成的平面图画,只有经过全景播放器的纠正处置才能成为三维全景。

三维全景(Three-dimensional Panorama)是基于全景图像的真实场景制作的虚拟现实技术,如图 6.1 所示,把相机环 360°拍摄的一组或多组照片拼接成一个全景图像,通过计算机技术实现全方位真实场景还原展示,并具有较强的互动性,能用鼠标控制环视的方向,可左可右,可上可下,可近可远,可大可小,使人有身临其境的感觉。

长期以来,虚拟现实一直以"几何建模"为主,3ds Max、Maya 等三维建模软件的辉煌就印证了这一点。随着数字图像技术的发展,以三维全景逐步普及为突破口,"基于图像"的虚拟现实技术逐渐脱颖而出。三维全景以真实感强、生成全景图方便快捷的特点受到日益广

图 6.1 360°全景图

泛的关注。

数字三维全景，也就是通过对专业相机捕捉整个场景的图像信息，使用软件进行图片拼合，并用专门的播放器进行播放，即将平面照片及计算机图片变为 360°全景图像用于虚拟现实浏览。用拍摄得到的二维照片模拟成真实的三维空间，这是普通照片和三维数字建模技术都做不到的。虽然普通照片也可以起到展示和记录的作用，但是它的视角范围受限，也缺乏立体感，而数字三维全景在给用户提供全方位视角的基础上，还可以放大缩小，各个方向移动观看场景，给人带来三维立体体验。

三维全景技术是虚拟现实技术的一个分支。从实现方式上来说，虚拟现实可以分为完全沉浸式虚拟现实和半沉浸式虚拟现实。其中，完全沉浸式虚拟现实需要特殊设备辅助呈现场景和反馈感官知觉；半沉浸式虚拟现实强调简易性和实时性，普通设备如显示器、投影仪、扬声器等均可以作为其表现工具。三维全景技术属于半沉浸式虚拟现实。

6.1.2 全景技术的特点

三维全景技术和以往的建模、图片等表现形式相比，具有以下几个特点。

(1) 真实感强，通过实景采集获得完全真实的场景。全景图不是利用计算机生成的模拟图像，而是通过对物体进行实地拍摄，把拍下来的平面照片放在一个仿真的 3D 环境中去，并利用互联网的动态交互特点，给人以 3D 的感觉。这种全新的观看模式，有照片级的真实感，其构成环境是对现实世界的直接表现，最大程度上体现出立体感、沉浸感。

(2) 制作成本低，周期短，具有高效快捷的制作流程。与传统的虚拟现实技术相比，免去了技术复杂的建模过程，通过对现实场景的采集、处理和渲染，快速生成虚拟的场景。

(3) 交互性强。使用鼠标或键盘控制环视的方向，可以进行上下、左右、前后范围的漫游式浏览，也可以通过鼠标选择自己的视角，任意放大和缩小，如亲临现场般环视、俯瞰和仰视，或者通过热点凸显对重点区域的关注和拓展。

(4) 生成文件小，传输方便，发布格式丰富，传播性强。一般不需要再下载插件等，可以直接在 PC 端或移动端通过浏览器远程观看。

(5) 重复利用率高，可塑性强。可以根据不同需求实现用户的目标，同时 VR 场景可通过简单修改替换主题，以供长期使用，避免了平面广告时效性导致的资源浪费。

6.1.3 全景技术的分类

目前，虚拟全景技术的发展异常迅速，根据全景图外在的表现形式，全景技术可以分为柱形全景、球形全景、对象全景、立方体全景和全景视频等。

1. 柱形全景

柱形全景是最简单的全景，即通常所说的“环视”，如图 6.2 所示。这也正是大多数智能手机所具有的全景拍摄技术，通过人为水平 360°旋转，获得柱形的全景影像，或者是一个长画幅的伪全景。

柱形全景可以理解为以结点为中心，具有一定高度三维柱形全景的圆柱形平面，平面外部的景物投影在这个平面上。用户可以在全景图像中进行浏览，在水平方向上可 360°范围内任意切换视线，也可以在一个视线上改变视角，来取得接近或远离的效果，如图 6.3 所示。换句话说，用户可以用鼠标或键盘操作环水平 360°(或某一个大角度)观看四周的景色，并放大与缩小(推拉镜头)，但是用鼠标进行上下拖动时，上下的视野将受到限制，习惯上的说法，上看不到天顶，下也看不到地，只能左右移动，上下视野受到限制，视觉比较平面化。柱形全景图的真实感有限，但制作简单，属于全景图的早期模式应用。

图 6.2　柱形全景示意图

图 6.3　柱形全景图实例

2. 球形全景

球形全景是指其视角为水平 360°，垂直 180°，全视角 360°×180°观察球形全景时，如图 6.4 所示，观察者好像位于球的中心，通过鼠标、键盘的操作，可以观察到任何一个角度，让人融入虚拟环境之中。

因为特殊的外形，球形全景照片的制作比较复杂，首先必须用专业的鱼眼镜头拍摄 2～6 张照片，然后再用专门的软件把它们拼接起来，作成球面展开的全景图像，最后把全景照片作品嵌入网页中，如图 6.5 所示。球形全景产生的效果较好，所以有专家认为球形全景才是真正意义上的全景。球形全景在技术上实现较为困难。由于球形全景效果较完美，被作为全景技术发展的标准，已经有很多成熟的软硬件设备和技术，球形全景会因拍摄效果或软件缝合时的不同，产生比较大的差异。

目前球形拍摄的方式有以下两种。

图 6.4 球形全景示意图

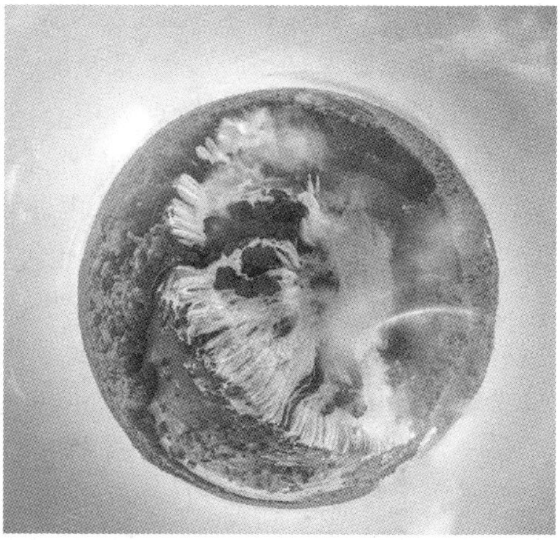

图 6.5 球形全景图实例

(1) 用常规片幅相机,以接片形式将拍摄对象,以及前、后、左、右、上、下所有周围场景都拍摄下来。展示时须将照片逐幅拼接起来,形成空心球形,画面朝内,然后观赏者在球内观看。

(2) 利用鱼眼镜头或常规镜头拍摄,然后利用专用软件拼接合成,这种形式所形成的影像只能借助计算机来观赏和演示。

这两种拍摄手法均称为内球球形全景。

3. 对象全景

与球形全景观察景物的视角相反,球形全景是从空间内的结点来看周围 360°的景观空间所生成的视图,对象全景是以一个物体为对象中心,观察者围绕着对象物体,从 360°的球面上的众多视点来看一个物体,从而生成该对象全方位的图像信息。基于观察方式的不同,对象全景在应用场合上与其他全景图有所区别。

对象全景技术提供了一种在 Internet 上逼真展示三维物体的新方法。它与其他全景技术的方法不同:拍摄时瞄准对象,然后转动对象,每转动一个角度,就拍摄一张照片,拍摄完成后,需要使用专业计算机软件进行编辑,用户就可用鼠标来控制物体旋转以及对象的放大与缩小,也可以把它们嵌入网页中,发布到网站上,采用对象全景技术进行商品展示,相比其他方式效果更加精彩,如图 6.6 所示。

从技术应用的角度看,对象全景技术更适合应用在 Internet 上的电子商务(E-Commerce)业务中。因为在电子商务的买卖过程中,与实体商店交易相比,其商品图片缺少对商品真实信息的表述,人们只能通过观看虚拟图片来判断商品的质量优劣,这一点对许多客户来说是有顾虑的。对象全景示意图则可以更全面地表现商品对象的外观。尽管目前电子商务依然采用传统的商品展示方法,即以二维图片为主,但随着技术的进步,用对象全景技术可进行三维效果的展示,比传统模式具有无可比拟的优势。特别是在服装、工艺品、电子产品、古代艺术品与现代艺术品等方面的展示上。

4. 立方体全景

这是另一种实现全景视角的拼合技术,和球形全景一样,视角也为水平 360°,垂直

图 6.6　对象全景示意图

180°。唯一与球形全景不同的是，立方体全景是将全景图分成了前后左右上下 6 个面，浏览的时候将 6 个面结合成一个密闭空间来显示整个水平和竖直的 360°全景，如图 6.7 所示。

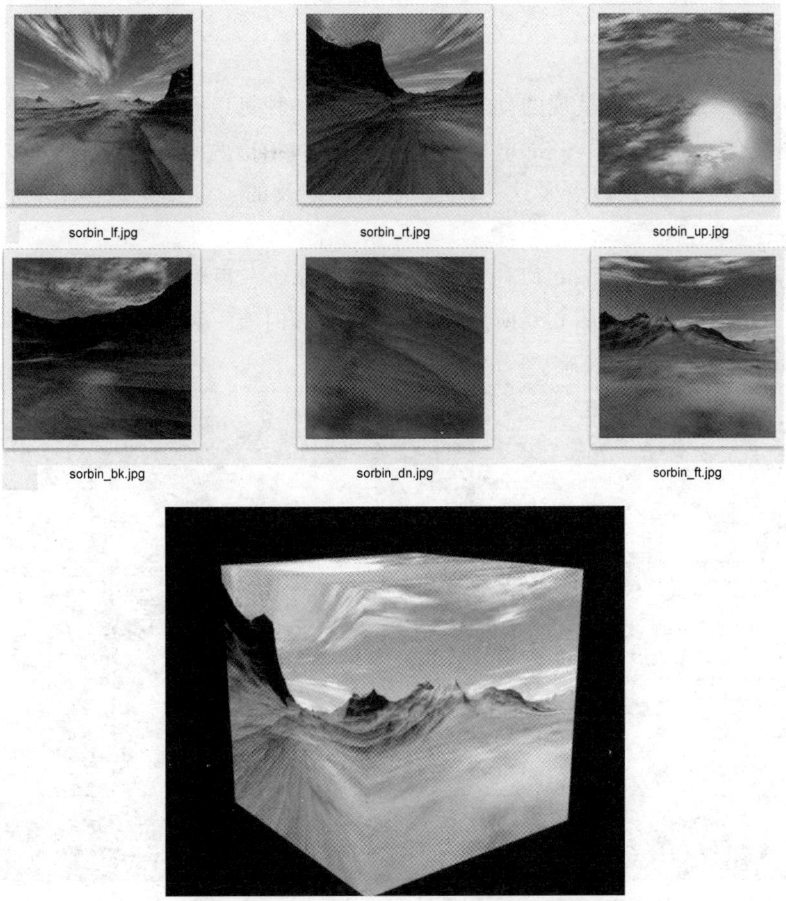

图 6.7　立方体全景示意图

与其他几何全景图制作方法相比，立方体全景照片的制作比较复杂。首先拍摄照片时，要把上、下、前、后、左、右 6 个面全部拍下来，也可以使用普通数码相机拍摄，只不过普通相机要拍摄很多张照片(最后拼合成 6 张照片)，然后再用专门的软件把它们拼接起来，作成立方体展开的全景图像，最后把全景照片嵌入展示的网页中。如图 6.8 所示，立方体全景相机位于立方体的中心，也是全视角。

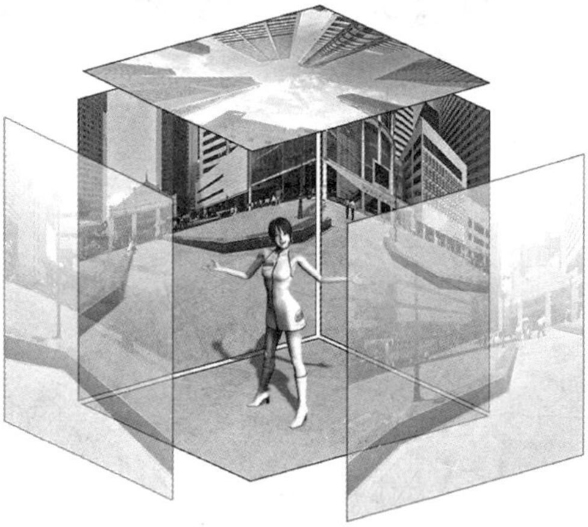

图 6.8 立方体成像

5. 全景视频

全景视频是以球形方式呈现的动态全景视频，是一种可以看到全方位、全角度的视频直播，又称球形视频。试想一下，一部电影的同一场景中，拍摄两个人物，需要分成两个及以上镜头分别拍摄，而全景相机改变了这一现状，眼睛所能及的一个场景范围内，所有人的表演一次拍摄即可完成。

全景视频可以上下左右 360°以任意角度拖动观看动态视频，360°全景视频的每一帧画面都是一个 360°的全景。如图 6.9 所示，观看全景视频时有一种身临其境的感觉，如果佩戴 VR 眼镜观看会有更强的沉浸感。

图 6.9 全景视频的一帧

全景视频是目前全景技术的发展方向，生成的是动态的球形视频。该技术带给人们的是一种全新的感受，其效果表现为全动态、全视角、带音响的全景虚拟，但该项技术对网络带宽的要求较高，目前正在快速发展过程之中。球形视频由专业制作人员拼接而成，使用了专业的视频后期处理软件，目前应用于旅游、房产、体育、娱乐、展览、演唱会等领域。

6.1.4 全景技术的应用

三维全景技术因其立体感强、沉浸感强、交互性强等优势，在旅游导览、虚拟展示、建筑装潢、汽车销售、博物馆、展览馆、剧院、虚拟校园、军事航天、招商投资等多个领域应用广泛。

1. 旅游导览

三维全景可以全方位、高清晰地展示景区的优美环境，给观众一种身临其境的体验，是旅游景区、旅游产品宣传推广的最佳创新手法，还可以用来制作风景区的讲解光盘、名片光盘、旅游纪念品、特色纪念品等，如图 6.10 所示。

图 6.10 三维全景旅游景区

2. 酒店展示

利用网络，用户可以在线浏览酒店外观、大厅、客房、会议厅等不同场所，通过三维全景展示酒店的环境和完善的服务，不仅能给顾客带来真实的感受，更能提高用户下订单的概率。在全景酒店中使用全景导航功能，用户可以随时随地地查找附近的酒店位置以及周围的环境，在全景展示中还可以标记重点区域的介绍和标记点进行单方位语音讲解，使用户更加全方位立体式地了解酒店和周围的场景，更有效地提升酒店的影响力，有利于酒店的发展，如图 6.11 所示。

3. 建筑装潢

房地产开发企业可以利用虚拟全景漫游技术，展示园区环境、楼盘外观、房屋结构布局、室内设计、装修风格、设施设备等。通过 Internet，购房者在家中即可仔细查看房屋的各个方面，从周边环境到院内景观，从建筑外墙到室内空间；室内自由漫步，足不出户全景看楼，如图 6.12 所示，线上看房，VR 选房，助推销售业绩迅速增长。也可以将虚拟全景制作成多媒体光盘赠送给购房者，让其与家人、朋友分享，增加客户忠诚度，进行更精准有效的传播。

图 6.11　三维全景展示酒店

还可以制作成触摸屏或者大屏幕现场演示，为购房者提供方便，节省交易时间和成本。如果房地产产品是分期开发，可以将已建成的小区作成全景漫游：对于开发商而言，是对已有产品的一种数字化整理归档；对于消费者而言，可以增加信任感，增强后期购买欲望。

图 6.12　三维全景展示样板间

4. 汽车销售

三维汽车展厅可以通过 Web 全景＋3D 模型的展示方式，高标准地还原车辆外观形态，用户可以身临其境地浏览车型，体验车辆在不同场景的展示、车辆关键性能、查看优惠信息等，无限模拟用户线下看车习惯，给用户带来更好的沉浸式购车体验，缩短用户的购车决策用时，且具备高度可复制性，一次投入，较低成本快速复制，一套策略和服务可以扩充无限市场。用户可以根据自己的喜好定制需求，在汽车展示界面上实时进行线上车辆颜色、轮毂样式更换，一站式打造专属定制车辆，升级消费体验。如图 6.13 所示，用户单击车门后自动进入车内，360°沉浸式查看内饰详情，搭配智能 AI 语音互动，讲解汽车配置，了解汽车功能，畅享 3D 高新技术带来的超现实体验。

图 6.13　车内三维全景展示

5. 特色场馆虚拟展示

包括博物馆、美术馆、展览馆、纪念馆、剧院等特色场馆三维全景虚拟展示应用。通过VR全景、3D开发和互联网技术将实体博物馆打造为基于网络的三维立体虚拟仿真展馆，将展馆的文物进行360°无死角展示，支持自由放大、缩小或者旋转三维文物，结合图片、音频及视频多样化的讲解，满足参观者对文物的视觉、听觉和触觉的感官需求。文物三维全景展示，真实还原展馆周围建筑、展馆陈列、馆内图文，将文物全面生动、逼真地再现在手机/PC端，线上与线下的结合、实体感与虚拟感的融合，为各年龄段不同群体、不同地域提供线上观览的便利。

以博物馆或者展览馆建筑的平面或二维地图导航，结合三维全景的导览功能，帮助观众穿梭于每个场馆之中，只需轻轻单击鼠标或按键即可实现全方位参观浏览，配以音乐和解说，更加身临其境。如图6.14所示，结合对象三维全景展示技术，游客不仅可以在博物馆或者科技馆内浏览参观，还可以单独选择其感兴趣的文物数字模型，任意旋转并放大缩小来仔细欣赏。

图 6.14　网上展厅全景展示

6. 全景校园

全景校园就是把三维全景技术应用在校园展示上，主要是为了让访问者(老师、学生及家长等)对校园场景的再现更加全面、直观，访问者只要通过计算机和网络就能360°感受真实场景的校园，仿佛身临其境般置身校园之中。校方也可以将学校需要展示的校园风貌(如学生生活区、商业区、食堂、休闲娱乐区和特色教学区等)以全景拍摄、3D多维展示以及搭建虚拟展厅等方式原样照搬在互联网上。实现线上720°旋转实景展示，场景720°无视觉死角进行虚拟漫游，同时个性化小行星开场方式及自定义导航按钮可提高视觉感受效果。如图6.15所示，全景校园可以全方位立体化展现校园环境风貌，提高学校曝光度和知名度。

图6.15 全景校园展示

7. 军事航天

在未来军事领域，通过采用高级可视模拟解决方案，提供几近真实的视觉效果。实时展现动态战场环境与态势感知，应用于军事领域的多维可视化仿真平台。采用三维视图与虚拟现实技术相结合，实现更为真实的态势显示。全景式显示，超精细细节，超大范围地形展示。视角范围从全球视角无级放大到微观细节观察视角，实现全空间范围的环境态势显示，以最优方式实现战场环境可视化。

在航天仿真领域中，三维全景漫游技术不但可以完善与发展该领域内的计算机仿真方法，还可以大大提高设计与实验的真实性、时效性和经济性，并能保障实验人员的人身安全。

6.2 全景图的拍摄硬件

6.2.1 全景拍摄设备

全景图的效果很大程度上取决于前期素材照片的质量，而素材照片的质量与所用的硬件设备关系极大。全景照片的拍摄通常需要的硬件有数码相机、鱼眼镜头、全景云台等，有时还需要使用旋转平台和航拍设备。

1. 数码相机

数码相机(Digital Camera,DC)是一种利用电子传感器把光学影像转换成电子数据的照相机。数码相机与普通照相机在胶卷上靠溴化银的化学变化来记录图像的原理不同，数码相机的传感器是一种光感应式的电荷耦合装置(Charge Coupled Device，CCD)或互补金属氧化物半导体(Complementary Metal Oxide Semiconductor，CMOS)，这两种成像元件的特点是光线通过时，能根据光线的不同转换为电子信号。一般情况下，相同分辨率下，CCD芯片的图像质量要优于CMOS芯片，但CMOS的价格比CCD便宜，市场上大部分消费级别以及高端数码相机都是用CCD作为感应器，如图6.16所示为尼康D700数码相机。光线通过镜头或者镜头组进入相机，通过成像元件转换为数字信号，数字信号通过影像运算芯片存储在存储设备中。

数码相机拍照之后可以立即看到图片，从而提供了对不满意的作品立刻重拍的可能性，色彩还原和色彩范围不再依赖胶卷的质量，感光度也不再因胶卷而固定，光电转换芯片能提供多种感光度选择。但由于通过成像元件和影像处理芯片的转换，成像质量相比光学相机缺乏层次感。由于各个厂家的影像处理芯片技术的不同，成像照片表现的颜色与实际物体有不同的区别。加上芯片技术限制，使得后期维护成本较高。

2. 鱼眼镜头

鱼眼镜头是一种焦距极短并且视角接近或等于180°的镜头，镜头焦距通常低于16mm。如图6.17所示为尼康AF FISHEYE NIKKOR，焦距为10.5mm的广角镜头。“鱼眼镜头”是广角镜头的俗称。为使镜头达到最大的摄影视角，这种摄影镜头的前镜片直径呈抛物状向镜头前部凸出，与鱼的眼睛颇为相似，“鱼眼镜头”因此而得名。

图6.16　尼康D700

图6.17　尼康AF FISHEYE NIKKOR

鱼眼镜头属于超广角镜头中的一种特殊镜头，它的视角力求达到或超出人眼所能看到的范围。因此，鱼眼镜头与人们眼中的真实世界的景象存在很大的差别，因为人们在实际生活中看见的景物是有规则的固定形态，而通过鱼眼镜头产生的画面效果则超出了这一范畴。

鱼眼镜头无论如何它的边缘线条都是要弯曲的，即使90°的鱼眼也是这样，这种畸变在很多广角镜头上都可以看到，而这就是明显的桶形畸变。同样地，120°的鱼眼看起来弯曲得更加厉害一些，而且被容纳进范围的景物更多；150°同样如此，而180°的鱼眼则可以把镜头周围180°范围内的所有物体都拍摄进去。众所周知，焦距越短，视角越大，因光学原理产生的变形也就越强烈。为了达到180°的超大视角，鱼眼镜头的设计者不得不做出牺牲，即允许这种变形(桶形畸变)的合理存在。其结果是除了画面中心的景物保持不变,其他本应水平或垂直的景物都发生了相应的变化。也正是这种强烈的视觉效果为那些富于想象力和勇于挑战的摄影者提供了展示个人创造力的机会。

鱼眼镜头的设计中心思想,就是拥有更大的球面弧度(类似鱼眼的球形水晶体),成像平面离透镜更近(鱼眼的水晶体到视网膜距离很近)。鱼眼镜头视角可以接近或者超过180°,对于135画幅的相机来说,鱼眼镜头的焦段多为6～16mm,视角一般都在170°左右。如图6.18所示,由于视角超大,因此其桶形弯曲畸变非常大,画面周边的直线都会被弯曲,只有镜头中心部分的直线可以保持原来的状态。

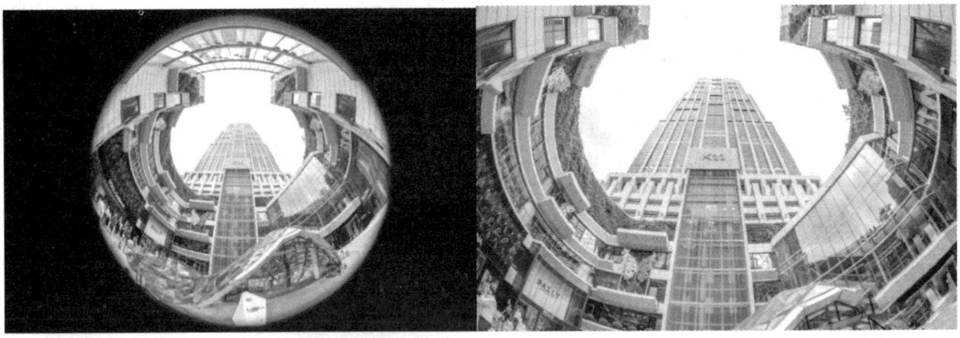

图6.18 鱼眼镜头8mm和15mm端视角差异

3. 全景云台

全景云台是区别于普通相机云台的高端拍摄设备。称其为全景云台的主要原因,是因为此类云台都具备两大功能:①可以调节相机结点在一个纵轴线上转动;②可以让相机在水平面上进行水平转动拍摄。从而可以达到使相机拍摄结点在三维空间中的一个固定位置进行拍摄,保证相机拍摄出来的图像可以使用缝合软件进行三维全景的缝合。

云台就是承载相机等拍摄设备的一个装置,全景云台则是专门为拍摄全景而用的云台。全景云台的关键作用就在于将镜头结点固定在了云台的旋转轴心上,这样就可以保证在旋转相机拍摄的时候每张图像都是在一个点上拍摄,拼合的全景图就会很完美。

图6.19 全景云台

全景云台的工作原理:全景云台具备一个具有360°刻度的水平转轴,可以安装在三脚架上,并对安装相机的支架部分可以进行水平360°的旋转;其次,全景云台的支架部分可以对相机进行全面的移动,从而达到适应不同相机宽度的完美效果,由于相机的宽度直接影响到全景云台结点的位置,所以如果可以调节相机的水平移动位置,那么基本就可以称为全景云台,如图6.19所示。

4. 航拍设备

在拍摄过程中,有时需要从空中进行图像拍摄,则需要借助某些特殊设备,例如航拍飞行器等,如图6.20所示为大疆航拍飞行器Mavic3。

航拍飞行器是一个集单片机技术、航拍传感器技术、GPS导航航拍技术、通信航拍服务技术、飞行控制技术、任务控制技术、编程技术等多技术并依托于硬件的高科技产物。其特点是无人直升机化、设备微型化、动力可持续化、飞控简单自动化、摄像清晰效果好。

航拍飞行器的发展趋势：无人机航拍摄影技术作为一个空间数据获取的重要手段，具有续航时间长、影像实时传输、高危地区探测成本低、高分辨率、机动灵活等优点，在国内外已得到广泛应用。

5. 其他辅助设备

由于需要保证结点位置不变，全景拍摄对稳定性的要求非常高，这时需要一个稳定的三脚架，如图 6.21 所示。三脚架建议选择能承受一定重量且材料强度较高的，并且该三脚架必须支持云台的装卸。三脚架的主要作用就是能稳定照相机，以达到某些摄影效果。最常见的就是长曝光中使用三脚架，用户如果要拍摄夜景或者带涌动轨迹的图片，曝光时间需要加大，这个时候，数码相机不能抖动，则需要三脚架的帮助。

图 6.20　大疆航拍飞行器 Mavic3

图 6.21　三脚架

三脚架按照材质分类可以分为木质、高强塑料材质、合金材料、钢铁材料、碳纤维等多种。最常见的材质是铝合金，铝合金材质的脚架的优点是重量轻、坚固。最新式的脚架则使用碳纤维材质制造，它具有比铝合金更好的韧性及重量更轻等优点，常背着脚架外出拍照的人对于脚架的重量都很重视，希望它能愈轻愈好。按最大脚管管径分类可分为 32mm、28mm、25mm、22mm 等，一般来讲，脚管越大，脚架的承重越大，稳定性越强。

总结起来，全景图的拍摄推荐硬件配置方案如下。

(1) 单反数码相机＋鱼眼镜头＋三脚架＋全景云台。这是最常见且实用的一种拍摄方法，采用外加鱼眼镜头的单反数码相机和云台来进行拍摄，拍摄后可直接导入到计算机中进行处理。一方面，这种方法成本低，可一次性拍摄大量的素材供后期选择制作；另一方面，其制作速度较快，对照片的删除、修改及预览很方便，是目前主流的硬件配置方案。

(2) 三维数字建模软件营造虚拟场景。这种方法主要应用于那些不能拍摄或难以拍摄的场合，或是对于一些在现实世界中不存在的物体或场景。例如，房地产开发中还没有建成的小区、虚拟景点、虚拟游戏环境、虚拟产品展示等。要实现虚拟场景，可以通过三维数字建模软件如 3ds Max、Maya 等软件进行制作，制作完成后再通过相应插件将其导出为全景图片。

6.2.2 全景 VR 视频设备

全景 VR 视频，顾名思义就是能够使人们看到拍摄点周围 360°景物的视频。传统视频拍摄受限于镜头视角，所以人们只能看到镜头前方 180°内的景物。而全景 VR 视频能够看到周围 360°以及上下 180°各个角度的一切景物，用户能够更加全面地观赏视频拍摄场景，并且可以通过鼠标自主调整观看角度，为用户带来很好的沉浸感和体验，仿佛来到拍摄现场般身临其境，近距离感受周边的美景。

在之前全景 VR 视频的发展特别受制于网络传输速度、网络带宽等限制。5G 时代的到来让超高清视频和大数据传输成为可能。5G 技术的落地能够更好地为全景 VR 视频的传播服务。

1. 光场摄像机

要拍摄真正意义上的 VR 视频，需要光场摄像机，如图 6.22 所示为 Lytro 光场虚拟现实相机 Immerge。

图 6.22 Lytro 光场虚拟现实相机 Immerge

所谓"光场"，指的是空间内所有任意方向光线的总和，它不仅包括颜色、光强等信息，同时还涵盖光线的方向信息。光场摄像机能够完整地记录光场信息，因此拍照后可以任意地调整照片焦点，实现"先拍照后对焦"的效果。

光场摄像机使用微透镜阵列捕捉技术，真实地记录并复原模拟出来这个空间，使人们跟真正在这个空间中的任何位置一样，能从任意角度看到对应的"无数个这样的二维画面叠加融合"而成的画面，记录下来整个空间的所有信息。其原理如图 6.23 所示。

与传统摄像机不同的是，光场摄像机除了记录色彩和光线强度信息外，还会记录光线的射入方向。光场摄像机捕捉真实场景中从四面八方射入的光的方向信息，再利用算法，对真实环境进行分析，逆向建模，从而还原一个三维的数字环境模型。与传统计算机建模 CG 不同的是，CG 是人为主观的"虚构"模型，而光场摄像机是逆向方式"客观"还原模型。

Lytro 发布的 Lytro VT 产品可以使用 DCC 和渲染引擎(例如 Maya 和 VRay)来生成一组 3D 场景的 2D 采样。渲染引擎用于追踪场景中的虚拟光线，并从设备中每个摄像头捕获一定数量的 2D 图像样本。Lytro VT 通过追踪从每个被渲染的像素到其相机的原点的

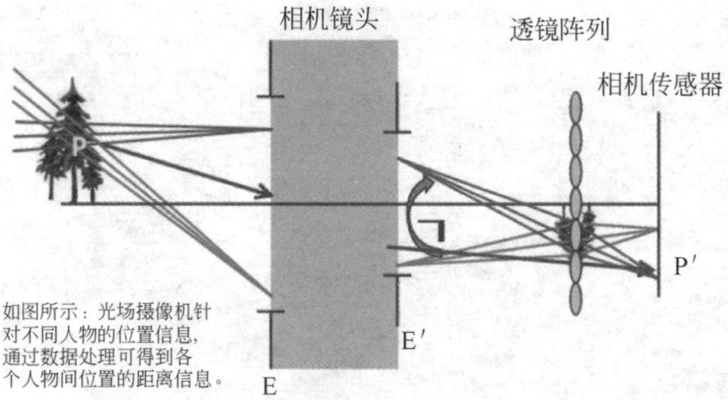

图 6.23　光场摄像原理

光线(光积跟踪)来创建视觉体，从而完成 CG 3D 场景的光场体的创建，同时能够为用户提供视觉高质量以及完全沉浸式的 VR 体验。

2. 电影级全景 VR 拍摄装备

电影级全景 VR 拍摄，除了人们熟悉的高分辨率、色彩等参数指标非常优秀外，还配备有大尺寸的感光元件(CCD/CMOS)，具有高感、高宽容度等特性，还必须能够拍摄高帧率视频，输出 RAW 格式，并满足长时间、苛刻环境的拍摄等一系列要求。把复杂的专业摄像机小型化，并集成在一个球体或者盒子里，形成 360°全景摄像机，还是一个世界性难题。

HypeVR 团队采用将 14 个 RED Dragon 拼合的方式实现了电影级 VR 设备方案，如图 6.24 所示。RED Dragon 单机最高分辨率达到 6K，最终视频拼接完成后可以达到 16K，并且还是 3D 格式。

图 6.24　HypeVR 全景摄像机方案

NextVR 团队全景视频拍摄设备与 HypeVR 有些类似，如图 6.25 所示，NextVR 采用的是 RED Dragon 6K 设备，他们选择了 6 台的拼接方案。三个方位，每个方位安放两台，支持 3D 功能。尽管机器只有 6 台，但是依然代价不菲。另外，4K 直播通过 RED 的技巧能够轻松实现。

HeadcaseVR 团队专门从事 VR 电影拍摄工作，采用 17 目 Codex Action Cameras 构建电影级 VR 摄像机方案，如图 6.26 所示。Codex Cam 有 12 位 RAW 的记录体系和 13.5 挡的高动态，采用 2/3in 的 CCD 传感器，单机分辨率为 1920×1080px，最高 60fps。头部尺寸 45mm×42mm×53mm，外观十分小巧，同时也配备专业的采集设备来实现录制。

图 6.25 NextVR 全景视频拍摄

图 6.26 HeadcaseVR 电影级 VR 摄像机方案

6.3 全景图的拍摄

在全景图制作过程中，拍摄全景照片是第一个较为重要的环节。前期拍摄的照片质量直接影响到全景图的效果。如果前期照片拍摄的效果好，则后期的制作处理就很方便；反之则后期处理将变得很麻烦，带来不必要的工作量，所以照片的拍摄过程和技巧必须得到重视。

6.3.1 柱面全景照片的拍摄

柱面全景照片可采用普通数码相机结合三脚架来进行拍摄，这样拍摄的照片能够重现原始场景，一般需要拍摄10～15张照片。拍摄步骤如下。

(1) 将数码相机与三脚架固定，并拧紧螺丝。

(2) 将数码相机的各项参数调整至标准状态(即不变焦)，对准景物后，按快门进行拍摄。

(3) 拍摄完第一张照片后，保持三脚架位置固定，将数码相机旋转一个合适的角度，并保证新场景与前一个场景要重叠15%左右，且不能改变焦点和光圈，按快门，完成第二张照片的拍摄。

(4) 以此类推，不断拍摄直到旋转一周即360°后，即得到这个位置点上的所有照片。

6.3.2　球面全景照片的拍摄

球面全景照片的拍摄须采用专用数码相机加鱼眼镜头的方式来进行拍摄，一般需要拍摄2～6张照片，且必须使用三脚架辅助拍摄。拍摄步骤如下。

(1) 首先将全景云台安装在三脚架上，然后将相机和鱼眼镜头固定在云台上。

(2) 选择外接镜头。对于单反数码相机一般不需要调节，对于没有鱼眼模式设置的相机则需要在拍摄之前进行手动设置。

(3) 设置曝光模式。拍摄鱼眼图像不能使用自动模式，可以使用程序自动、光圈优先自动、快门优先自动和手动模式4种模式。

(4) 设置图像尺寸和图像质量。建议选择能达到的最高级别的图像尺寸，单击Fine按钮所代表的图像质量即可。

(5) 白平衡调节。普通用户可以选择自动白平衡，高级用户根据需要对白平衡进行详细设置。

(6) 圈与快门调节。一般要把光圈调小，快门时间不能太长，要小于1/4s。

(7) 拍摄一个场景的两幅或者三幅鱼眼图像。首先拍摄第一幅图像，注意取景构图，通常把最感兴趣的物体放在场景中央，然后半按快门进行对焦，最后再完全按快门完成拍摄。转动云台，拍摄第二幅或第三幅照片。

6.3.3　对象全景照片的拍摄

拍摄对象全景照片，通常使用数码相机结合旋转平台来辅助拍摄，拍摄步骤如下。

(1) 将被拍摄对象置于旋转平台上，并确保旋转平台水平且被拍摄对象的中心与旋转平台的中心点重合。

(2) 将相机固定在三脚架上，使相机中心的高度与被拍摄对象中心点位置高度一致。

(3) 在被拍摄对象后面设置背景幕布，一般使被拍摄对象与背景幕布具有明显的颜色反差。

(4) 设置灯光，保证灯光有足够的亮度和合适的角度，且不能干扰被拍摄对象本身的色彩，一般设置一个主光源并配备两个辅助光源。

(5) 拍摄时，每拍摄一张，就将旋转平台旋转一个正确的角度，角度值为360°/照片数量，以此类推，重复多次即可完成全部拍摄。也可以提前设置好旋转平台的旋转速度，自动完成全部照片的拍摄。

6.4 全景图制作流程

全景图的制作通常包括图像拍摄、图像拼接、编辑和交互播放 4 个步骤。

(1) 图像拍摄是利用普通或者专业的照相机对现实场景进行拍摄，以获得连续的照片。

(2) 使用专门的软件，通过照片重叠区域的特征匹配，对多张照片进行拼接，使其融为一张图片。通常，全景图的缝合软件都具有编辑的作用，对相邻照片重叠部分细节微调，实现相邻照片的自然过渡。

(3) 利用 Photoshop 等软件，修复缝合有瑕疵的地方，例如，重影、过渡不自然、黑洞等。

(4) 利用全景图交互编辑和播放软件，将修复完成的全景图添加到播放载体上，如柱形、球形、立方体等，再添加交互，实现固定点场景环绕的效果。

6.5 全景图的制作软件

制作全景图最重要的步骤是将所有照片拼接缝合为一张照片，并发布成浏览器可直接观看的全景图或者可执行的程序。所以，所需的软件分为两种：一种是用于照片拼接的缝合软件，另一种是动态演示的交互软件。

6.5.1 全景图缝合软件

目前国际上从事全景技术的公司很多，开发出来的具有全景缝合功能或拼接功能的软件也有很多。常见的照片拼接软件主要有 WPanorama、Pixtra PanoStitcher、Pixtra OmniStitcher、PanoramaStudio、Auto Pano Giga、ADG Panorama Tools、Hugin、IPIX、PixMaker、Pano2QTVR、ArcSoft Panorama Maker、Autodesk Stitcher、Panorama Factory、PanEdit、QTVR Studio、Ulead Cool、PhotoVista、SurroundPhotoReflector、Hotmedia 等。国内常见的全景拼接软件包括杰图造景师软件、浙江大学的 Easy Panarama 等。

这里先简单介绍一下常用的全景图缝合软件。

WPanorama 是一个全景图像浏览器，为浏览全景图片而设计，也支持一般图像的浏览。支持 360°的全景照片，使用者能够方便地控制滚动的速度，还可以导出 AVI、BMP 格式的文件，甚至生成屏幕保护文件，还支持背景音乐合成功能。它的官方网站上提供了很多的全景图片可供免费下载欣赏。

Pixtra PanoStitcher 是一款全景图制作工具，可以轻松合并多张图片。Pixtra OmniStitcher 也是一款全景图编辑与处理工具，可以去除鱼眼镜头采集回来的视频数据中图像的变形，恢复图像的本来面目。

PanoramaStudio 能制作无缝的 360°全景图片，在几个步骤之内就能简单地将图片合成为完美的全景图，并为高级用户提供了强大的图片处理功能。提供了自动化拼接、增强和混合图像功能；可以侦测正确的焦距/镜头；可以使用 EXIF 数据；所有步骤都可以手动完成。额外功能：透视图纠正，自动化曝光修正，自动剪切，热点编辑。导出功能：多种图像文件格式，交互式的 QuickTimeVR 和 Java 全景图以及海报打印功能。

Autopano Giga 是一款超强的全景图缝合制作工具，它可以使用户在很短时间内将多张图片缝合成为一张360°视角的全景图，还可以将全景图片导出为Flash文件以便在互联网上和朋友分享。

ADG Panorama可以从各种各样的图片中创建360°的网络全景图，可以自动地混合和校正全景图的颜色和亮度。

QTVR是Quicktime Virtual Reality的简称，是美国苹果公司开发的新一代虚拟现实技术，属于桌面虚拟现实中的一种。它有三个基本特征：一是从三维造型的原理上讲，它是一种基于图像的三维建模和动态显示技术；二是从功能特点上看，它有视线切换、推拉镜头、超媒体链接三个基本功能；三是从性能上看，它不需要昂贵的硬件设备，具有兼容性好、多视角观看、真实感强、制作简单的特点。

Autodesk Sticher是一款高品质专业级的全景图制作工具，与Adobe Photoshop无缝平滑对接，广泛用于图像编辑、3D网页、虚拟旅游和超大尺寸全景图印刷等，是专业摄影师、多媒体艺术家和摄影爱好者的必备利器。最新版本能够为业界很多领域提供优良的解决方案，可以水平或垂直地将鱼眼场景以及相片拼接成全景图，效果令人惊讶。

杰图造景师是上海杰图开发的一款三维全景拼合软件，用户仅需花费3～5min即可拼合一幅高质量的360°全景图，界面如图6.27所示。支持全屏模式、批量拼合、多格式发布以及图像明暗不一的自动融合功能。造景师不仅可以发布高质量的Flash全景图，并且拥有专业而简洁的软件界面。

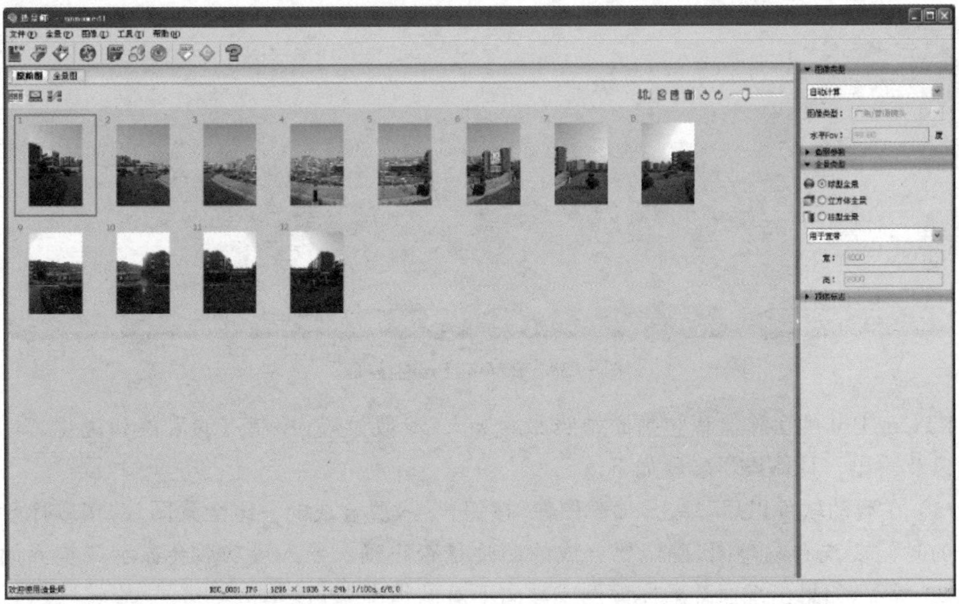

图6.27　杰图造景师软件界面

这里重点介绍一下目前使用较佳的一款全景拼接软件PTGui。

PTGui是荷兰New House公司推出的一款功能强大的全景图片拼接软件，是著名的多功能全景制作工具Panorama Tools的一个图形用户界面，其5个字母为Panorama Tools Graphical User Interface 5个单词的首字母。PTGui通过为Panorama Tools提供图形用户界面来实现对图像的拼接，从而创造出高质量的全景图像。

Panorama Tools是一款免费且功能强大的全景接图软件，缺点是没有图形接口，人工手动输入数据比较枯燥乏味。而 PTGui Pro 是一款商业软件，是 Panorama Tools 的图形接口工具，相对其他全景接图软件来说，PTGui Pro 可进行很细致的操控，例如，可人工定位、矫正变形等。

使用 PTGui Pro 可以直接在 Panorama Editor 中调整水平、垂直和中心点，非常方便。与全自动拼图软件 Autostitch 不同，Panorama Tools＋PTGui Pro 需要很多的人工干预，主要是需要人工指定画面水平和中心点，以及人工指定各个画面之间的匹配点(参考控制点)。这款软件几乎适用于任何情况，在其他全景软件不能正确拼图的情况下，这款软件依然可以拼接出非常完美的效果。其主界面如图 6.28 所示。

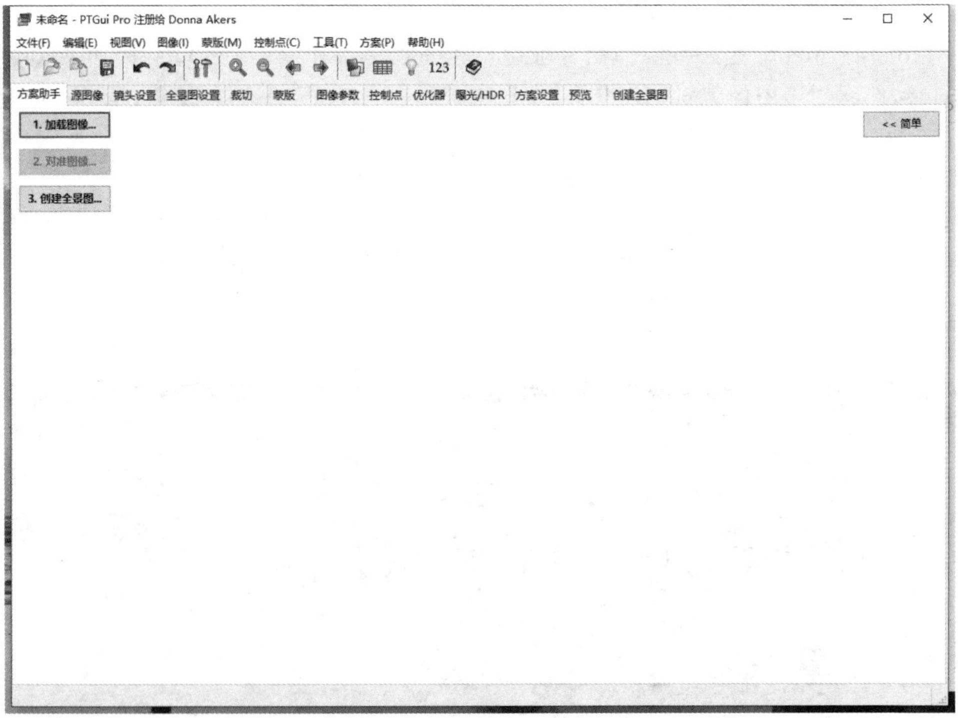

图 6.28　PTGui Pro 主界面

PTGui Pro 的工作流程包括原始照片的导入、参数设置、控制点的采集和优化、全景的粘贴以及输出。具体操作步骤如下。

(1) 在启动软件以后，单击“加载图像”按钮，导入要合成的一组全景图片，按顺序导入，导入的时候要查看缩略图，确定要合成的照片是否正确。导入成功后会显示调整界面，如图 6.29 所示，如果出现照片顺序颠倒或方向不对的情况，可以单击右边的“旋转”按钮调整到合适方向。

(2) 单击下面的“对准图像”按钮，如图 6.30 所示，可以进行照片的定位并进行微调。

(3) 导入的照片拼合时会识别球面全景，如果是柱形全景，可以单击选择第二个柱形图标，并设置现实图片标号，通过编辑页面工具栏中的罗马数字图标，可以设定单幅图片的范围等属性。

(4) 最后完成图片的拼接。为使控制点匹配更加紧密，图片拼接更加自然，可以单击“运行优化器”按钮对全景图进行自动优化。最后单击“浏览”按钮设置全景图保存路径和输

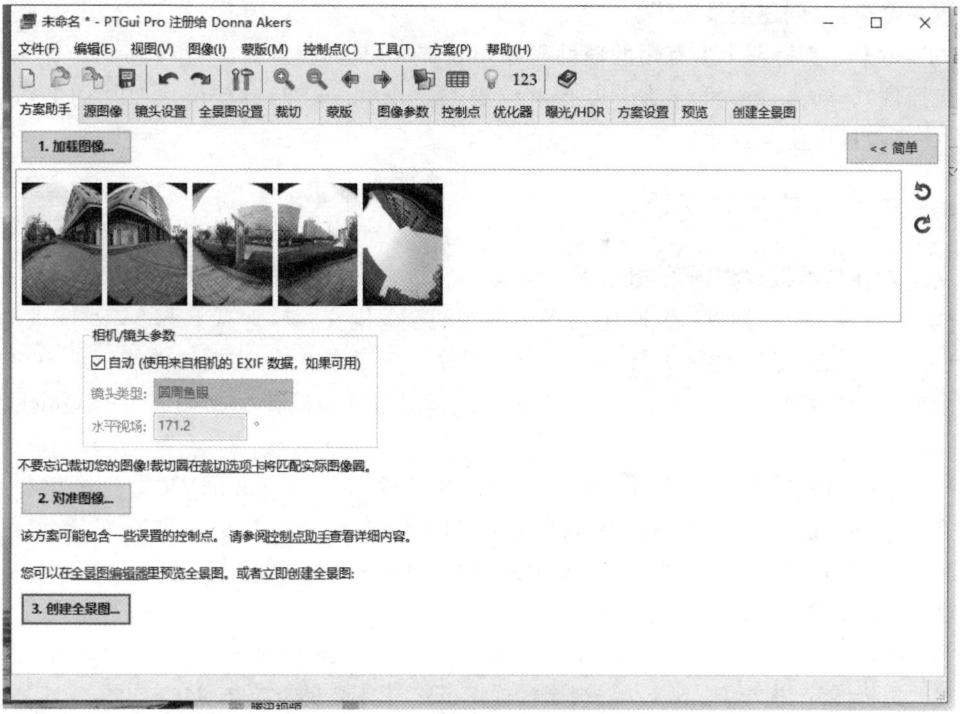

图 6.29　PTGui Pro 调整界面

图 6.30　PTGui Pro 全景图编辑器

出分辨率，就可以创建全景图了。

PTGui Pro 支持两个极有用的辅助程序 autopano(自动找点插件)和 enblend(平衡接缝处亮点插件)。autopano 可自动采集并生成控制点，enblend 能自动清除照片间的重叠接缝，安装两者可以使全景图拼接更加方便。

6.5.2 全景图交互软件

交互软件是模拟现实场景，让全景图可以根据人们的视线动态显示，也可以添加一些交互功能，如放大/缩小、播放/停止、跳转等。常用的全景图交互软件有 Pano2VR、Unity 等。

Pano2VR 是一款功能强大且专业的全景图片转换制作工具，这款软件能帮助用户快速创建虚拟的旅游和互动 360°全景相册并发布，能够把全景图像转换成 HTML5、QuickTime 和 Flash 格式。

使用这个软件的初衷是希望能够更方便地加工全景视频，Pano2VR 并不能够拼接图片。在导入前，必须首先使用拼接软件，如 PTGui 或 Hugin 来创建正确的全景图片。Pano2VR 有自带的皮肤编辑器(Skin Editor)，可以增加一些 JS 功能，还可以添加热点、图像、视频和音频，并可以定制皮肤。

Pano2VR 导入全景图的方式有以下两种。

(1) 选择图片，拖入 Pano2VR 的视图区或 Pano2VR Pro 的导览浏览区，如图 6.31 所示。

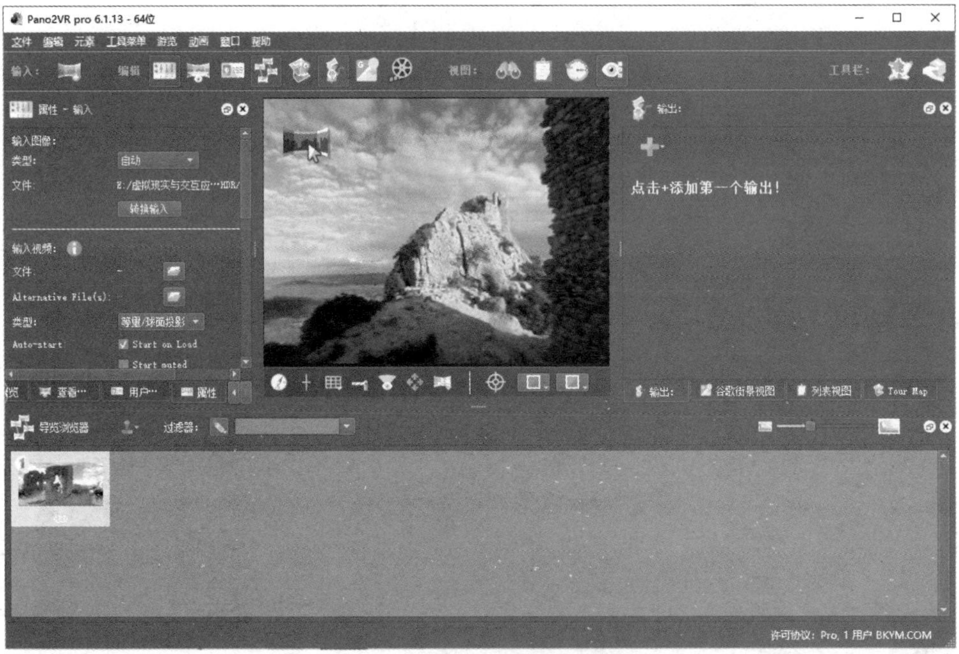

图 6.31　导入全景图方式 1

(2) 单击工具栏中的“输入”按钮，并选择图片，如图 6.32 所示。

Pano2VR 的界面具有一个大的显示界面(Viewer)、工具栏和众多的窗口，这些窗口可以根据习惯进行重新排列。用鼠标按住窗口上方的空白处进行调整，到某些特定位置后会出现吸附的效果。在学习的过程中建议使用标准窗口排列模式：单击“窗口”菜单，选择“窗

图 6.32　导入全景图方式 2

口排列布置”选项下的“标准”模式。

Pano2VR 的基本工作流程如下。

(1) 打开 Pano2VR。将全景图拖至视图区或在导航中单击“输入”按钮，弹出如图 6.33 所示输入对话框，选择全景图片后打开。

图 6.33　输入全景图

(2) 打开查看参数窗口，并设置默认视图。

(3) 将全景图片旋转至想要的打开位置，然后单击设置顶部的设置，也就是进入全景图的第一个视角。单击"设置"按钮后，默认视图会修改为当前视图的角度。也可以右击图片，设置默认视角。单击图片，也可以用方向键进行操作：←和→是操作平移，↑和↓是操作倾角，鼠标滚轮是调整视场角，如图 6.34 所示。

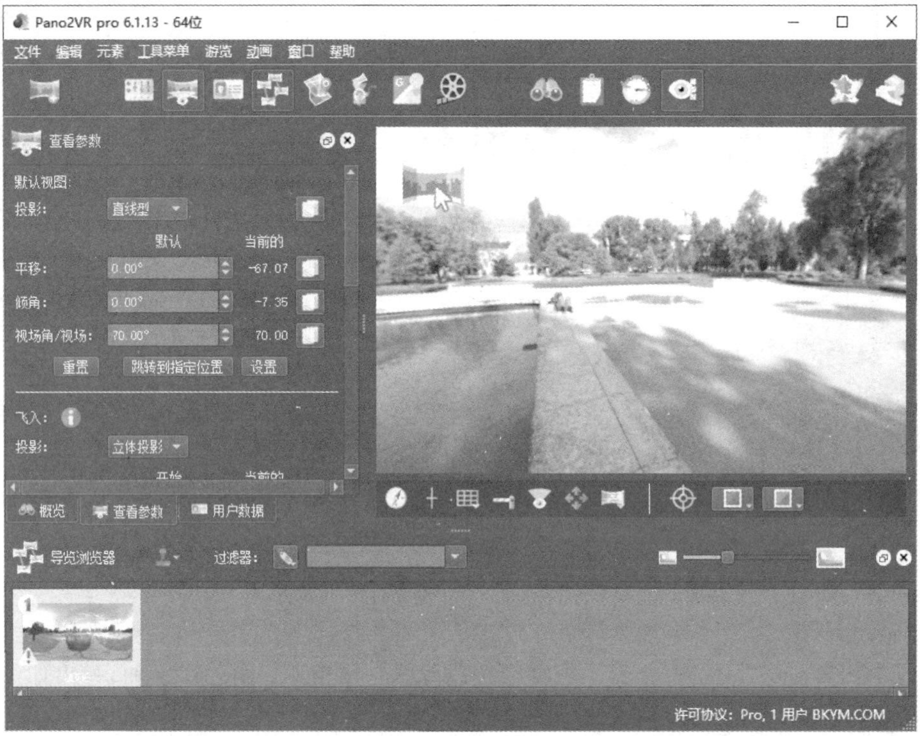

图 6.34 查看参数

(4) 把鼠标放在视图界面左上角的图形上，选择热点模式(Point Hotspot Mode)，如图 6.35 所示。热点模式包含两种：点状热点和多边形热点。提示：改变模式可以使用快捷键。热点模式的快捷键是 P。

(5) 在全景图上双击，打开查看器模式，添加热点，也可以添加多边形热点、声音、图像、视频和镜头光晕等。如果添加图像、视频或声音，则会提示选择媒体文件。

(6) 打开属性窗口(有些时候默认是打开的)，指定热点属性设置，如图 6.36 所示。

(7) 在类型(Type)中选择 URL。

(8) 在页面链接处(Link Target URL)增加一个链接。提示：链接一定是一个完整的绝对路径。

(9) 打开输出窗口。

(10) 单击绿色的加号，选择输出格式，如图 6.37 所示，这里选择输出为 HTML5。

(11) 选择皮肤，如 simplex skin。

(12) 单击齿轮形状的按钮输出项目。全景图将与集成 Web 服务器一起打开。

注意：Pano2VR 发布的 HTML5 版本，需要发布到服务器环境下才能观看，单击"输出"按钮，会弹出窗口使用软件自带的 Web 环境进行查看。Pano2VR 也支持发布为 SWF 格式，一般网络上的视频都是 MP4 等格式，读者可以通过录屏视频软件进行录屏，然后将 SWF 格式转换为 MP4 格式即可。

图 6.35　热点模式

图 6.36　指定热点属性设置

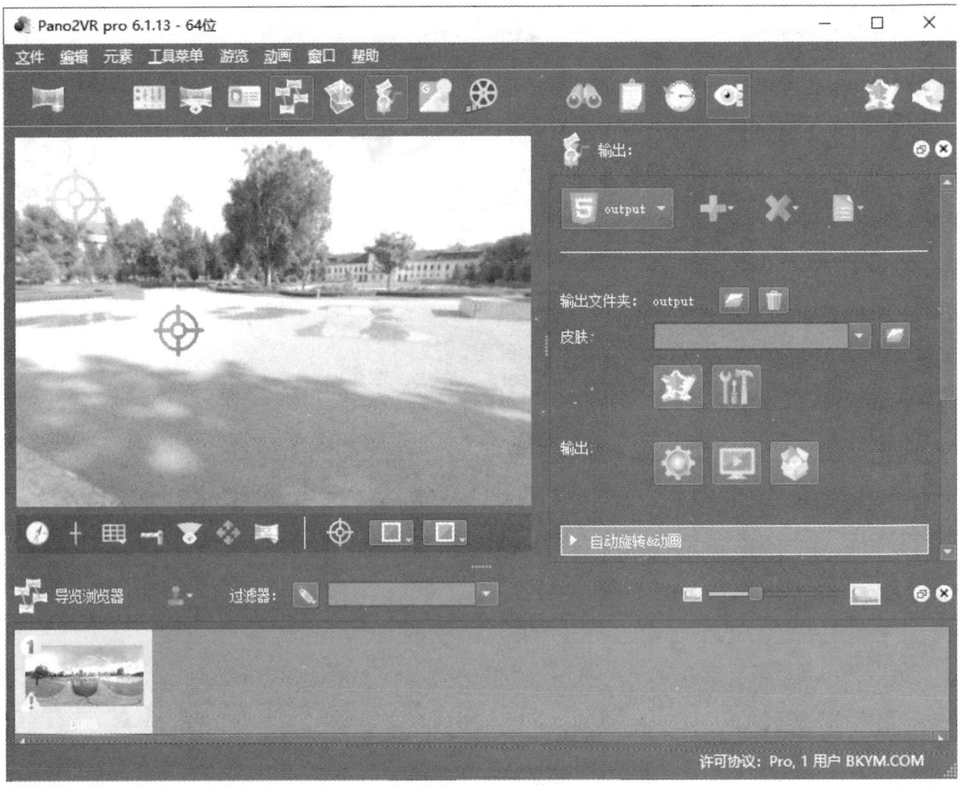

图 6.37 输出设置

6.5.3 对象全景图制作软件

对象全景图与普通全景图不同,普通全景图是以观察者为中心,对四周浏览拍摄;对象全景图是以物体对象为中心,观察者环视物体进行拍摄。对象全景图又称为 3D 环物摄影,是运用摄影技术把一个物品拍摄成多个画面,再将多个画面用三维技术制作成一个完整的动画并通过相应的程序进行演示,客户随意拖动鼠标,就能从各个角度观看产品的每一个部位和结构。

3D 环物摄影的优势如下。

(1) 提供栩栩如生的物品展示,应用于各种商品以及公司形象展示等,利用环物摄影展示技术,将商品特色做最完整的呈现,大大提升消费者对电子商务的接受度。

(2) 突破传统的产品展示模式,为商家在互联网上推广销售产品提供一个有力的展示工具。

(3) VR 全景与 3D 环物相结合,颠覆了传统的消费理念,顺应时代的优质体验成为当前消费者选择消费的首要因素。

由于 3D 环物是需要环绕物体进行拍摄,所以需要一些特殊的设备。若是单纯地用手来控制拍摄的话也是可以的,不过需要很费时费力地去把控每个点的拍摄时间、角度和移动量。通常需要的设备包括单反相机、电动转盘(如图 6.38 所示)、快门线等,也可以采用单反相机、镜头、云平台和三脚架等,借助这些设备,可以达到精确的拍摄效果。

图 6.38　电动转盘

3D 环物拍摄时，首先将产品、物品放在电动转盘上，再以一定的距离在物品前架好机位、相机，调制好参数后，开启电动转盘，并以一定的转数旋转物品，相机在每转一个角度的同时拍摄物品，当电动转盘转到一圈结束后相机也停止拍摄，最后将所有拍摄角度的照片以一定顺序排列上传到对象全景图制作软件中进行操作。

环物拍摄通常要求拍摄的图片比较多，缝合图片的软件也要求不同。Object2VR 是制作对象全景图的常用软件之一，通过添加多角度、多方位的照片来实现虚拟的现实感影片，即可完成 Flash、HTML5 和 QuickTime VR 格式的影片制作，支持添加动画、音效等简单编辑功能，制作出精美视频。

Object2VR 软件制作对象全景图基本步骤如下。

(1) 启动 Object2VR 软件，打开主界面，如图 6.39 所示。

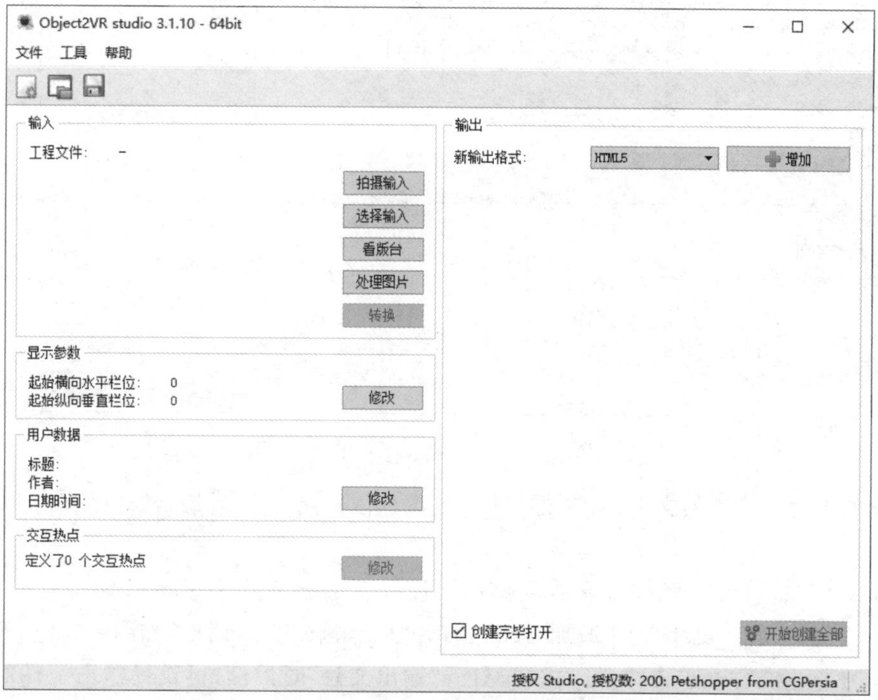

图 6.39　Object2VR 主界面

(2) 单击“选择输入”按钮，打开如图 6.40 所示“输入”对话框。

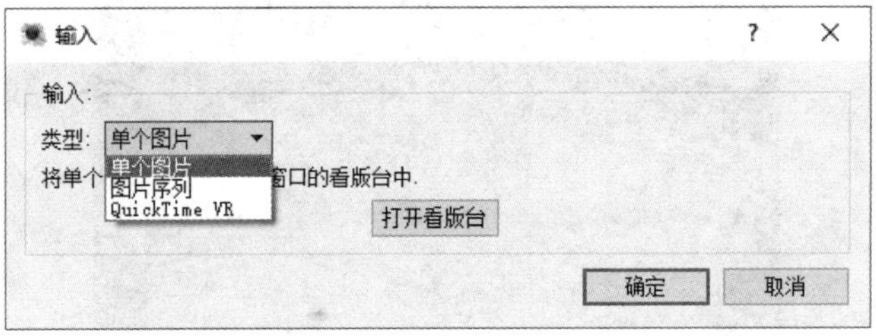

图 6.40 “输入”对话框

(3) 在“输入”对话框中，类型框中可以有三个选项，分别为单个图片(Individual Images)、图片序列(Images Sequence)和 QuickTime VR。一般选择单个图片(Individual Images)。单击“打开看版台”按钮，如图 6.41 所示，打开“看版台”对话框，可以根据图片拍摄的照片数量和拍摄的角度进行设置，如列×行为 10×2 等，也可以设置横向水平栏位为 5，纵向垂直栏位为 4。

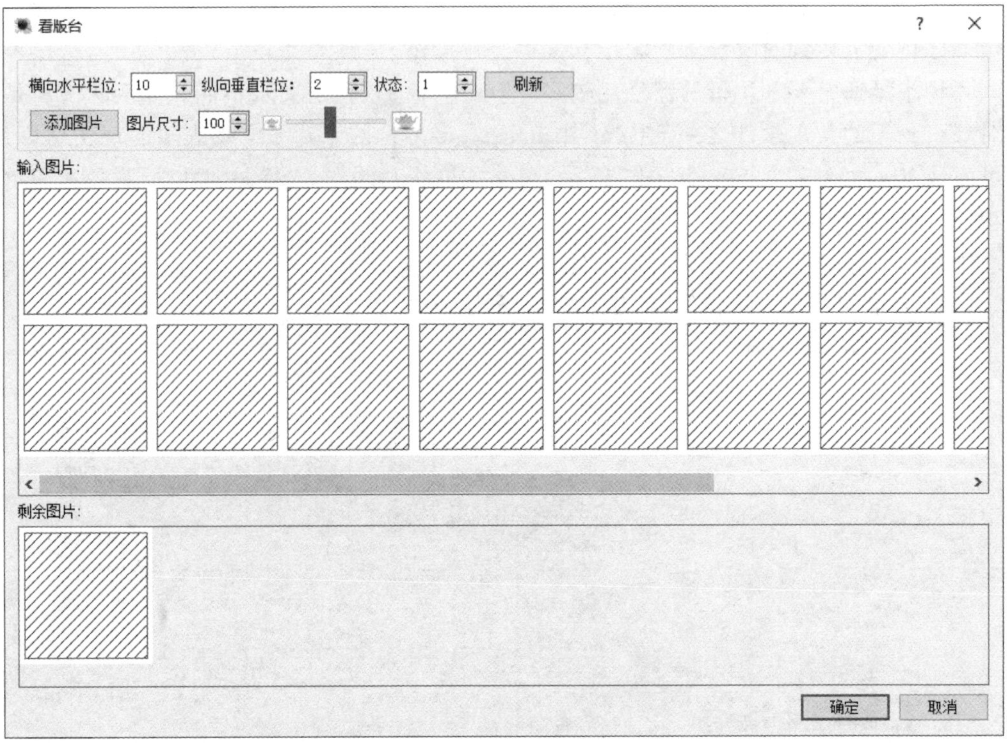

图 6.41 “看版台”对话框(一)

(4) 打开存放图片的文件夹，将文件夹中的图片依次拖曳到“看版台”对话框中，如图 6.42 所示。

(5) 关闭“看版台”对话框，返回主界面。设置新输出格式为 Flash，共有三种，分别为 HTML5、Flash、QTVR。单击“增加”按钮，打开“Flash 输出”对话框，如图 6.43 所示。

(6) 在输出文件处单击“打开”按钮，打开“输出文件”对话框，可设置输出文件的保存位置(路径)和文件名。在“皮肤”处单击下拉按钮任选一个，如 controller_object_popup ggsk，

图 6.42　“看版台”对话框(二)

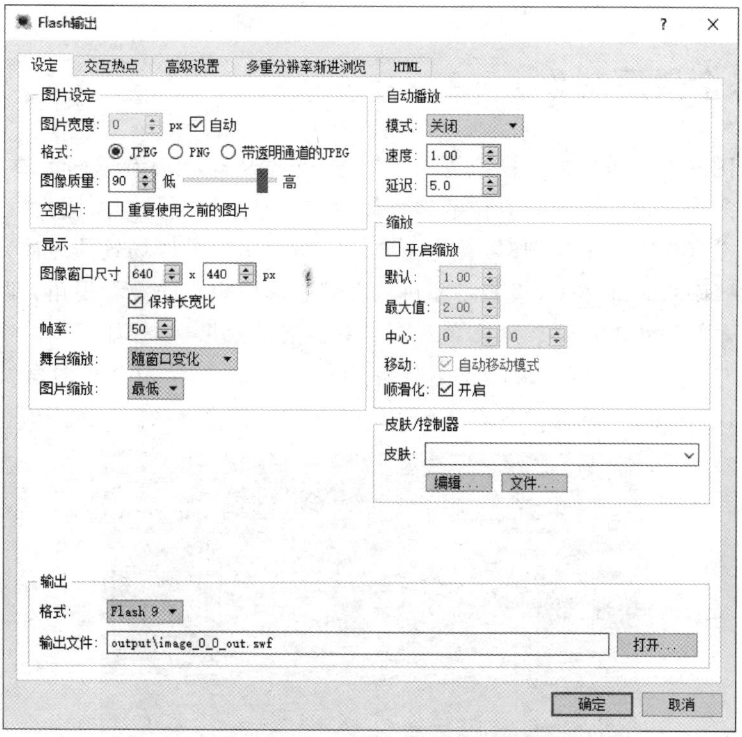

图 6.43　“Flash 输出”对话框

单击“确定”按钮，会出现一个询问是否现在创建 SWF 文件的对话框，单击“是”按钮，返回主界面。

(7) 在输出文件夹中打开 SWF 格式文件，如图 6.44 所示，使用鼠标可交互式调节 3D 环物对象的显示角度，也可以单击“最大化”按钮切换到全屏播放模式。在播放窗口的下方，会出现一些控制播放的按钮。

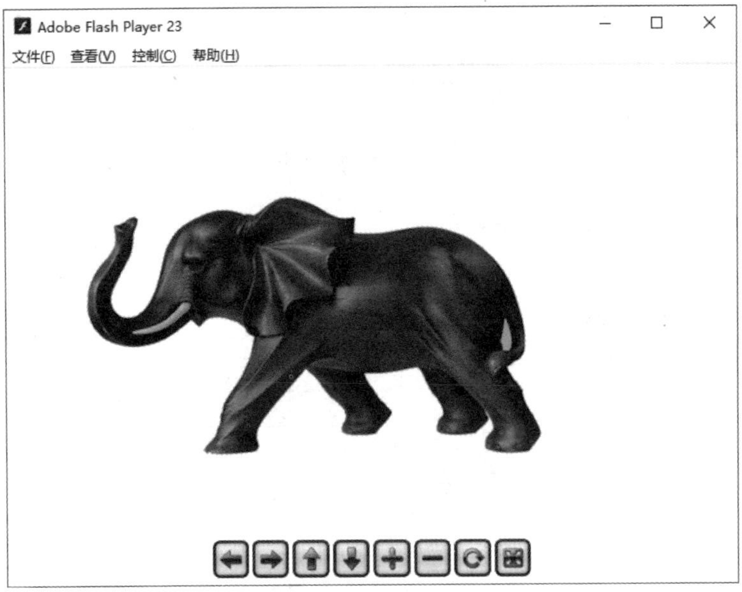

图 6.44 动画播放效果

6.6 动态全景图制作

动态全景图的原理是将视角模拟为一个球体，通过从球心观看球面上真实场景在球面上的映像从而产生一种空间中全方位的视觉体验。动态全景图是全景图由二维转换为三维的过程，因此，在制作动态全景图时，首先需要制作一个用于模拟场景的球体，然后全景图以球面材质的形式附着在球体上，接着将相机放在球心模拟用户的观看视角，即可达到观看全景图的效果。本节采用 Unity 软件实现动态全景图展示效果，步骤如下。

(1) 新建 Unity 工程文件，将场景名保存为 Panorama。导入全景图素材到 Project 窗口中，并将其 Texture Type 修改为 Sprite(2D and UI)，如图 6.45 所示。

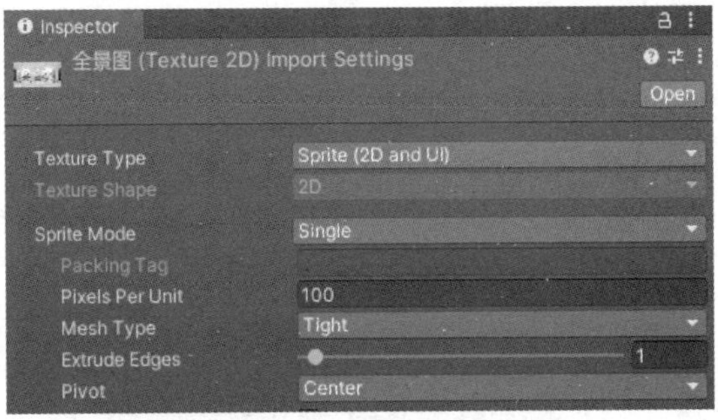

图 6.45 修改全景图 Texture Type

(2) 在场景中新建一个球体 Sphere。在 Inspector 窗口中，将球体的 Scale 修改为 30，30，30，以保证球体足够大，在相机放入球心时不会出现穿模现象。

(3) 在 Project 窗口中新建一个 Material，命名为 Material，然后选择 Create→Shader→Standard Surface Shader 命令新建一个 Shader，命名为 SphereShader。双击打开 SphereShader，

在“LOD 200”语句下方，添加一行代码“Cull Front”，如图 6.46 所示，用于在球体内能够看到内容。

```
Shader "Custom/SphereShader"
{
    Properties
    {
        _Color ("Color", Color) = (1,1,1,1)
        _MainTex ("Albedo (RGB)", 2D) = "white" {}
        _Glossiness ("Smoothness", Range(0,1)) = 0.5
        _Metallic ("Metallic", Range(0,1)) = 0.0
    }
    SubShader
    {
        Tags { "RenderType"="Opaque" }
        LOD 200
        Cull Front //球体内部显示
        CGPROGRAM
        // Physically based Standard lighting model, and enable shadows on all
light types
        #pragma surface surf Standard fullforwardshadows

        // Use shader model 3.0 target, to get nicer looking lighting
        #pragma target 3.0
```

图 6.46 Shader 修改

(4) 将 SphereShader 拖入 Material 中，并将全景图拖入 Material 中的 Texture，如图 6.47 所示。最后将材质球 Material 拖入场景中的 Sphere 上，效果如图 6.47 所示。

图 6.47 添加材质的球体

(5) 在 Hierarchy 窗口中，将相机放到球心的位置。此时运行，即可以看到三维全景图效果，如图 6.48 所示。

(6) 接下来对摄像机进行旋转控制。在 Hierarchy 窗口中创建 UI 图像，如图 6.49 所示。

(7) 将小地图 MiniMap 拖入 Project 窗口中，更改其 Texture Type 属性值为 Sprite(2D and UI)，然后将图片拖入 Canvas 下 Image 的 Inspector 窗口的 Source Image 中，并根据场景大小，调整 Image 的大小。本案例中 Image 的 Width 为 200，Height 为 200。

(8) 添加 UI 按钮 Button，调整并放入小地图对应位置，如图 6.50 所示。

图 6.48　全景图演示效果

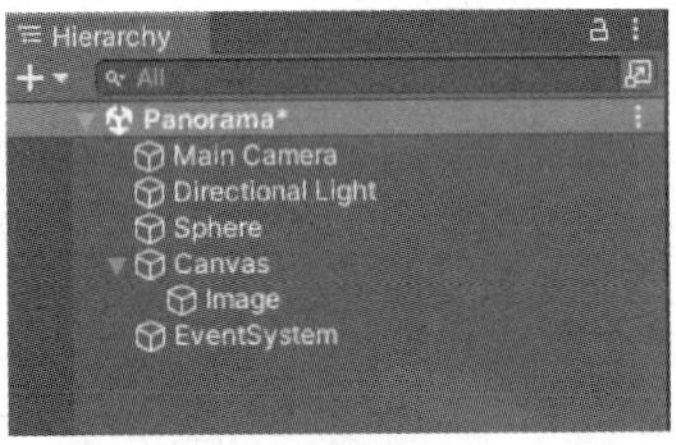

图 6.49　添加 UI 图像

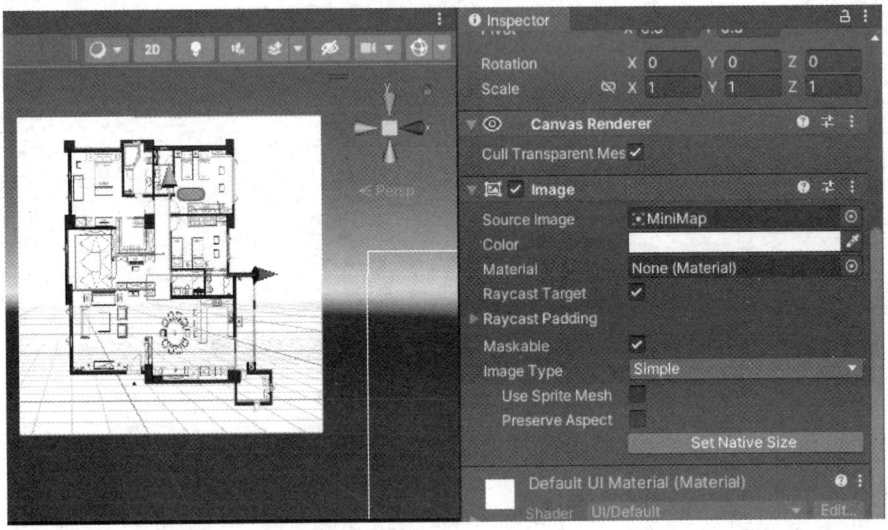

图 6.50　添加小地图

(9) 将 Button 与 Sphere 连接起来。选择 Button 的 Inspector 窗口中的 OnClick()组件，单击“+”号后选择 Runtime Only，然后将 Hierarchy 窗口中的 Sphere 拖入 Object 框中，在 No Function 选项中选择 GameObject 下的 SetActive(bool)函数，此时 Button 的 OnClick()设置如图 6.51 所示。

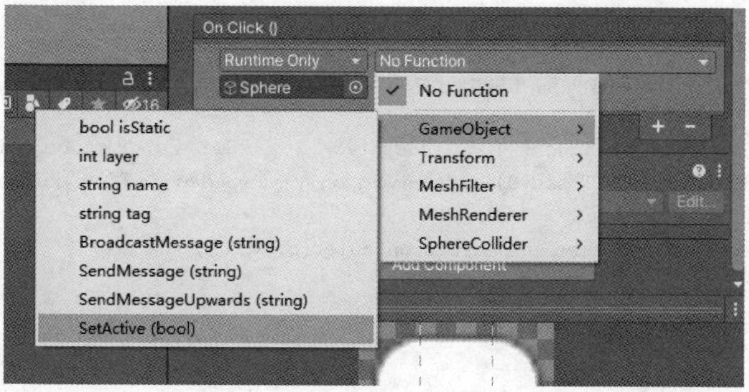

图 6.51　Button 的 OnClick()设置

(10) 最后控制摄像机的旋转。新建 C#代码,命名为 CamControl.cs,代码如下。

```
using System.Collections;
using System.Collections.Generic;
using UnityEngine;

public class CamControl : MonoBehaviour
{
    static public float x;
    private float y;
    public float xSpeed = 250.0f;                    //x 方向移动速度
    public float ySpeed = 120.0f;                    //y 方向移动速度
    void Start() { }
    void Update()
    {
        if (Input.GetKey(KeyCode.A))
        {
            x -= xSpeed * Time.deltaTime / 10;
            y = Mathf.Clamp(y, -80, 80);
            transform.rotation = Quaternion.Euler(y, x, 0);
        }
        if (Input.GetKey(KeyCode.D))
        {
            x -= xSpeed * Time.deltaTime / -10;
            y = Mathf.Clamp(y, -80, 80);
            transform.rotation = Quaternion.Euler(y, x, 0);
        }
        if (Input.GetKey(KeyCode.W))
        {
            y += ySpeed * Time.deltaTime / -4;
            y = Mathf.Clamp(y, -80, 80);
            transform.rotation = Quaternion.Euler(y, x, 0);
        }
        if (Input.GetKey(KeyCode.S))
        {
            y += ySpeed * Time.deltaTime / 4;
            y = Mathf.Clamp(y, -80, 80);
            transform.rotation = Quaternion.Euler(y, x, 0);
        }
        // 触屏触摸交互
```

```
            if (Input.touchCount == 1)
            {
             if (Input.GetTouch(0).phase == TouchPhase.Moved)
            {
              x -= Input.GetTouch(0).deltaPosition.x * xSpeed * Time.deltaTime / 60;
              y += Input.GetTouch(0).deltaPosition.y * ySpeed * Time.deltaTime / 60;
              y = Mathf.Clamp(y, -80, 80);
              transform.rotation = Quaternion.Euler(y, x, 0);
              }
            }
        }
    }
```

(11) 将 CamControl.cs 拖放添加到摄像机 Inspector 窗口中。运行即可实现对摄像机的旋转，动态全景图演示效果如图 6.52 所示。最后选择平台发布即可。

图 6.52 动态全景图演示效果

本案例只完成一个全景图控制。如果场景由多个全景图组成，则需要创建多个球体，然后将全景图分别放在球体里，之后制作多个按钮分别放在小地图对应位置，通过代码可实现场景与小地图按钮的对应管理，从而实现动态全景图的功能。

小结

本章主要介绍三维全景技术，这是目前全球范围内迅速发展并流行的一种视觉新技术。从全景图的概念出发，详细介绍了三维全景技术的特点，并根据全景图外在的表现形式，将其分为柱形全景、球形全景、对象全景、立方体全景和球形视频等不同类别，依次介绍了不同全景图的技术原理和应用领域。

全景照片的拍摄通常需要的硬件有数码相机、鱼眼镜头、全景云台等，有时还需要使用旋转平台和航拍设备。

全景图的效果很大程度上取决于前期素材照片的质量，因此，在全景图制作过程中，拍摄全景照片是第一个也是较为重要的环节，需要熟悉全景图的拍摄及技巧。

全景图的制作所需的软件分为两种：一种是用于照片拼接的缝合软件，另一种是动态演示的交互软件。

习题

一、填空题

1. 三维全景技术是________的一个分支。

2. 根据全景图外在的表现形式，全景技术可以分为________、________、________、________和________等。

3. ________是以球形方式呈现的动态全景视频，是一种可以看到全方位、全角度的视频直播，又称________。

4. 全景图的制作通常包括________、________、________和________ 4个步骤。

5. 数码相机(Digital Camera，DC)是一种利用________________的照相机。

6. 鱼眼镜头是一种________________的镜头。

7. ________又称3D环物摄影，是以物体对象为中心，观察者环视物体拍摄得到的图片。

二、简答题

1. 三维全景技术和以往的建模、图片等表现形式相比，具有哪些特点？

2. 简述三维全景技术的应用领域。

3. 常用的全景图拍摄硬件设备有哪些？

4. 对象全景图与普通全景图有哪些不同？

第 7 章

沉浸式虚拟现实开发

学习目标

- 了解沉浸式虚拟现实技术和开发流程。
- 了解沉浸式虚拟现实设备。
- 掌握沉浸式虚拟现实基本方法。
- 基于 SteamVR＋VRTK 的虚拟空间交互应用。
- 基于 HTC VIVE 的虚拟现实案例开发。

7.1 沉浸式虚拟现实技术概述

沉浸式虚拟现实(Immersive Virtual Reality,IVR)技术是虚拟现实技术当前最流行的应用,其原理是利用头盔显示器把用户的视觉、听觉封闭起来,产生虚拟视听。同时,它利用数据手套,把用户的手感通道封闭起来,产生虚拟触动感,系统采用语言识别器让参与者对系统主机下达操作命令。与此同时,头、手、眼均有相应的头部跟踪器、手部跟踪器、眼睛视向跟踪器的追踪,使系统达到尽可能的实时性。由于虚拟现实提供完全沉浸式的体验,有时人们也直接将沉浸式虚拟现实简称为 VR。

目前,业内通常使用扩展现实(Extended Reality,XR)来对 AR/VR/MR 等各种形式的虚拟现实技术进行统称。未来的虚拟现实产品将不再区分 AR/VR/MR,而是一种融合性的产品。市面上虚拟现实产品型号丰富,升级版的虚拟现实一体机将处理器和显示头盔集成在一起,可以提供更多的交互动作,HTC、Oculus、华为、爱奇艺、PICO 和国内众多厂商分别推出过系列一体机产品,图 7.1 为 VIVE 发布的旗下第三款 VR 一体机 VIVE Focus 3,拥有 5K 超高分辨率和 120°超宽视广角。图 7.2 为 PICO 推出的 VR 一体机 PICO 4,该产品采用了更大量程的 IMU 陀螺仪和自研的红外追踪方案,能够实现毫米级的位置追踪,并拥有丰富的生态建设。

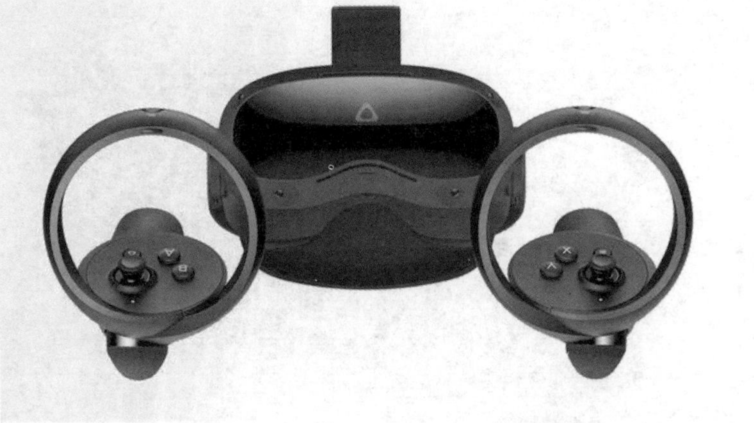

图 7.1 HTC VIVE Focus 3 一体机

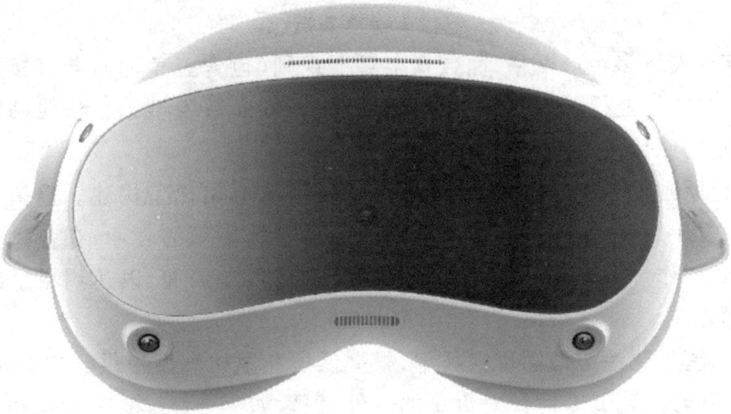

图 7.2 PICO 4 VR 一体机

7.2 沉浸式虚拟现实开发工作流程

沉浸式虚拟现实开发流程，首先通过调研、分析各个模块的功能，根据需求收集相关的资源素材，包括在具体开发过程中虚拟场景中的模型、纹理贴图、音视频等都是组成虚拟现实系统的基本元素，通过摄像采集材质纹理贴图和真实场景的平面模型，通过 Photoshop 或 Maya、3ds Max、Blender、ZBrush 等工具处理纹理贴图和构建三维模型，然后导入 Unity 编辑器中进行整合，进而进行 VR 交互开发。

7.2.1 模型制作

三维模型是制作虚拟场景时接触最多的资源，在虚拟场景中看到的任何物品都是真实场景中实物的再现，这就是虚拟现实能够给人真实场景的感觉的原因。建模是构建场景的基本步骤，可以利用建模软件如 Maya、3ds Max、Blender 等手动建模，也可以利用 3D 扫描、照片建模、雕刻等方式将物体数字化，尤其是在文物及场景复原等应用场合，如图 7.3 所示。

在建模过程中还有一点重要的是模型的优化，通过 3D 扫描、照片建模、雕刻等方式获

图 7.3 三维建模

得模型，通常存在大量多边形网格，面数众多且不规则(包含三角面)，若直接放在虚拟场景中，将带来不必要的性能损耗，所以一般情况下，使用低面数模型结合法线贴图的形式来呈现细节相对丰富的原始模型。

基本的优化原则是先制作低模，使用重拓扑技术从原始模型构建。重拓扑技术操作简单，在建模软件中使用简单、连续的多边形完全覆盖原始模型的表面，在各大主流建模软件中均可以完成此工作。对于相交的面要删除相交之后重复的面，以达到尽量减少模型的点进行优化的目的。

制作法线贴图需要使用贴图烘焙技术，根据低模和原始模型提供的数据获得，除建模软件自带的烘焙功能外，还有专门针对烘焙的软件工具，如 xNormal。一般烘焙过程需要提供重拓扑得到的低模和原始模型(高模)，通过计算得到法线贴图。另外，材质贴图制作工具 Substance Painter、Designer 等也具有高效的贴图烘焙功能。

UV 是 2D 纹理映射到 3D 模型的桥梁。任何 3D 建模工具都具备展 UV 的功能，可以直接在软件中完成。如图 7.4 所示，在展 UV 过程中，除了正确拆分 UV 区域，还需要注意 UV 区域的权重分配，相对较大的 UV 区域，其细节越丰富。对于 3D 模型重点展示的区域，对应的 UV 区域可适当放大。

图 7.4 展 UV 示意图

在 VR 环境中，模型的材质细节会被放大观察，Unity 内建支持基于 PBR(Physically Based Rendering)理论的 PBS(Physically Based Shading)着色器，即 Standard Shader，可以呈现真实的物理材质。在材质贴图制作阶段，可以结合 PBR 理论对象在真实世界的物理属性，如光滑度、颜色、凹凸等指标，为 Unity 材质通道准备相对应的贴图数据，或直接在 Substance Designer 这样的软件中制作基于 PBR 的材质并导入 Unity 中。

7.2.2　导入 Unity

从外部导入的资源(包括模型、贴图、动画等)被存放在 Unity 项目的 Assets 文件夹中，可以在 Unity 编辑器的 Project 窗口中进行管理。对于不同的资源类型，在 Unity 编辑器中有对应不同的导入设置，在导入资源后，可以在 Project 窗口中选择资源文件，在 Inspector 窗口中对该资源进行设置。模型在导入 Unity 之前必须先导入材质后导入模型，这样能够防止模型纹理材质的丢失。

Unity 本地支持各大厂商平台，同时，各大主流 VR 硬件平台也提供针对 Unity 的开发工具包。在这些工具包中，提供了可供使用的脚本、预制件、材质等，帮助开发者能够以最快的速度进行 VR 项目的开发，如 HTC VIVE 提供了 SteamVR Plugin 和 VRTK 等开发工具包。

另外，空间音频的使用也是提高 VR 沉浸感的有效手段，Unity 支持 3D 空间音频，同时支持多种空间音频开发插件，如 Oculus Audio SDK 等。

资源导入 Unity 后，即可开始布置应用程序所要呈现的表现形式，包括模型的摆放、材质的给予、地形的设置、灯光的布置等。如图 7.5 所示，用户在 Unity 的 Scene 窗口中可进行可视化管理，在 Hierarchy 窗口中对资源的从属关系进行设置，在 Inspector 窗口中可以设置选定对象上挂载的组件并进行参数修改，场景中资源对象的信息将被保存在场景文件里。

图 7.5　Unity 场景

在此工作流程中，还需要对光照环境进行构建，包括单个灯光组件的渲染模式(Render Mode)、选择照明技术、布置反射探头(Reflection Probe)和灯光探头(Light Probe)等。Unity 提供了强大的全局光照技术，无论是实时全局照明还是烘焙光照贴图，都能满足 VR 环境对于光照的需求。

7.2.3 交互技术

除了场景模型的优化之外，交互技术也是虚拟现实项目的关键。Unity 负责整个场景的交互功能开发，是将虚拟场景与用户连接在一起的开发纽带，协调整体虚拟系统的工作和运转。

VR 平台与 PC、移动平台的最大差别在于交互方式的不同。在 PC 平台，主要输入设备为鼠标和键盘；在移动平台，主要使用触摸屏进行交互；在 VR 平台，主要使用手柄控制器、数据手套等进行交互。

7.2.4 渲染

在虚拟现实项目中，交互是基础，渲染是关键。一个优秀的虚拟现实系统除了运行流畅外，场景渲染的好坏也是成败的关键，逼真的场景能给用户带来完全真实的沉浸感。基本渲染通过插件可以实现，在需要高亮的地方设置 Shader，可以产生灯光发亮、地面倒影和阳光折射等效果。最后进行测试优化，对应用程序的性能进行分析，对帧率、内存等指标进行衡量，对占用资源较多的位置进行定位，各大硬件厂商也提供有针对其平台的性能分析工具。

7.2.5 发布

在经过测试和优化应用程序后，最终可以将程序导出发布。在 Unity 编辑器中，选择 File→Build Settings 命令，打开发布设置窗口，如图 7.6 所示，用户可以根据需要选择发布到不同目标平台。

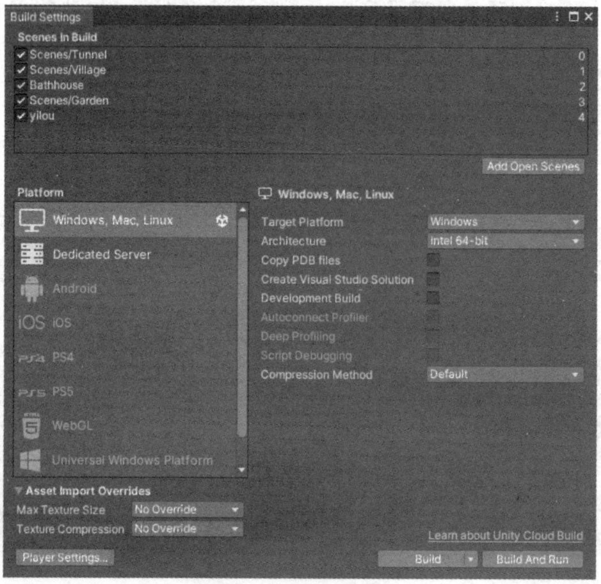

图 7.6 Unity 导出发布设置

7.3　沉浸式虚拟现实设备

要想获得身临其境的感觉，虚拟现实设备需要实时地渲染出高精度 3D 场景，并提供精确的动作捕捉和自然的语音交互。随着计算能力的提升和传感技术的进步，沉浸式虚拟现实设备将能够提供更加真实和沉浸的体验。本章主要探讨基于 HTC VIVE 的虚拟现实案例开发，将针对 HTC VIVE 硬件平台进行介绍。

7.3.1　HTC VIVE 硬件

HTC VIVE 是 HTC 和 VIVE 联合推出的一款设备，其硬件主要包括以下三个部分：一个头显、两个手持操控手柄、一个能在空间内同时追踪显示器和控制器的定位器(Lighthouse)，如图 7.7 所示。

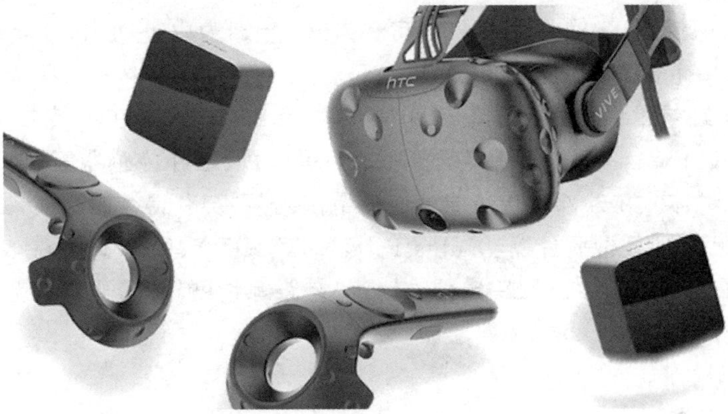

图 7.7　HTC VIVE 头显、操控手柄和定位器

7.3.2　HTC VIVE 控制器

控制器是 VIVE 主要的交互部件，其提供了几个实体按键供用户使用，这些按键符合 OpenVR 的按键输入标准，按钮示意图如图 7.8 所示。

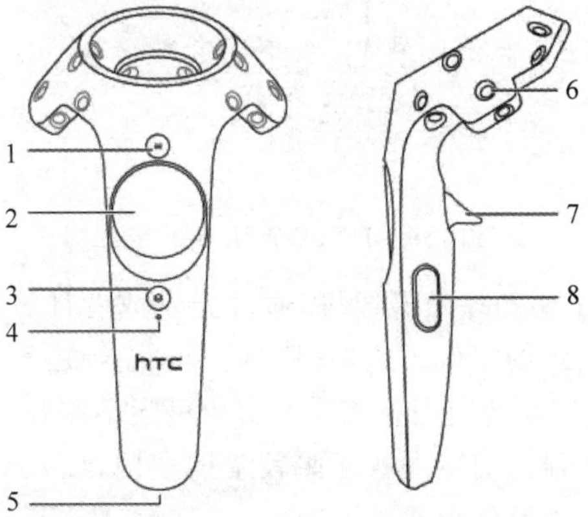

图 7.8　HTC VIVE 控制器按键

控制器按键和部件名称如表 7.1 所示。

表 7.1 HTC VIVE 控制器按键和部件名称

序号	按 键	部 件 名 称
1	Menu button	菜单键
2	Trackpad	触控板
3	System button	系统键
4	Status light	状态指示灯
5	USB charging adapter	USB 接口
6	Tracking sensor	追踪传感器
7	Trigger button	扳机
8	Grip button	抓取键

7.3.3 Inside-Out 和 Out-Inside 位置跟踪技术

虚拟场景中的位置追踪目前存在两种实现方式，分别为由外而内（Outside-In）的位置追踪和由内而外（Inside-Out）的位置追踪。

Outside-In 跟踪技术借助外部设备实现对头显、控制器等设备在场景中的位置跟踪，如 HTC VIVE 的 Lighthouse 基站。外部设备通常为摄像机、红外传感器等，它们被放在静止位置，朝向被跟踪物体。在外部设备所能感应的范围内，系统获得被跟踪设备的位置和朝向信息。使用这种跟踪技术的平台以 Oculus Rift、HTC VIVE、PS VR 为代表，如图 7.9 所示，HTC VIVE 采用 Outside-In 跟踪定位，其优势是跟踪精度较高，适合小范围跟踪；缺点是用户移动范围有限。

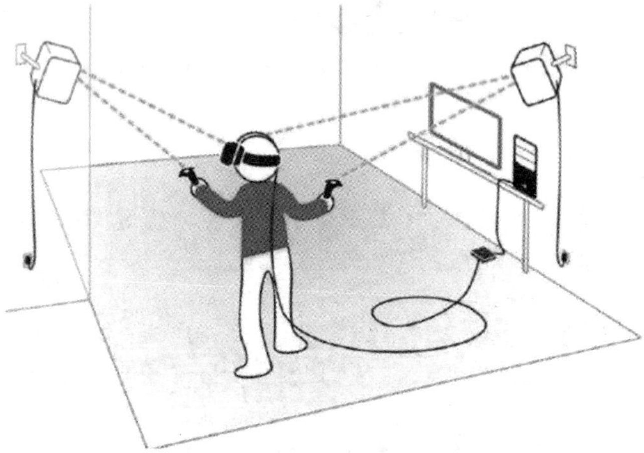

图 7.9 HTC VIVE 跟踪定位

Inside-Out 跟踪技术采用额外的摄像机，通过光学或者计算机视觉的方法实现空间定位功能，可以实现较大空间内的定位。这种跟踪技术的优势是不受空间约束，能够显著提高 VR 设备的移动性，越来越广泛地应用在提供 6 自由度运动跟踪的 VR 一体机上；缺点是容易受光照因素影响，在光照强烈的室外或光照较暗的室内，以及缺乏足够特征的场景中，跟踪精度会降低，容易出现画面漂移现象。如图 7.10 所示，VIVE Focus 3 通过 4 颗宽视场角摄像头实现 Inside-Out 追踪技术。

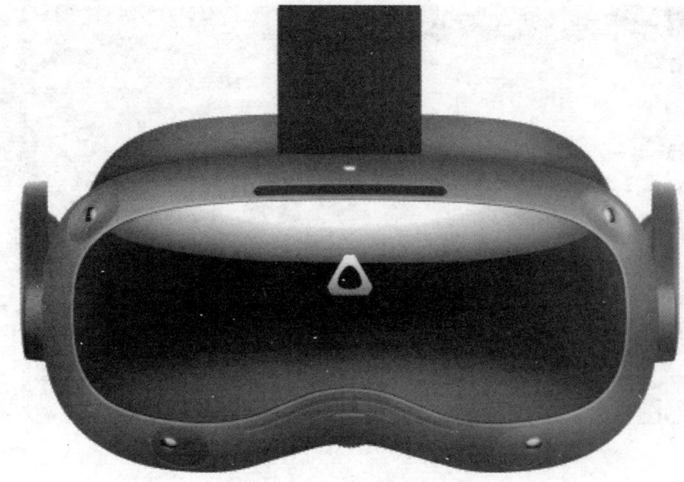

图 7.10　VIVE Focus 3

7.3.4　HTC VIVE 的安装

将头戴式显示器连接到计算机，根据要求安装定位器到合适位置并调整定位器角度，设置定位器频道后，就可以在程序引导下完成 VIVE 和 SteamVR 客户端及必要驱动程序的安装。

初始安装完毕后，打开 SteamVR 应用程序，如图 7.11 所示，如果 5 个设备均显示绿色即设置成功。

单击 SteamVR 标题旁边的▼按钮，会进入如图 7.12 所示引导程序，在程序引导下可逐步进行房间设置。

图 7.11　设备检测配对

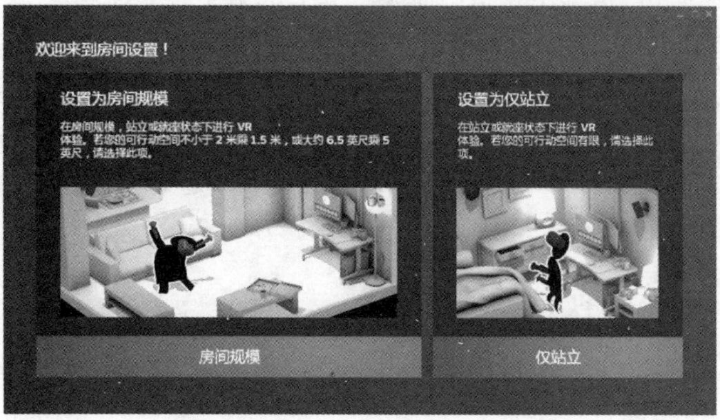

图 7.12　房间设置

房间有两种设置方式——房间模式和仅站立。房间模式可以固定一个可移动的区域，用户在该区域内可自由移动，当即将超出范围时，头显中会看到提示网格，从而避免用户碰撞障碍物；对于仅站立模式，用户可采取站立或坐姿进行 VR 体验，如图 7.13 所示。需要注意一点，定位设置过程中，用控制器指向显示器扣扳机时，要站在活动区域的中心点，这决定了初始朝向和初始中心点。

图 7.13 站立模式

7.4 虚拟空间中的 UI

桌面式虚拟现实项目中，通常是将 UI 覆盖在用户设备的屏幕上，用于显示关键信息。而在沉浸式虚拟现实项目中，屏幕的概念便不存在了，并且基于 VR 交互的特性，UI 应该和其他 3D 物体一样出现在体验者所看到的位置，例如，在控制器某个按键上引导用户使用，在道具上方展示对象信息，在用户移动到的位置点附近提供线索等。

在 Unity 中，UI 元素被挂载在 Canvas 容器中，此时 Canvas 基于屏幕的渲染模式在沉浸式虚拟空间中将不再使用，如图 7.14 所示，通常需要将渲染模式更改为世界空间坐标，即 World Space。

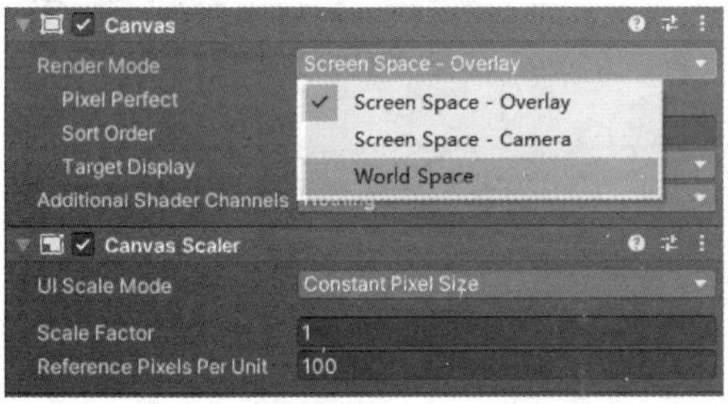

图 7.14 Canvas 渲染模式

同时，在沉浸式虚拟空间中，对 UI 的清晰度也有了较高的要求，太低的分辨率容易导致视觉上的模糊。Canvas Scaler 组件提供了 UI 的缩放模式，可用来调节 UI 大小，其中，Scale Factor 属性用于设置 UI 的缩放系数，数值越高则文字边缘越清晰，一般设置值为 3～5。

7.4.1 Canvas 转换世界空间坐标

要将 Canvas 渲染模式转换为在虚拟空间中使用的世界空间坐标，可以对 UI 元素执行以下操作步骤。

(1) 新建一个 Canvas 对象，在其 Canvas 组件中，将 Render Mode 修改为 World Space。

(2) 此时 Canvas 便具有了世界空间坐标，Rect Transform 组件为可修改状态，可以像 3D 物体一样在场景中设置位置、旋转、缩放等参数，可以根据虚拟场景的大小，修改 Canvas 容器的外观，使其适应场景比例。实现方式有两种：一是修改 Rect Transform 组件的缩放 Scale 值，如将其修改为 0.001；二是修改 Rect Transform 的 Width 和 Height 属性。需要注意的是，对于修改比例的操作，尽量在 Canvas(即 UI 元素的容器)上完成，而不要修改容器的子物体。

(3) 为了能够在虚拟场景中更加清晰地观看 UI 元素，需要修改 Canvas 容器的 Canvas Scaler 组件的 Dynamic Pixels Per Unit 属性值，一般设置值为 2～5。设置不同的 Dynamic Pixels Per Unit 属性值，Canvas 的 UI 元素会有不同表现。

转换成世界空间坐标的 UI 元素可以像其他 3D 物体一样被放置在场景中的任意位置，也可以作为它们的子物体随之移动。

7.4.2 虚拟空间中的 UI 交互

Unity 的 UI 系统主要由以下几个部分组成，它们相互配合，实现从用户输入（例如单击、悬停等）到事件发送的过程。

(1) Event System：事件系统。

(2) Input Module：输入模块。

(3) Raycaster：射线投射器。

(4) Graphic Components：图形组件，如按钮、列表等。

如图 7.15 所示，其中，Event System 是 Unity UI 交互事件流程的核心，负责管理其他组件，如 Input Module、Raycaster 等。Input Module 负责处理外部输入、管理事件状态、向指定对象发送事件。在 Unity UI 系统中，一次只有一个 Input Module 在场景中处于活动状态。

Raycastera 负责确定指针指向哪个交互组件。在 Unity 中存在三种类型的 Raycaster，分别是 Graphic Raycaster、Physics2D Raycaster 和 Physics Raycaster。如图 7.16 所示，通过查看 Inspector 窗口可以看到此案例中 Graphic Raycaster 和 Physics Raycaster 组件相关属性。

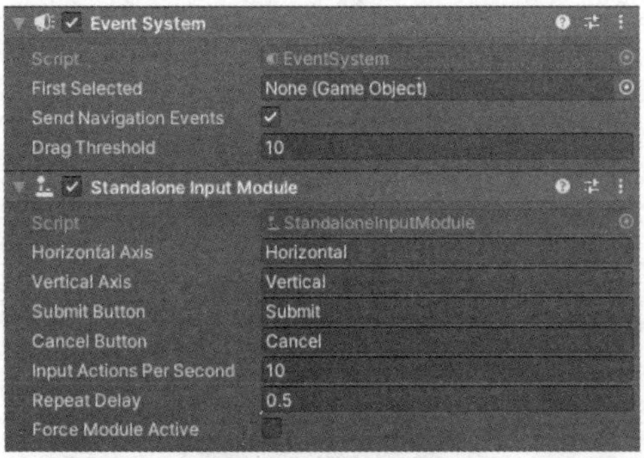

图 7.15 Event System 和 Input Module 组件

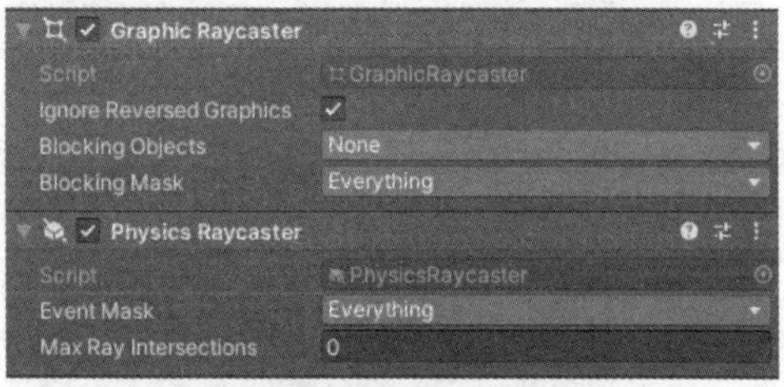

图 7.16 Graphic Raycaster 和 Physics Raycaster 组件

在虚拟空间环境中与 UI 进行交互，不再像其他平台一样使用鼠标、键盘等设备，取而代之的是手柄控制器、激光指针、手势识别等。不同的 VR 硬件平台和 SDK，与 UI 交互的实现机制不同，但它们都基于 Unity UI 的事件系统流程，7.5 节将介绍 SDK 如何与 VR 交互。

7.5 使用 SteamVR 和 VRTK 交互开发

SteamVR 是 Value 公司推出的一套 VR 软硬件解决方案，由 Value 提供软件支持和硬件标准，并授权给包括 HTC VIVE、OSVR 和 WindowsMR 等生产伙伴。

SteamVR在不同情景下指代对象不同。当运行一个VR程序时,需要打开SteamVR。进行房型设置和硬件配对时,是指SteamVR Runtime 即SteamVR客户端。如果在使用Unity进行VR内容开发时,需要导入SteamVR,这里是导入SteamVR Plugin开发工具包。

7.5.1 SteamVR Plugin

SteamVR Plugin是针对Unity的SteamVR开发工具包,以插件的形式存在,在Unity Assets Store中可以下载,导入Unity项目中。该插件是开发基于SteamVR应用程序的必备工具,后文介绍的交互开发工具Interaction System和第三方开发VRTK,都是基于该工具包延伸而来。

将SteamVR Plugin导入项目后,会弹出如图7.17所示的项目设置及推荐配置窗口,单击Accept All按钮即可。

SteamVR Plugin中最为核心的模块是预制体[CameraRig],在Project窗口中将SteamVR文件夹中Prefabs文件夹下的[CameraRig]预制体文件拖曳放置到Hierarchy窗口中,放置后效果如图7.18所示。

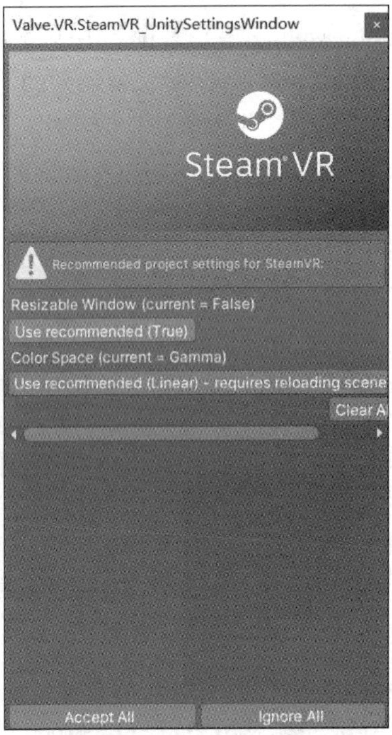

图7.17 SteamVR Plugin项目设置及推荐配置窗口

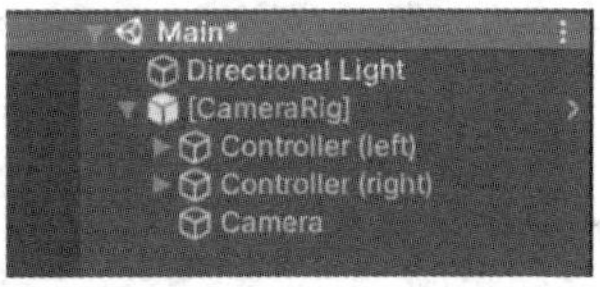

图7.18 放置[CameraRig]预制体

[CameraRig]预制体的Inspector窗口中挂载有SteamVR_Controller Manager组件,用于管理所有控制器。同时挂载有SteamVR_Play Area组件,在场景编辑状态下,以蓝色边框显示,用于标识活动区域,确定用户初始位置。具体[CameraRig]预制体的Inspector窗口如图7.19所示。

在Hierarchy窗口中,预制体[CameraRig]下的Controller(left)和Controller(right)对

象分别对应 VR 设备的左、右控制器，在程序运行时，若控制器被跟踪到，则 Controller(left)和 Controller(right)的子对象 Model 将渲染成控制器的模型，并且位置与现实世界中控制器实时对应。Camera(head)对应头显，包含 Unity 组件的 Camera 和 Audio Listener，因此，在 VR 项目中，一般需要删除新建场景时的 MainCamera。

本节使用 SteamVR Plugin 插件实现 VR 中常见的触碰和抓取对象交互效果。步骤如下。

(1) 新建 Unity 项目，命名为 InteractObject，删除场景中的 MainCamera，保存场景，场景名称为 Main。

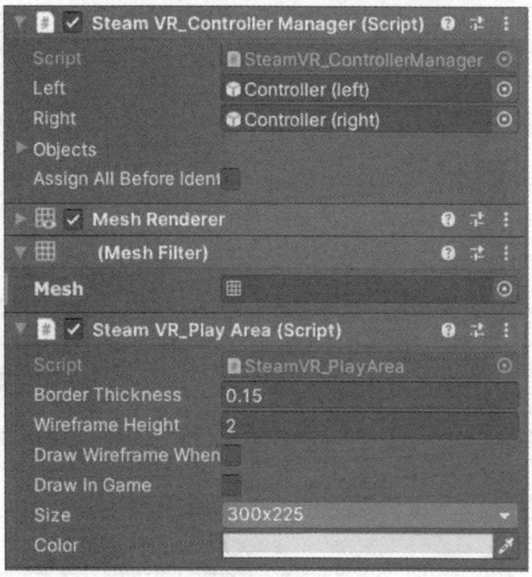

图 7.19 [CameraRig]预制体的 Inspector 窗口

(2) 导入 SteamVR Plugin，在 Project 窗口中的 SteamVR→Prefabs 目录中，将预制体[CameraRig]拖动到场景中，重置位置。

(3) 新建一个 Plane 作为地面，命名为 Floor，为地面添加瓷砖贴图。

(4) 新建一个 Sphere 作为交互对象，并添加材质贴图，设置 Sphere Collider 组件碰撞体半径 Radius 为 0.5。添加 Rigidbody 组件，使它被释放后能自由下落。

(5) 新建 Cube，添加材质贴图，设置 Box Collider，同样为其添加 Rigidbody 组件，使它被释放后能自由下落。此时场景效果如图 7.20 所示。

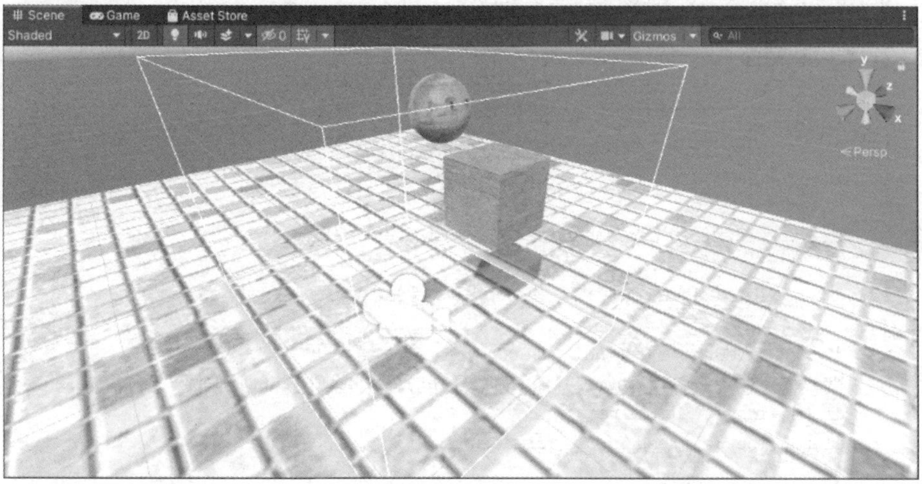

图 7.20 场景效果

(6) 对控制器添加相应的碰撞器。选择[CameraRig]下的子物体 Controller(left)和 Controller(right)，添加 Sphere Collider 组件，勾选 Is Trigger 属性，用于发送 OnTriggerEnter 和 OnTriggerExit 事件。设置碰撞体半径 Radius 为 0.04，位置 Center 为(0，－0.03，0.015)，基本覆盖传感器范围，设置后效果如图 7.21 所示。

(7) 新建脚本 InteractObj.cs，然后分别赋值给左右两个控制器。InteractObj.cs 脚本代码如下。

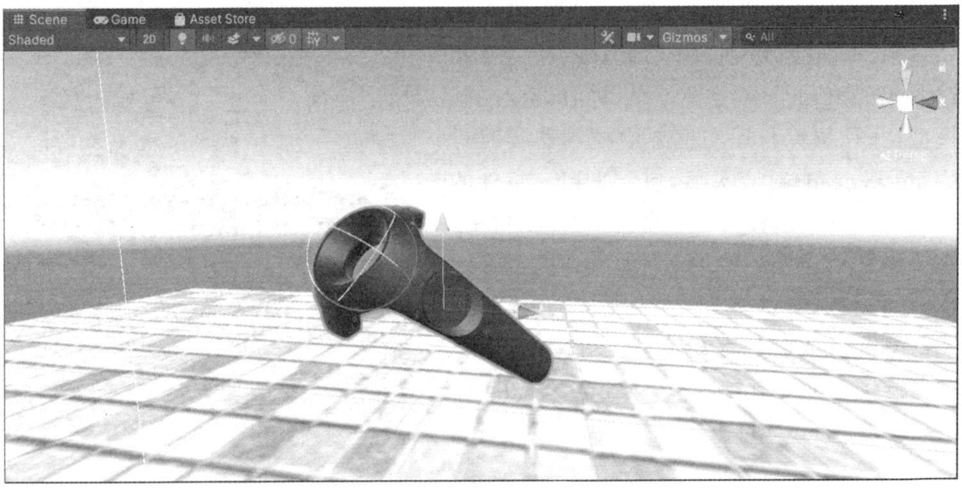

图 7.21　控制器碰撞体范围设置

```
using System.Collections;
using System.Collections.Generic;
using UnityEngine;

public class InteractObj : MonoBehaviour
{
    private string tagStr = "InteractObj";
    private ulong triggerButton = SteamVR_Controller.ButtonMask.Trigger;
    private SteamVR_TrackedObject trackedObject;
    private SteamVR_Controller.Device device;
    private GameObject currentGo;
    private Color highlightColor = Color.red;
    public bool precisionPick = false;

    private void Awake()
    {
        trackedObject = GetComponent<SteamVR_TrackedObject>();
    }
    private void FixedUpdate()
    {
        if (trackedObject == null) return;
        device = SteamVR_Controller.Input((int)trackedObject.index);
        if (device == null) return;
        if (device.GetPressUp(triggerButton))
        {
            dropObject();
        }
        if (device.GetPressDown(triggerButton))
        {
            pickUpObject();
        }
    }
    private void pickUpObject()
    {   //抓取物体
        if (currentGo != null)
```

```
        {
            currentGo.transform.parent = transform;
            Material mat = currentGo.GetComponent<MeshRenderer>().material;
            mat.color = Color.white;
            Rigidbody rig = currentGo.GetComponent<Rigidbody>();
            rig.useGravity = false;
            rig.isKinematic = true;
            if (!precisionPick)
                currentGo.transform.localPosition = Vector3.zero;
        }
    }

    private void dropObject()
    {   //释放物体
        if (currentGo != null)
        {
            currentGo.transform.parent = null;
            Rigidbody rig = currentGo.GetComponent<Rigidbody>();
            rig.useGravity = true;
            rig.isKinematic = false;
        }
    }

    private void OnTriggerEnter(Collider other)
    {   //进入碰撞
        if (other.gameObject.tag == tagStr)
        {
            Material mat = other.gameObject.GetComponent<MeshRenderer>().material;
            mat.color = highlightColor;
            currentGo = other.gameObject;
            device.TriggerHapticPulse(5000);
        }
    }

    private void OnTriggerExit(Collider other)
    {  //离开碰撞
     if (currentGo != null)
       {
       Material mat = other.gameObject.GetComponent<MeshRenderer>().material;
       mat.color = Color.white;
       currentGo = null;
       }
    }
}
```

(8) 为 Sphere 和 Cube 指定新的 tag 为 InteractObj。

(9) 保存场景,运行程序。如图 7.22 所示,当任意控制器与交互对象接触时,被交互物体高亮显示,脱离接触则高亮取消。

接触对象时按 Trigger 键并保持,物体将作为控制器的子物体跟随移动,实现抓取效果,松开 Trigger 键物体被释放,抓取效果如图 7.23 所示。

图 7.22　交互对象与控制器接触时高亮显示

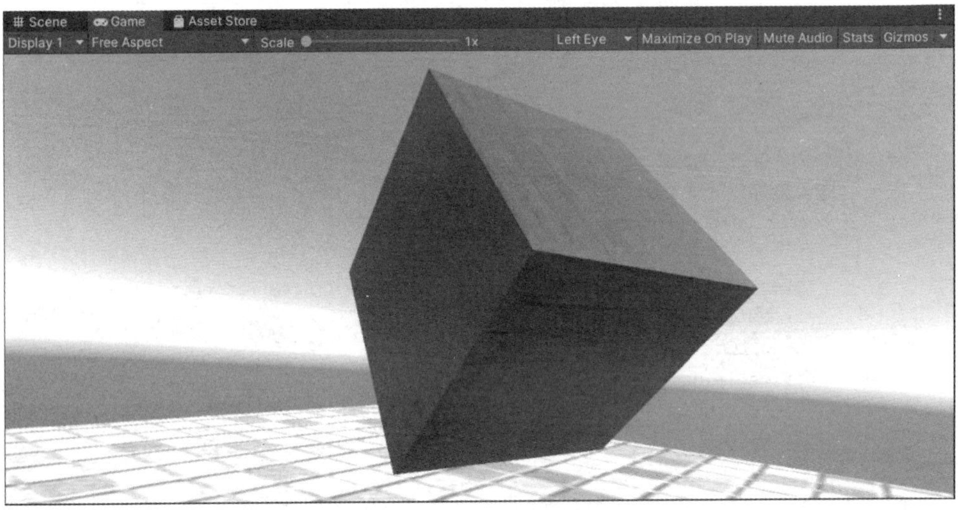

图 7.23　交互对象被抓取效果

7.5.2　InteractionSystem

InteractionSystem 脱胎于 The Lab，抽取了这个应用中关于交互的关键部分，包括一系列脚本、预制体和资源等，其内置于 SteamVR Plugin 中，将 SteamVR 导入 Unity 后，即可在 SteamVR 目录中找到 InteractionSystem。

在 SteamVR Plugin 工具包的 InteractionSystem→Sample→Scenes 中，提供了一个查看 InteractionSystem 各功能的示例场景，如图 7.24 所示，双击打开可以体验其包含的交互实例。

InteractionSystem 的核心模块是 Player，以预制体的形式存在于开发包中，能够实现查看场景、发送控制器事件等功能。在 Player 预制体上挂载了 Player(Script)组件，预制体上的 Hand1 和 Hand2 分别对应左右两个控制器，其上挂载的 Hand 组件是实现交互的主要模

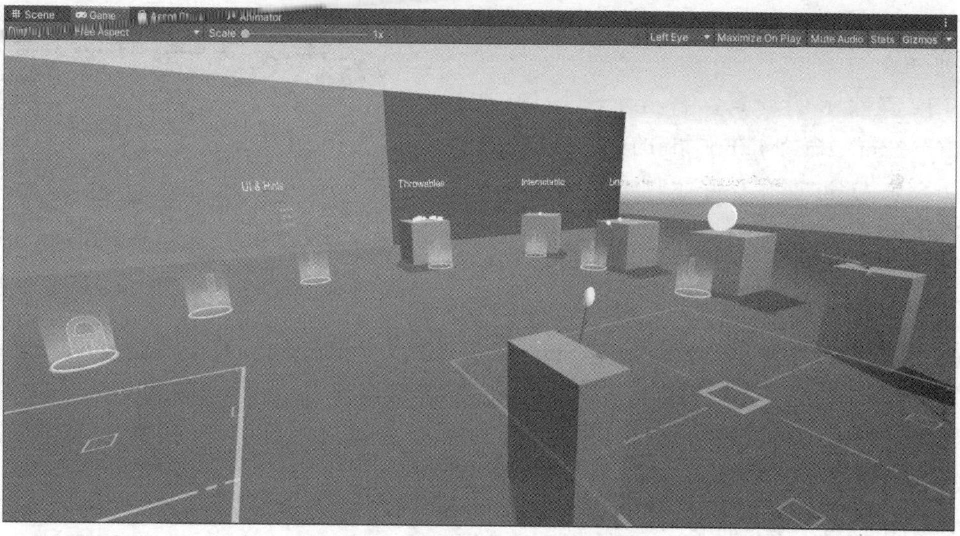

图 7.24　InteractionSystem 示例场景

块，因此，在使用 InteractionSystem 进行交互开发时，将不再使用 SteamVR Plugin 的 [CameraRig]预制体。

使用 InteractionSystem 进行交互开发，需要先引入其所在的命名空间 Value. VR. InteractionSystem。

InteractionSystem 和后文将介绍的 VRTK 均为开源工具，同样基于 SteamVR Plugin 实现交互，但由于架构不同，从理论上来说，两个交互工具不适合同时使用。本节以介绍 SteamVR 与 VRTK 的组合应用为重点，对 InteractionSystem 交互应用不做详细陈述。

7.5.3　VRTK

VRTK 全称为 Virtual Reality Toolkit，由第三方开发，是使用 Unity 进行 VR 交互开发的高效工具，开发者只需要挂载几个脚本，然后设置相关属性，就可以实现大部分交互效果。

在使用 VRTK 进行开发前，需要进行初始化配置，不同版本的 VRTK 配置过程也有所区别，具体可参考每个版本的自带文档，但每次开启一个 VRTK 项目，总要重新配置，总体来说配置过程较为烦琐，在多数情况下，可直接利用现有资源实现快速 VRTK 配置过程。

1. VRTK 快速配置

VRTK 提供了大量示例场景，所有场景都有不同程度的初始配置，在实际开发过程中，可根据实际情况选择相应场景的 VRTK 初始配置。例如，VRTK 示例中给出了查看场景内容、获取控制器事件、显示指针、基本传送、基本抓取等功能，下面以场景 4 中的配置为例，介绍快速配置 VRTK 的操作步骤。

（1）新建场景完成后，通过 Unity Assets Store 下载并导入 VRTK，将对应的示例场景拖入 Hierarchy 窗口中。

（2）使用示例场景中的 VRTK 配置，选择示例场景中的[VRTK_SDKManager]和[VRTK_Scripts]将其拖入新建场景中，如图 7.25 所示。注意不是拖入全部对象，仅将

[VRTK_SDKManager]和[VRTK_Scripts]拖入场景即可。

(3) 移除示例场景。右击示例场景,选择 Remove Scene 命令,在弹出的对话框中选择 Don't Save 命令,即在移除示例场景时不保存场景内容的改变。

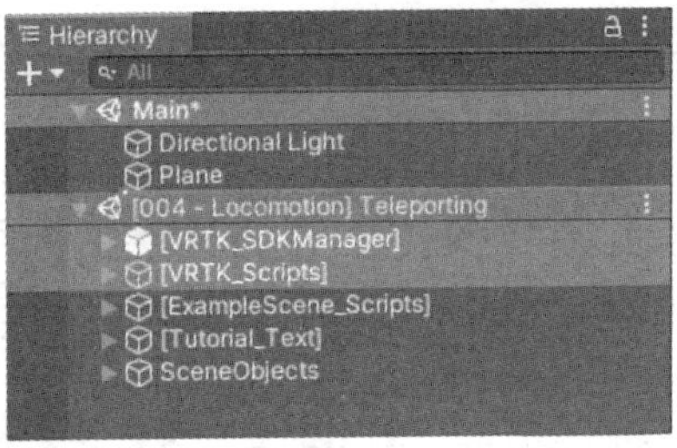

图 7.25 使用示例场景中的 VRTK 配置

通过以上步骤即可快速完成 VRTK 初始配置。需要注意的是,在[VRTK_SDKManager]中定制了不同平台的 SDK 配置,基于 SteamVR 开发应用程序时,对应的配置是其子物体 SteamVR,可以通过调整[CameraRig]的位置和朝向来决定用户的初始姿态。同时,SDKSetupSwitcher 实现了运行时切换 SDK 功能,它是基于屏幕的 UI 模块,可将其删除或隐藏。

2. VR 场景中实现传送

在 VR 场景中,为避免用户长距离、非匀速地位移,VRTK 采用的传送方式是在传送过程中呈现短时间的闪屏,避免让用户感受到移动过程,这种传送方式也称为瞬移。VRTK 提供了多种瞬移形式,分别使用 VRTK_Basic Teleport、VRTK _Dash Teleport、VRTK_Height Adjust Teleport 来实现。本节通过实例介绍在场景中实现传送效果,步骤如下。

(1) 新建项目,命名为 VRTKTeleport,创建新场景 Main。

(2) 导入 SteamVR Plugin 和 VRTK。按照前文快速配置 VRTK 方法,利用 VRTK 示例场景 004 CameraRig_BasicTeleport 快速完成 VRTK 配置。调整[CameraRig]使其处于场景 Main 中合适位置,效果如图 7.26 所示,本案例中选择地面为传送区域。

图 7.26 设置初始化位置

(3) 为控制器添加指针。选择 LeftController 和 RightController,为其添加 VRTK_Pointer 组件,然后添加渲染器组件 VRTK_StraightPointerRenderer,将其指定给 VRTK_Point 组件的 Pointer Renderer 属性。

(4) 添加传送功能。选择[VRTK_Scripts],新建一个空对象作为子物体,并命名为

PlayArea，为 PlayArea 添加 VRTK_Height Adjust Teleport 组件。

（5）保存项目。运行程序。此时能够实现传送功能，且实现自适应高度的传送，传送效果如图 7.27 所示。

图 7.27　自适应高度的传送效果

这里要注意的是，如果为 PlayArea 添加 VRTK_Basic Teleport 组件，则遇到斜坡时，尽管斜坡存在 Mesh Collider 组件，但也只能实现传送，体验者不能随着斜坡高度变化而改变自身位置高度，而是穿过斜坡的模型，只有为 PlayArea 添加 VRTK_Height Adjust Teleport 组件才能实现自适应高度传送。此外，读者还可以自行替换使用 VRTK_Dash Teleport 组件体验冲刺传送效果。

3. VRTK 实现与物体的交互

VRTK 为开发者提供了非常方便的交互配置接口，开发者只需要做一些配置，即可实现想要的交互效果。在 VRTK 架构中，定义了 Touch、Grab、Use 三种基本交互方式。其中，Touch 表示发生接触动作，Grab 表示抓取动作，Use 表示选中或单击动作。

实现与物体的交互，需要对交互对象和控制器进行设置。对于被交互的物体，需要为其添加 VRTK_Interactable Object 组件，以标记为可交互对象，并进行相应的交互设置；对于控制器，可根据具体要实现的交互动作添加相应脚本，如以上 Touch、Grab、Use 三种交互方式，分别对应组件 VRTK_Interact Touch、VRTK_Interact Grab、VRTK_Interact Use。

实现 VRTK 与物体的交互，有两种配置方式可以实现：一种是手动挂载相关组件到可交互物体上；一种是通过配置窗口进行配置。无论哪一种方式，都需要在可交互物体上添加合适的碰撞体，并确保物体为非静态(Static)。

手动配置的过程，首先为可交互物体挂载 VRTK_Interactable Object 组件标记其为可交互对象，该组件的基本功能是实现物体与控制器的交互机制，属性窗口参数根据上述三种交互动作进行了分组。如图 7.28 所示，其中，Grab Attach Mechanic Script 用于决定物体的抓取机制，通过设定抓取机制能够实现多种抓取形式，如攀爬、选择等，抓取机制组件存放在 VRTK 文件夹 Script→Interactions→GrabAttachMechanics 目录中。

通过可视化窗口进行配置，需要执行 Window→VRTK→Setup Interactable Object 命令打开配置窗口，然后单击 Setup selected object(s)按钮，通过如图 7.29 所示可视化配置窗口即可完成对物体的可交互配置。其最终结果是在交互对象上挂载交互所需要的组件，并设置相关组件的属性，配置后物体挂载的组件如图 7.30 所示。

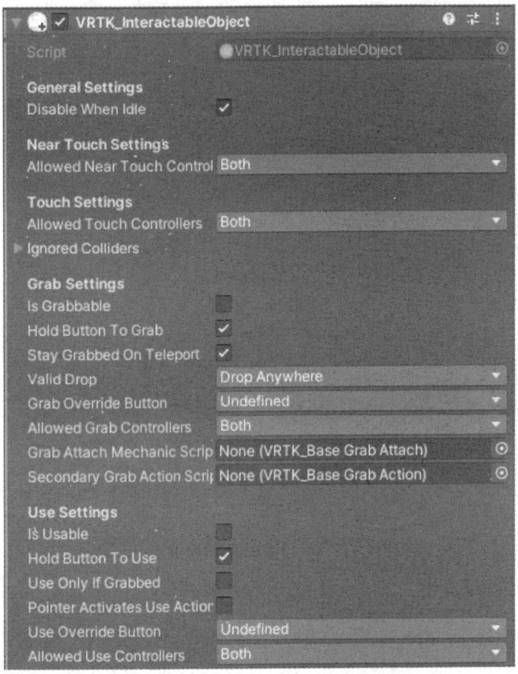

图 7.28　VRTK_Interactable Object 组件

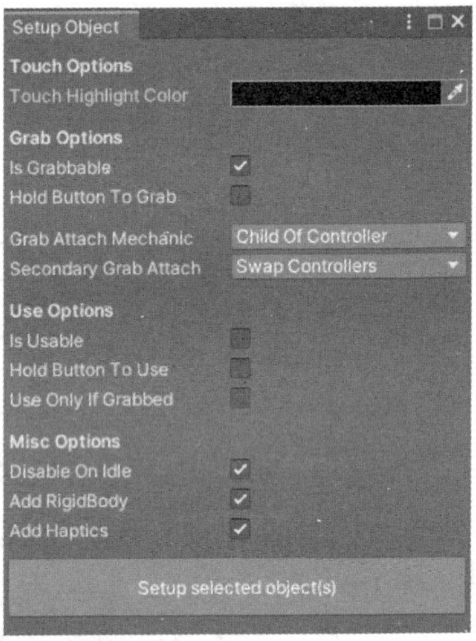

图 7.29　可视化配置窗口

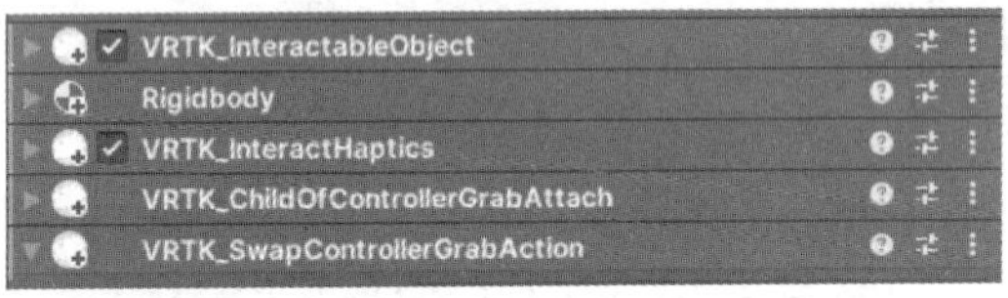

图 7.30　可视化窗口配置后物体挂载的组件

对于控制器端的设置，需要为控制器对象挂载 VRTK_ControllerEvents 组件并根据要实现的交互方式需要添加相应的组件。例如，交互接触必须要添加的 VRTK_Interact Touch 组件，能够抓取和释放物体的 VRTK_Interact Grab 组件，使控制器能够使用物体的 VRTK_Interact Use 组件等。

控制器与物体的交互首先需要与物体发生接触，所以 VRTK_Interact Touch 组件是必须添加的组件，如图 7.31 所示。同时可以添加 VRTK_InteractTouch_UnityEvents 组件，在属性窗口中配置事件的处理方法。

图 7.31　VRTK_Interact Touch 组件

VRTK_Interact Grab 组件使控制器能够抓取和释放物体。默认发出抓取动作是控制器上的 Grip 按键，可以在组件的 Grab Button 属性中选择其他按键行为，如图 7.32 所示。当控制器与可交互对象接触，并且该对象的 VRTK_InteractableObject 组件属性 isGrabbable 为 True 时，该对象可被控制器抓取，此时按控制器 Grip 键时，交互对象被吸附在控制器上，当松开 Grip 键时，该对象被释放。

VRTK_Interact Use 组件使控制器能够使用物体。该组件根据指定的控制器按键行为决定是否使用或停止使用可交互对象。如图 7.33 所示，当控制器与可交互对象接触，并且该对象的 VRTK_InteractableObject 组件属性 isGrabbable 为 True 时，该对象可被控制器使用，该交互行为需要开发者自定义相应的事件处理方法，按控制器 Trigger 键时被调用。

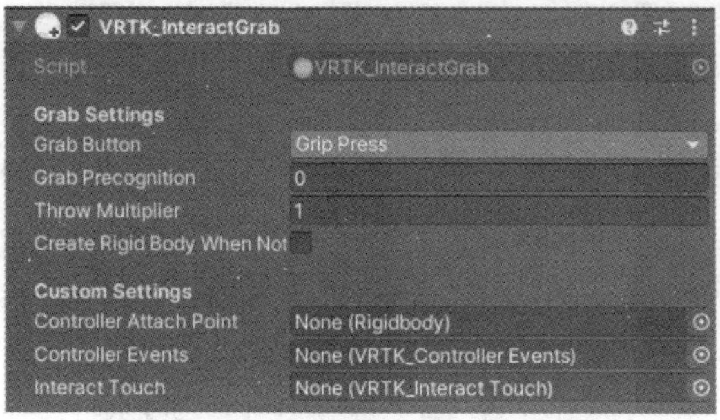

图 7.32　VRTK_Interact Grab 组件

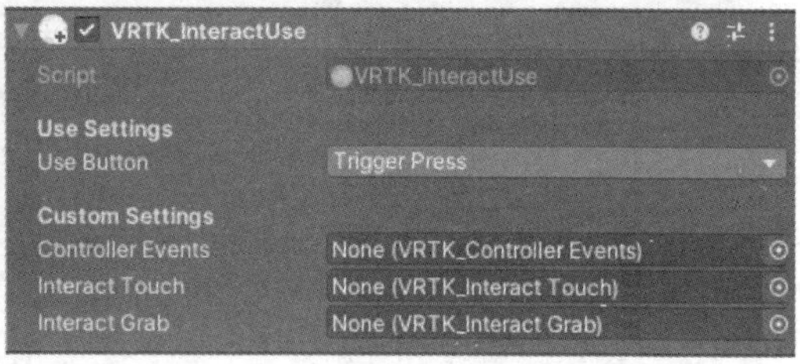

图 7.33　VRTK_Interact Use 组件

4. VRTK 实现攀爬效果

本节介绍如何使用 VRTK 实现攀爬效果。步骤如下。

(1) 打开之前创建的 VRTKTeleport 项目，打开 Main 场景，在 Hierarchy 窗口中右击选择 3D Object→Tree 创建一个新的树资源，如图 7.34 所示，随后可以调整树木在场景中的位置。

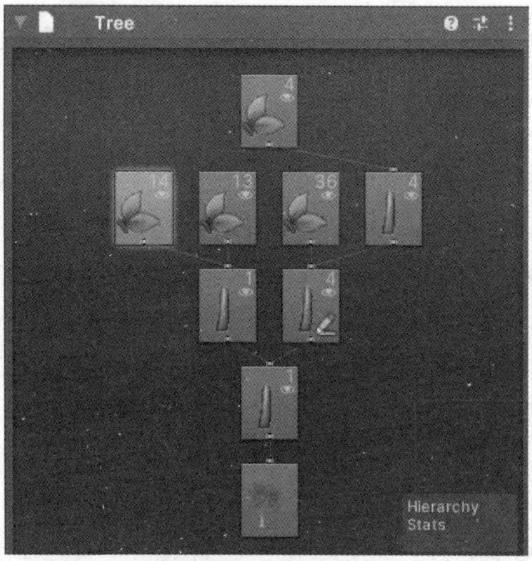

图 7.34　添加树木

(2) 快速配置 VRTK。将 VRTK 示例场景中的 004 CameraRig_BasicTeleport 拖入 Hierarchy 窗口，选择该场景中的游戏对象[VRTK_SDK_Manager]和[VRTK Scripts]，拖入

当前场景 Main，操作完毕后移除 VRTK 示例场景即可，快速配置 VRTK 后效果如图 7.35 所示，此时控制器同时具备基本的传送功能，默认设置地面 Terrain 作为传送区域。

图 7.35 快速配置 VRTK 后效果

（3）为控制器添加 Touch 和 Grab 功能。同时选择[VRTK_Script]下的子物体 LeftController 和 RightController，为其挂载组件 VRTK Interact Touch 和 VRTK Interact Grab 组件，利用攀爬的交互方式通过抓取树木的某个位置实现体验者位置改变的攀爬效果。

（4）为 PlayArea 添加 VRTK_Player Climb 组件，实现控制器方面的攀爬逻辑。同时看到自动挂载了 VRTK_Body Physics 组件，如图 7.36 所示，该组件用于模拟玩家的身体重力，在攀爬过程中若玩家没有抓取任何物体，并且没有被任何平台承载时，实现坠落效果。

（5）设置攀爬对象。选择树木对象，为其添加碰撞体 Mesh Collider。对于不同的模型结构，可采用不同的添加方式。鉴于当前模型设计，为了减少材质的数量，这里只添加一个 Mesh Collider 组件覆盖模型外观。

（6）将树木设置为可交互对象。执行 Window→VRTK→Setup Interactable Object 命令，打开如图 7.37 所示 Setup Object 设置窗口，确保窗口中 Grab Attach Mechanic 设置为 Climbable，即抓取机制为攀爬类型。单击 Setup selected object(s)按钮完成设置并关闭窗口。

（7）保存场景。单击 Unity 编辑器 Play 按钮运行程序。移动至树木前，使用左右控制器在树木上交替按 Grip 键并做上下拖动动作，即可以实现攀爬树木效果。当松开左右控制器按键时，会从攀爬高度下落至地面。攀爬树木效果如图 7.38 所示。

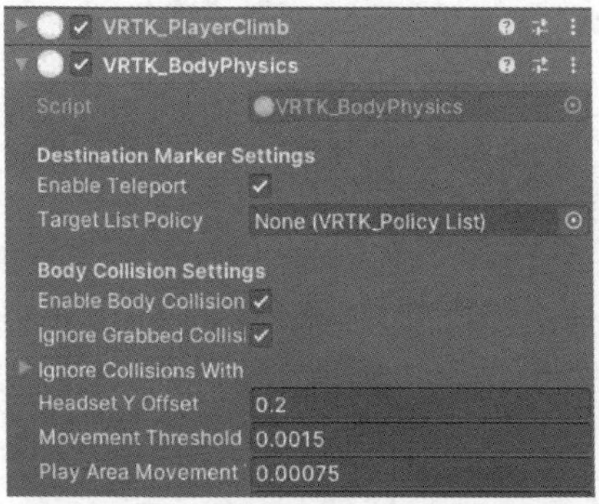

图 7.36　VRTK_Body Physics 组件

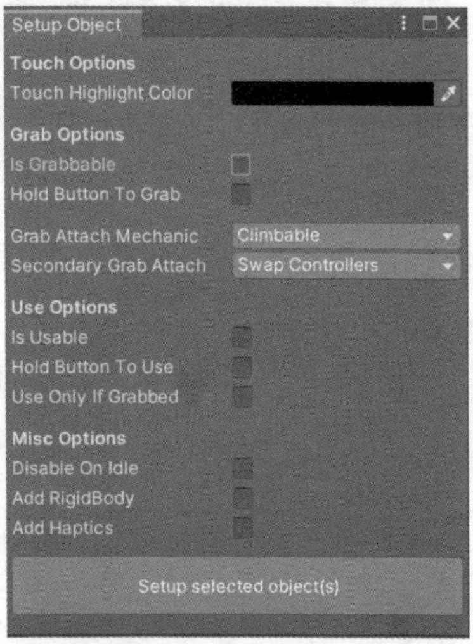

图 7.37　Setup Object 设置窗口

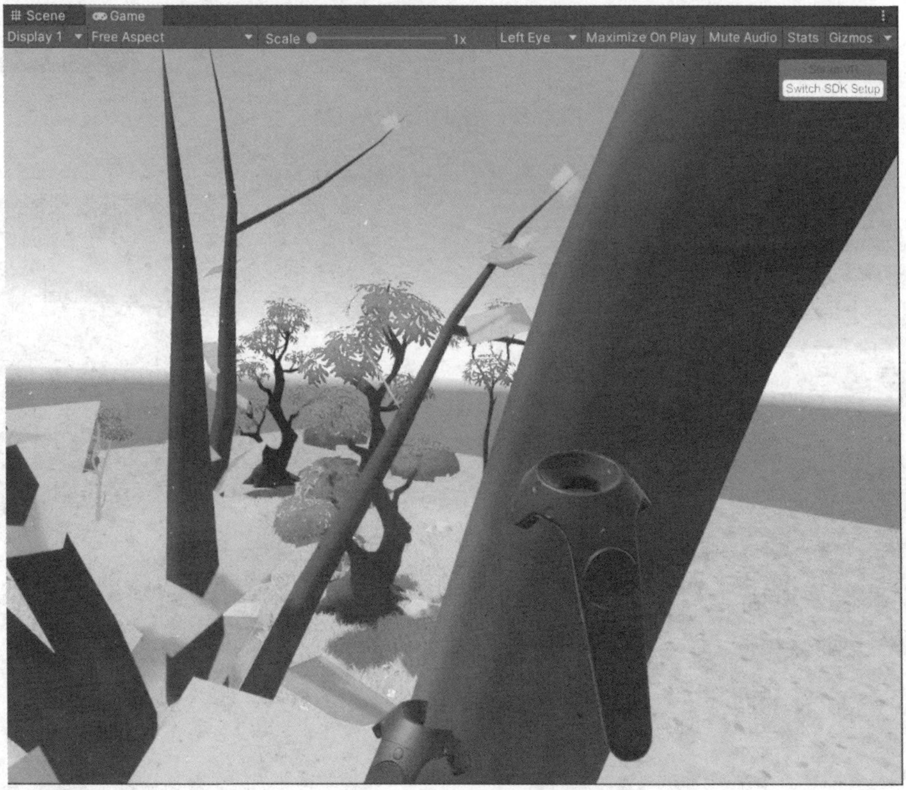

图 7.38　攀爬树木效果

7.6　沉浸式虚拟现实开发案例

本案例通过创建一个沉浸式虚拟场景，借助 HTV VIVE 虚拟交互设备实现场景漫游和交互功能。通过快速配置 SteamVR Plugin 和 VRTK 完成虚拟空间中自适应高度的传送，并设置一定的交互对象，达到传送、抓取、抛掷、推拉和攀爬效果。具体实现步骤如下。

（1）如图 7.39 所示，新建 Unity 项目，命名为 ImmersiveVR，然后按照图 7.40 导入 SteamVR Plugin 和 VRTK，并通过如图 7.41 所示 SteamVR 弹出框设置好体验环境。

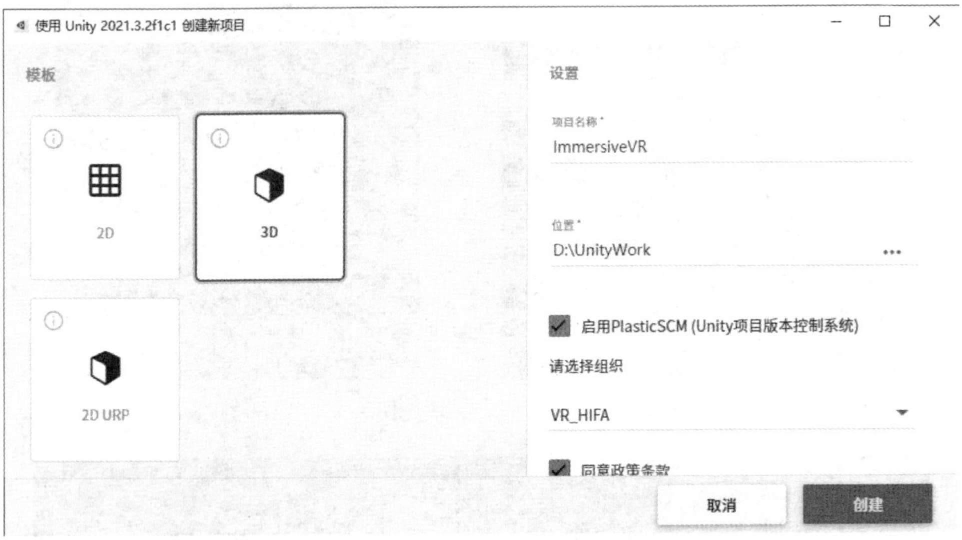

图 7.39 新建 Unity 项目

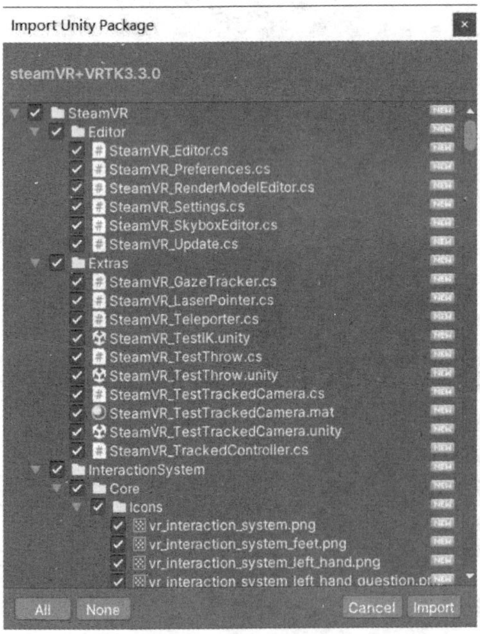

图 7.40 导入 SteamVR Plugin 和 VRTK

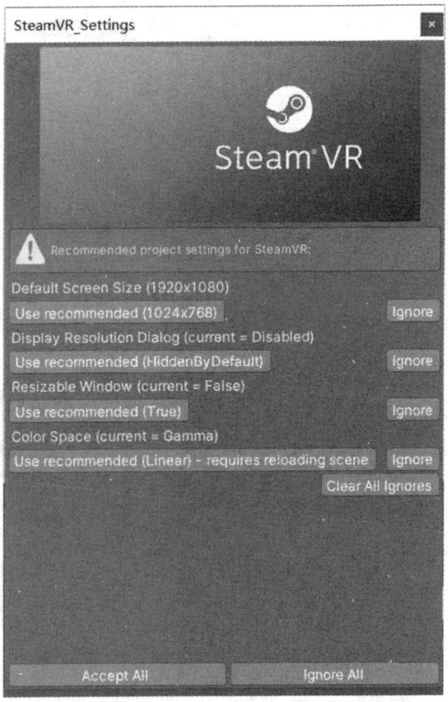

图 7.41 设置 SteamVR

（2）在随书资源中，将场景素材 Environment.unitypackage 导入项目，双击打开素材 Scenes 文件夹中的场景文件 SampleScene，效果如图 7.42 所示。

（3）导入交互对象。这里包括用于实现攀爬效果的 Tree、用于实现推拉效果的 DoorFrame

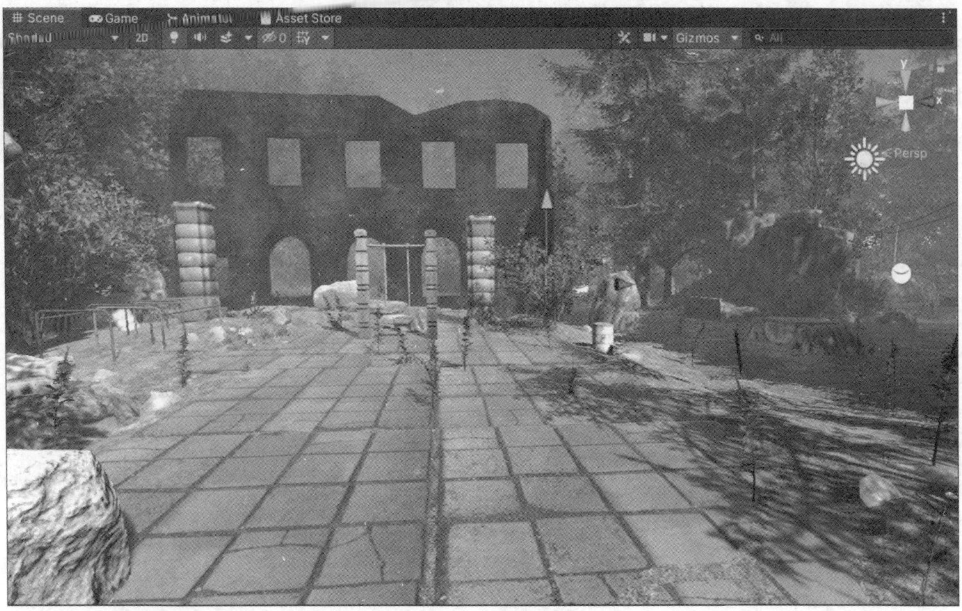

图 7.42 SampleScene 场景

和用于实现抓取和抛物效果的 Rock,并将交互对象从 Project 窗口拖曳到 Hierarchy 窗口中,效果如图 7.43 所示。

图 7.43 添加交互对象

(4) 快速配置 VRTK。这里采用 7.5.3 节介绍的内容实现 VRTK 的快速配置,将 VRTK 示例场景中的 021_Controller_GrabbingObjcetsWithJoints 拖入 Hierarchy 窗口,选择该场景中的[VRTK_SDK_Manager]和[VRTK_Scripts],拖入当前场景中。如图 7.44 所示,本例以地面为传送区域,在场景中设置[VRTK_SDK_Manager]和[VRTK_Scripts]移动到地形中合适的位置。

（5）移除示例场景。在 Hierarchy 窗口的示例场景名称上右击，选择 Remove Scene 命令，如图 7.45 所示，在弹出的对话框中单击 Don't Save 按钮，在移除示例场景时不保存对示例场景内容的改变。

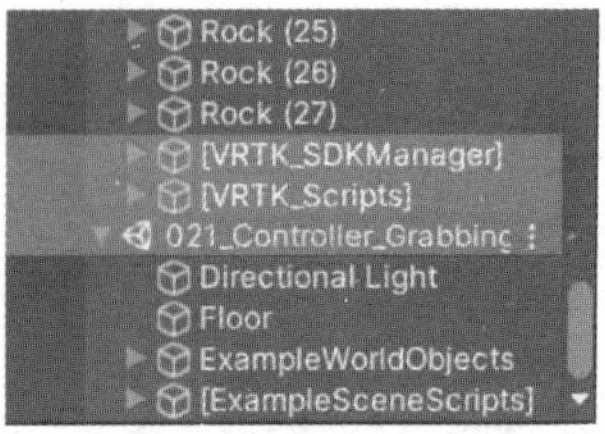

图 7.44　快速配置 VRTK

（6）为控制器添加指针。选择[VRTK_Scripts]子物体 LeftController，为其添加 VRTK_Pointer 组件和 VRTK_StraightPointerRenderer 组件，并将 LeftController 指定给 VRTK_Pointer 组件的 Pointer Renderer 属性。如图 7.46 所示，同样的方法为 RightController 添加渲染指针。

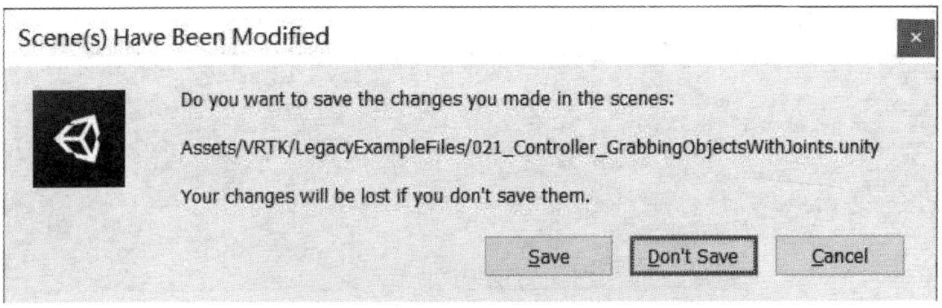

图 7.45　移除示例场景

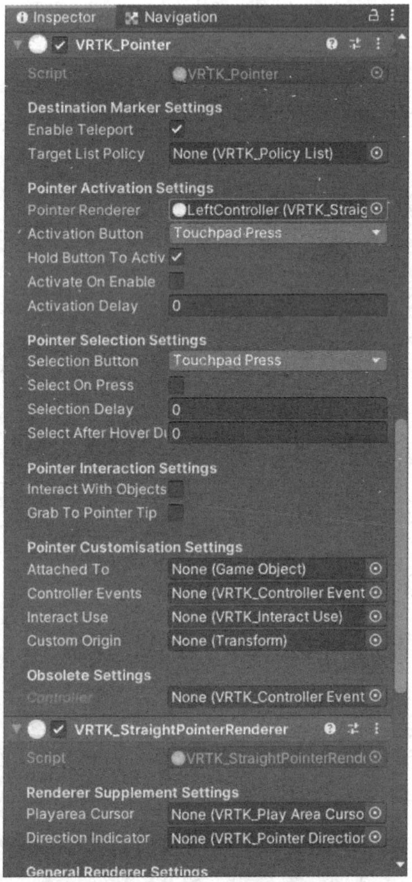

图 7.46　为控制器添加指针

(7) 为控制器添加 Touch 和 Grab 功能。同时选择[VRTK _ Script]下的子物体 LeftController 和 RightController,检查其是否挂载组件 VRTK Interact Touch 和 VRTK Interact Grab 组件。如图 7.47 所示,本例因为通过 VRTK 示例场景 021 快速配置,其左右控制器除 VRTK_ControllerEvents 组件外,应自带有 VRTK Interact Touch 和 VRTK Interact Grab 组件。若没有,用户可以自行添加。用户也可以添加 VRTK Interact Use 组件使控制器能够使用物体。

(8) 添加传送功能。选择[VRTK_Scripts],新建一个 Empty 对象作为其子物体,并命名为 PlayArea,如图 7.48 所示。接着设置自适应高度传送。如图 7.49 所示,选择 PlayArea,为其添加 VRTK_Height Adjust Teleport 组件,此时体验者可以被传送到斜坡上,实现自适应高度传送。读者也可以替换使用 VRTK_DashTeleport 组件体验冲刺传送效果。

(9) 为 PlayArea 添加 VRTK_PlayerClimb 组件,实现控制器方面的攀爬逻辑,如图 7.50 所示。同时添加 VRTK_BodyPlaysics 组件,用于模拟体验者的身体重力,在攀爬过程中若体验者没有抓取任何物体,并且没有被任何平台承载时,会出现坠落效果。

图 7.47 检查控制器 Touch 和 Grab 功能

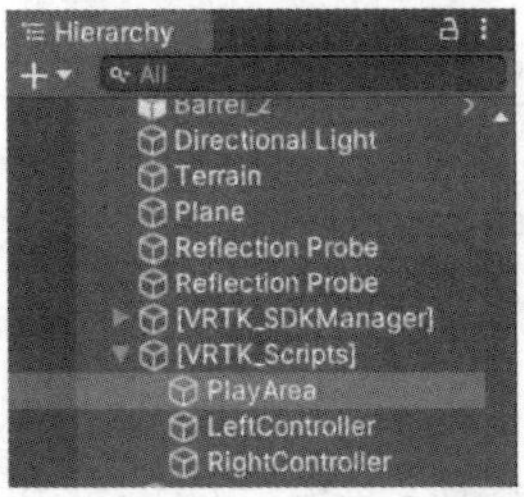

图 7.48 新建 PlayArea

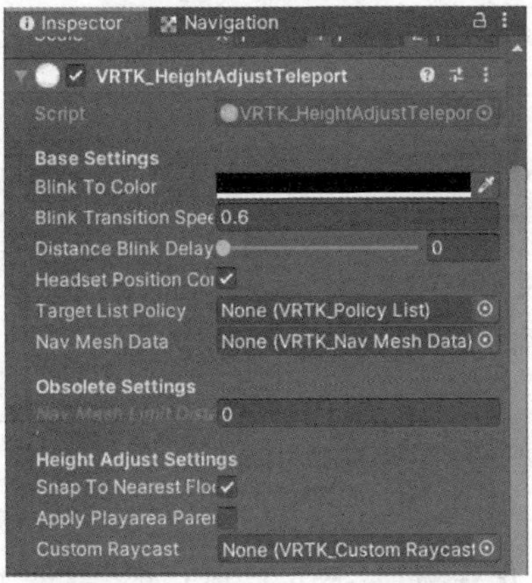

图 7.49 设置自适应高度传送

(10) 设置交互对象 Rock。如图 7.51 所示,选择 Rock 对象,为其添加碰撞体 Box Collider 和刚体 Rigidbody,对于不同的模型结构,可以采用不同的碰撞体形状。为实现对 Rock 对象的抓取和抛掷效果,为其添加 VRTK_InteractableObject 组件并设置 Is Grabbable 属性勾选。添加 VRTK_FixedJointGrabAttach 和 VRTK_SwapControllerGrabAction 组件，保证对象可被抓取并被抛出后自由落体。

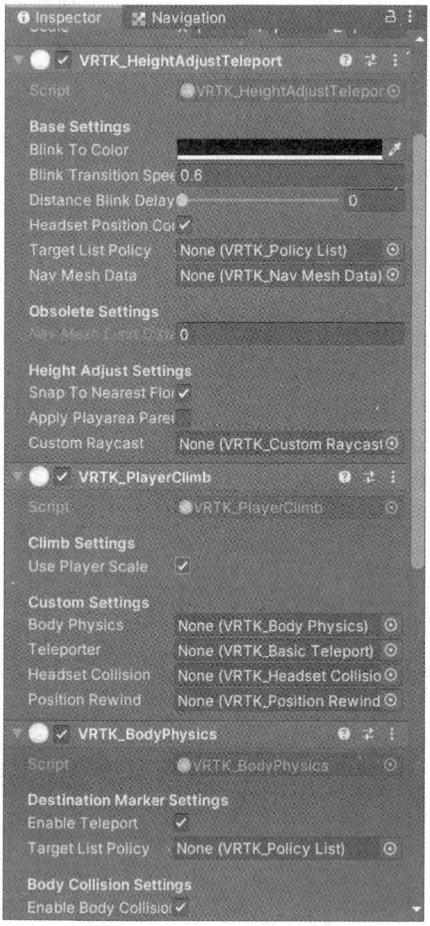

图 7.50　VRTK_PlayerClimb 组件

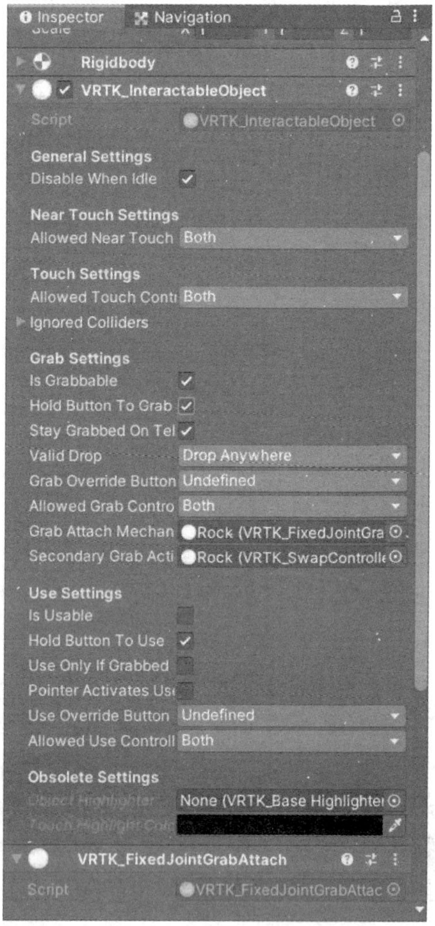

图 7.51　设置抓取和抛掷对象

(11) 设置交互对象 Door。如图 7.52 所示，选择 DoorFrame 子对象 Door，为其添加 Box Collider 和刚体 Rigidbody。DoorFrame 物体其他的子对象不需要添加刚体。选择 Door，为其添加 VRTK_InteractableObject 组件并设置 Is Grabbable 属性勾选。接着添加 VRTK_RotatorTrackGrabAttach 组件和 VRTK_SwapControllerGrabAction 组件，添加 Hinge Joint 组件。

(12) 设置攀爬对象 Tree。选择 Tree 对象，如图 7.53 所示，为其添加 Mesh Collider 组件，添加 VRTK_InteractableObject 组件并设置 Is Grabbable 属性勾选。接着添加 VRTK_ClimbableGrabAttach 组件和 VRTK_SwapControllerGrabAction 组件。

(13) 保存场景，单击 Unity 编辑器的 Play 按钮，运行程序，即可借助设备开始沉浸式漫游与交互体验。

此时可以看到，当体验者按压 HTC VIVE 控制器上的 Trackpad 触控板时，控制器上会有直线外观的渲染光线指向地面，松开触控板则浏览者会传送到直线所指向的位置。传送效果如图 7.54 所示。

图 7.52 设置交互对象

图 7.53 设置攀爬对象

图 7.54 传送效果演示

当控制器触碰到地上的石块 Rocks 时，同时按控制器左右两边的 Grip 键，可以实现对石块的抓取。在抛出石块的瞬间松开 Grip 键，可以看到石块被抛掷出去改变位置落在地面上的效果。效果如图 7.55 所示。

当控制器触碰到 Door 对象时，会发生触碰反馈，此时按控制器左右两边的 Grip 键，可以实现推拉门的效果。在推拉门的瞬间松开 Grip 键，可以看到门依然会惯性打开或关闭。互动效果如图 7.56 所示。

按压控制器触控板传送至可攀爬的树木前，在树木上交替按左右控制器的 Grip 键并做上下拖动动作，则可以实现攀爬树木效果。当松开左右控制器按键时，会从攀爬高度坠落到地面。攀爬效果如图 7.57 所示。

图 7.55 抛掷物体效果

图 7.56 推拉门效果

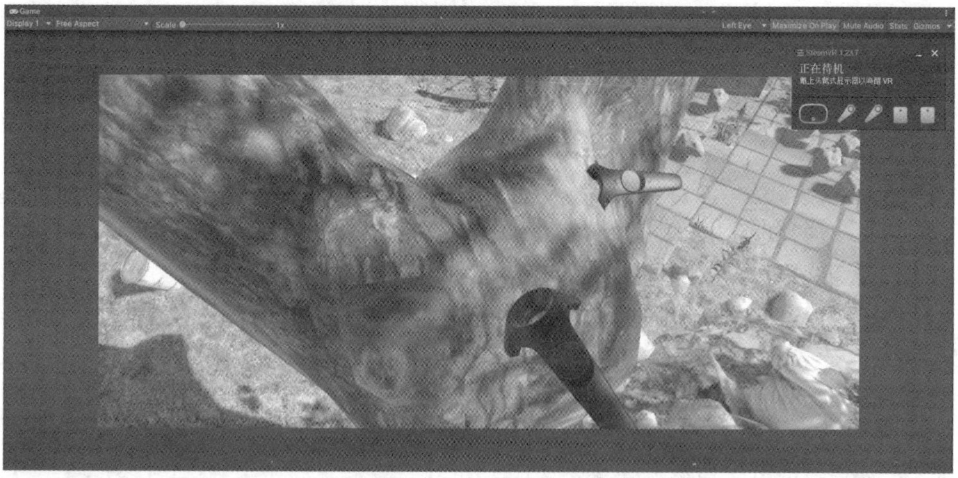

图 7.57 攀爬效果

小结

本章主要介绍了沉浸式虚拟现实技术和开发流程，了解沉浸式虚拟现实设备和常见沉浸式虚拟现实基本方法。

SteamVR 是进行 PC 平台 VR 应用开发的重要工具，本章简要介绍了 SteamVR 及其核心模块 InteractionSystem 的基本使用方法。VRTK 是基于 SteamVR 进行虚拟现实交互开发的重要插件，本章也通过实例讲授了基于 SteamVR＋VRTK 的虚拟空间交互应用。

最后通过创建一个沉浸式虚拟场景，借助 HTV VIVE 虚拟交互设备实现场景漫游和交互功能，完成虚拟空间中自适应高度的传送，并设置一定的交互对象，达到传送、抓取、抛掷、推拉和攀爬效果。

习题

一、填空题

1. VR 是________的缩写，通常被称为________。AR 是________的缩写，通常被称为________。MR 是________的缩写，即________。XR 是________的缩写，即________。

2. 虚拟场景中的位置追踪目前存在两种实现方式，分别是________和________的位置追踪。

3. 在建模过程中，基本的优化原则是先制作________，使用________从原始模型构建。

4. 在 VRTK 架构中，定义了 Touch、Grab、Use 三种基本交互方式。其中，Touch 表示________，Grab 表示________，Use 表示________。

5. VRTK 采用的传送方式是在传送过程中呈现短时间的闪屏，避免让用户感受到移动过程，这种传送方式也称为________。

6. InteractionSystem 的核心模块是________，以预制体的形式存在于开发包中，能够实现查看场景、发送控制器事件等功能。

二、简答题

1. 什么是沉浸式虚拟现实？它具有什么特点？

2. 请简述两种位置追踪实现方式的优缺点。

3. 请简述 HTC VIVE 安装流程。

4. 请简述沉浸式虚拟现实开发工作流程。

图书资源支持

感谢您一直以来对清华版图书的支持和爱护。为了配合本书的使用，本书提供配套的资源，有需求的读者请扫描下方的“书圈”微信公众号二维码，在图书专区下载，也可以拨打电话或发送电子邮件咨询。

如果您在使用本书的过程中遇到了什么问题，或者有相关图书出版计划，也请您发邮件告诉我们，以便我们更好地为您服务。

我们的联系方式：

清华大学出版社计算机与信息分社网站：https://www.shuimushuhui.com/

地　　址：北京市海淀区双清路学研大厦 A 座 714

邮　　编：100084

电　　话：010-83470236　010-83470237

客服邮箱：2301891038@qq.com

QQ：2301891038（请写明您的单位和姓名）

资源下载：关注公众号“书圈”下载配套资源。

资源下载、样书申请　　图书案例

书圈　　清华计算机学堂　　观看课程直播